Cadence Virtuoso를 이용한

Full Custom IC Design

이병진 著
나인플러스 IT(주)

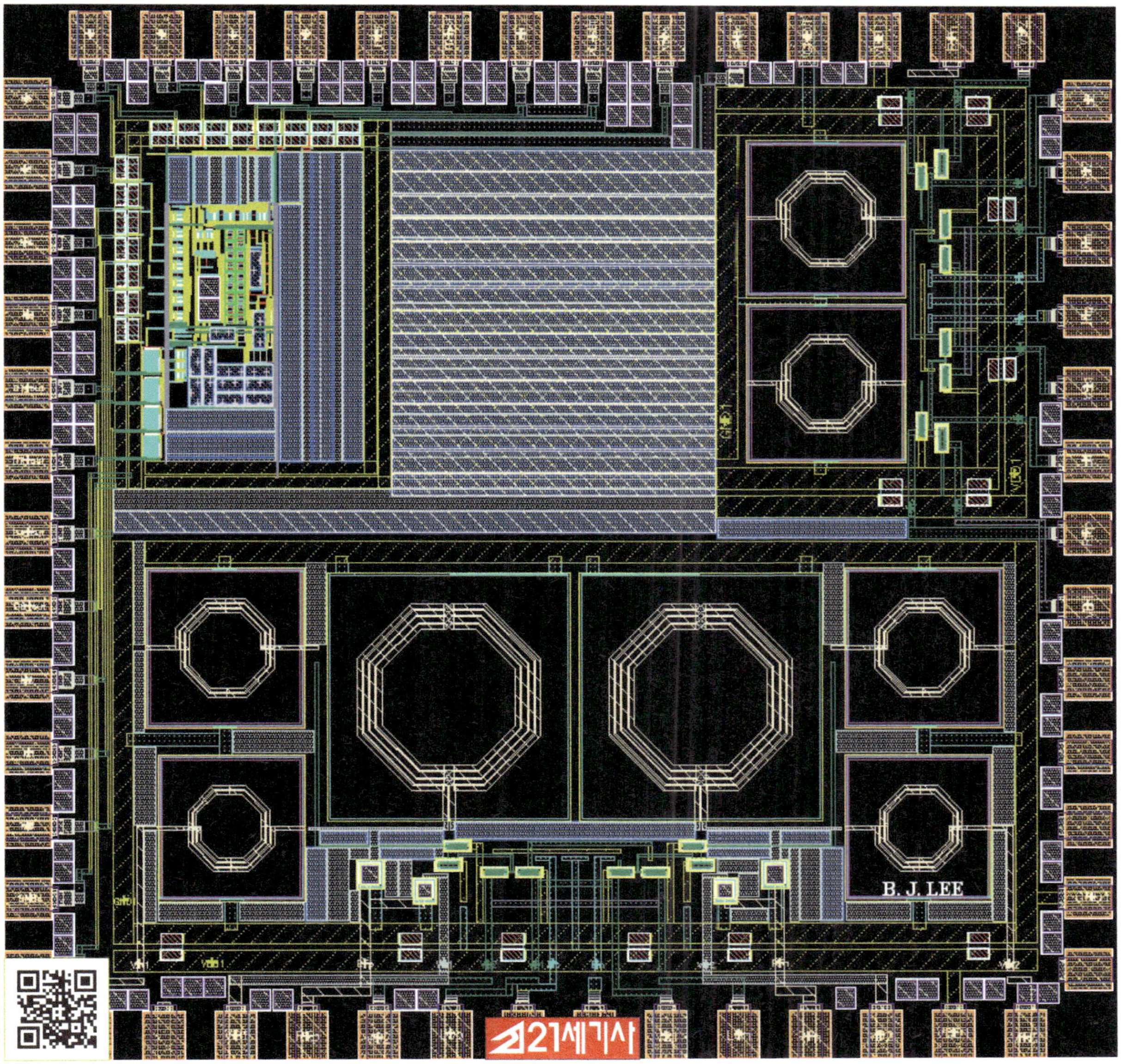

21세기사

CONTENTS

PART Ⅰ

LINUX

Chapter 1. LINUX 시스템의 개요 7

1.1 LINUX 시스템의 개요 8
1.2 시스템의 사용법 기초 10
1.3 파일 시스템 11
1.4 명령어 15
1.5 vi의 소개 40

Chapter 2. Fedora 7 설치하기 47

2.1 하드웨어 준비하기 48
2.2 CD(DVD)로 부팅하기 48
2.3 파티션 준비하기 50
2.4 설치 시작하기 51
2.5 GUI 모드 설치하기 52
2.6 파티션 설정하기 54
2.7 부트 로더(Boot loader) 설정 59
2.8 네트워크 설정하기 60
2.9 시간대, 계정 인증 설정하기 62
2.10 패키지 설치하기 63
2.11 설치 완료 65

PART Ⅱ

CADENCE

Chapter 1. 집적회로 설계의 역사와 전망 69

1.1 집적회로 설계의 역사 70
1.2 집적회로 설계의 전망 71

Chapter 2. MOSFET의 기본 원리 75

2.1 동작 특성(NMOS, PMOS) 76
2.2 Inverter Cross Section 78

Chapter 3. Layout의 개요 81

3.1 Stick diagram 82
3.2 Simplified Design Rules 88

Chapter 4. Gpdk090 Design Rules 89

4.1 Layer Description 90
4.2 Device Layer Table 91
4.3 Device Layout Examples 92
4.4 CMOS Digital Core Design Rules 95

Chapter 5. Cadence Virtuoso Tools 실행 121

5.1 Cadence Virtuoso Tools 실행 122

Chapter 6. 디지털 회로 153

6.1 Inverter 154
6.2 2-Input NAND 200
6.3 2-Input NOR 216
6.4 MUX 232
6.5 Switch 247

Chapter 7. 아날로그 회로 277

7.1 CS Amplifier 278
7.2 Differential Amplifier 301

PART I

LINUX

CHAPTER 1

LINUX 시스템의 개요

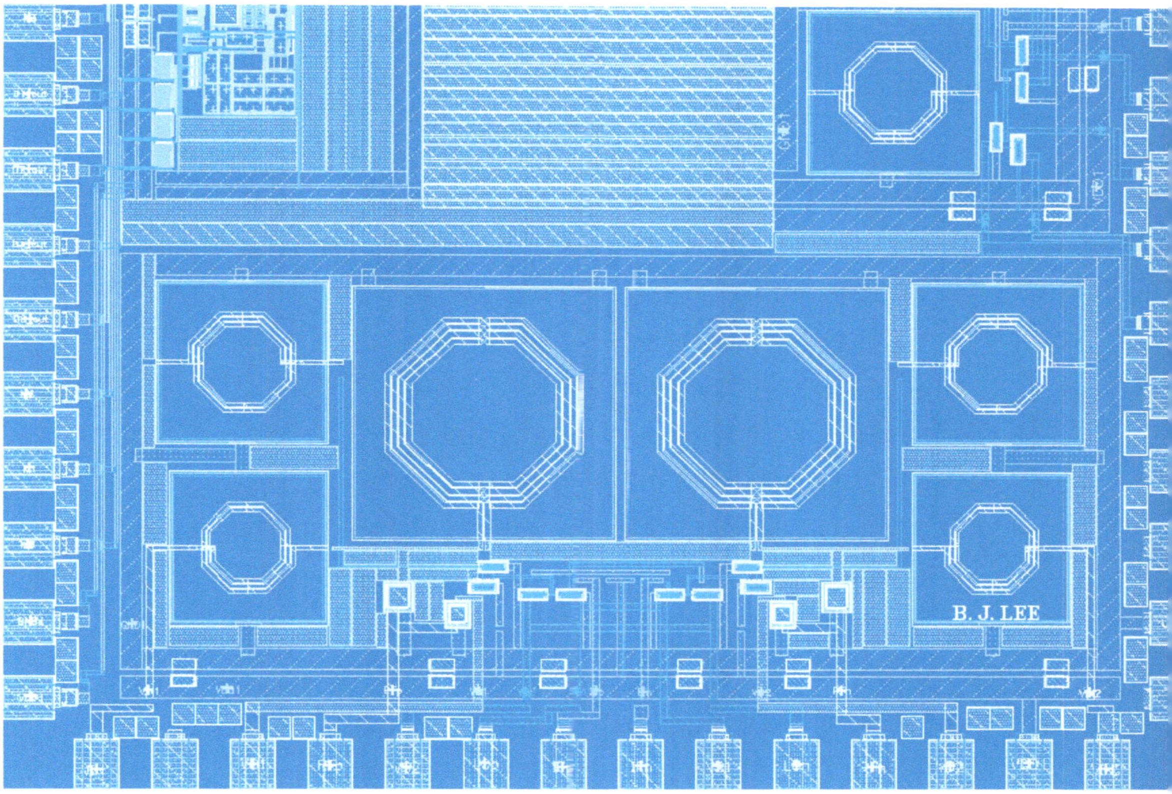

LINUX 시스템의 개요 1.1
시스템의 사용법 기초 1.2
파일 시스템 1.3
명령어 1.4
vi의 소개 1.5

1.1 LINUX 시스템의 개요

- 리눅스 개발

- 운영체재(OS:Operating System)
  컴퓨터와 사용자를 연결시켜 주는 프로그램들의 집합(시스템소프트웨어)

- OS의 기능
  1) 컴퓨터 통제
  2) 사용자와 컴퓨터의 번역기 역할
  3) 사용자 프로그램 수행

- 리눅스로 할 수 있는 일
  1) 안정적인 서버기능 수행 (개인, 가정, 직장 등의 네트워크 구축에서)
  2) 소프트웨어 개발 도구로 이용 (C 언어 내장)
  3) 우주왕복선 조정에 이용
  4) 인터넷과 연동하여 값비싼 주변기기 공유
  5) 리눅스 머신을 라우터로 이용하여 인터넷 공유
  6) 인트라넷, 인터넷 서버 구축 (각종 프로토콜 지원)
  7) 가정이나 소규모 사무실(SOHO)에서 2대 이상의 PC로 네트워크 구축 가능
  8) 각종 에뮬레이터(ibcs, dosemu, wine, executor)를 이용하여 다른 운영체제의 실행파일 실행 가능
  9) 전자게시판(BBS)을 만들 수 있다.
  10) 다양한 운영체제의 파일시스템(dos,fat,vfat,ncpfs,hfs,hpfs,afs,ufs) 지원
  11) 멀티유저와 다중처리 기능으로 한 대의 컴퓨터로 여러 사람이 공유 가능

- 시스템의 특성
  1) 높은 이식성(C 언어로 작성)
  2) 범용 시스템
  3) 온라인 대화형 시스템(Interactive System)
  4) 다중 사용자(Multiuser) 시스템
  5) 다중 작업(Multitasking) 시스템

6) 다중 처리(Multiprocessing) 시스템

7) 계층적인 구조의 파일시스템

- 시스템구조

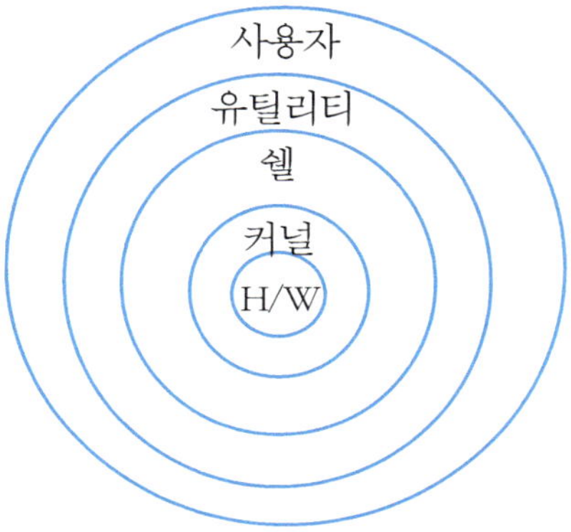

- 커널(Kernel)

하드웨어와 인터페이스를 수행하는 프로그램

1) 컴퓨터접근허용

2) 메모리 관리

3) 자원할당

4) 파일시스템 관리

- 쉘(Shell)

사용자와 시스템 간의 대화를 가능하게 해주는 명령어 해석프로그램

- 유틸리티(Utility)

각종 프로그래밍 언어 처리프로그램, 데이터베이스, 네트워크 등 응용프로그램들의 집합

- 명령어(Commands)

컴퓨터가 특정작업을 수행할 수 있도록 구성한 프로그램

1.2 시스템의 사용법 기초

1) 사용 순서

① 로그인 이름 (Login ID) 입력
② 암호(Password) 입력
③ 작업수행
④ 로그아웃(Logout)

※ 로그인 이름은 영문자, 숫자를 포함하여 8자이내

※ 암호 : 영문자, 숫자, 특수기호를 포함한 6자 이상 가능하지만, 6자까지 유효
로그인 이름과 동일한 것은 사용불가.
입력시 화면에 보이지 않음.

예) 로그인이름 : k0418999
암 호 : ******

※ Windows에서 리눅스 시스템 접속 실습 : 텔넷(Telnet) 접속

[시작]—[실행]—[telnet ip주소]—[확인]

예) telnet 211.223.195.192
telnet 211.223.195.3

2) LINUX 시스템 사용기호

① $: 시스템 프롬프트
② 〈ctrl〉 + 〈c〉 : 작업중지
③ 〈ctrl〉 + 〈s〉 : 화면스크롤 정지
④ 〈ctrl〉 + 〈q〉 : 화면스크롤 재개
⑤ 〈ctrl〉 + 〈d〉 : 시스템 로그아웃 또는 입력의 끝
⑥ 〈ctrl〉 + 〈z〉 : 일시 수행 정지

1.3 파일 시스템

1) 개요

; 파일 : 어떤 정보들의 모임
디스크, 테이프에 보관
생성, 수정, 삭제 가능

; 파일시스템 : 파일들의 집합들이 적절한 형태로 구성되어진 것
cf : 윈도우계열(fat16, fat32, ntfs), 리눅스(ext2, ext3)

; 계층적 구조(hierarchical structure)로 구성 (족보모양)

2) 파일의 종류

; 종류 : 일반파일, 디렉토리파일, 특수파일
; 파일명 : 255자 이내의 영문자, 숫자로 구성, 특수기호는 선별하여 사용가능
확장명의 개념은 없지만 파일 관리상 사용하는 경우도 있음.
대·소문자를 구별함.

① 일반파일(Ordinary File)
a) 텍스트파일(Text file)
; ASCII 문자들로 구성된 파일
; 화면이나 프린터로 내용 확인 가능
예) 소스프로그램 파일, 문서파일

b) 이진파일(Binary file)
; 2진수로 구성된 파일
; 화면이나 프린터로 내용 확인 불가능
예) 기계어로 번역된 실행 가능한 프로그램 파일

② 디렉토리 파일(Directory File)

; 파일들을 특성별로 그룹짓기 위한 파일

; 자신의 디렉토리내에 또 다른 디렉토리(Sub Directory) 생성 가능

; 정해진 규칙에 의한 경로(Path)를 따르는 계층적 구조를 가짐

; 항상 두 개의 특수한 Entry를 가짐

. : 현재 작업하고 있는 디렉토리(Current Directory)

.. : 현재 디렉토리의 한 단계 상위 디렉토리(Parent Directory)

※ 루트 디렉토리(Root Directory)

; 시스템의 가장 상위 디렉토리

; '/' 기호로 표시

※ 홈 디렉토리(Home Directory)

; 사용자가 login 하였을 때 최초로 위치하는 디렉토리

; ' ~ ' 기호로 표시

; 주요 시스템 파일(.bashrc, .bash_profile …)

※ 현재 디렉토리(Current Directory) 또는 작업 디렉토리(Working Directory)

; 현재 사용자가 작업하고 있는 디렉토리

③ 특수파일(Special File)

; 입출력 장치들을 관리할 수 있는 채널의 정보를 가지고 있는 파일

예) /dev/lp (프린터), /dev/fd0 (플로피디스크), /dev/hda (하드디스크) 등

3) 파일시스템 구성도

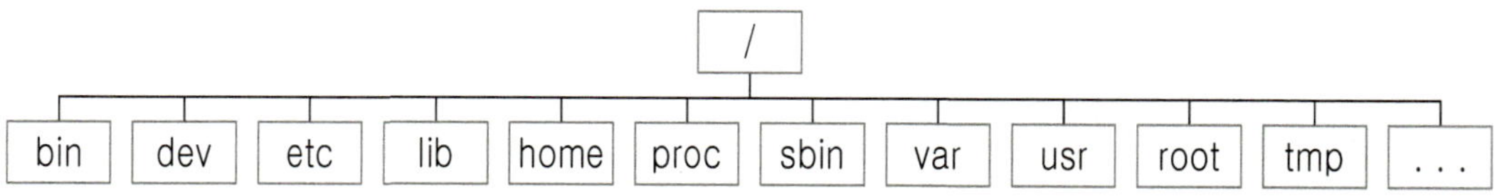

① / : 루트 디렉토리(파티션)
② /bin : 기본명령어가 들어있는 디렉토리
③ /dev : 장치 파일이 들어있는 디렉토리
④ /etc : 시스템 설정에 관련된 파일들이 포함된 디렉토리
⑤ /lib : 공유 라이브러리 파일들이 포함된 디렉토리 (프로그래밍 언어 관련있음)
⑥ /home : 사용자 계정 디렉토리
⑦ /proc : 커널의 정보를 가지는 가상의 파일시스템
⑧ /sbin : 시스템 관리와 관련된 실행 파일이 포함된 디렉토리
⑨ /var : 시스템 운영 중 시스템 자료 데이터가 변경될 때 자료들이 저장되는 디렉토리
⑩ /usr : 시스템 운영을 위한 응용 프로그램이 설치된 디렉토리
⑪ /root : 관리자 작업공간
⑫ /tmp : 임시 작업용 디렉토리
⑬ /mnt : 임시 마운트 디렉토리(디스크 연결 등)

4) 경로명(Pathname)

; 파일시스템을 통하여 원하는 파일까지의 길(Path)을 나타내는 경로
; 경로명은 현재 디렉토리와 루트디렉토리에서부터 시작

① 상대경로(Relative Path)
; 현재 디렉토리로부터 시작
  예) 현재 디렉토리가 /bin 일 때 상위 디렉토리 밑에 있는 dev 디렉토리를
    지정하는 상대경로명은 ../dev 이다.

② 절대경로(Absolute Path)
; 루트 디렉토리로부터 시작
  예) /dev

5) 파일 모드(소유권과 허가권)

; 파일 자체가 가지고 있는 특수한 정보로서 총 64바이트로 구성

① 파일의 접근권한 (Access Privilege)
② 파일의 형태
③ 파일의 생성, 수정에 관련된 시각
④ 파일의 크기 등

; 파일 모드는 "ls -l" 명령으로 확인

; "chmod" 명령으로 권한 변경 가능

가. 파일의 형태 ("ls -l" 명령의 결과 중 맨 왼쪽 첫째자리 기호)

d : 디렉토리 파일
- : 일반 파일
c : 문자단위 처리 장치파일(화면장치, 프린터) /dev 디렉토리 참조
b : 블럭단위 처리 장치 파일(디스크, 테이프 장치) /dev 디렉토리 참조
l : 링크 파일

나. 접근 허가 모드
; 파일모드에 9자리로 표시
; 파일의 비밀 유지 용도

rwxrwxrwx 3자리씩 끊어 권한을 표시함.(소유자, 그룹, 기타 사용자별로 권한부여)

-	rw-rw-r--	1	it40	it	32	Jul 22 19:15	Program.c
①	②	③	④	⑤	⑥	⑦	⑧

①: 파일 형태(유형) ②: 파일의 접근허가 모드
③: 링크수 ④: 소유자명
⑤: 그룹명 ⑥: 파일의 크기(바이트)
⑦: 파일이 갱신된 날짜와 시각 ⑧: 파일 이름

; 허가모드

r : 읽기 허가

w : 쓰기 허가

x : 실행 허가

- : 권한 없음

※ chmod 명령으로 변경(8진수모드사용 변경, 기호모드사용 변경)

1.4 명령어

1.4.1 개요

◦ 명령어가 들어 있는 디렉토리(/bin, /etc, /usr/bin, /sbin 등에 산재).

◦ 명령어는 반드시 소문자를 사용해야 한다.

1.4.2 명령어의 구조

〈형식〉

명령어 [±]옵션 [인수1 인수2 …]

◦ 명령어 : 수행시키고자 하는 명령어의 이름 또는 파일명

◦ 옵션 : 명령어를 수행시키는 방법의 선택 항목

◦인수 : 명령어를 수행시키고자 하는 데이터 또는 파일의 이름

〈예〉

ls -l /usr/bin

※ 옵션과 인수는 명령어에 따라 생략될 수 있다.

※ 옵션은 + 또는 - 를 붙이거나 명령에 따라 붙이지 않는 경우도 있다.

※ 인수는 대개 특정 파일을 의미

※ 명령어의 길이는 한 라인에서 256자 까지 가능

1.4.3 표준 입출력(Standard Input/Output)

- Login시 표준 입력, 표준 출력, 표준 에러 출력 등의 3가지 기본장치와 연결
- 표준 입력 : 키보드
- 표준 출력, 표준 에러 출력 : 화면장치(모니터)
- 입출력들은 명령에 의해서 프린터, 일반 파일등으로 재지정 가능
  (〈, 〉, 〉〉 기호 사용)
  - 입력 재지정기호 : 〈
  - 출력 재지정기호 : 〉, 〉〉(추가)

예 1) 키보드로 내용을 입력하여 새로운 파일 만들기

$ cat 〉 ex1.txt Enter↵
  Overview of a Computer System Enter↵
  Hardware, Softwarem and People Enter↵
  〈ctrl〉 + 〈d〉
$
$ cat ex1.txt Enter↵ : 내용확인
  Overview of a Computer System
  Hardware, Softwarem and People

예 2) 위의 파일에 다음의 내용을 덧붙이기

$ cat 〉〉 ex1.txt Enter↵
  Your Personal Computer Hardware Enter↵
  Input: What Goes In Enter↵
  The Processor and Memory: Data Manipulation Enter↵
  〈ctrl〉 + 〈d〉
$
$ cat ex1.txt Enter↵ : 내용확인
  Overview of a Computer System
  Hardware, Software and People
  Your Personal Computer Hardware

Input: What Goes In

The Processor and Memory: Data Manipulation

예 3) "abc" 파일의 내용을 sort하여 그 결과를 "cde" 파일에 저장하는 예

sort : 자료를 순서대로 정렬하는 것(오름차순, 내림차순)

$ sort 〈 abc 〉 cde

1.4.4 명령어의 종류

1) date

◦ 설명 : 현재 시스템의 날짜와 시각을 알려준다.

◦ 형식 : date

◦ 예 :

$ date Enter↵

Wed Jul 24 20:10:35 KST 2004

2) pwd (Print Working Directory)

◦설명 : 시스템내에서 사용자의 현재 위치를 경로명(Pathname)으로서 알려준다.

◦형식 : pwd

◦예 :

$ pwd Enter↵

/home/teacher/t40

3) who

◦설명 : 현재 시스템을 사용하고 있는 사용자들에 대한 정보를 알려 준다.
(login 이름, 터미널 번호, login 한 시각 등)

◦형식 : who

◦예 :

```
$ who [Enter↵]
guest    pts/0    Jul 24  21:43
root     :0       Jul 22  10:01
$
```

4) w

◦설명 : 현재 시스템을 사용하고 있는 특정 사용자 또는 전체 사용자의 현재 작업현황 정보를 출력한다.

◦형식 : w 또는 w UserName(id)

◦예 :

```
$ w [Enter↵]
  9:41pm  up  5  days, 9:03,  2 users, load average: 0.24, 0.22, 0.18
USER     TTY      FROM             LOGIN@   IDLE    JCPU   PCPU  WHAT
guest    pts/0    211.223.195.83   9:34pm   0.00s   0.11s  0.03s  w
$
```

5) cat (conCATenate)

◦설명 : 터미널에서 파일의 내용을 보거나 새로운 파일을 작성할 경우 사용 (실행 파일, 2진 데이터 파일의 내용은 제대로 볼 수 없다.)

◦형식 :

a) cat 〉 파일명 --- 새로운 파일 생성 (cf: touch -- 빈 파일 생성)

b) cat 파일명 --- 파일 내용 출력

◦예:

```
$ cat 〉 sample [Enter↵]
Take time to think, [Enter↵]
It is the source of power. [Enter↵]
```

Take time to read, Enter↵
It is the foundation of wisdom. Enter↵
Take time for work, Enter↵
It is the price of success. Enter↵
〈ctrl〉 + 〈d〉 /*문서의 끝을 알림 */

$ cat sample Enter↵
Take time to think,
It is the source of power.
Take time to read,
It is the foundation of wisdom.
Take time for work,
It is the price of success.
$

6) ls (List contents of directory)

◦설명 : 디렉토리에 저장된 파일이나 디렉토리의 목록을 열거한다.

◦형식 : ls [-옵션] [파일, 디렉토리]
파일, 디렉토리가 주어지지 않으면 현재 디렉토리내의 파일을 열거한다.

◦예 :
$ ls Enter↵
sample

※ 옵션으로는 [-RadCxmlnogrtucpFbqisf] 등이 있으나 많이 사용되는 옵션은 다음과 같다.

◦형식 : ls -l
파일에 관한 정보 (파일 모드, 링크수, 파일소유자, 소속 그룹의 이름, 파일 크기, 수정된 시각, 파일명)를 열거.

◦예 :

```
$ ls -l
  total 1
  drwxr-xr-x   2 guest guest    112 Jan 10  2002 Desktop
  -rw-r--r--   1 guest guest    123 Jul 24 10:39 sample
```

◦형식 : ls -a

현재 디렉토리에 있는 모든(all) 파일을 열거한다.

현재 디렉토리 ('.'), 상위 디렉토리('..'), 숨겨진 파일('.' 으로 시작하는 파일) 등을 포함한다.

◦예 :

```
$ ls -a [Enter↵]
. .. .bash_profile  .bashrc  . . . . . . .  sample

$ ls -al [Enter↵]
total 31
drwx------   5 guest  guest    344  Jul 23  10:10  .
dr-xr-xr-x  20 root   root     264  Jul 22  14:20  ..
-rw-------   1 guest  guest    156  Jul 23  11:56  .bash_history
    .        .   .     .        .         .          .
-rw-r--r--   1 guest  guest    123  Jul 24  10:39  sample
```

◦형식 : ls -F

디렉토리 내에 있는 파일의 특성을 구별하여 준다.

실행 파일 : 파일명 뒤에 '*'

디렉토리 : 디렉토리명 뒤에 '/'

일반 파일 : 표식이 없다.

◦예 :

```
$ ls -F [Enter↵]
Desktop/  sample
```

★ 메타문자(Meta Character), 와일드카드(Wildcard) 문자

; 사용자가 정확한 파일의 이름을 모르는 경우 또는 특정한 확장자를 갖는 파일에 대해서 동일한 일을 수행하고자 하는 경우 보다 쉽게 해결할 수 있도록 사용하는 문자

메타문자	의 미
?	임의의 한 문자와 일치
*	모든 문자와 일치
[]	괄호 사이에 있는 어떤 하나의 문자와 일치
–	괄호와 함께 사용되면 범위를 지정한다
!	부정(반대)의 개념을 의미

예 :

ls test?.c : 파일명이 test 다음에 한 문자와 일치하고 확장자가 c인 모든 파일을 나열함. (test1.c, testr.c, test5.c 등)

ls test* : 파일명의 확장자에 상관없이 파일명이 test인 모든 파일을 나열함. (test.doc, test.c, test.zip, test.hwp 등)

ls test.[cCK] : 파일명이 test로 시작하고 확장자가 c 또는 C인 모든 파일을 나열함. (test.c, test.C, test.K)

ls [A-Z]* : 파일명이 대문자로 시작하는 모든 파일을 나열함. (Test, Task, Report, Document 등)

ls Report[1-7] : 파일명이 Report 문자열 다음에 1에서 7까지 숫자가 있는 파일을 나열함. (Report1, Report3, Report6 등)

ls [!A]test : 파일명의 첫 번째 문자가 A로 아니고, 뒤의 단어가 test로 된 파일을 나열함. (stest, Btest, etest 등)

7) cp (Copy File)

◦ 설명 : 기존의 파일의 내용을 다른 이름의 파일에 복사한다.

◦ 형식 :

a) cp [-옵션] 파일1 파일2

파일1 의 내용을 파일2 로 복사한다.

b) cp [-옵션] 파일1 [파일2 …] 디렉토리

지정한 파일들을 지정 디렉토리에 복사한다.

옵션 : -i 동일한 파일이 존재시 확인 후 복사

-r 하위 디렉토리 내용까지 모두 복사

◦ 예 :

$ ls [Enter↵]

sample

$ cp sample sample1 [Enter↵]

$ ls [Enter↵]

sample sample1

$ cp sample sample2 [Enter↵]

$ ls [Enter↵]

sample sample1 sample2

8) mv (Move File)

◦ 설명 : 기존의 파일이나 디렉토리의 이름을 변경시키거나 특정한 디렉토리내의 파일의 다른 디렉토리로 이동시킨다.

파일을 다른 디렉토리로 이동시키려면 이동된 디렉토리에만 그 파일이 존재한다.

◦형식 :

a) mv [-옵션] 파일1 새로운 파일명
파일1 의 이름을 새로운 파일명으로 변경

b) mv [-옵션] 디렉토리1 새로운 디렉토리명
디렉토리1 의 이름을 새로운 디렉토리명으로 변경

c) mv [-옵션] 파일1 [파일2 …] 디렉토리명
지정된 파일들을 지정 디렉토리로 이동

◦예 :

```
$ ls Enter↵
sample   sample1   sample2

$ mv sample sample3 Enter↵

$ ls Enter↵
sample1  sample2   sample3
```

9) rm (Remove File)

◦ 설명 : 파일을 삭제시킨다.

◦ 형식 : rm [옵션] 파일1 [파일2 …]

옵션 : -i : 확인 후 삭제
-r : 하위 디렉토리의 내용까지 삭제
-f : 확인하지 않고 바로 삭제

◦ 예 :

```
$ ls [Enter↵]
sample1  sample2  sample3

$ rm  sample2  sample3 [Enter↵]

$ ls [Enter↵]
  sample1
```

10) mkdir (Make Directory)

◦ 설명 : 새로운 디렉토리를 만든다.

◦ 형식 : mkdir 디렉토리명1 [디렉토리명2 ..]

◦ 예 :

```
$ ls [Enter↵]
sample1

$ mkdir  Subdir1  Subdir2  Subdir3 [Enter↵]

$ ls  -l [Enter↵]
  total 24
  -rw-r--r--    1  guest  guest  123  Jul  24  10:39  sample1
  drwxr-xr-x   2  guest  guest  512  Jul  24  15:12  Subdir1
  drwxr-xr-x   2  guest  guest  512  Jul  24  15:25  Subdir2
  drwxr-xr-x   2  guest  guest  512  Jul  24  15:35  Subdir3
```

11) rmdir (Remove Directory)

◦ 설명 : 디렉토리를 삭제한다. (단, 비어있는 디렉토리만 삭제 가능하다)

◦ 형식 : rmdir 디렉토리1 [디렉토리2 …]

◦ 예 :

$ ls Enter↵
sample1 Subdir1 Subdir2 Subdir3

$ rmdir Subdir3 Enter↵

$ ls Enter↵
sample1 Subdir1 Subdir2

※ 만약 Subdir3에 파일이 저장되어 있는 경우는 "Directory not empty" 라는 에러 메시지가 출력된다.

12) cd (Change Working directory)

◦ 설명 : 현재 작업중인 디렉토리에서 다른 디렉토리로 이동한다. 상대 경로와 절대 경로를 이용하여 이동 가능

◦ 형식 : cd [디렉토리명]
디렉토리명을 기술하지 않으면 홈 디렉토리로 복귀한다.

◦ 예 :

〈상대 경로를 이용한 이동 방법〉
$ pwd Enter↵
/home/kmcis/k0418999

$ ls Enter↵

```
sample1  Subdir1  Subdir2

$ cd  Subdir1 [Enter↵]

$ pwd [Enter↵]
/home/kmcis/k0418999/Subdir1

$ cd  ../Subdir2 [Enter↵]

$ pwd [Enter↵]
/home/kmcis/k0418999/Subdir2

$ cd  .. [Enter↵]

$ pwd [Enter↵]
/home/kmcis/k0418999
```

〈절대 경로를 이용한 이동 방법〉

```
$ pwd [Enter↵]
/home/kmcis/k0418999

$ ls [Enter↵]
sample1  Subdir1  Subdir2

$ cd  /home/kmcis/k0418999/Subdir1 [Enter↵]

$ pwd [Enter↵]
/home/kmcis/k0418999/Subdir1

$ ls [Enter↵]
```

$ cd /home/kmcis/k0418999/Subdir2 [Enter↵]

$ pwd [Enter↵]
/home/kmcis/k0418999/Subdir2

$ cd /home/kmcis/k0418999 [Enter↵]

$ pwd [Enter↵]
/home/kmcis/k0418999

13) passwd (Change Password)

◦ 설명 : 사용자 자신에 대한 암호를 새로 등록하거나 변경시킨다.
암호의 길이는 6자 이상이어야 하는데 처음 6자 만이 유효하다.
암호는 2자 이상의 영문자와 1자 이상의 숫자 또는 특수기호로 구성해야 함.
영문자에서 소문자와 대문자는 서로 다른 문자로 식별된다.
암호문자는 사용자의 로그인 이름과 같아서는 안 됨
암호문자를 돌렸을때 (Circular Shift) 혹은 역방향으로 했을 때 같아도 안 됨
암호를 변경할 때는 이전의 암호와 변경후의 암호가 3자 이상 달라야 함.

◦형식 : passwd

◦예 :

가. 최초 암호 등록시

$ passwd
New UNIX password : ▦▦▦▦▦▦ [Enter↵] ※ 입력하는 암호는 보이지 않는다.
Re-enter new UNIX password : ▦▦▦▦▦▦ [Enter↵]
passwd: all authentication tokens updated successfully

나. 이미 등록된 암호 변경시

$ passwd [Enter↵]

Changing password for guest

(current) UNIX password : ■■■■■■■ [Enter↵]

New UNIX password : ■■■■■■■ [Enter↵]

Re-enter new UNIX password : ■■■■■■■ [Enter↵]

passwd: all authentication tokens updated successfully

14) chmod (Change Mode)

◦ 설명 : 파일이나 디렉토리의 사용 권한을 변경한다.
파일이나 디렉토리를 처음 생성시킬 때
파일은 -rw-r--r-- 로, 디렉토리는 drwxr-xr-x 로 보호 비트가 지정된다.
디렉토리의 보호 비트에 실행 허가가 없으면 "cd" 명령으로 지정 디렉토리로 들어갈 수 없다.

◦형식 1 :

chmod [허가상태] [파일 또는 디렉토리명]

※ 허가상태에 사용하는 기호 표현법

사용자 상태 허가권

[ugoa] [+/-/=] [rwx]

u : 파일의 소유자 g : 소유자가 속한 그룹의 사용자

o : 그 외 다른 사용자 a : 모든 사용자 (ugo 와 동일한 의미)

+ : 허가를 추가해줌 - : 허가를 취소함

= : 허가를 다시 지정함

◦예 :

※ 파일 sample1을 소유자 이외의 다른 사람이 읽지 못하도록 변경하는 경우

```
$ ls -l [Enter↵]
-rw-r--r-- 1 guest … sample1

$ chmod go-r sample1 [Enter↵]

$ ls -l [Enter↵]
-rw------- 1 guest … sample1
```

※ 파일 소유자가 속한 그룹의 사용자에게 읽고 실행할 수 있는 권한을 부여하는 경우

```
$ ls -l [Enter↵]
-rw------- 1 guest … sample1

$ chmod g+rx sample1 [Enter↵]

$ ls -l [Enter↵]
-rw-r-x--- 1 guest … sample1
```

※ 파일 소유자에게 읽을 수 있고 실행할 수 있는 권한으로 재 지정해 주는 경우

```
$ ls -l [Enter↵]
-rw-r-x--- 1 guest … sample1

$ chmod u=rx sample1 [Enter↵]

$ ls -l [Enter↵]
-r-xr-x--- 1 guest … sample1
```

※ 모든 사용자에게 쓸 수 있는 권한을 주는 경우

```
$ chmod  a+w  sample1 Enter↵

$ ls  -l Enter↵
-rwxrwx-w-   1   guest   …   sample1
```

※ 소유자와 그룹의 사람을 제외한 그 외 사용자에게 읽을 수 있는 권한을 주는 경우

```
$ ls  -l Enter↵
-rwxrwx-w-   1   guest   …   sample1

$ chmod  o+r  sample1 Enter↵

$ ls  -l Enter↵
-rwxrw-rw-   1   guest   …   sample1
```

※ 신규 파일 생성시 지정되는 모드 (-rw-r--r--)로 권한을 변경하는 경우

```
$ ls  -l Enter↵
-rwxrw-rw-   1   guest   …   sample1

$ chmod  u=rw,go=r sample1 Enter↵

$ ls  -l Enter↵
-rw-r--r--   1   guest   …   sample1
```

◦ 형식 2 :

chmod [8진수 표현값] [파일이나 디렉토리명]

〈8진수 표현법〉

rwxrwxrwx 로 표시되는 9개이 보호 비트를 3자리씩 끊어서 기호(r,w,x)가 있는 자리는 1, 기호가 없는 자리(-)는 0 으로 하여 8진수 값으로 표시한다. 예를 들어 보호 비트가 rw-r--r-- 이면 110100100 이 되고 이것을 3자리씩 끊어 8진수 표기하던 644 가 된다.

이것을 정리하면

400 : 소유자에게 읽기 허용
200 : 소유자에게 쓰기 허용
100 : 소유자에게 실행 허용
040 : 그룹에 읽기 허용
020 : 그룹에 쓰기 허용
010 : 그룹에 실행 허용
004 : 그 외 다른 사용자에게 읽기 허용
002 : 그 외 다른 사용자에게 쓰기 허용
001 : 그 외 다른 사용자에게 실행 허용

이 된다. 이 8진 숫자를 논리 연산자 OR 에 의해 결합하여 사용한다.

◦ 예 :

※ 신규파일 생성시 현재 모드에서 모든 사용자에게 실행할 수 있는 권한을 주는 경우

```
$ ls -l [Enter↵]
-rw-r--r--  1  guest  …  sample1

$ chmod 755 sample1 [Enter↵]

$ ls -l [Enter↵]
-rwxr-xr-x  1  guest  …  sample1
```

※ 신규 파일 생성시 지정되는 모드로 변경할 경우

```
$ ls -l [Enter↵]
-rwxr-xr-x  1  guest  …  sample1

$ chmod 644 sample1 [Enter↵]
-rw-r--r--  1  guest  …  sample1
```

※ umask : 022   directory : 755 (777-022)   file : 644 (666-022)
　허가권에 대한 mask 값.

15) chown (Change Owner), chgrp (Change Group)

◦ 설명 : 파일의 소유자와 그룹을 변경
　　　 root (시스템관리자)가 실행

◦ 형식 :
　chown 소유자 파일명 (소유자 변경)
　chgrp 그룹명 파일명 (그룹 변경)

◦ 예 :
　chown t40 kkk
　chgrp teacher kkk

16) find

◦ 설명 : 특정한 파일을 찾고자 할 때

◦ 형식 :
　find 〈경로명〉 〈옵션〉 파일명 〈옵션〉

◦ 예 :
　find . -name abc -print (현재 디렉토리내에 abc란 파일을 찾고자 할 때)
　find / -name pwd -print (시스템 전체에서 pwd란 파일을 찾고자 할 때)

17) ln

◦ 설명 :

링크(하나의 파일을 다른 이름으로 사용하고자 할 때, 디스크를 차지하지 않음.)

inode 번호로 확인.(ls 명령의 옵션 -i 사용)

◦형식 :

ln 원본파일 링크파일 : 다른 이름으로 지정(하드링크)

ln -s 원본파일 링크파일 (심볼릭 링크) : 윈도우의 단축아이콘 개념

◦예 :

ln abc kkk

ln -s /bin ttt

18) more, less

◦ 설명 :

파일의 내용을 페이지 단위로 출력

◦ 형식 :

more 파일명

less 파일명

◦ 예 :

more /etc/passwd

less /etc/passwd

19) grep

◦ 설명 : 파일 내에서 특정 문자열을 찾을 때 사용

◦ 형식 :

grep [옵션] 패턴 파일명

◦ 예 :

grep time sample1

grep coffee mouse.txt

20) head

◦ 설명 : 파일의 첫 부분(기본 10행)을 보여줌

◦ 형식 :
head [-옵션] 파일명

◦ 예 :
head /etc/passwd
head -5 /etc/passwd

21) tail

◦ 설명 : 파일의 마지막 부분(기본 10행)을 보여줌.

◦ 형식 :
tail [옵션] 파일명

◦ 예 :
tail /etc/passwd
tail -5 /etc/passwd

22) file

◦ 설명 : 파일의 유형(일반텍스트파일, 실행파일, 디렉토리 등)을 알고자 할 때 사용

◦ 형식 :
file 파일명

◦ 예 :
file /etc/passwd

23) tar

◦ 설명 : 백업용으로 여러 개의 파일을 하나로 묶는 기능

◦ 형식 :
tar [-][명령][옵션] tar-형식파일 원본파일 --→ tape archive

- 명령
  c : 새로이 생성
  x : 풀기

t : 내용만 확인
r : 원본파일들을 추가
u : 새로운 파일로 갱신

- 옵션
f : 테이프나 디스크 장치에 묶고 풀기위해 지정
v : 작업과정을 보여줌
Z : compress를 사용해서 tar.Z 파일을 묶거나 풀 때 사용
z : gzip를 사용해서 tar.gz나 tgz 파일을 묶거나 풀 때 사용
C : 특정 디렉토리에 풀 때 사용

◦ 예 :

묶기
tar cvf sample.tar sample1 abc cde

풀기
tar xvf sample.tar

압축하면서 묶기
tar czvf sample.tar.gz sample abd cde

압축되어 묶어진 파일 풀기
tar xzvf sample.tar.gz

24) 압축 명령

compress 〈==〉 uncompress 확장명 : .Z
gzip 〈==〉 gunzip 확장명 : .gz
※ gzip 이 압축율이 좋음.

25) 윈도용(도스) 플로피 디스크 사용명령

◦ 명령어 : mdir, mcopy, mcd, mdel, mformat, mrd, mren, mtype 등

◦ 환경 설정 파일 :
/etc/mtools.conf

26) tree

◦ 디렉토리의 목록을 트리구조로 출력함

27) 프로세스 관리

프로세스 : 실행중인 단위 프로그램

(1) 백그라운드 작업과 포어그라운드 작업
- 멀티태스킹

- 포어그라운드(foreground) 작업
  ; 프롬프트 상태에서 명령어가 입력되어 실행되는 작업
  ; 현재 실행중인 명령어가 종료되어야 다음 명령어를 입력하기 위한 프롬프트가 출력됨

- 백그라운드(background) 작업
  ; 명령어를 입력할 때 맨 뒤에 '&'를 붙여 실행한 작업
  ; 작업번호와 프로세스 번호가 출력됨.
  ; 현재 실행중인 명령어의 종료와 관계없이 바로 프롬프트가 출력되어 다음 명령어의 입력이 가능함.
  ; 실행하는데 장시간이 요구되는 작업에 적합

◦ 예

```
$ sleep  100&
  [1] 12345
```

$ ---------→ 곧바로 프롬프트가 출력 됨.

(2) 프로세스 상태 확인

ps [-][옵션]

예. ps

ps aux (실행중인 모든 사용자의 프로세스 목록 보기)

(3) 백그라운드 작업 관련 명령어

◦ jobs : 백그라운드 작업 실행 확인

+) 실행중, -) 실행예정

[형식] jobs

◦ fg : 백그라운드에서 포어그라운드 상태로 전환

[형식] fg %작업번호

◦ bg : 포그라운드 상태를 백그라운드 상태로 전환

[형식] bg %작업번호

(4) 프로세스 종료시키기

◦ 실행중인 프로세스를 강제로 종료시키는 기능

◦ 형식 :

kill [-신호번호] pid

◦ 예 :

kill -9 12345

(5) 프로세스들의 시스템 자원 점유 상태의 실시간 점검

◦ top

28) mount

◦ 설명 : 특정 디렉토리에 파일 시스템을 탑재시키는 기능

◦ 형식 :

mount [-t 파일시스템유형] [장치] [디렉토리]

◦ 예 :

```
# mount  /dev/cdrom

# mount  -t 9660  /dev/cdrom  /mnt/cdrom

# mount  -t msdos  /dev/fd0   /mnt/floppy
```

29) umount

◦ 설명 : 마운트되었던 파일시스템의 연결 해제

◦ 형식 :

umount [장치]
umount [디렉토리]

◦ 예 :

```
# umount  /dev/cdrom
# umount  /mnt/cdrom
```

30) rpm

; rpm(redhat package management)
; 레드햇 배포판의 핵심요소

가. rpm 구조

〈패키지이름〉〈버전〉〈패키지 릴리즈 번호〉〈아키텍쳐〉.rpm

나. rpm 설치

rpm -Uvh rpm파일명 (-U : 패키지업그레이드)

31) 파이프 라인

◦ 설명 : 한 명령어의 출력이 다른 명령어의 입력으로 사용되는 것

◦ 파이프 종류 : | (일자형 파이프)
| tee (T 자형 파이프)

◦ 형식 :

1) 명령1 | 명령2 | . . .
명령1의 결과가 명령2의 입력으로

2) 명령1 | tee 파일명 | 명령2 . . .
명령1의 결과를 명령2로 넘겨줌과 동시에 파일을 생성한다.

◦ 예

$ ls -l | more

$ who | wc -l
wc : 파일 내의 문자, 단어, 그리고 라인수를 출력하는 명령
-l 옵션을 라인수만 출력

$ who | tee currentuser | wc -l

* who | wc -l 명령은 아래의 과정이 내부적으로 수행된다고 보면 된다.
who 〉 tmp
wc -l tmp
rm tmp

※ 파일유형
가. 압축/묶음파일 : .Z .tar .gz .tgz
나. 파일 형식 : .txt .html .ps .au .wav .jpg .gif
다. 시스템 파일 : .rpm .conf .a .lock
라. 프로그램과 스트립트 파일 : .h .c .cpp .p .pl .tcl .so

1.5 vi의 소개

- vi는 Unix 시스템에서 프로그램이나 문서로 구성되는 파일들을 새로 만들거나 내용을 수정할 수 있도록 개발한 프로그램으로 화면 중심의 편집기(Screen Editor) 이다.
- vi는 "visual"을 나타내며 "vee-eye"라고 발음한다.
- vi의 한 화면이 나타내는 문안의 수는 80문자의 24 라인이다.
- vi의 동작 모드
  1) 입력 모드 : 텍스트의 내용을 입력시킬 때 사용하는 동작 모드
  2) 명령 모드 : 입력된 텍스트의 내용을 변형시킬 때 사용하는 동작 모드

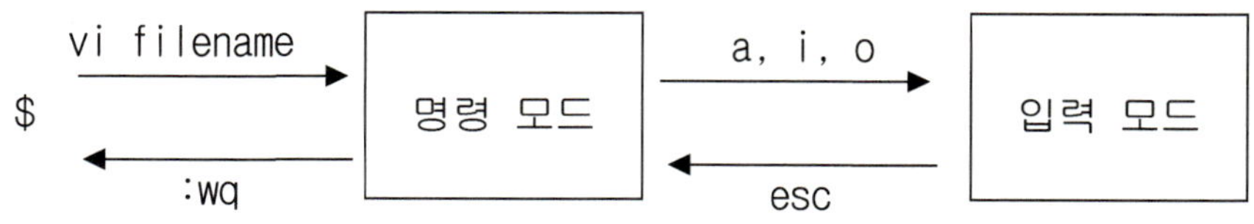

1.5.1 vi의 사용법

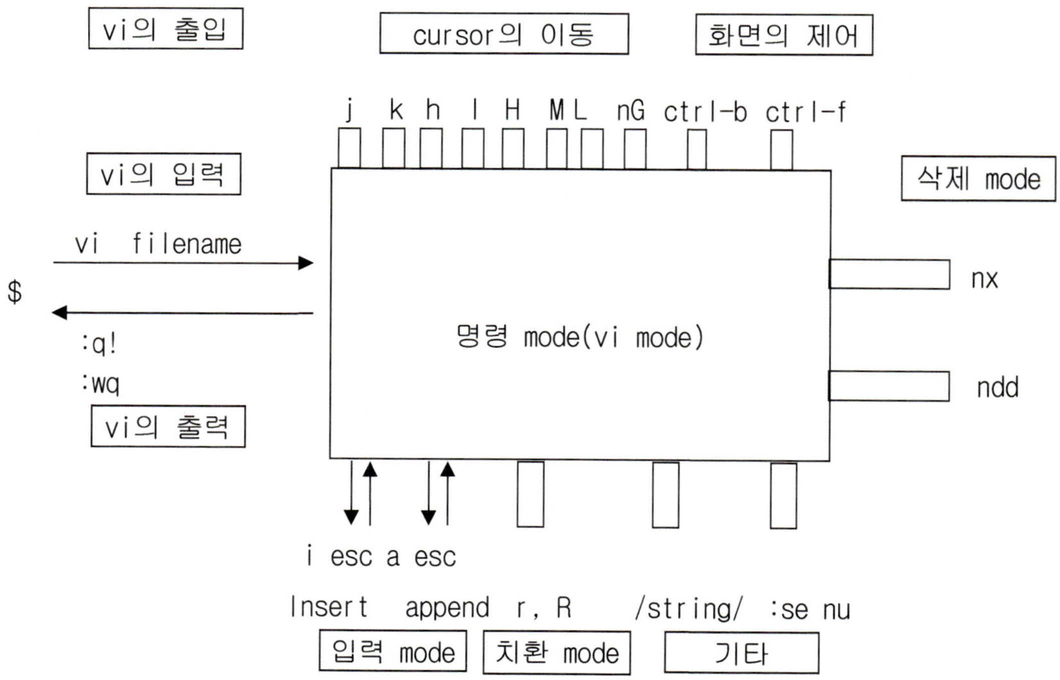

1.5.2 vi에의 출입

1) file의 생성

◦ 형식 : vi filename Enter↵

"filename"이라는 파일이 존재하지 않으면 새로운 파일을 생성하고 cursor는 파일의 첫 번째 줄의 첫 번째 자리에 위치

예 (신규 파일 생성)

$ vi report Enter↵

```
█
~
~
~
~
~
.
.
.
"report" [New file]
```

"filename"이라는 파일이 이미 디스크에 존재하는 경우에는 그 파일을 편집한다.

◦ 예(기존의 파일이 존재시)

$ vi sample1 [Enter↵]

```
Take time to think,
It is the source of power.
Take time to read,
It is the foundation of the wisdom.
Take time for work,
It is the price of success.
~
~
.
 "sample1"   6L, 144C
```

2) vi의 종료

◦ 형식

:q! [Enter↵]

파일의 내용을 수정하였을 경우에도 수정한 내용을 무시하고 원래 파일의 내용으로 vi mode를 빠져 나온다.

:wq [Enter↵]

파일의 내용을 수정하였을 경우 수정한 내용을 파일에 저장한 후 vi mode를 빠져 나온다.

:w [filename] [Enter↵]

지금까지 입력한 모든 내용을 파일에 저장한 후 계속하여 수정 및 편집을 할 수 있는 vi mode 상태를 유지하게 한다.

3) cursor의 이동

cursor는 파일내에서 현재의 위치를 나타낸다.

◦ 형식

h : 현 위치에서 왼쪽으로 한 문자만큼 이동 (←)

j : 다음줄의 같은 위치로 cursor를 이동 (↓)

k : 앞줄의 같은 위치로 cursor를 이동 (↑)

l : 현 위치에서 오른쪽으로 한 문자만큼 이동 (→)

※ 키보드의 상, 하, 좌, 우 방향키를 사용하여 cursor의 위치를 이동할 수 있다.
(윈도우의 telnet 에서는 터미널 옵션에서 별도 정의)

※ Enter 키를 사용하여 cursor를 다음줄로 이동할 수 있다.

※ cursor를 현재 윈도우의 처음, 중간, 마지막 줄로 이동시키기 위한 명령어

H : cursor를 현재 화면의 첫 번째 행으로 이동

M : cursor를 현재 화면의 중간 행으로 이동

L : cursor를 현재 화면의 마지막 행으로 이동

0(숫자) : cursor 가 위치한 줄의 처음으로

$: cursor 가 위치한 줄의 마지막으로

^ : 현재 행의 첫째 문자로 이동

※ cursor를 파일의 지정된 줄로 이동시키기 위한 명령

1G : 파일의 첫 번째 행으로 이동한다.

nG : 파일의 n번째 행으로 이동한다.

G : 파일의 마지막 행으로 이동한다.

4) 화면의 제어

ctrl–b : 현재 화면의 이전 페이지 내용을 스크린에 표시(PgUp)--backward

ctrl–f : 현재 화면의 다음 페이지 내용을 스크린에 표시(PgDn)--Forward

5) 문안(Text)의 편집

5-1) 입력 모드

i : 현재 cursor의 위치 앞에 입력 내용을 삽입(insert)하는 명령
a : 현재 cursor의 위치 뒤에 입력 내용을 추가(append)하는 명령
o : 현재 cursor의 위치 다음 줄에 입력 내용을 추가(open)하는 명령
I : 현재 cursor의 위치에 상관없이 커서 행의 맨 첫째 칸에 삽입
A : 현재 cursor의 위치에 상관없이 커서 행의 맨 마지막 칸에 추가
O : 현재 cursor의 위치 이전 줄에 입력 내용을 삽입(open)하는 명령

5-2) 치환 모드

r : 현재 cursor 위치의 한문자만을 다른 한 문자로 치환(replace)하는 명령

예) 형식 ra
현재 cursor 위치의 문자를 "a"로 치환

예) 형식 3rn
현재 cursor 위치에서부터 3개의 문자를 "n"으로 치환

R : 현재 cursor 위치에서부터 ESC 키를 누를 때까지 계속하여 문장을 치환

~ : 대·소문자로 변경

5-3) 삭제 모드

현재 cursor의 위치에서 문자 또는 줄을 삭제(delete)할 수 있다.

x : 현재 cursor 위치의 한 문자를 삭제
nx : 현재 cursor의 위치에서부터 n개의 문자를 삭제
dd : cursor의 위치에 상관없이 cursor를 포함하고 있는 현재의 줄을 삭제
ndd : cursor를 포함하고 있는 현재의 줄부터 아래 방향으로 n개의 줄을 삭제

D : cursor 위치에서부터 줄의 끝까지 삭제
dw : 현재 cursor의 위치에서 다음 공백이나 구두점까지 한 단어를 삭제

5-4) 기타 명령어

:set number(Enter↵) : 편집 문서의 각 행에 번호를 붙임
(:se nu)

:set nonumber(Enter↵) : set number의 해제
(:se nonu)

/string : 파일 내에서 cursor가 위치한 곳에서부터 순방향으로 스트링을 찾음
?string : 파일 내에서 cursor가 위치한 곳에서부터 역방향으로 스트링을 찾음

n : 스트링 검색에서 계속하여 다음 스트링을 검색하고자 할 때 사용
N : 지정 스트링 검색(/, ?)의 진행 방향의 역으로 검색

u : 바로 앞에 행한 명령을 취소(undo)
U : 현재 줄에 이루어졌던 모든 변화를 복구

J : 행의 결합

yy : 복사할 문장을 버퍼에 복사
p : 버퍼에 복사한 문장을 지정 위치 뒤에 붙여넣기(Paste)
P : 버퍼에 복사한 문장을 지정 위치 앞에 붙여넣기

:%s/dog/cat/g --- 편집 문서 내에 있는 'dog'를 'cat'로 모두 변경함.
:1,10s/dog/cat/g -- 1번 행부터 10행 사이에 있는 'dog'를 'cat'으로 모두 변경함

cf. 끝에 'g'를 넣지 않으면 그 행에서 첫 번째 단어만 치환시킴

CHAPTER **2**

Fedora 7 설치하기

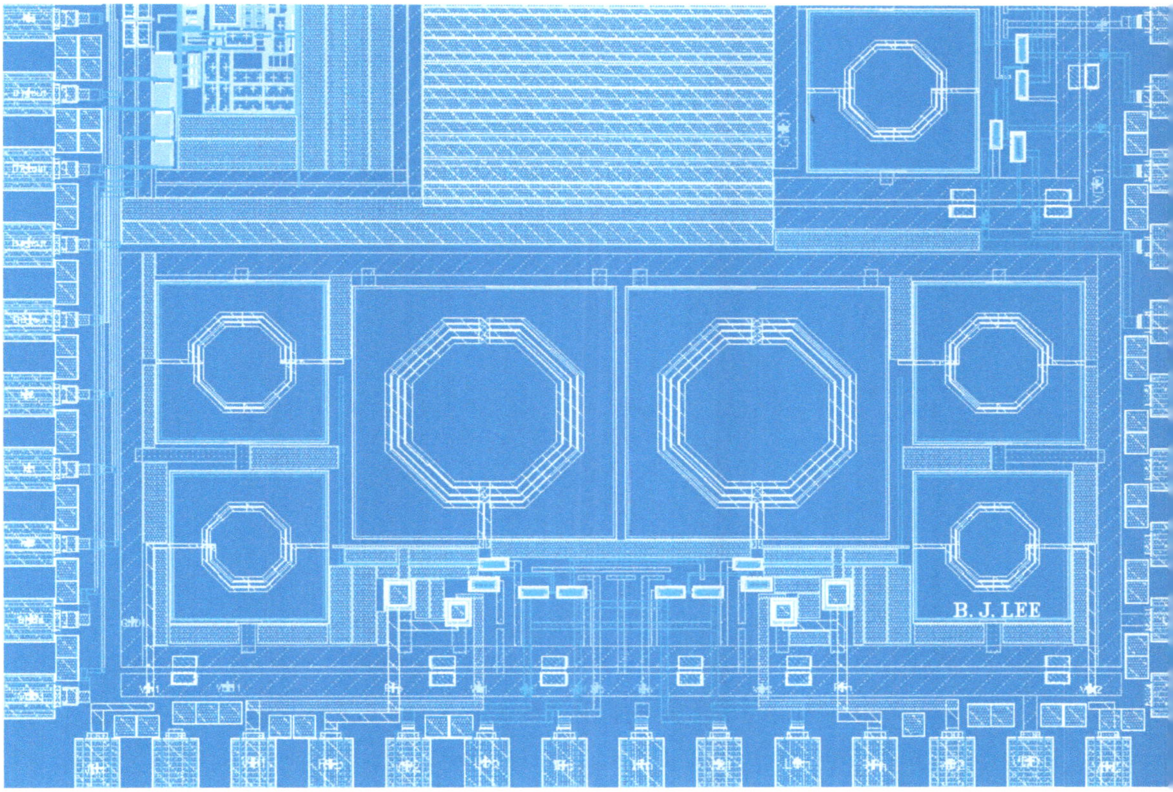

하드웨어 준비하기 2.1
CD(DVD)로 부팅하기 2.2
파티션 준비하기 2.3
설치 시작하기 2.4
GUI 모드 설치하기 2.5
파티션 설정하기 2.6
부트 로더(Boot loader) 설정 2.7
네트워크 설정하기 2.8
시간대, 계정 인증 설정하기 2.9
패키지 설치하기 2.10
설치 완료 2.11

2.1 하드웨어 준비하기

리눅스를 처음 만들 때 사용한 컴퓨터의 사양은 386기종입니다. 용도에 따라 다르긴 하지만 펜티엄IV 정도면 큰 무리 없이 사용이 가능합니다. 만약 사양이 낮다면 원활한 사용 환경을 위해서 하드웨어 업그레이드를 권장합니다.

오히려 새로 나온 컴퓨터의 경우 주변기기를 인식하지 못하는 문제를 발생할 수 있으며 LCD 모니터의 경우 지원되는 주파수가 낮아 GUI 환경에서 실행되지 않을 수 있습니다.

■ 데스크 탑을 이용한 서버 구축의 경우

Fedora 7을 GUI 환경 데스크 탑 운영체제로 사용하기 위하여 다음과 같은 사양이면 충분합니다.

- CPU : Pentium-IV 이상 권장
- Memory : 512MB 이상 권장
- HDD : 20GB 이상 권장
- 주변기기 : DVD Combo 권장

2.2 CD(DVD)로 부팅하기

Fedora 7의 경우는 CD를 이용한 설치 프로그램이 아직 지원되지 않고 DVD 1장으로 인터넷(http://fedoraproject.org)을 통해 제공하고 있습니다. DVD가 없을 경우는 Rescue CD(1장)을 이용하여 부팅 후 FTP 접속을 통해 설치 할 수 있습니다.

교재는 DVD로 부팅 후 설치하는 방법에 대하여 설명하도록 하겠습니다.

시스템이 CD-ROM으로 부팅되도록 하려면 우선 컴퓨터를 부팅할 때 CMOS Setup에서 부팅 디스크의 순서를 변경해 주어야 합니다.

가. 컴퓨터의 전원을 넣고 초기 화면에서 지시에 따라 [Delete] 또는 [F2]를 누릅니다. CMOS 셋업으로 들어가는 방법은 메인보드에 사용된 ROM BIOS에 따라 다른데 주로 중소기업 PC나 용산에서 만든 조립 PC의 경우에는 [Delete]를 사용하며 노트북과 같이 대기업에서 만든 PC의 경우에는 [F2]를 많이 사용합니다.

나. CMOS 셋업의 초기 화면이 표시되면 Boot Setup을 선택하고 부팅 순서에서 첫 번째를 DVD/CD-ROM Drive로 변경합니다.

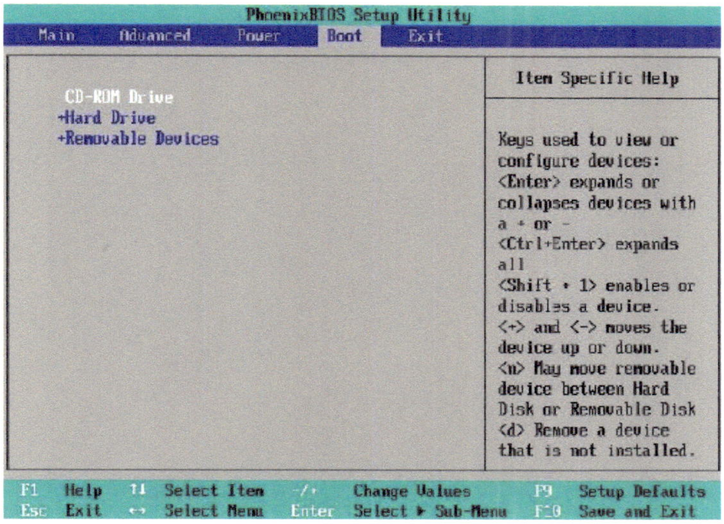

다. [EXIT]를 선택한 후 'Exit Saving Changes'를 선택하고 [Enter]를 누른 후 [Yes]를 선택합니다. BIOS 종류에 따라 설정 방법이 그림과 다를 수 있습니다.

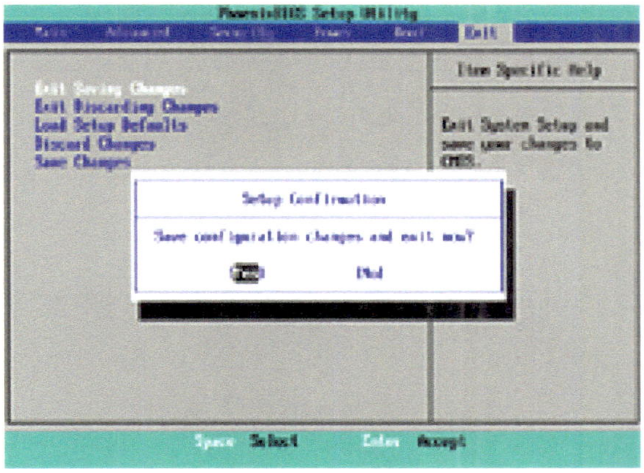

라. 처음부터 다시 시작된 후CD-ROM 드라이브에 리눅스 설치 CD를 넣어두었다면 바로 리눅스 설치 화면이 표시됩니다. 만약 그래픽 모드로 설치를 진행하려면 첫 번째 항목을 선택하고 [Enter]를 누릅니다.

2.3 파티션 준비하기

파티션이란 분할 영역이라고도 하는데 하나의 하드디스크를 몇 개의 드라이브로 분할하여 사용할지 설정하는 것입니다. 하드디스크의 경우에는 하나의 디스크를 여러 개의 드라이브로 분할하여 사용할 수 있기 때문에 리눅스 설치 전 반드시 리눅스가 설치될 공간을 준비해 주어야 하는 것입니다.

리눅스를 설치 시 /boot 디렉터리를 위해 128MB 용량이면 충분하고 / 디렉터리를 위해 10GB 정도의 공간을 준비합니다. 또한 가상 메모리(swap) 설정을 위해 메모리의 2배 정도의 공간을 준비합니다. 여럿이 같이 사용할 경우는 /home 디렉터리의 양을 넉넉히 확보하는 것이 좋습니다.

2.4 설치 시작하기

가. Fedora 7 설치 DVD를 사용하여 부팅을 하면 다음과 같은 설치 방법을 선택하는 화면이 나옵니다. [Enter] 키를 눌러 그래픽을 사용한 화면으로 설치를 합니다. 설치가 잘 안 되는 경우 [Text mode]로 설치하거나 응급 부팅(linux rescue)을 선택할 수 있습니다.

나. 설치 과정입니다.

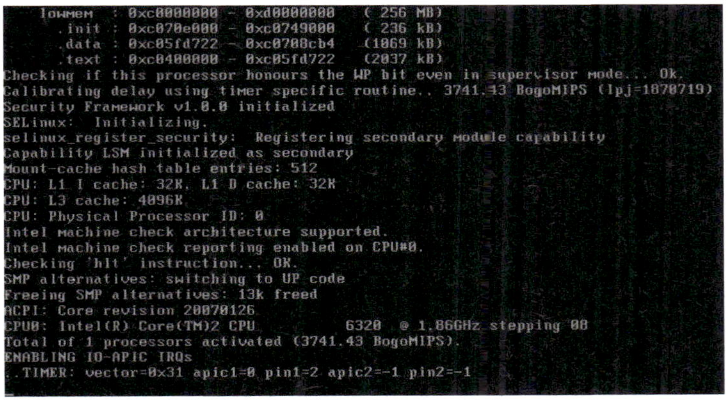

다. 설치 전 CD를 테스트하는 화면입니다. [skip]을 눌러 설치를 계속 진행합니다.

2.5 GUI 모드 설치하기

가. GUI 모드를 선택했을 경우의 화면입니다. 긍정적인 마인드를 가지고 [Next] 클릭합니다.

나. 설치 언어

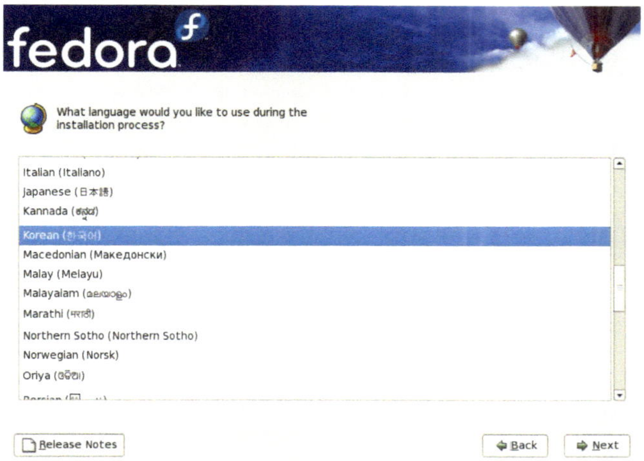

설치 과정에서 사용할 언어를 선택합니다. 당연히 Korean입니다.

다. 키보드 유형

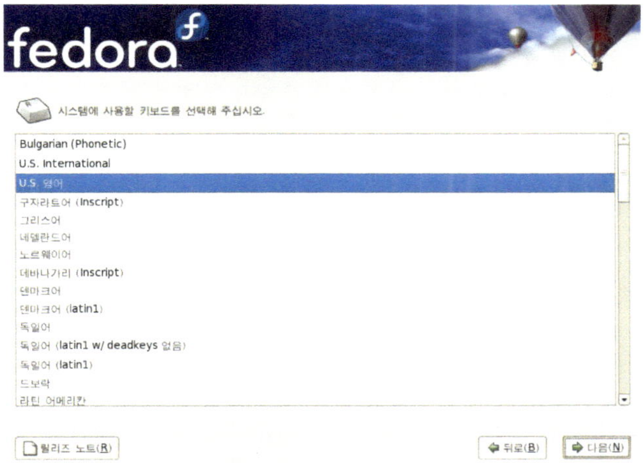

Korean은 따로 없습니다. [U.S 영어]를 선택합니다.

2.6 파티션 설정하기

- 파티션이란?
  - HDD를 논리적으로 분할하여 공간을 할당

- 파티션 분할 이유
  - OS는 디스크가 아닌 파티션을 다룹니다.
  - Windows95의 경우 용량의 제한(2GB) ⇒ FAT32(Windows98)로 해결 됨
  - 기능적인 이유 : OS와 응용프로그램 그리고 데이터의 분리 저장
  - 다중 OS설치 : 2개 이상의 OS를 하나의 컴퓨터에 설치(XP + Linux)

- 파티션 유형 - Windows
  - Primary Partition(주 파티션)
    - 실제 OS가 설치되고 운영되는 주 파티션
    - 부팅이 가능한 파티션(DOS)
    - Hard Disk 하나에 최대4개(DOS는1개)까지 가능합니다.
  - Extended Partition(확장 파티션)
    - Logical Partition을 담는 그릇입니다.
    - Logical Partition을 12개까지 생성하여 사용할 수 있다.
    - Hard Disk에 1개만 추가 할 수 있습니다.
  - Logical Partition(논리 파티션)
    - Extended Partition 안에 원하는 숫자만큼 설치 사용 가능한 Partition

- 파티션 유형 - Linux
  - Linux Native
    - 리눅스 설치될 파일 시스템으로 ext3을 사용한다.
    - 리눅스 OS와 데이터 등이 설치
    - 최소1개 이상(마운트 포인트 ⇒ /) 있어야 합니다.
  - Linux Swap
    - 주 메모리가 부족할 경우 하드 디스크를 가상 메모리(Virtual Memory)로 이용한다.
    - RAM과 Process Swapping
    - 최소1개 이상
    - 일반적으로 RAM의 크기만큼 확보한다.(또는 RAM 크기의 2배)

■ 파티션 명칭

HDD	1st HDD			2nd HDD		
	Primary	Extended		Primary	Extended	
DOS Windows	C:	E:	F:	D:	G:	H:
Linux (ide)	hda1	hda5	hda6	hdb1	hdb5	hdb6
Linux (scsi, sata)	sda1	sda5	sda6	sdb1	sdb5	sdb6

가. Windows 등과 같이 설치해 멀티 부팅을 하기를 원하는 경우 "Create Custom layout"를 선택하는 것이 좋습니다.

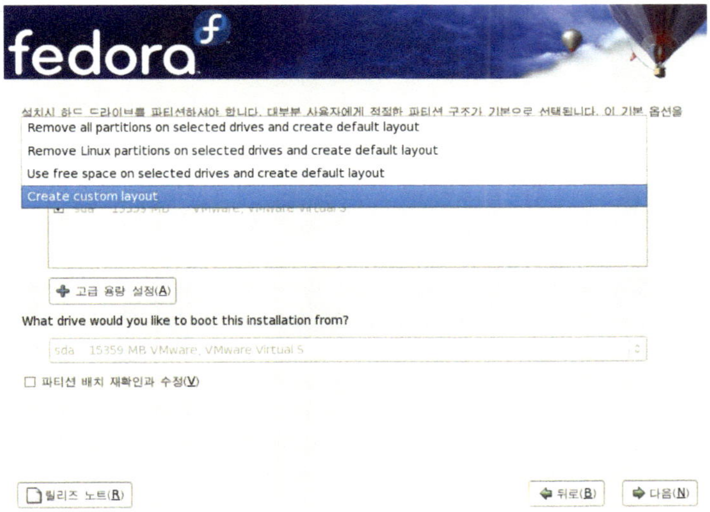

나. MS Windows가 이미 설치되어 있는 경우에는 대부분 파티션이 나뉘어 있게 됩니다. 하나의 하드디스크를 가지고 있고 C:와 D:로 나누어진 경우 '/dev/hda1'이 'C:'에 해당하고 '/dev/hda5'(논리 파티션인 경우) 혹은 '/dev/hda2'(주 파티션인 경우)가 'D:'에 해당합니다. 'Extended' 파티션은 Windows의 특성으로 논리 파티션을 나누기 위해 필요한 파티션입니다.

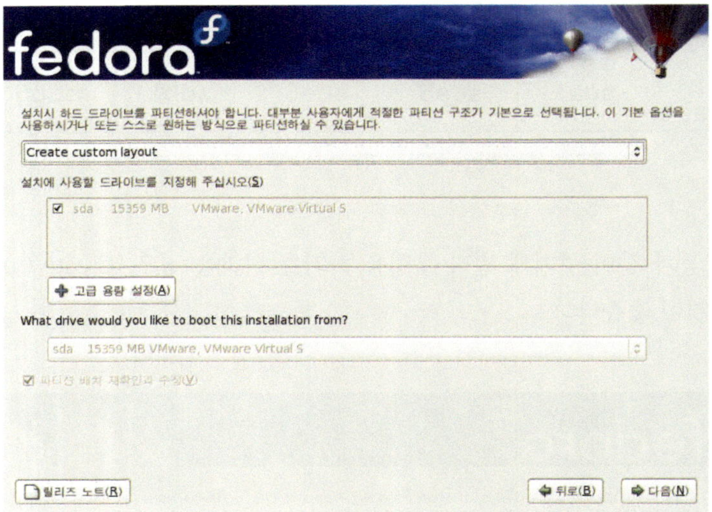

다. / (root) 파티션 추가

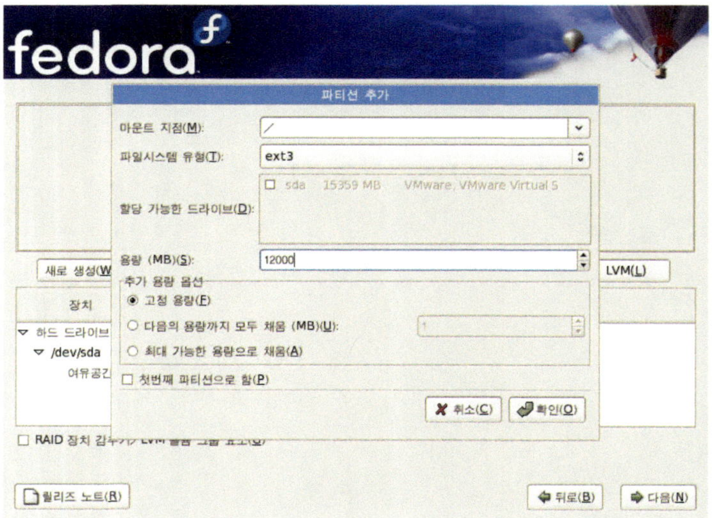

파일 시스템 유형은 ext3, 용량은 10GB 이상으로 설정합니다.
그림은 12GB를 할당했습니다.

라. swap 파티션 추가

마운트 지점은 없으며 반드시 1개 이상의 swap 파티션이 있어야 합니다.
일반적으로 메모리의 2배 크기를 설정합니다.

마. /home 파티션 추가

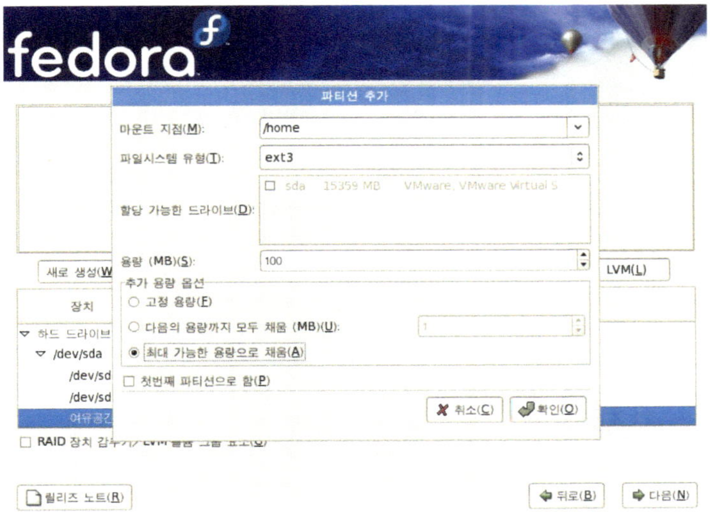

사용자가 많을 경우 "용량은 최대 가능한 용량으로 채움"을 선택하여
나머지 부분을 모두 할당합니다.

하드디스크는 하나의 영역 또는 여러 개의 영역으로 분할되어 사용됩니다. 디스크 내에 있는 각 분할 영역을 '파티션(Partition)'이라고 부르며 여러 개의 파티션 각각은 다른 파일시스템을 구성하여 사용될 수 있습니다. 리눅스 설치에는 루트(/)를 위한 파티션과 가상 메모리(swap)을 위한 파티션이 필요합니다.

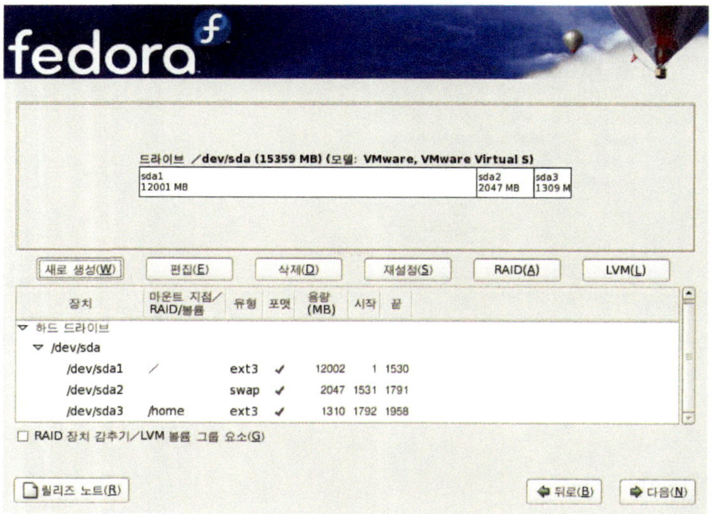

파티션 설정이 끝난 모습입니다.

2.7 부트 로더(Boot loader) 설정

가. GRUB 부트 로더가 설치될 위치입니다. 2개 이상의 OS를 설치한 경우 반드시 MBR (/dev/sda)에 GRUB를 설치합니다.

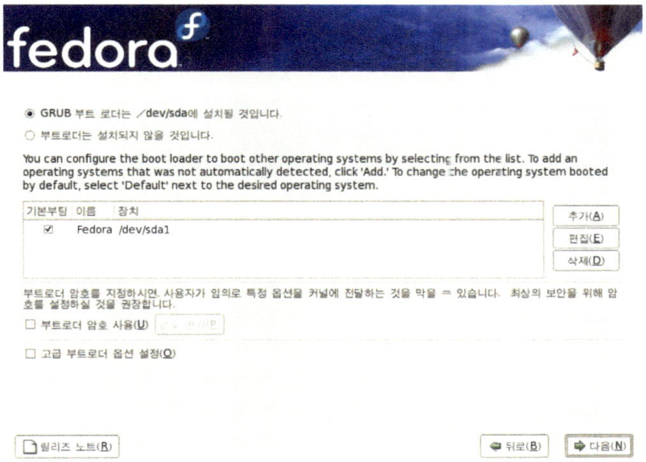

나. 위의 그림은 리눅스만 설치하여 기본 부팅 OS를 선택하지 않았지만 Windows XP를 먼저 설치하고 리눅스를 설치한 경우, 설치가 끝나고 부팅이 이루어질 때 부트 로더의 선택 화면에서 다른 것을 선택하지 않는다면 [기본 부팅] 부분에 체크 표시된 것으로 부팅합니다.

[그림]은 리눅스만 설치한 경우입니다.

다. 부트 로더 자체에 패스워드를 사용하도록 할 수 있습니다. [부트 로더 암호 사용] 부분에 체크를 하고 사용할 암호를 입력하면, 싱글 모드로 부팅할 경우 암호를 알아야만 로그인을 할 수 있습니다. 특별한 이유가 없다면 기본값으로 두고 [다음]을 Click하여 설치를 진행합니다.

라. 부트 로더 설정에서 '고급 부트 로더 옵션 설정'을 선택하면 '고급 부트 로더 옵션 설정' 창이 나타납니다. 여기에서 부트 로더를 하드디스크의 제일 첫 부분인 MBR외에 다른 부분에 부트 로더를 설치하거나 부트 로더에서 인식하는 드라이버 순서를 설정할 수 있습니다. 기본적인 옵션을 권장합니다.

2.8 네트워크 설정하기

가. 네트워크(Network) 설정 화면입니다. 이 화면이 보인다면 랜카드가 인식된 것입니다. 가정에서와 같이 '케이블 모뎀', 'x/DSL'이거나 LAN 환경에서 DHCP로 인터넷 주소를 받을 경우에는 기본값인 [DHCP 사용 환경으로 설정]으로 그대로 두고 [다음]을 눌러 다음 설치 단계로 진행합니다.

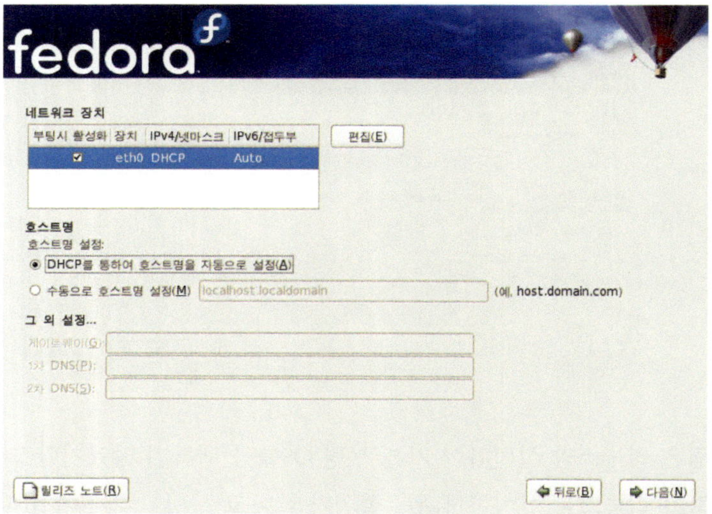

✍ 주의 사항

만약 시스템에 장착된 네트워크 카드가 지원되지 않는 경우나 인식하지 못하는 경우에도 네트워크 설정은 나타나지 않습니다. 이럴 경우 리눅스설치 후 수동으로 설정하시기 바랍니다.

나. '고정IP' 또는 IP주소를 사용할 경우에는 '편집'버튼을 Click하여 나타나는 창에서 'DHCP[1] 사용 환경으로 설정'에 체크 표시된 것을 마우스로 Click 해제 한 뒤 주소 입력창에 해당하는 IP 주소와 Subnet 주소를 입력 합니다 (고정 IP 설정 시 네트워크 담당자와 협의)

1 DHCP란 Dynamic Host Configuration Protocol의 약자로 호스트의 네트워크 설정, 즉 IP 주소, 게이트웨이, DNS등을 자동으로 설정해 주는 서비스를 말한다. 초고속 통신망(Megapass 또는 Xpeed)의 경우 IP 주소 할당 방식으로 DHCP를 사용하는데, DHCP를 사용하는 경우 컴퓨터가 부팅하면서 초고속 통신망 회사의 DHCP 서버로부터 IP 주소 등의 네트워크 정보를 받아와서 자동으로 네트워크 설정을 하게 된다.

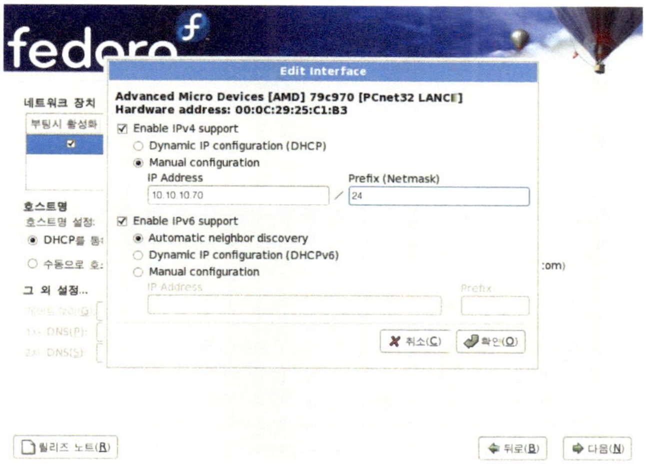

다. 그런 다음 화면 아래의 '게이트웨이' 와 'DNS 주소' 입력합니다. 네트워크 주소에 대한 문의는 서비스를 제공하는 통신회사나 네트워크 관리자에게 하시기 바랍니다.

2.9 시간대, 계정 인증 설정하기

가. 시간대 설정

원하는 시간대 선택합니다. ([아시아 / 서울]로 설정합니다.)

나. 계정, 인증 설정하기

■ 계정 설정하기

설치된 리눅스를 사용하기 위해서는 부팅이 된 뒤에 항상 로긴(Login)이라는 인증 절차를 거쳐야 사용할 수 있습니다. 'root'는 최고의 권한을 가진 사용자 아이디입니다. 이 단계에서는 'root'가 사용할 패스워드를 입력하고 [다음]을 눌러 설치를 계속합니다.

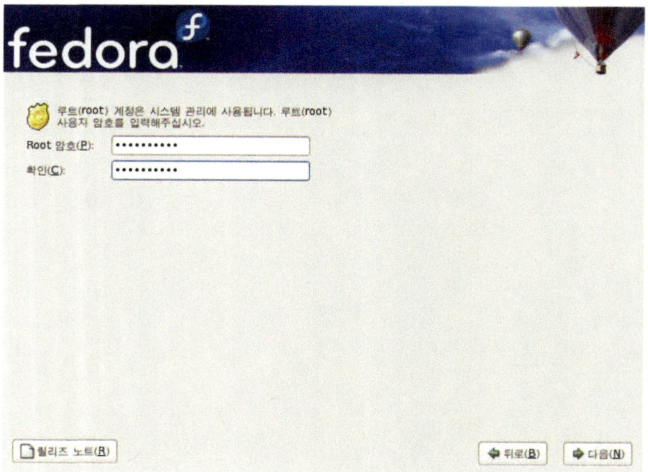

리눅스는 기본적으로 로긴(Login)을 거쳐야 사용할 수 있는 운영체제입니다. 'root'는 최고의 권한을 가진 사용자 아이디입니다. 권한이 너무 막강하다 보니 잘못하면 시스템 운영과 관련된 파일도 삭제할 수 있게 됩니다. 따라서 리눅스를 사용할 때는 '일반 사용자 계정(ID)'을 만들어 주고 그 계정으로 로긴하여 사용하는 것이 일반적입니다. '일반 사용자 계정(ID)'은 부팅 후 첫 화면에서 만들 수 있습니다.

2.10 패키지 설치하기

가. 다음 화면에서 어떤 패키지들을 설치할 것인지를 선택할 수 있습니다. Fedora 7을 처음 설치하는 나로서는 궁금함이 많아(사실은 정확히 몰라서) [사무와 생산성], [소프트웨어 개발], [웹 서버]를 모두 선택하고 아래에서도 [지금 사용자 설정]을 선택 후 모든 패키지를 설치하고자 합니다.

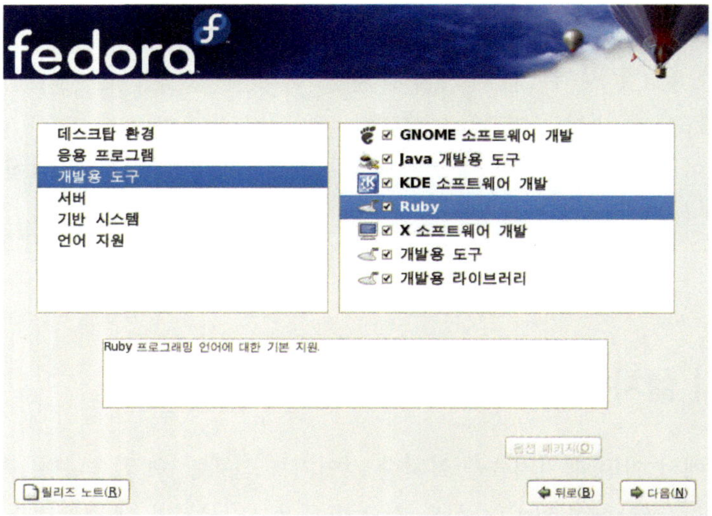

나. 의존성 검사

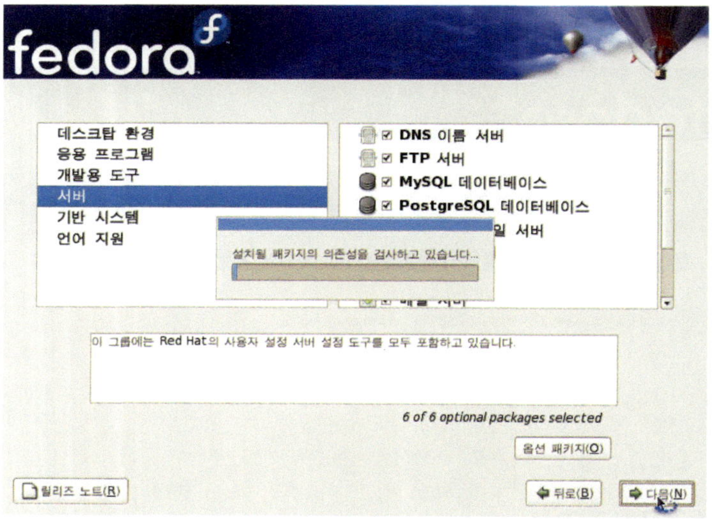

설치에 앞서 패키지들 간의 의존성을 검사합니다.

2.11 설치 완료

가. 패키지 설치

기존의 HDD 설정을 지우고 새롭게 포맷합니다.

설치완료

패키지 설치 중입니다. 설치가 끝나고 [재부팅] 버튼을 누르면, 설치 프로그램이 끝나면서 설치 CD를 내놓고 재부팅 됩니다. 설치된 리눅스와 함께 새로운 세계를 접해 보시기 바랍니다.

이제, 열기구 풍선이 펼치는 자유로움을 리눅스를 통해서도 느낄 수 있습니다.

PART Ⅱ

CADENCE

CHAPTER 1

집적회로 설계의 역사와 전망

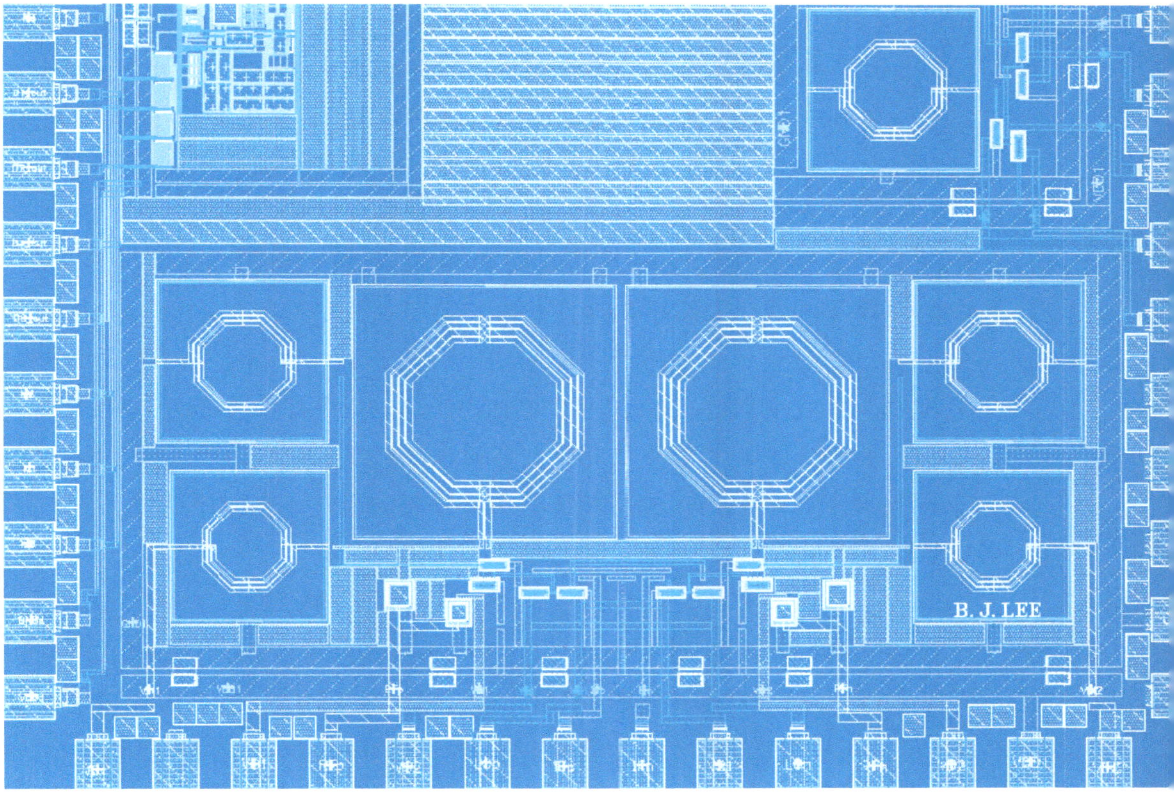

집적회로 설계의 역사 1.1

집적회로 설계의 전망 1.2

1.1 집적회로 설계의 역사

집적회로는 주로 미국에서 우주용 · 군사용 기기에 대한 전자회로를 소형화 · 경량화 시키기 위해 개발되었다. 소형화 · 경량화 하려면 작은 부품을 고밀도로 조립해야 했으므로 전 회로를 분리하기 쉬운 부분으로 나누어 그들을 각각 표준화된 형상의 기판 위에 조립하였다. 그러나 이러한 방법으로는 저항 등의 회로부품과 기판을 따로따로 만들어야 하므로 소형화 · 경량화는 물론 대량생산하는 데도 한계가 있었다. 이 한계를 벗어나기 위해 절연기판 위에 붙인 막을 가공하여 저항이나 배선 등을 만드는 막 IC가, 또 IC배선 위에 트랜지스터나 다이오드 등을 장착한 하이브리드 IC가 제 2차 세계대전이 끝난 직후부터 1960년 사이에 개발, 완성되었다. 앞서 트랜지스터가 발명된 지 약 5년 후인 1952년에 영국에서 반도체(실리콘)IC의 출현을 예언하였고, 1959년 미국 텍사스 인스트루먼트사가 시험 제작하였다. 이렇게 생겨난 반도체(실리콘)IC는 처음에는 집적하기 위한 제한으로 회로에 대한 최적설계가 어렵고 제조조건이 엄하였기 때문에 원료에 대한 생산제품 비율이 낮았다. 따라서 값이 대단히 높아 값보다 성능을 중요시하는 군사용 · 우주용 전자기기에 먼저 채용되었다. 뒤에 회로와 제조과정이 개량되어 생산비율이 높아지자 대량생산하게 되어 값이 떨어져 새로운 수요가 잇따라 생겨났다. 집적회로는 같은 칩을 많이 만들수록, 같은 칩에 집적되는 부품 수가 많아질수록 생산원가가 떨어진다. 그 실례가 기억회로용 IC에 나타나고 있다. 기억회로용 IC의 기억용량에 비례하는 비트 값은 대량생산에 따라 확실히 떨어지고 있다. 그러나 같은 집적도의 IC만을 생산한다면 생산원가는 포화상태가 되기 때문에, 그 대신 한 칩에 집적되는 부품 수를 늘리면 생산원가를 많이 떨어뜨릴 수 있을 것이다.

1970년대부터 무어의 법칙(Moore's law)이라 불리는 경향으로 집적회로의 고집적화가 이루어졌다. 무어의 법칙이란 한 칩(chip) 속에 집적화되는 트랜지스터의 개수를 나타내는 집적도가 대략 1년에 두 배씩 증가한다는 것이다. 최근에는 이 경향이 둔화되어서 대략 18개월 만에 집적도가 두 배씩 증가하고 있다. 집적도가 점차 증가함에 다라 한 칩 당 전력 소모가 지나치게 증가하고 트랜지스터 소자를 연결하는데 사용되는 도선에 의한 신호의 시간 지연이 트랜지스터 소자에 의한 지연보다 더 커지게 되어, 저전력 설계 기법과 도선에 의한 지연으로 인한 성능 저하 방지 및 클락 스큐(clock skew) 대처 방안 등에 관한 역구가 활발하게 진행 중에 있다. 그리고 집적회로의 집적도가 점차 증가함에 따라, 필요한 모든 전자회로 시스템을 모두 한 칩에 집적화 시키는 "System On a Chip(SOC)" 방향으로 연구 및 개발이 진행되고 있다.

1.2 집적회로 설계의 전망

우리나라는 메모리 반도체가 가장 강한 국가이다. 그래서 인지 반도체를 나눌 때 크게 메모리 반도체 (Memory semiconductor) 와 비메모리 반도체 (Non-memory semiconductor) 로 나누고 있다. 반도체 시장의 70% 정도를 차지하는 비메모리 반도체는 각종 센서, CPU (Central Processing Unit)나 AP (Application Processor)를 포함하는 다양한 프로세서, 전력 반도체, 광반도체, 개별부품 등을 포함한다. 시스템 반도체는 디지털화된 전기신호 데이터를 연산하거나, 제어/변환/가공 등 데이터 처리 기능을 수행할 수 있는 제반 반도체로, 상기 CPU나 AP 등의 프로세서가 대표적인 시스템 반도체이다. 이와 같이, 비메모리 반도체는 시스템반도체와 다르고 보다 범위가 넓다고 할 수 있다. 시스템 반도체 칩을 이용하여 시스템을 구현할 때, 집적의 정도나 성능에 따라 System-on-Board (SoB), System-in-Package (SiP) 그리고 System-on-Chip (SoC)로 발전해 왔다. 이러한 집적도가 높아짐에 따라, 성능 및 경제성의 극대화를 추구하고 있는 상황이다.

시스템 반도체를 기능별로 분류하면 크게 4 가지로 할 수 있다. 정보 저장을 목적으로 하는 메모리 반도체는 소품종 대량 생산을 하는데 비해, 시스템 반도체는 응용분야가 다양하고, 그에 따른 특화된 소자 및 chip 설계가 필요하기 때문에, 다품종 소량 생산의 구조를 따른다. 추가적으로 단순 자본 및 설비 외에도, chip 내 프로세서에 필요한 다양한 프로그램들의 수요에 따라, 하드웨어 외에 소프트웨어 개발 인력 및 설계 인력이 필요한 산업이다. 보다 높은 경쟁력의 확보를 위해서는 최소한의 소자를 이용하여 소비자가 요구하는 스펙을 달성하는 것이 핵심이기 때문에, 칩 설계능력을 가진 우수한 인재가 필요하다. 이러한 조건 때문에, 자본력 및 인력이 부족한 작은 기업들에게는 진입장벽이 높은 시장구조를 가지고 있다.

이와 같이 시스템 반도체는 특정 목적에 맞는 처리 기능을 만족해야 하므로 논리연산을 하는 아키텍처나 회로 설계 방식에 따라서 칩의 성능이 좌우되므로, 의미 있는 설계 아이디어와 이를 창출할 수 있는 우수한 설계 인력이 중요하다고 할 수 있다.

다음으로 반도체의 시장 성장을 부품(components)별로 간략히 살펴보면 Memory, Logic, Micorocomponent, Analog, OSD의 시장 성장을 보여준다. 여기서 OSD는 Optoelectronic, Sensor 그리고 Discrete components를 나타낸다. 5가지 중에서 시스템 반도체는 Logic, Mocrocomponent, 그리고 Analog를 포함한다. Logic 시장은 주로 통신, 데이터 프로세싱, 그리고 Consumer Electronics에 의해 주도된다. Microcomponent는 전자기기에서 가장 중요한 부분으로 여러 형태의 프로세서와 컨트롤러를 포함한다. 이 부분의 성장은 자동차 및 IoT 분야에 의해 주도될 것으로 예상되고 있다4). Analog 시장은 전력 관리, 신호 변환 (ADC, 혼성 기기 등), 그리고 자동차에 특화된 아날로그 응용 (자율 및 전기자동차, 전자 시스템 등)을 포함한다.

2018년 집계 기준으로 시스템 반도체의 시장 규모는 274 US$bn이며, 전체 반도체 시장 대비 절반 이상인 57%를 차지한다. 시스템 반도체 시장은 사물 인터넷(IoT), 스마트카, 인공지능(AI) 등의 4차산업혁명에 의해 미래 유망 산업 및 서비스 창출의 핵심이 되는 분야로 여겨지며, 향후 그 규모와 비율 (2022년 기준: 333 US$bn, 58%)은 더 증가할 것으로 기대된다. 세계 시스템 반도체 시장은 Intel, Qualcomm 등 미국의 글로벌 대기업들이 매출액의 큰 비중을 차지하고 있는 상황이다. 2018년도 기준 한국의 메모리 반도체 시장 점유율은 약 60%인 반면, 시스템 반도체 시장 점유율은 3% 정도 밖에 되지 않는다.

4차 산업혁명의 핵심은 빅데이터 및 인공지능 기술이고 이를 효율적으로 구현하기 위해 고성능 및 저전력 시스템의 개발이 필수적인 요소로 대두되고 있다. 이러한 4차 산업혁명의 주된 사업인 디지털 헬스케어, 자율주행차, 스마트 시티, 스마트 팩토리 등의 응용 분야에서 센서 및 저장된 정보로부터 입력되는 대규모 데이터를 저전력 및 고속으로 처리하는 시스템이 필수이며, 시스템 반도체가 이러한 새로운 기술 개발을 위한 핵심 요소로 주목 받고 있다. 따라서 세계적으로 시스템 반도체 시장 규모가 점차적으로 확대되고 있는 추세이다. 또한, 웨어러블 시스템 또는 휴대 기기의 경우 앞서 언급한 전력 문제뿐만 아니라 소형화 가능한 시스템 반도체가 필요하다. 4차 산업혁명의 핵심인 빅데이터, 인공지능 기술의 산업적 적용이 확대되고 있으나 이를 연산하는데 소모되는 엄청난 전력소모가 문제로 지적되고 있다. 이러한 전력문제를 해결하기 위해 인간의 두뇌 연산을 모방하는 신경모방 (또는 뉴로모픽) 기술이 대두되었고 많은 관심을 받고 있으며, 활발히 연구되고 있다. 이 뉴로모픽 기술에서 중요한 핵심기술 중 하나가 시냅스 기능을 모방하는 메모리 소자이다. 앞서 언급한 것과 같이 우리나라는 메모리 기술 강국이다. 현재 단순히 데이터의 저장만을 위해 개발된 메모리 기술을 신경모방 기술과 창의적으로 융합할 수 있다. 물론 창의적 융합을 위해서는 인공지능 분야의 지식과 반도체 분야 지식이 효과적으로 융합 되어야 하고, 이 결과는 놀랍게도 인지 연산이 가능한 시스템 반도체가 된다. 결과적으로 메모리 기술이 시스템 반도체 기술을 좌우하는 패러다임의 변화가 발생한다. 따라서 이 분야의 연구와 기술 개발을 선도할 수 있는 효율적인 전략이 필요하다. 현재, 메모리 기술 기반한 뉴로모픽 연구는 세계적으로 뚜렷한 강자가 없는 상황이라 효율적인 개발전략과 지원이 중요한 시기이다.

우리나라는 글로벌 선도 국가 대비 기술 저변이 약한 상황이며, 4차 산업 혁명의 핵심 기술에 대한 경쟁력 확보가 시급한 상황이다. 미국은 글로벌 시스템 반도체 기업인 Intel, NVIDIA, XILINX 등이 인공지능 반도체 시장을 선도하고 있으며, 중국은 반도체 설계 역량이 높은 스타트업을 중심으로 엣지 디바이스용 인공지능 반도체를 집중적으로 개발하고 있다. 이들 뉴로모픽 기술은 CMOS (Complementary Metal Oxide Semiconductor) 기술을 사용하여 개발되었으나, 시냅스나 뉴런을 모방한다는 측면에서 최적이라 할 수 없다. 우리나라도 기업, 연구소, 대학에서 CMOS 기술을 사용한 인공지능 기술을 개발하고 있으나, 이 분야 기술 선진국 대비 기술 수준이 낮다. 그러면 우리가 선도할 수 있는 기술은 무엇인가? 우리나라가 가진 글로벌 메모리 반도체의 기술역량 및 수월성에서 그 답을 찾아야 한다. 앞서 언급한 것과 같이 우리나라가 잘 하는 메모리 기술을 이용하거나 이를 창조적 파괴를 통해 극저전력 뉴로모픽 기술로 개발해야 한다. 인공지능 반도체에 대한 경쟁력 강화를 위해 효율적인 전략이 마련되어야 하고 대학-연구소-기업 사이의 협업이 이루어 질 수 있도록 해야 한다. 이렇게 함으로써 우리의 강점인 메모리 기술이 새로운 시스템 반도체 기술로 발전하여 新격차를 만들고 新시장을 만들어 낼 것이다. 반도체를 기반으로 한 극저전력 로모픽 기술은 다양한 분야의 학문이 함께 연구 되어야 하는 대표적인 융합 기술이다. 생물학에서 연구되는 뇌의 학습, 기억, 그리고 인지 기능 등에 대한 이해와 더불어 이를 공학적으로 구현하기 위한 뉴로모픽 아키텍처, 알고리즘, 회로, 소자 등 다양한 공학 분야에서의 기술 발전이 필요하다. 따라서, 이들 분야를 깊이 이해하는 뛰어난 인재 양성 또한 시급한 과제이다.

CHAPTER **2**

MOSFET의 기본 원리

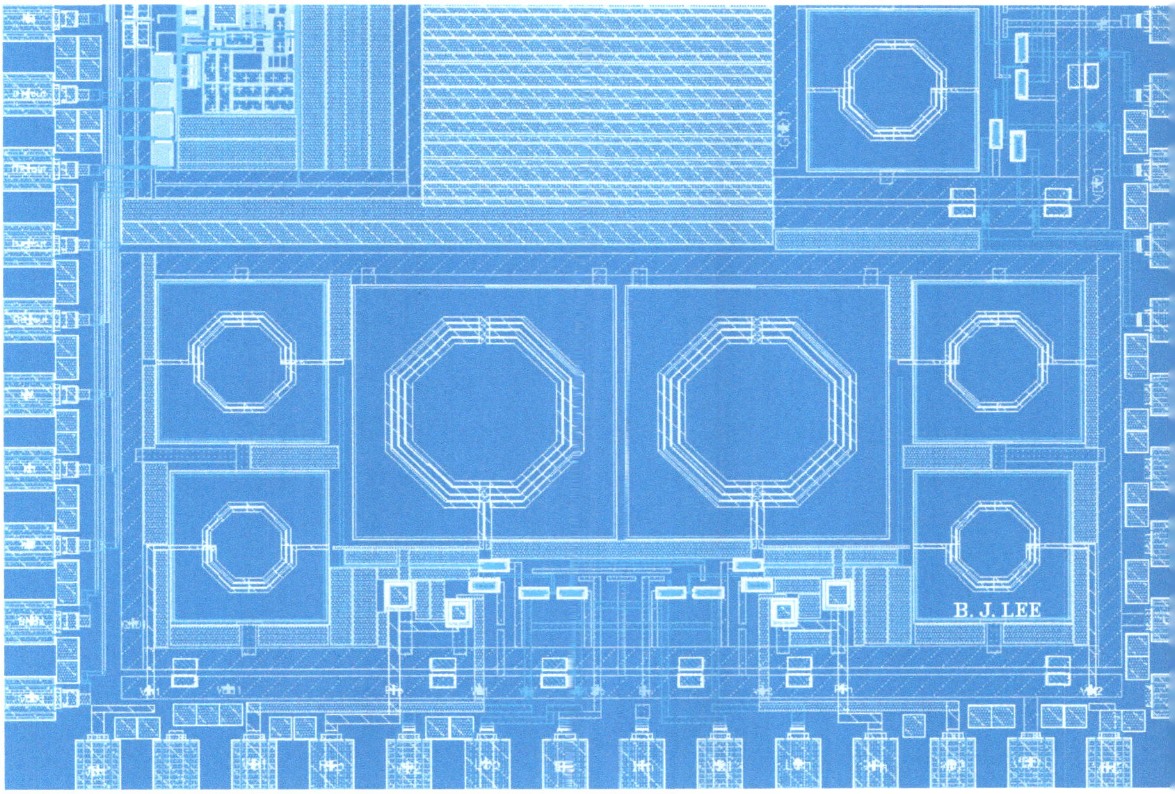

동작 특성(NMOS, PMOS) 2.1

Inverter Cross Section 2.2

2.1 동작 특성(NMOS, PMOS)

2.1.1. NMOS

① Cut-off 영역 ($V_{GS} < V_{TH}$)

Source와 drain 사이에 channel이 형성되지 않아 전류가 흐르지 않는다.

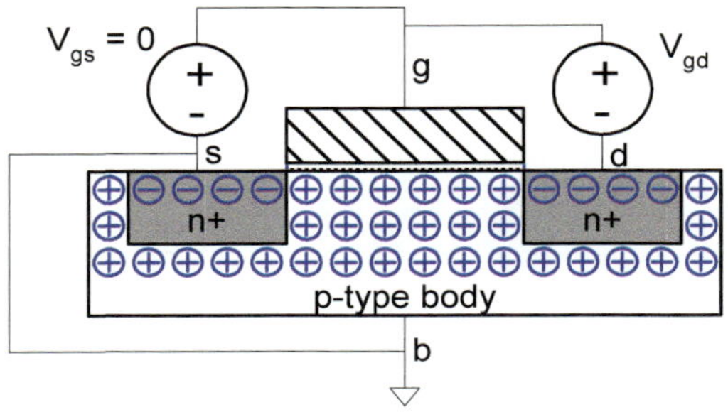

$$I_D = 0$$

② Triode 영역 ($V_{GS} > V_{TH}$, $V_{GD} > V_{TH} \rightarrow V_{DS} < V_{GS} - V_{TH}$)

Gate에 전압이 인가되면($V_{GS} > V_{TH}$) source와 drain쪽 전자들이 gate 밑으로 끌려 와서 channel을 형성하게 된다. 이 때, drain에 전압이 인가되게 되면 (단, $V_{GD} > V_{TH}$ 일 때) drain에서 source쪽으로 channel을 통해 전류가 흐르게 된다. 이 전류는 drain-source 전압에 비례하여 증가하여 마치 저항처럼 동작하게 된다.

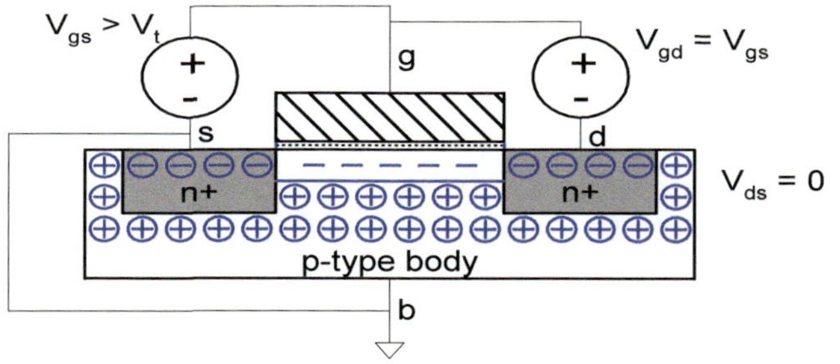

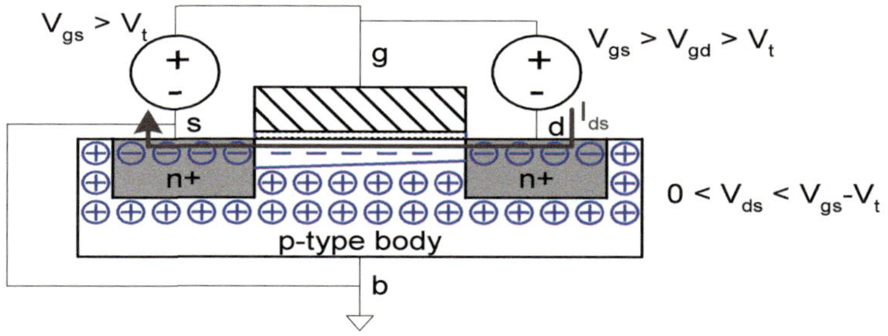

$$I_D = \mu_n C_{ox} \frac{W}{L} (V_{GS} - V_{TH}) V_{DS} - \frac{1}{2} V_{DS}^2$$

③ Saturation 영역 ($V_{GS} > V_{TH}$, $V_{GD} < V_{TH} \rightarrow V_{DS} > V_{GS} - V_{TH}$)

Drain의 전압이 점차 상승하여 $V_{GD} < V_{TH}$의 조건을 만족할 경우, channel을 통해 흐르는 전류는 더 이상 drain 전압에 비례하여 증가하지 않는다. Drain의 전압이 증가하면 할수록 body와 drain사이의 역 바이어스가 점차 증가하기 때문에 공핍층이 점차 늘어난다. 결국 이 공핍층은 source와 drain사이에 형성된 channel의 drain쪽 영역을 침범하게 된다. 이것을 핀치오프(pinched off)되었다고 말한다. Saturation 영역에서는 channel을 통해 흐르는 전류가 drain-source 전압에 관계없이 일정하게 흐르게 되어 마치 전류원 처럼 동작하게 된다.

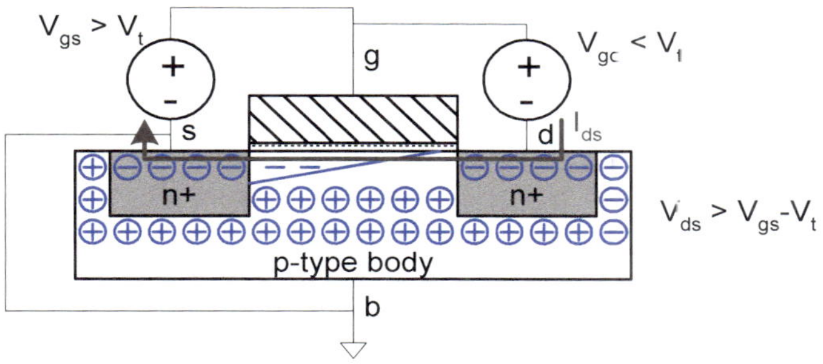

$$I_D = \frac{1}{2} \mu_n C_{ox} \frac{W}{L} (V_{GS} - V_{TH})^2$$

2.1.2. PMOS

PMOS 역시 NMOS와 같은 동작 특성을 보인다. 동작 영역에서 NMOS와 비교하여 $V_{TH} \rightarrow |V_{TH}|$, $V_{GS} \rightarrow V_{SG}$, $V_{DS} \rightarrow V_{SD}$, $V_{GD} \rightarrow V_{DG}$ 이 바뀌어서 적용이 된다.

2.2 Inverter Cross Section

CMOS 인버터를 가지고 MOSFET의 단면을 이해해 보자. 다음 그림은 CMOS 인버터의 회로이다.

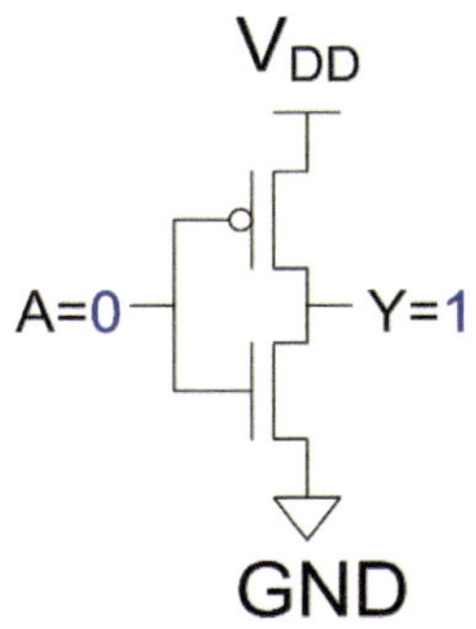

이 회로의 실제 단면은 다음 그림과 같다.

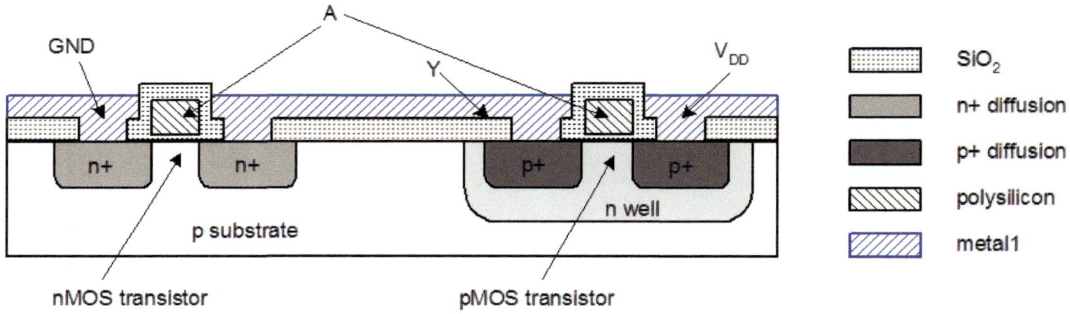

NMOS의 body는 기판인 p-sub이 되고 PMOS의 body는 n-well을 추가로 만들어 body를 만든다. n+diffusion과 p+diffusion은 고농도로 도핑된 영역을 말하며 각각의 단자는 metal로 연결되어 있는 것을 볼 수 있다. 그리고 절연이 필요한 곳은 SiO_2로 절연 시킨다.

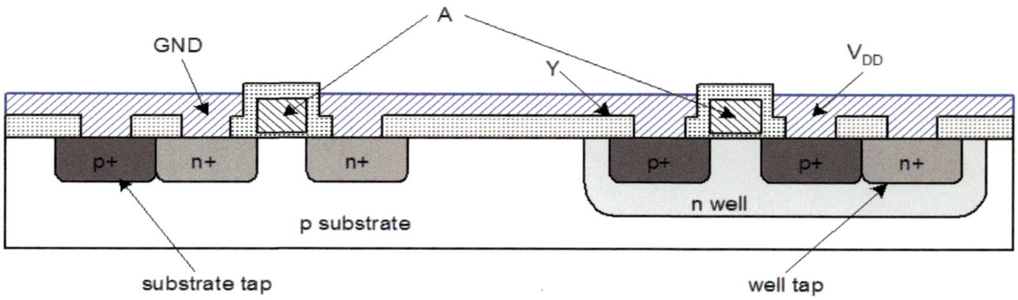

위 그림은 p-sub 기판과 n-well에 tap을 추가하여 단자를 뽑은 cross section의 모습이다. P-sub과 n-well에 전압을 인가하기 위해서는 반드시 tap을 추가하여 추가 단자를 뽑아 인가하여야 한다. Tap을 추가할 시에는 p-sub, n-well보다 고농도로 도핑 된 n+diffusion과 p+diffusion을 사용하여야 한다.

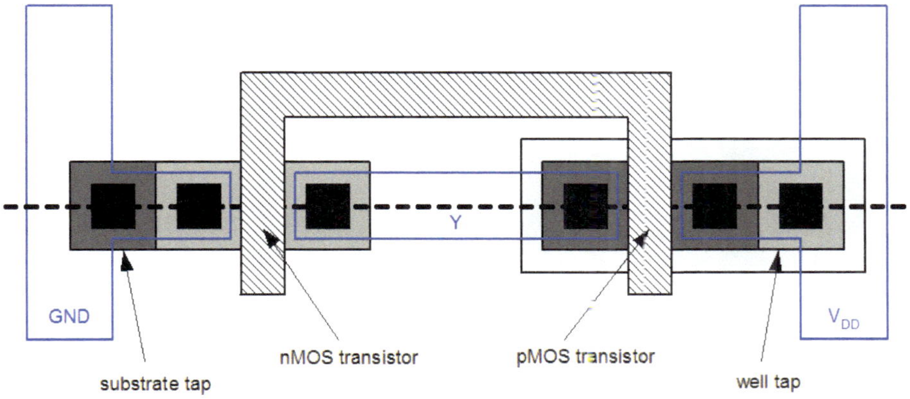

위 그림은 인버터의 mask set이다. 점선으로 잘랐을 경우가 바로 cross section의 모습이다. 총 여섯 개의 mask로 레이아웃이 이루어져 있음을 확인 할 수 있다. 아래 그림은 각각의 mask를 나타낸 그림이다.

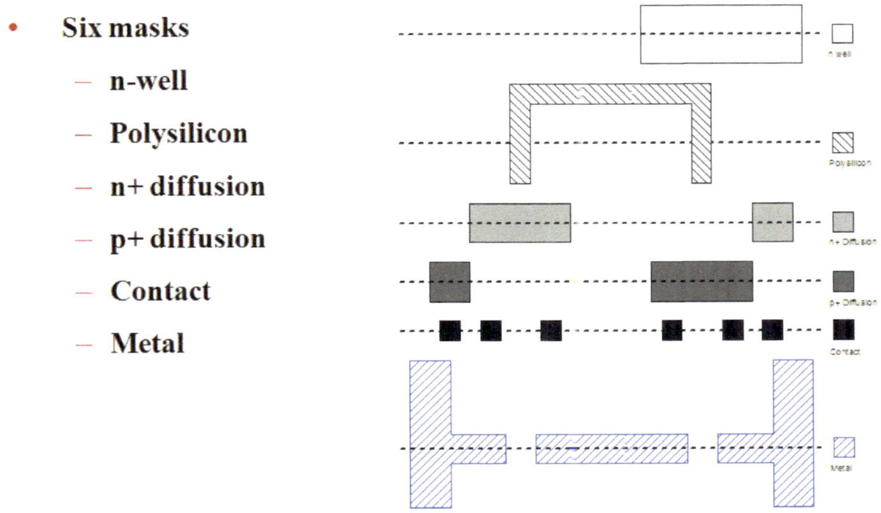

CHAPTER 3

Layout의 개요

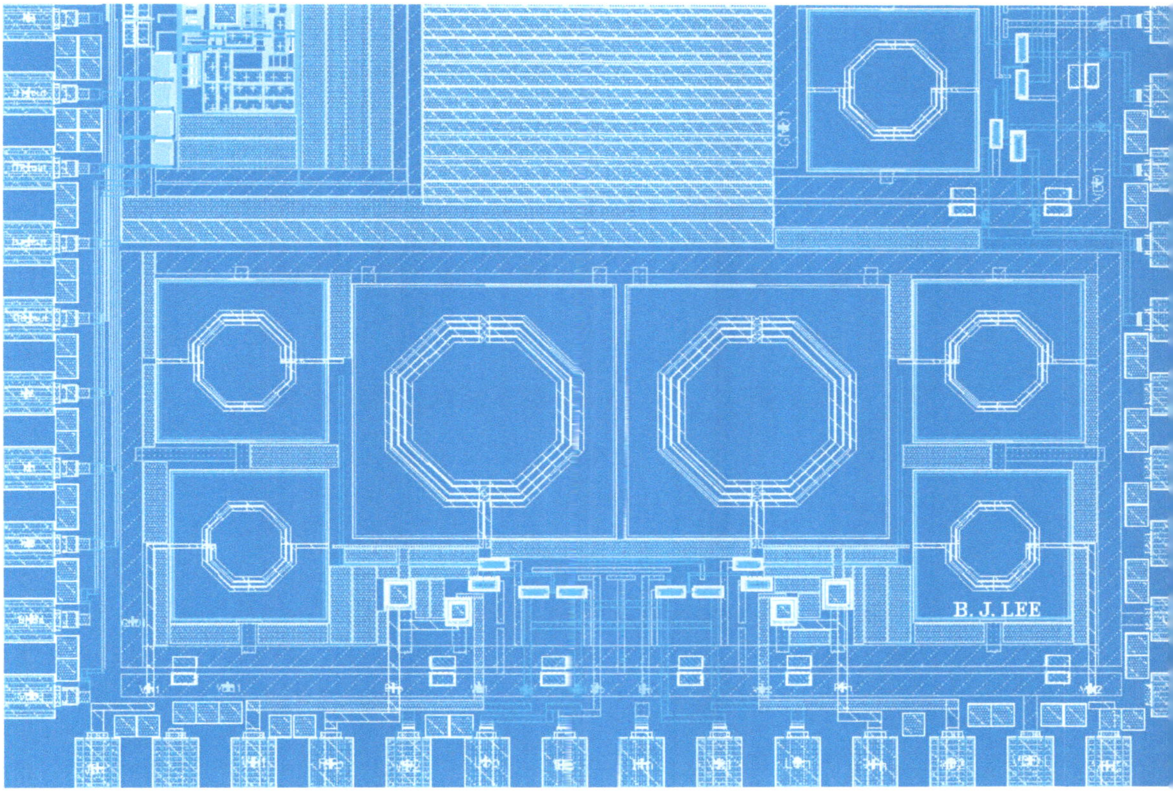

Stick diagram 3.1

Simplified Design Rules 3.2

집적회로 공정의 기본은 원하는 패턴을 얻기 위해 mask set을 제작하여야 한다. Layout이란 바로 이 mask set을 얻기 위한 하나의 규칙으로 생각 할 수 있으며, 이 규칙들은 회로를 설계한 설계 엔지니어와 공정 엔지니어 사이에 중요한 커뮤니케이션 수단이 된다. Layout을 하기 위해서는 각 공정마다 다르게 제공되는 설계 규칙(design rule)을 잘 이해하고 준수해야 한다. 자세한 Layout 방법과 설명은 각 회로의 Layout 설명 부분에서 계속 설명하겠다.

3.1 Stick diagram

Stick diagram이란 실제로 layout을 하기 전에 막대 형태로 layout의 대략적인 모습을 그려보는 것을 말한다. Stick diagram을 이용하면 좀 더 쉽게 layout의 형태를 구상할 수 있고 간결하게 layout을 할 수 있다.

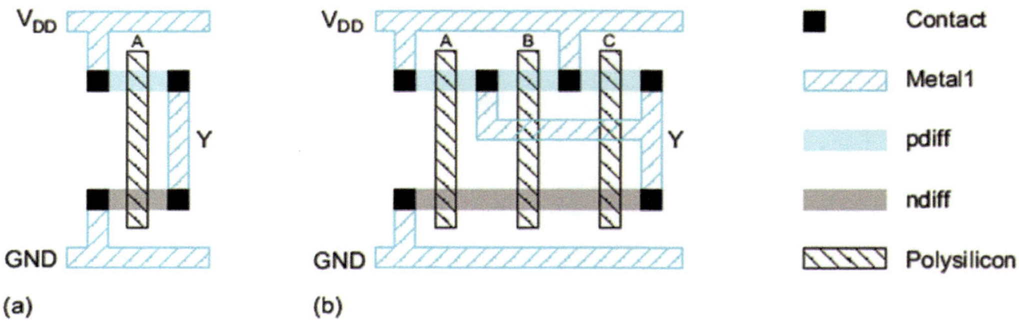

위 그림은 각각의 블록을 layout한 모습이다. 이 두 블록을 stick diagram을 이용하여 간결하게 연결한 모습을 스케치한 모습을 그림에 나타내었다.

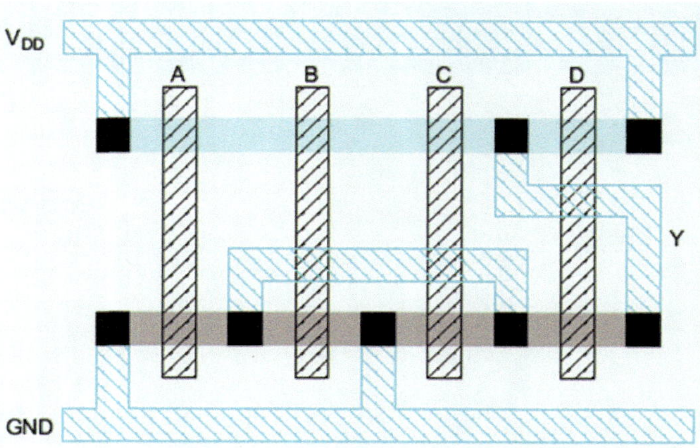

다음 그림은 예제로 2-input NAND와 2-input NOR의 회로도와 layout을 나타내었다.

EX1. 2-input NAND

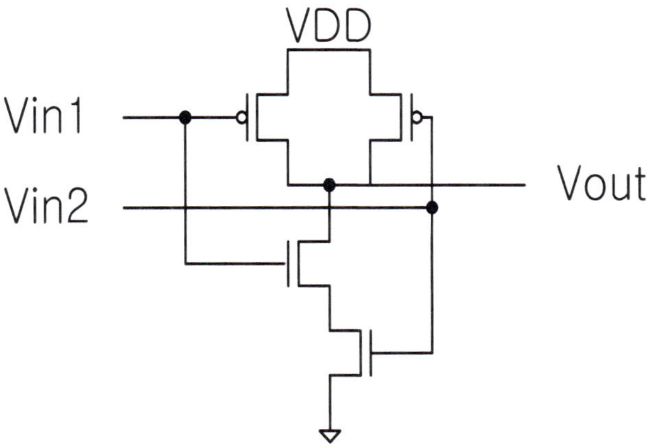

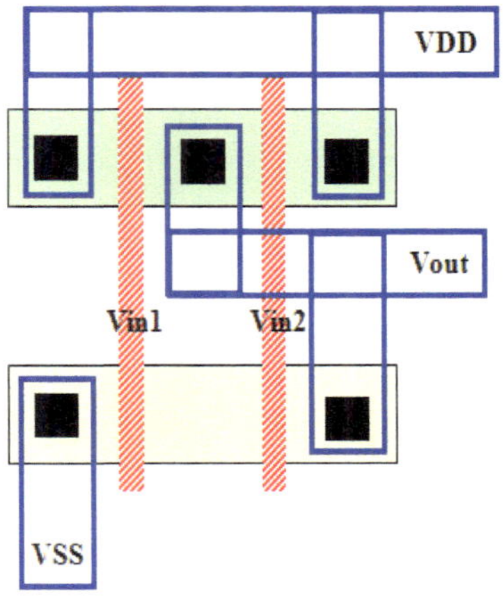

EX2. 2-input NOR

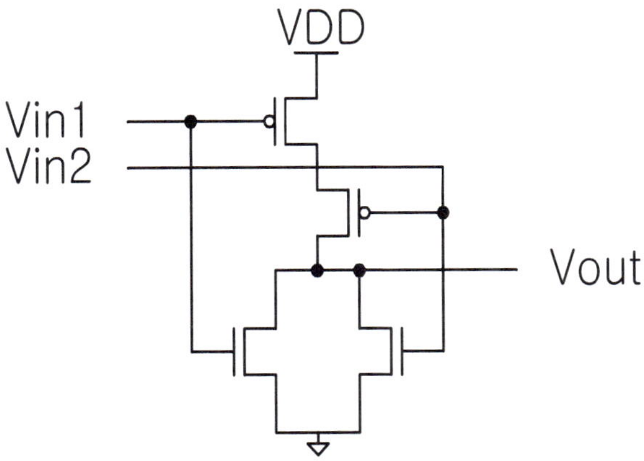

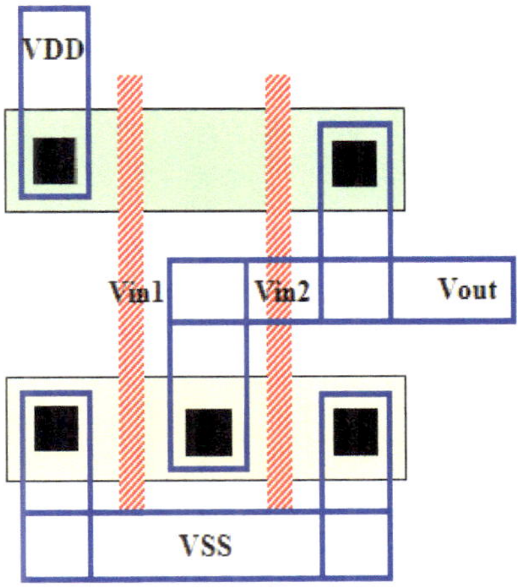

Example 1

$F=\overline{AB+CD}$

1. logic circuit design
2. CMOS circuit design
3. layout

Example 2

$$F=\overline{AB+CD+E}$$

1. logic circuit design
2. CMOS circuit design
3. layout

Example 3

$$F=\overline{\overline{AB}(A+B)}$$

1. logic circuit design
2. CMOS circuit design
3. layout

Example 4

$$\overline{F=AS_0+BS_0}$$

1. logic circuit design
2. CMOS circuit design
3. layout

3.2 Simplified Design Rules

Layout시 design rule을 잘 지키고 준수해야 설계 엔지니어와 공정 엔지니어와의 소통이 원활하게 될 수 있다. 이처럼 design rule을 잘 알고 있으면 layout을 좀 더 쉽게 할 수 있다. 다음 그림은 많은 design rule 중 가장 대표적이고 간단한 rule들을 나타낸 그림이다.

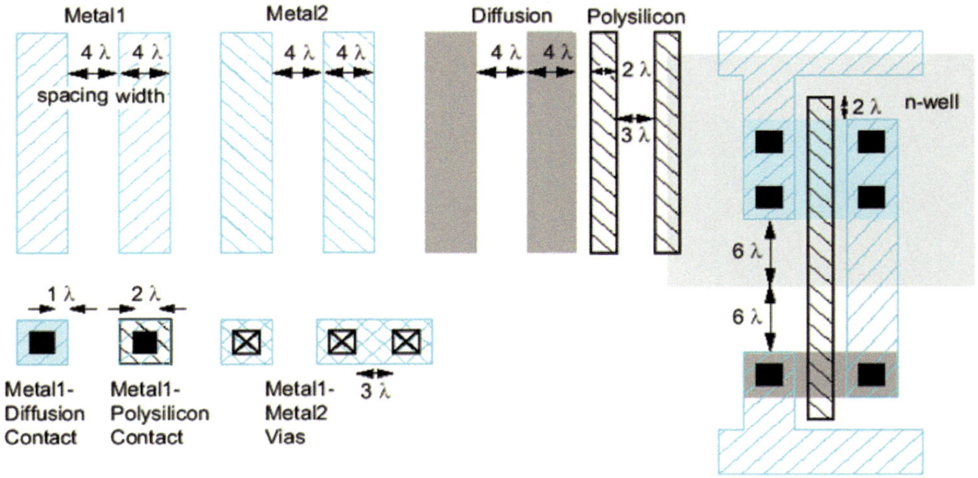

1. 도선(metal)과 도선(metal)간의 거리

도선과 도선간의 거리는 최소 거리 이상을 띄워야 한다. 만약 두 도선이 너무 가까이 위치한다면 공정상에서 두 도선이 합쳐질 가능성이 있기 때문이다.

2. 도선(metal)의 두께

도선의 두께도 최소한의 두께 이상으로 그려줘야 한다. 만약 도선을 너무 얇게 그린다면 공정상에서 도선이 끊어질 수도 있기 때문이다.

3. Contact과 via 관련 rule

Contact은 일정 크기 이상의 형태로 그려줘야 하며 반드시 metal이 contact보다 일정 기준 이상 더 큰 면적을 차지하여야 한다. 그리고 contact과 contact 사이는 일정한 간격 이상을 유지하여야 한다.

Design rule은 굉장히 많고 설계 엔지니어가 그것을 전부 숙지하기란 불가능하다. 그래서 각 공정에서는 design rule file을 제공하고 있으며 설계 엔지니어는 그것을 바탕으로 설계를 하는 것이 바람직하다.

CHAPTER 4

Gpdk090 Design Rules

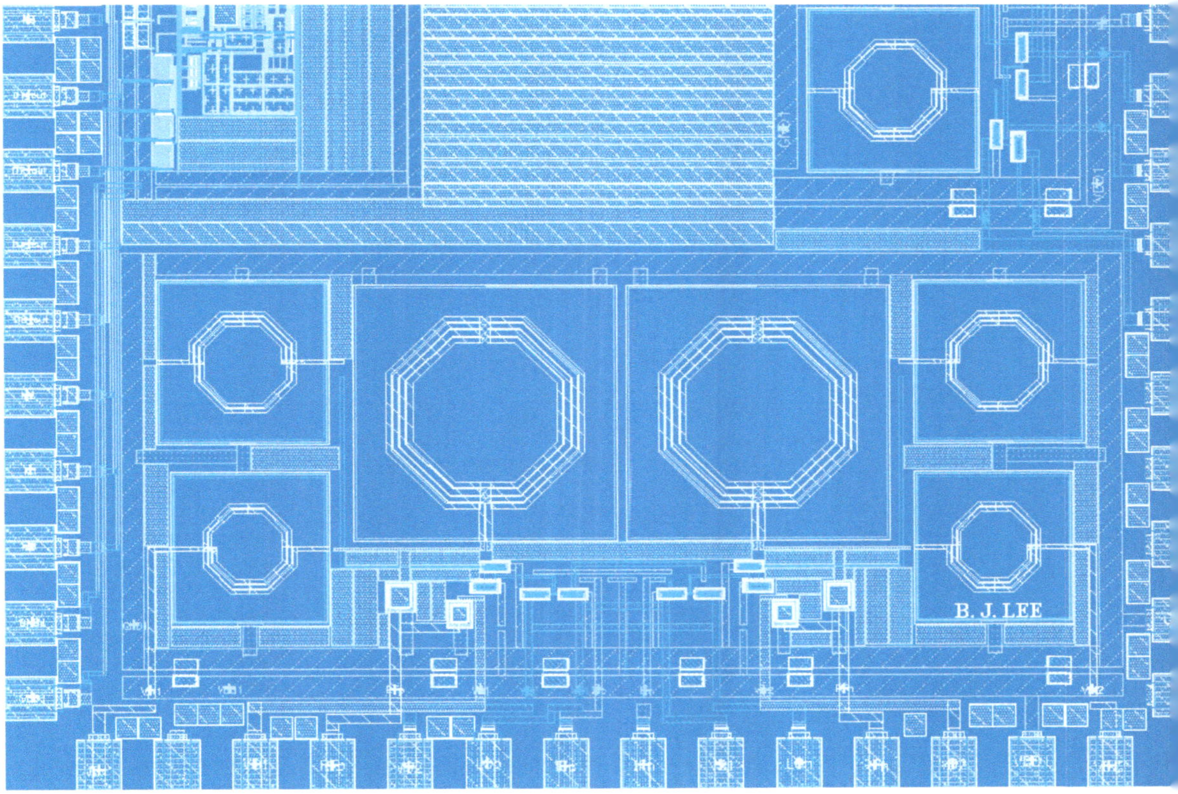

Layer Description 4.1

Device Layer Table 4.2

Device Layout Examples 4.3

CMOS Digital Core Design Rules 4.4

4.1 Layer Description

1. Device Layers

This table describes the layers used to create devices.

Comment Table

Layer Name	GDSII Stream Number	GDSII Data Type	DFII LSW Name	DFII Layer Name	DFII Layer Purpose	DFII Layer Number	DFII Purpose Number	Description
Bondpad	36	0	Bondpad	Bondpad	drawing	95	252	Bonding Pad
CapMetal	14	0	CapMetal	CapMetal	drawing	97	252	MiM capacitor metal
Nburied	19	0	Nburied	Nburied	drawing	18	252	N+ Buried Layer
Nhvt	18	0	Nhvt	Nhvt	drawing	11	252	NMOS High Vt
Nimp	4	0	Nimp	Nimp	drawing	12	252	N+ Implant
Nwell	2	0	Nwell	Nwell	drawing	6	252	Nwell
Nzvt	52	0	Nzvt	Nzvt	drawing	15	252	NMOS Zero Vt
Oxide	1	0	Oxide	Oxide	drawing	2	252	Active Area
Oxide_thk	24	0	Oxide_thk	Oxide_thk	drawing	4	252	2.5V Active Area
Phvt	23	0	Phvt	Phvt	drawing	13	252	PMOS High Vt
Pimp	5	0	Pimp	Pimp	drawing	14	252	P+ Implant
Poly	3	0	Poly	Poly	drawing	10	252	Poly
SiProt	72	0	SiProt	SiProt	drawing	16	252	Salicide Block

2. Interconnection Layers

This table describes the layers used to interconnect devices.

Comment Table

Layer Name	GDSII Stream Number	GDSII Data Type	DFII LSW Name	DFII Layer Name	DFII Layer Purpose	DFII Layer Number	DFII Purpose Number	Description
Cont	6	0	Cont	Cont	drawing	20	252	Metal Contact to Oxide/Poly
Metal1	7	0	Metal1	Metal1	drawing	30	252	1st Metal for interconnect
Metal1_slot	7	2	M1_slot	Metal1	slot	30	1	1st Metal stress relief
Metal2	9	0	Metal2	Metal2	drawing	34	252	2nd Metal for interconnect
Metal2_slot	9	2	M2_slot	Metal2	slot	34	1	2nd Metal stress relief
Metal3	11	0	Metal3	Metal3	drawing	38	252	3rd Metal for interconnect
Metal3_slot	11	2	M3_slot	Metal3	slot	38	1	3rd Metal stress relief
Metal4	31	0	Metal4	Metal4	drawing	42	252	4th Metal for interconnect
Metal4_slot	31	2	M4_slot	Metal4	slot	42	1	4th Metal stress relief
Metal5	33	0	Metal5	Metal5	drawing	46	252	5th Metal for interconnect
Metal5_slot	33	2	M5_slot	Metal5	slot	46	1	5th Metal stress relief
Metal6	35	0	Metal6	Metal6	drawing	50	252	6th Metal for interconnect
Metal6_slot	35	2	M6_slot	Metal6	slot	50	1	6th Metal stress relief
Metal7	38	0	Metal7	Metal7	drawing	54	252	7th Metal for interconnect
Metal7_slot	38	2	M7_slot	Metal7	slot	54	1	7th Metal stress relief
Metal8	40	0	Metal8	Metal8	drawing	58	252	8th Metal for interconnect
Metal8_slot	40	2	M8_slot	Metal8	slot	58	1	8th Metal stress relief
Metal9	42	0	Metal9	Metal9	drawing	62	252	9th Metal for interconnect
Metal9_slot	42	2	M9_slot	Metal9	slot	62	1	9th Metal stress relief
Via1	8	0	Via1	Via1	drawing	32	252	Via between 1st and 2nd Metal
Via2	10	0	Via2	Via2	drawing	36	252	Via between 2nd and 3rd Metal
Via3	30	0	Via3	Via3	drawing	38	252	Via between 3rd and 4th Metal
Via4	32	0	Via4	Via4	drawing	44	252	Via between 4th and 5th Metal
Via5	34	0	Via5	Via5	drawing	48	252	Via between 5th and 6th Metal
Via6	37	0	Via6	Via6	drawing	52	252	Via between 6th and 7th Metal
Via7	39	0	Via7	Via7	drawing	54	252	Via between 7th and 8th Metal
Via8	41	0	Via8	Via8	drawing	60	252	Via between 8th and 9th Metal

4.2 Device Layer Table

1. MOS Device Layers

This table describes the layers used in each device.

0: the layer must not touch the device structure
1: the layer must enclose or straddle the device structure
-: the layer may either enclose or avoid the device structure

Comment Table

	NMOS (1.2V)	PMOS (1.2V)	LP NMOS (1.2V)	LP PMOS (1.2V)	NMOS (2.5V)	PMOS (2.5V)	Native NMOS (1.2V)	Native NMOS (2.5V)
Nburied	0	0	0	0	0	0	0	0
Nwell	0	1	0	1	0	1	0	0
Oxide	1	1	1	1	1	1	1	1
Oxide_thk	0	0	0	0	1	1	0	1
Poly	1	1	1	1	1	1	1	1
Nimp	1	0	1	0	1	0	1	1
Pimp	0	1	0	1	0	1	0	0
Nzvt	0	0	0	0	0	0	1	1
Nhvt	0	0	1	0	0	0	0	0
Phvt	0	0	0	1	0	0	0	0
SiProt	0	0	0	0	0	0	0	0

4.3 Device Layout Examples

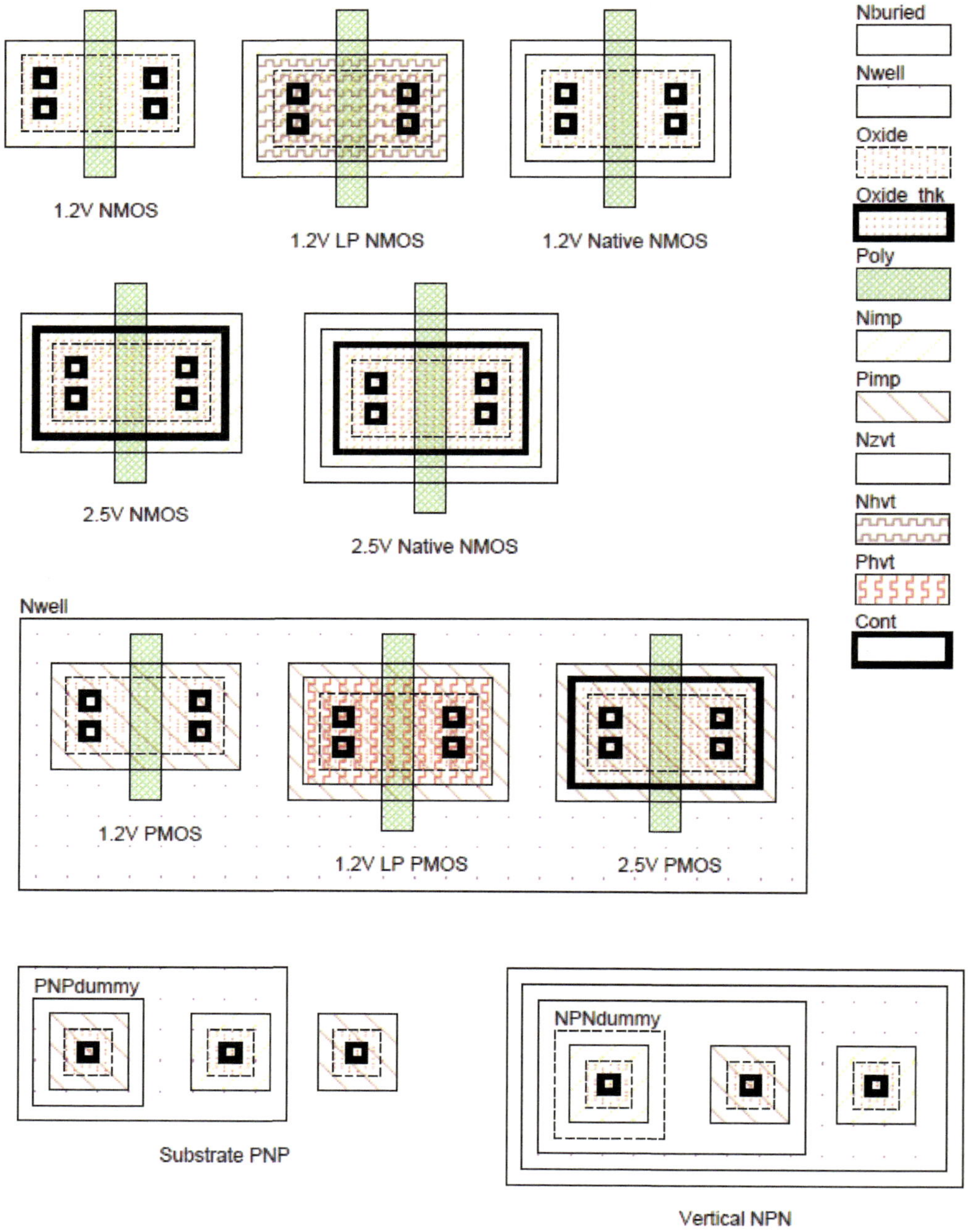

Salicided N+ Poly Resistor

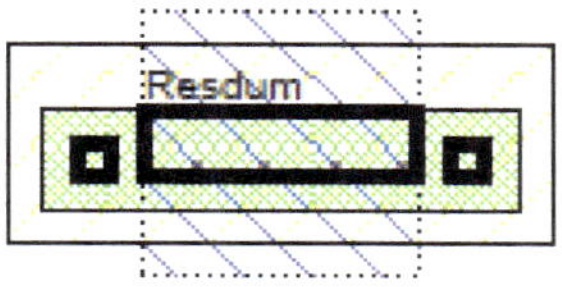

Non-Salicided N+ Poly Resistor

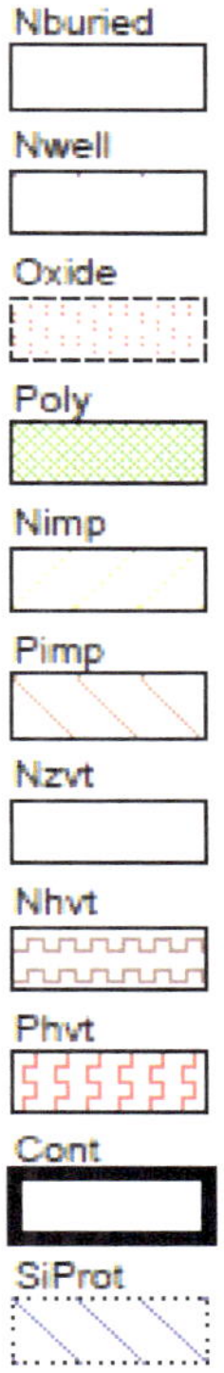

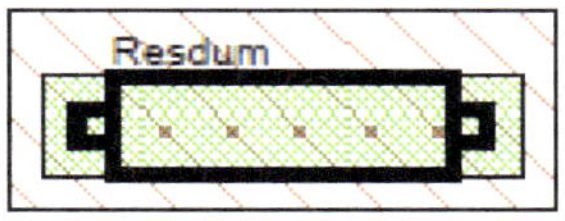

Salicided P+ Poly Resistor

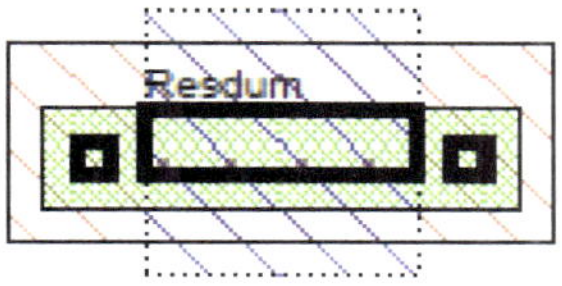

Non-Salicided P+ Poly Resistor

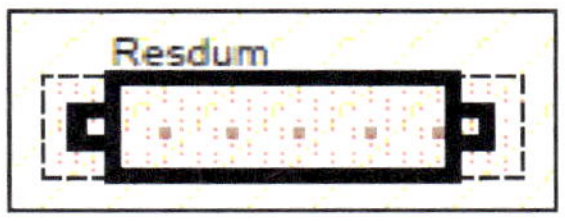

Salicided N+ Oxide Resistor

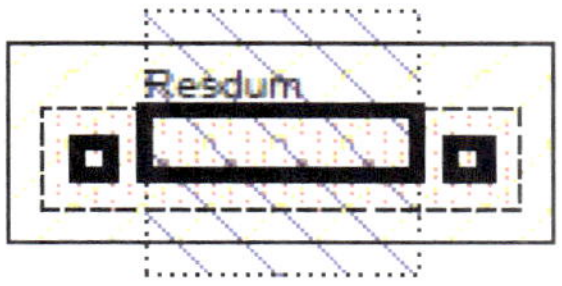

Non-Salicided N+ Oxide Resistor

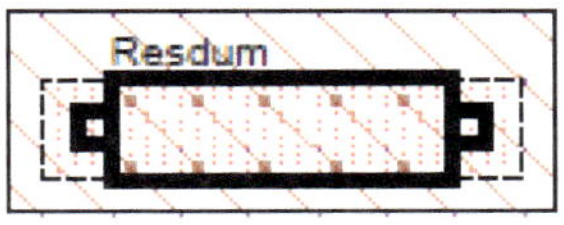

Salicided P+ Oxide Resistor

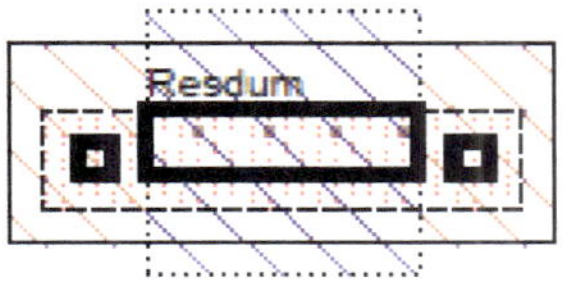

Non-Salicided P+ Oxide Resistor

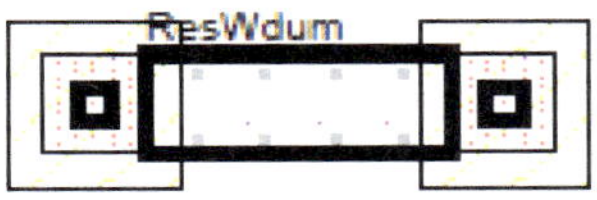

Nwell in STI Resistor

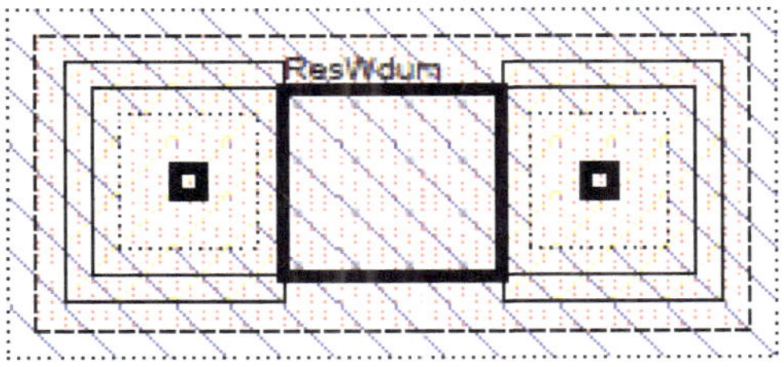

Nwell in OD Resistor

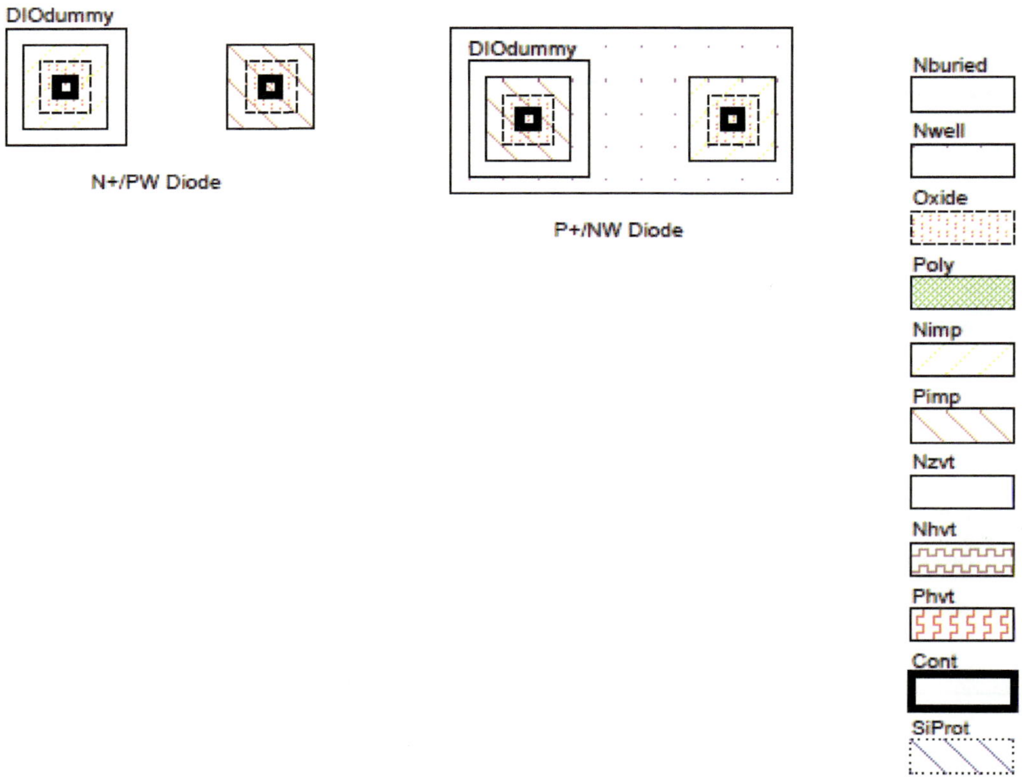
DIOdummy
N+/PW Diode
DIOdummy
P+/NW Diode
Nburied
Nwell
Oxide
Poly
Nimp
Pimp
Nzvt
Nhvt
Phvt
Cont
SiProt

4.4 CMOS Digital Core Design Rules

1. N-well rules

NWELL AND NWELL RESISTOR (under STI) RULES

NWELL AND NWELL RESISTOR (under STI) RULES

Rule Name	Value (um)	Description
NW.W.1	0.6	Minimum Nwell width.
NW.SP.1	0.6	Minimum Nwell spacing to Nwell (same potential).
NW.SP.2	1.2	Minimum Nwell spacing to Nwell (different potential).
NW.SE.1	0.3	Minimum Nwell spacing to N+ Active Area.
NW.SE.2	0.3	Minimum Nwell spacing to P+ Active Area.
NW.SE.3	0.5	Minimum Nwell spacing to N+ 2.5V Active Area.
NW.SE.4	0.5	Minimum Nwell spacing to P+ 2.5V Active Area.
NW.E.1	0.12	Minimum Nwell enclosure of N+ Active Area.
NW.E.2	0.12	Minimum Nwell enclosure of P+ Active Area.
NW.E.3	0.7	Minimum Nwell enclosure of N+ 2.5V Active Area.
NW.E.4	0.7	Minimum Nwell enclosure of P+ 2.5V Active Area.

Nwell resistor is defined by the intersection of Nwell and ResWdum for DRC and LVS.

For STI Nwell resistors, the ResWdum shape must butt the N+ Oxide on both ends of Nwell the resistor and the ResWdum shape must be coincident or extend beyond the Nwell edges along the length of the Nwell resistor.

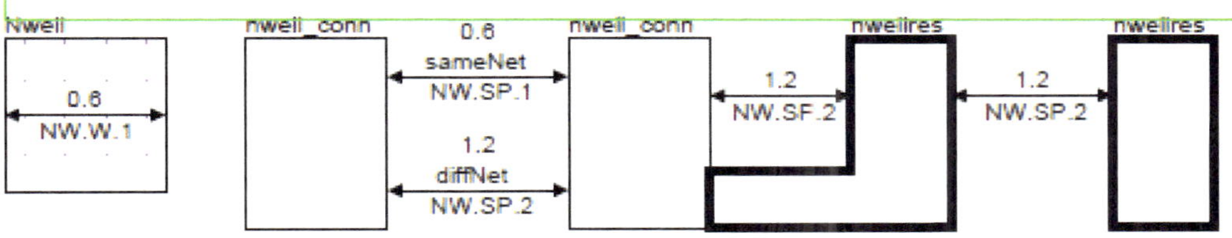

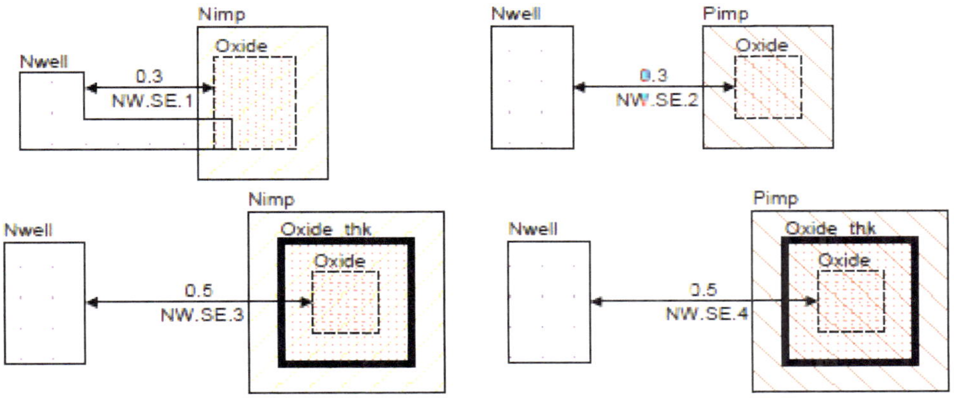

NWELL AND NWELL RESISTOR (under STI) RULES (continued)

! nwell_in_od_res

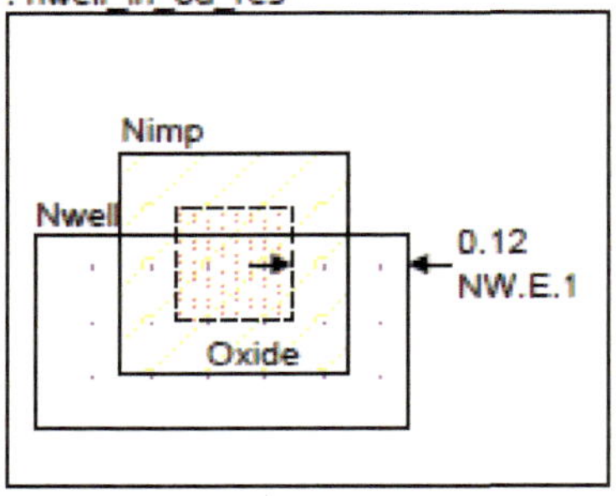

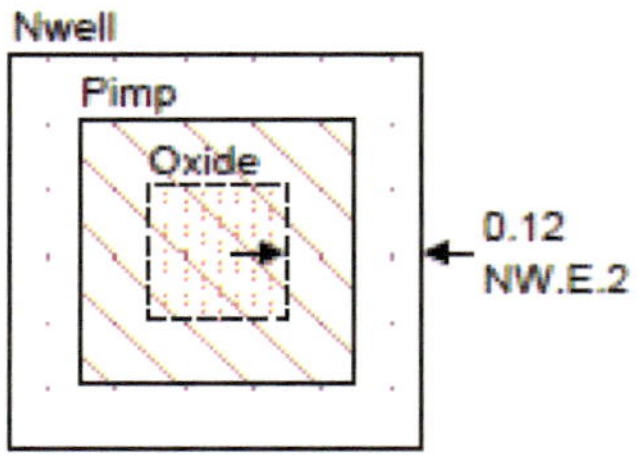

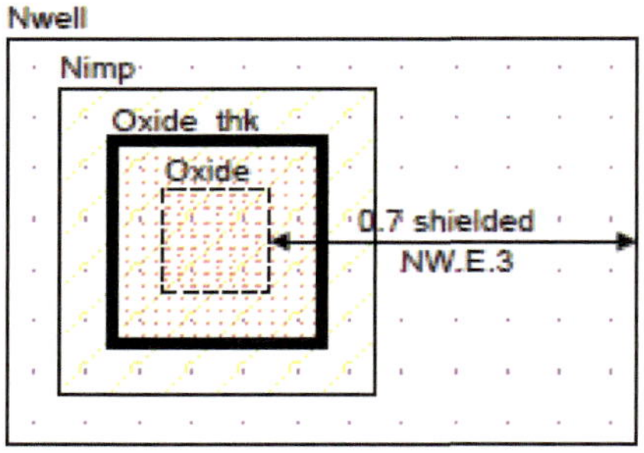

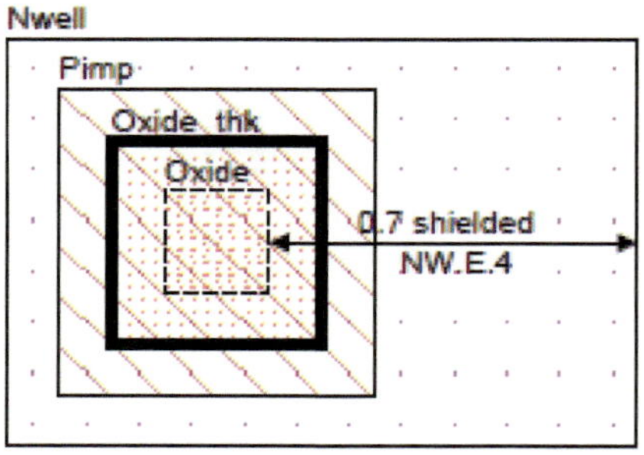

2. Active rules

ACTIVE RULES

ACTIVE RULES

Rule Name	Value (um)	Description
OXIDE.W.1	0.1	Minimum Active Area width.
OXIDE.W.2.1.1	0.12	Minimum 1.2V N-channel gate width.
OXIDE.W.2.1.2	0.15	Minimum 2.5V N-channel gate width.
OXIDE.W.2.2.1	0.12	Minimum 1.2V P-channel gate width.
OXIDE.W.2.2.2	0.15	Minimum 2.5V P-channel gate width.
OXIDE.W.3	0.13	Minimum Active Area bent 45 degrees width.
OXIDE.SP.1	0.15	Minimum N+ Active Area to N+ Active Area spacing.
OXIDE.SP.2	0.15	Minimum P+ Active Area to P+ Active Area spacing.
OXIDE.SP.3	0.15	Minimum N+ Active Area to P+ Active Area spacing.
OXIDE.SP.4	0.18	Minimum Active Area bent 45 degrees to Active Area spacing.
OXIDE.SE.1	0.28	Minimum Active Area to Thick Active Area spacing.
OXIDE.A.1	0.06	Minimum area fpr Active Area.
OXIDE.EA.1	0.1	Minimum Active Area enclosed area ("donut" hole surrounded by Active Area).
OXIDE.L.1	22.0	Maximum Oxide length between two contacts when the Oxide width is <= 0.18um.
OXIDE.L.2	11.0	Maximum Oxide length between one contact and the end of the Oxide line when the Oxide width is <= 0.18um.
OXIDE.X.1	---	Oxide must be covered by N+ Implant or P+ Implant or Nzvt or Salicide Block.

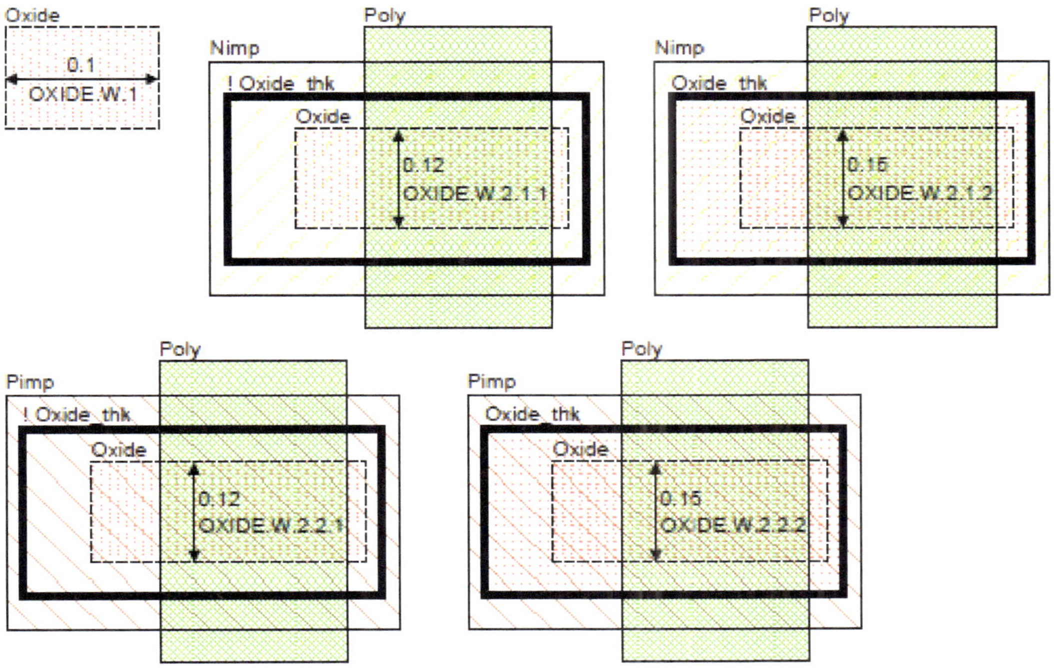

ACTIVE RULES (continued)

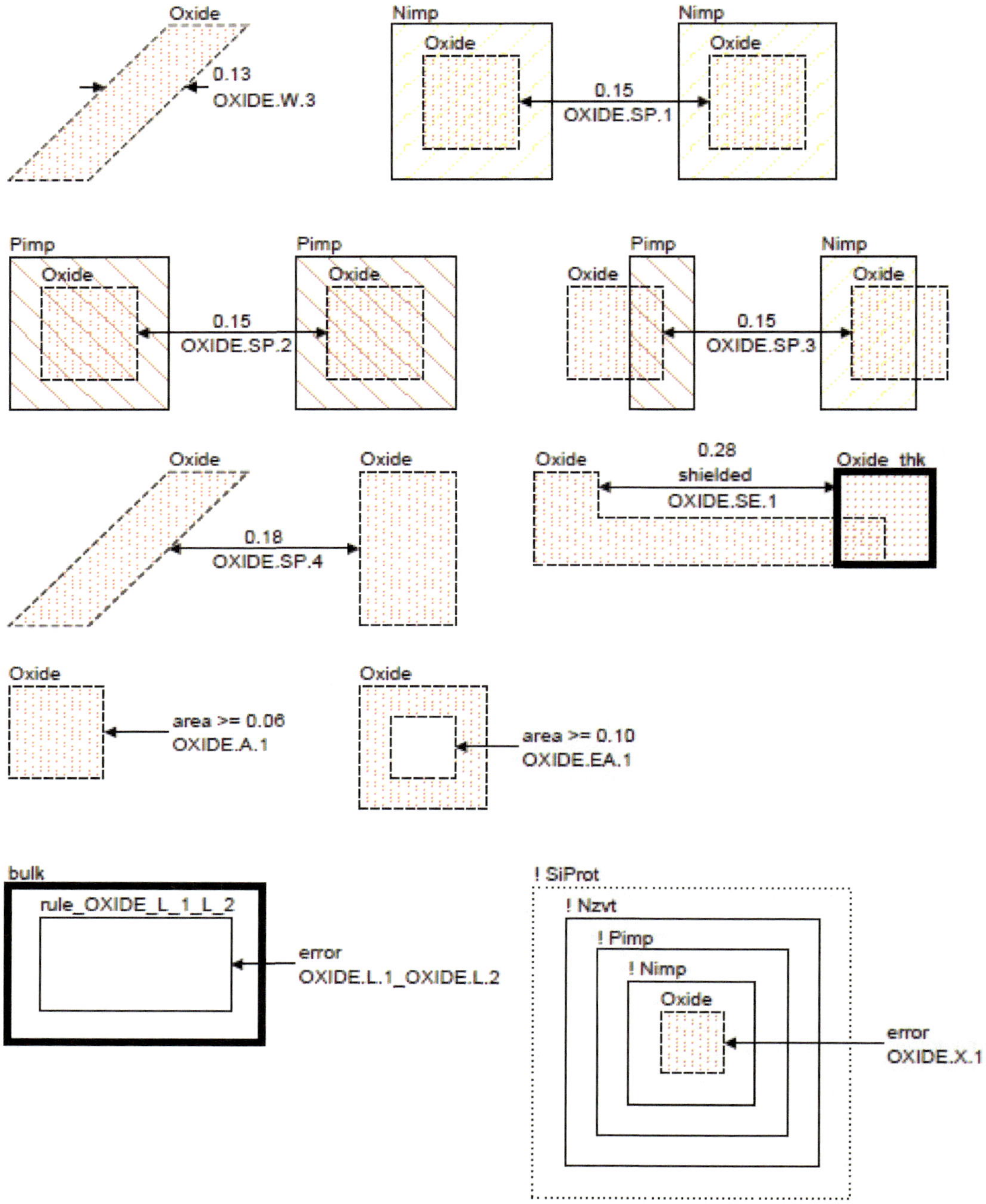

3. Poly rules

POLY RULES

[illegible]

Rule Name	Value (um)	Description
POLY.W.1	0.1	Minimum 1.2V N-channel gate length.
POLY.W.2	0.1	Minimum 1.2V P-channel gate length.
POLY.W.3	0.28	Minimum 2.5V N-channel gate length.
POLY.W.4	0.28	Minimum 2.5V P-channel gate length.
POLY.W.5	0.1	Minimum Poly interconnect width.
POLY.SP.1	0.6	Minimum Poly resistor space.
POLY.SP.2	0.12	Minimum gate space.
POLY.SP.2.DFM	0.14	Minimum gate space for DFM.
POLY.SP.3	0.12	Minimum Poly interconnect space.
POLY.E.1	0.18	Minimum N-channel gate extension beyond Active Area.
POLY.E.2	0.18	Minimum P-channel gate extension beyond Active Area.
POLY.E.1.DFM	0.20	Minimum N-channel gate extension beyond Active Area for DFM.
POLY.E.2.DFM	0.20	Minimum P-channel gate extension beyond Active Area for DFM.
POLY.SE.1	0.1	Minimum Poly interconnect to unrelated Active Area space.
POLY.SE.2	0.1	Minimum Poly interconnect to related Active Area space.
POLY.E.3	0.2	Minimum Active Area (source/drain) to gate enclosure.
POLY.W.6	0.18	Minimum bent Poly width.
POLY.SP.4	0.22	Minimum bent Poly space.
POLY.X.1	***	Bent gate is not allowed.
POLY.X.2	***	Bent Poly resistor is not allowed.
POLY.D.1	50%	Maximum Poly density across full chip.
POLY.SE.3	25	Maximum Poly segment length (width < 0.14) between two contacts.
POLY.A.1	0.1	Minimum area for Poly interconnect.

POLY RULES (continued)

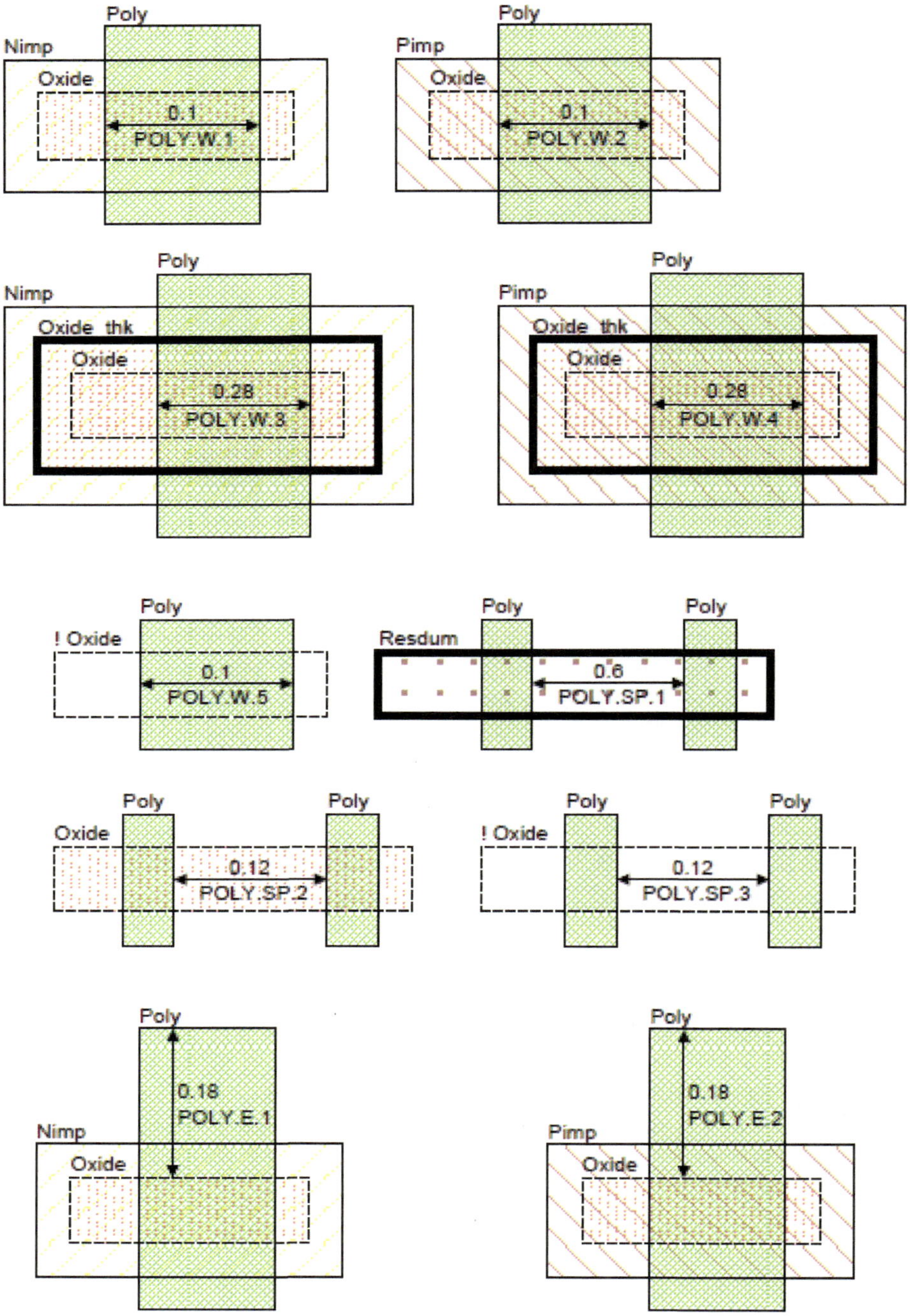

POLY RULES (continued)

switch CHECK_DFM

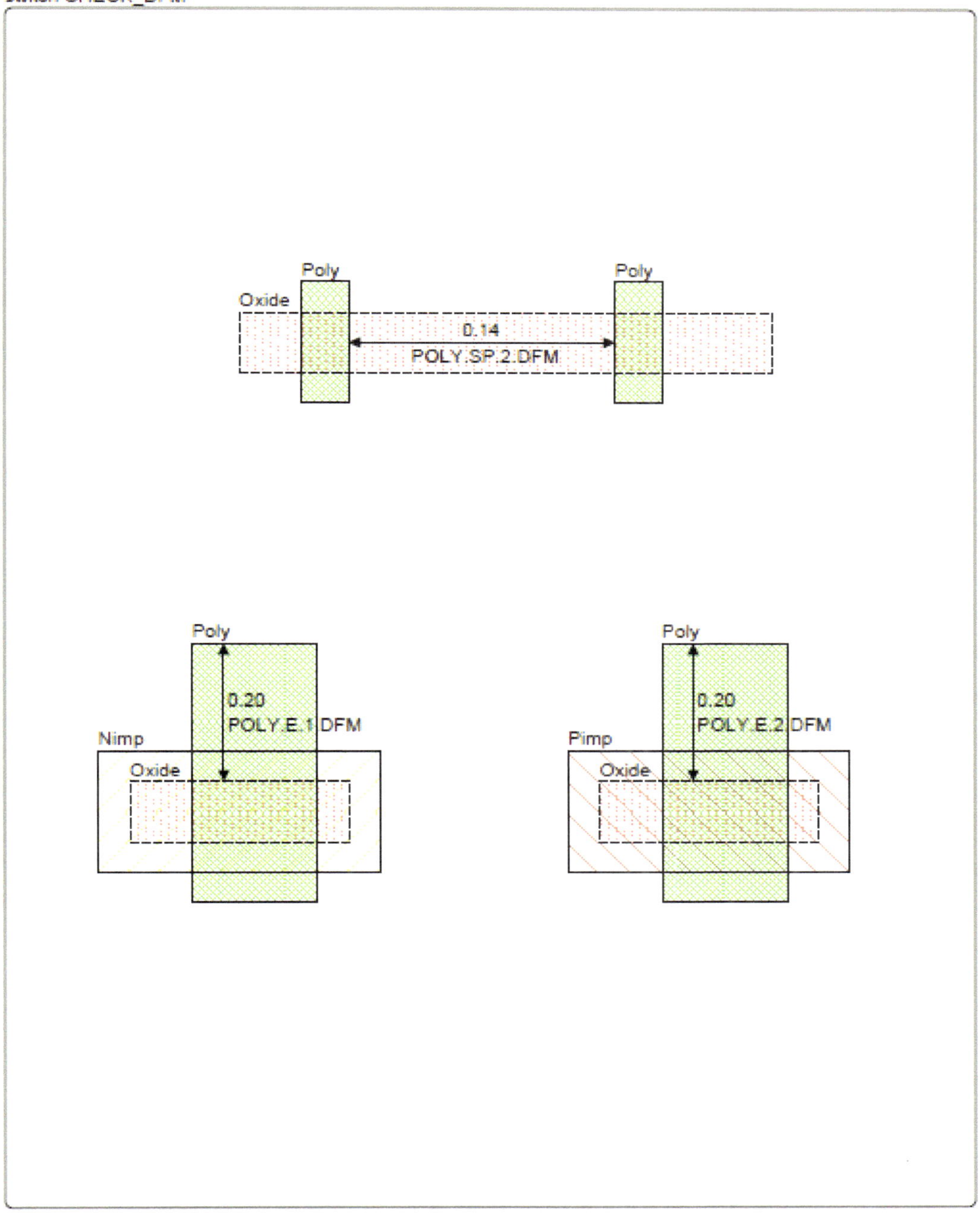

POLY RULES (continued)

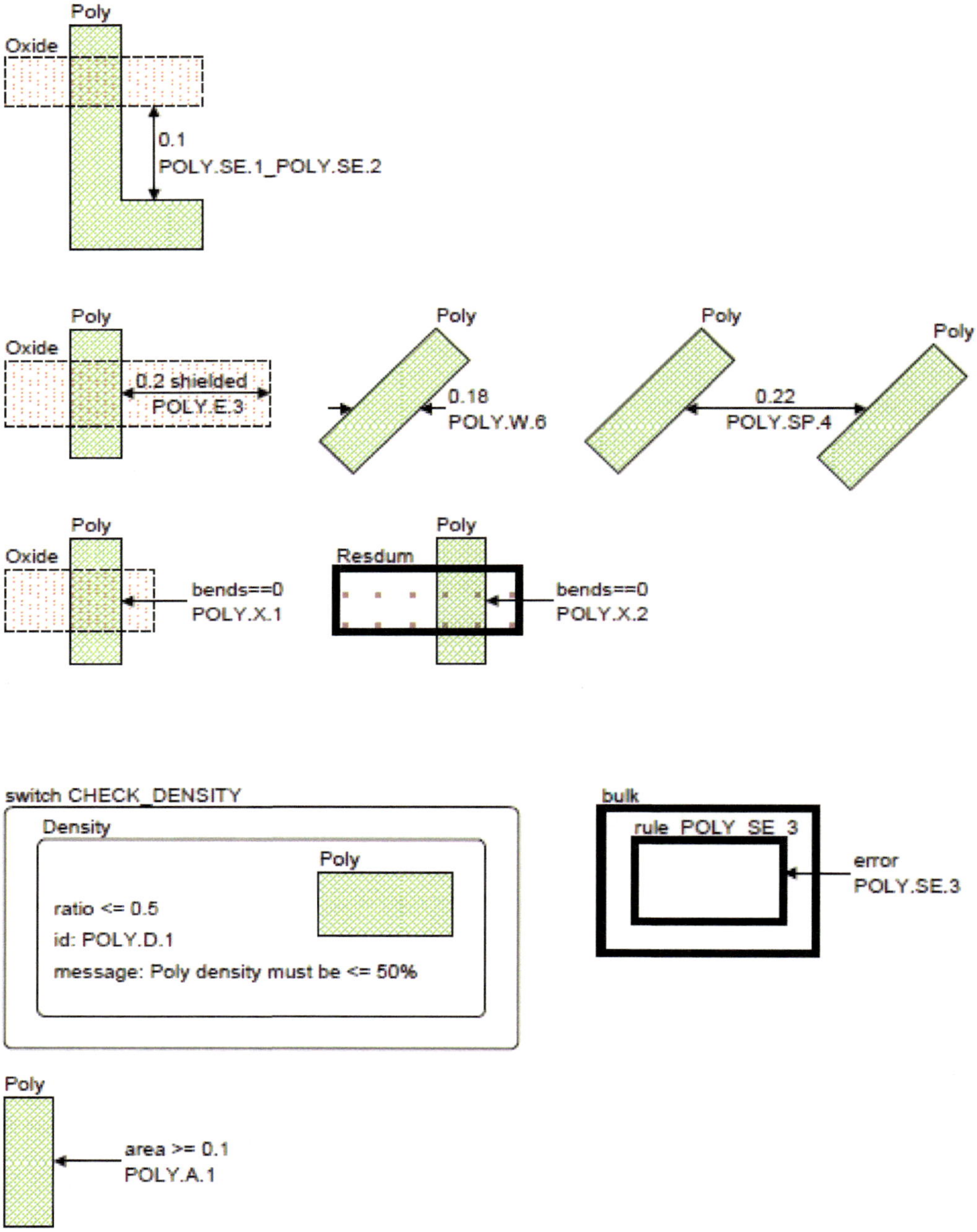

4. N+ Implant rules, P+ Implant rules

N+ IMPLANT RULES

N+ IMPLANT RULES

Rule Name	Value (um)	Description
NIMP.W.1	0.24	Minimum N+ Implant width.
NIMP.SP.1	0.24	Minimum N+ Implant space.
NIMP.E.1	0.14	Minimum N+ Implant to Active Area enclosure.
NIMP.O.1	0.16	Minimum N+ Implant to Active Area overlap.
NIMP.SE.1	0.16	Minimum N+ Implant to P+ Active (inside Nwell) Area spacing.
NIMP.E.2	0.02	Minimum N+ Implant to Active Area (Nwell tie) enclosure.
NIMP.E.3	0.18	Minimum N+ Implant to gate side enclosure.
NIMP.SE.2	0.02	Minimum N+ Implant to P+ Active Area (substrate tie) spacing.
NIMP.E.4	0.18	Minimum N+ to gate (endcap) enclosure.
NIMP.SE.3	0.18	Minimum N+ Implant to P+ gate side (butted Implant) spacing.
NIMP.A.1	0.15	Minimum area for N+ Implant.
NIMP.EA.1	0.16	Minimum N+ Implant ring enclosed area ("donut" hole surrounded by N+ Implant).
NIMP.X.1	---	N+ Implant is NOT allowed over P+ Implant.

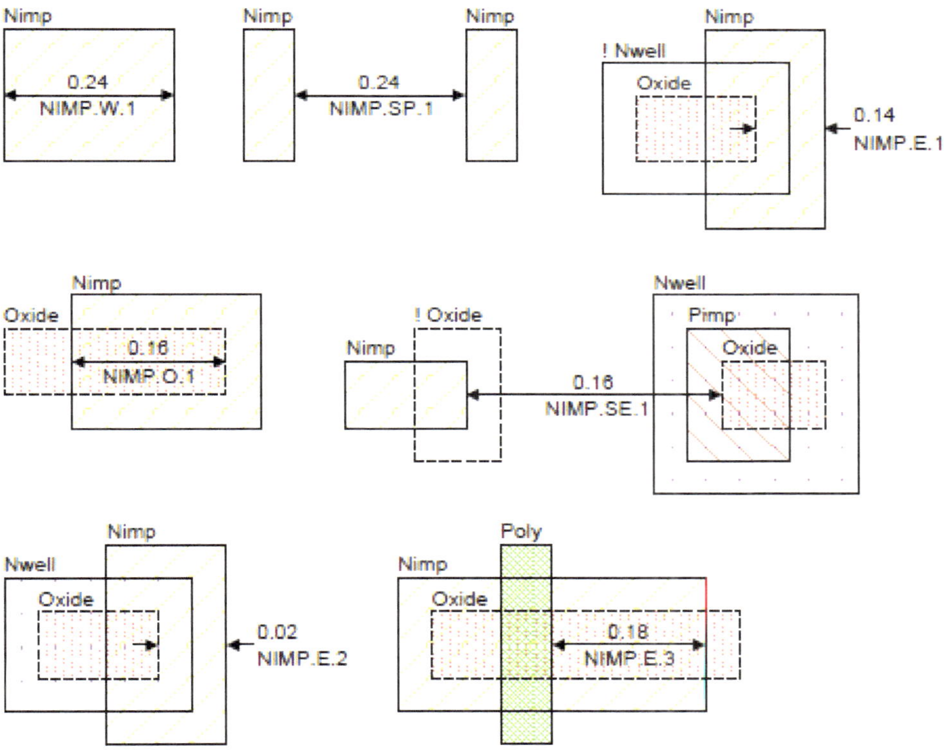

N+ IMPLANT RULES (continued)

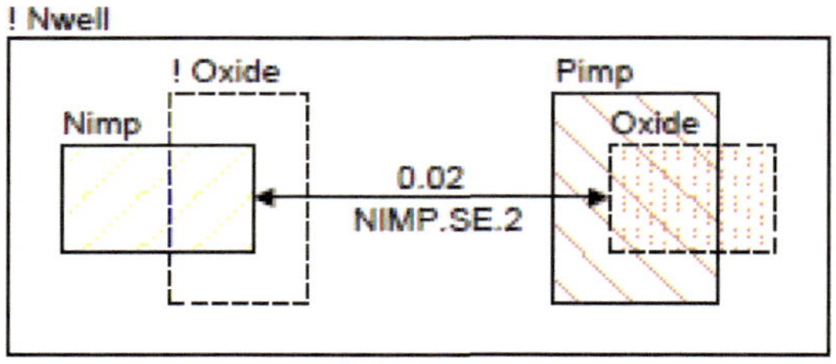

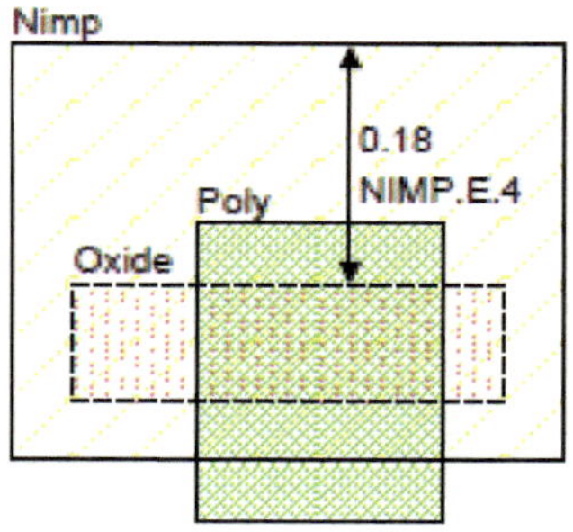

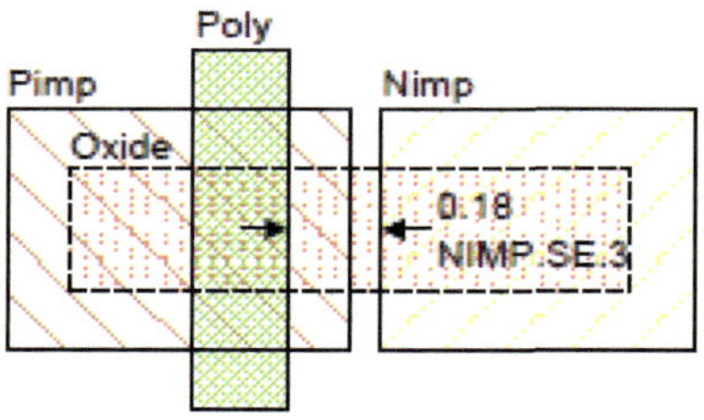

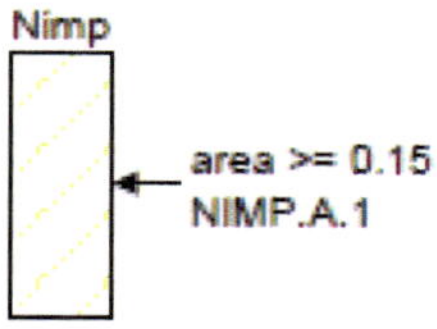

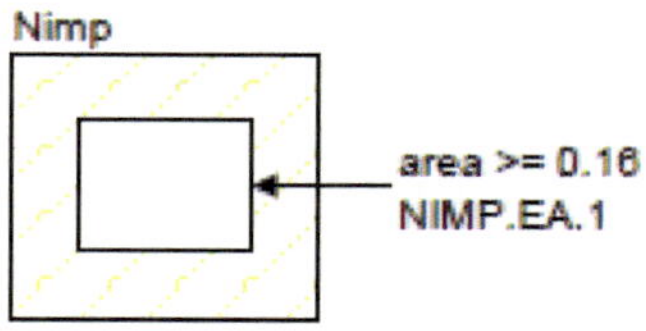

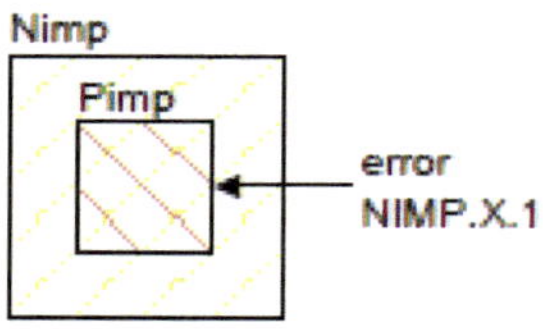

P+ IMPLANT RULES

P+ IMPLANT RULES

Rule Name	Value (um)	Description
PIMP.W.1	0.24	Minimum P+ Implant width.
PIMP.SP.1	0.24	Minimum P+ Implant space.
PIMP.E.1	0.14	Minimum P+ Implant to Active Area enclosure.
PIMP.O.1	0.16	Minimum P+ Implant to Active Area overlap.
PIMP.SE.1	0.16	Minimum P+ Implant to N+ Active (outside Nwell) Area spacing.
PIMP.E.2	0.02	Minimum P+ Implant to Active Area (substrate tie) enclosure.
PIMP.E.3	0.18	Minimum P+ Implant to gate side enclosure.
PIMP.SE.2	0.02	Minimum P+ Implant to N+ Active Area (Nwell tie) spacing.
PIMP.E.4	0.18	Minimum P+ to gate (endcap) enclosure.
PIMP.SE.3	0.18	Minimum P+ Implant to N+ gate side (butted Implant) spacing.
PIMP.A.1	0.15	Minimum area for P+ Implant.
PIMP.EA.1	0.16	Minimum P+ Implant ring enclosed area ("donut" hole surrounded by P+ Implant).
PIMP.X.1	---	P+ Implant is NOT allowed over N+ Implant.

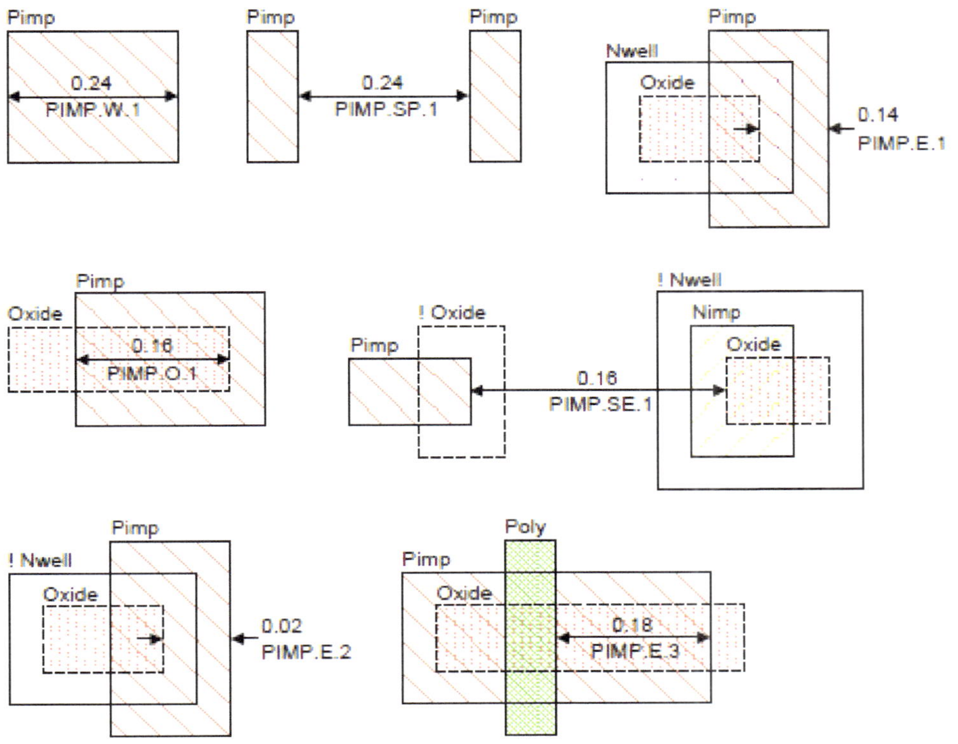

P+ IMPLANT RULES (continued)

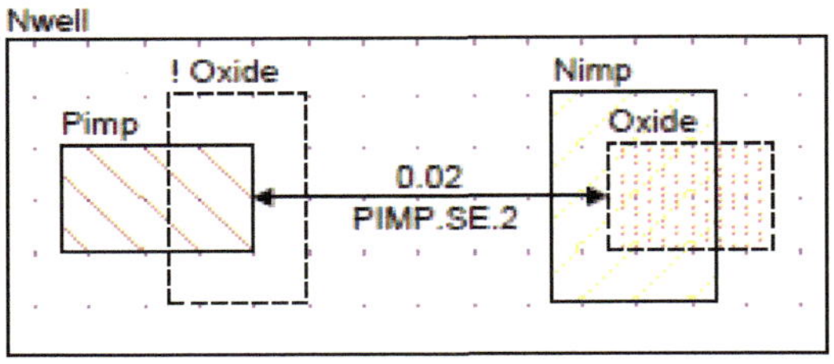

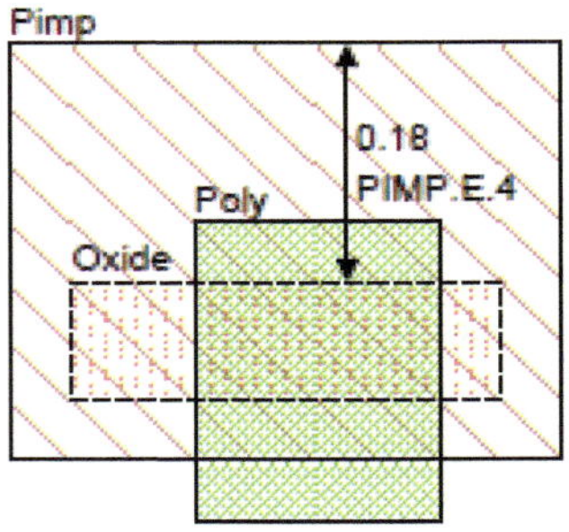

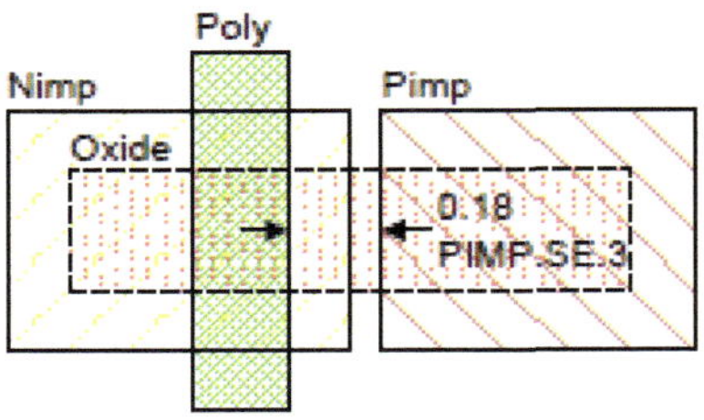

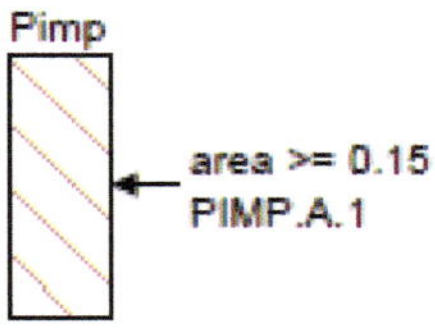

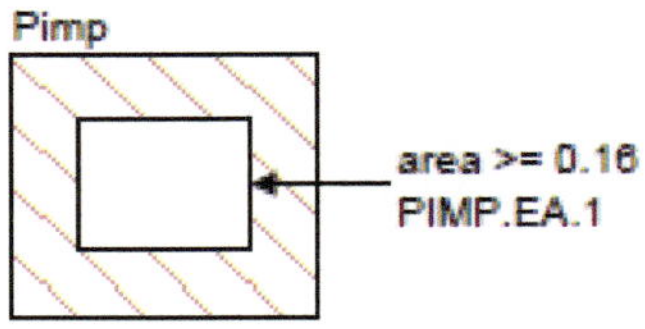

PIMP.X.1 - Covered by NIMP.X.1.

5. Contact rules

CONTACT RULES

Contact Table

Rule Name	Value (um)	Description
CONT.W.1	0.12	Maximum and minimum Contact width/length.
CONT.SP.1	0.14	Minimum Contact to Contact spacing.
CONT.SP.2	0.16	Minimum Contact to Contact spacing when the Contacts are in a 3x3 or larger array (minimum dimension on one side of array is 3). Contacts spaced less than 0.18um should be considered for array spacing check.
CONT.SE.1	0.10	Minimum Contact on Active Area to gate spacing.
CONT.SE.2	0.12	Minimum Contact on 2.5V Active Area to gate spacing.
CONT.SE.3	0.12	Minimum gate Contact to Active Area spacing.
CONT.SE.4	0.14	Minimum 2.5V gate Contact to Active Area spacing.
CONT.SE.1.DFM	0.12	Minimum Contact on Active Area to gate spacing for DFM.
CONT.SE.2.DFM	0.14	Minimum Contact on 2.5V Active Area to gate spacing for DFM.
CONT.SE.3.DFM	0.14	Minimum gate Contact to Active Area spacing for DFM.
CONT.SE.4.DFM	0.16	Minimum 2.5V gate Contact to Active Area spacing for DFM.
CONT.E.1	0.06	Minimum Active Area to Contact enclosure.
CONT.E.2	0.04	Minimum Poly to Contact enclosure.
CONT.E.3	0.06	Minimum Poly to Contact enclosure on at least two opposite sides (end of line).
CONT.E.4	0.06	Minimum N+/P+ Implant on Active Area to Contact enclosure.
CONT.SE.5	0.24	Minimum Poly Contact to non-salacided Poly resistor or Active Contact to non-salacided Active resistor spacing.
CONT.X.1	---	Contact on gate is NOT allowed,
CONT.X.2	---	Active Area Contact on N+/P+ Implant edge is NOT allowed.
CONT.X.3	---	Contact must be covered by Metal1 and Active Area or Poly.

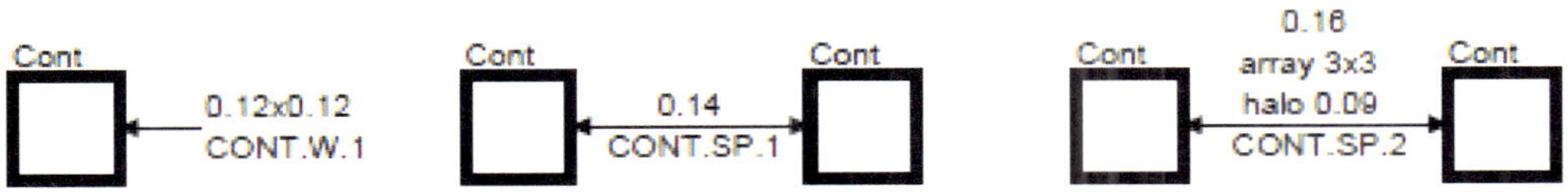

CONTACT RULES (continued)

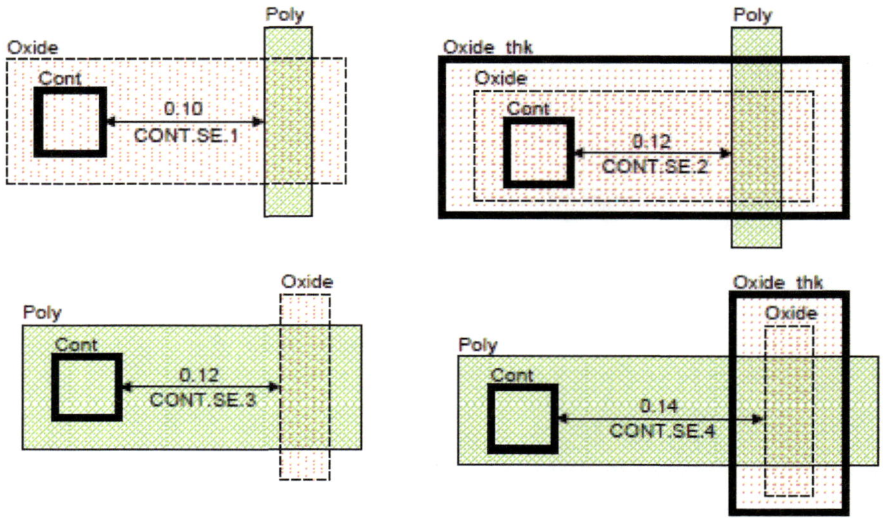

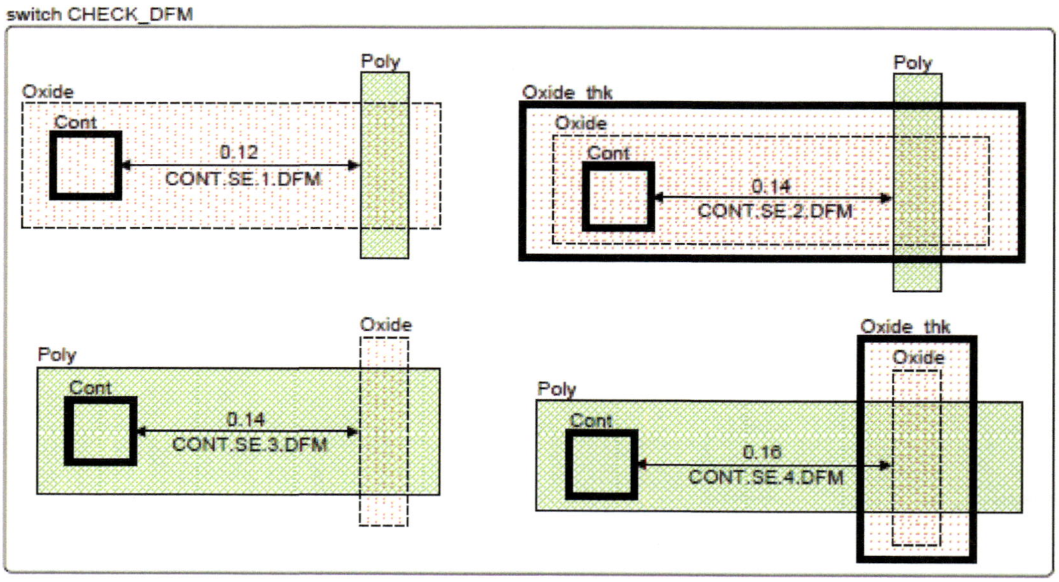

CONTACT RULES (continued)

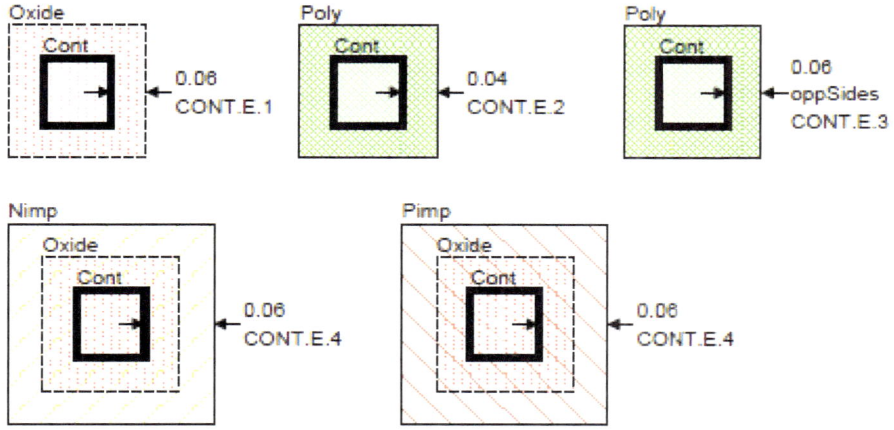

CONT.SE.5 - Covered by SIPROT.SE.1.

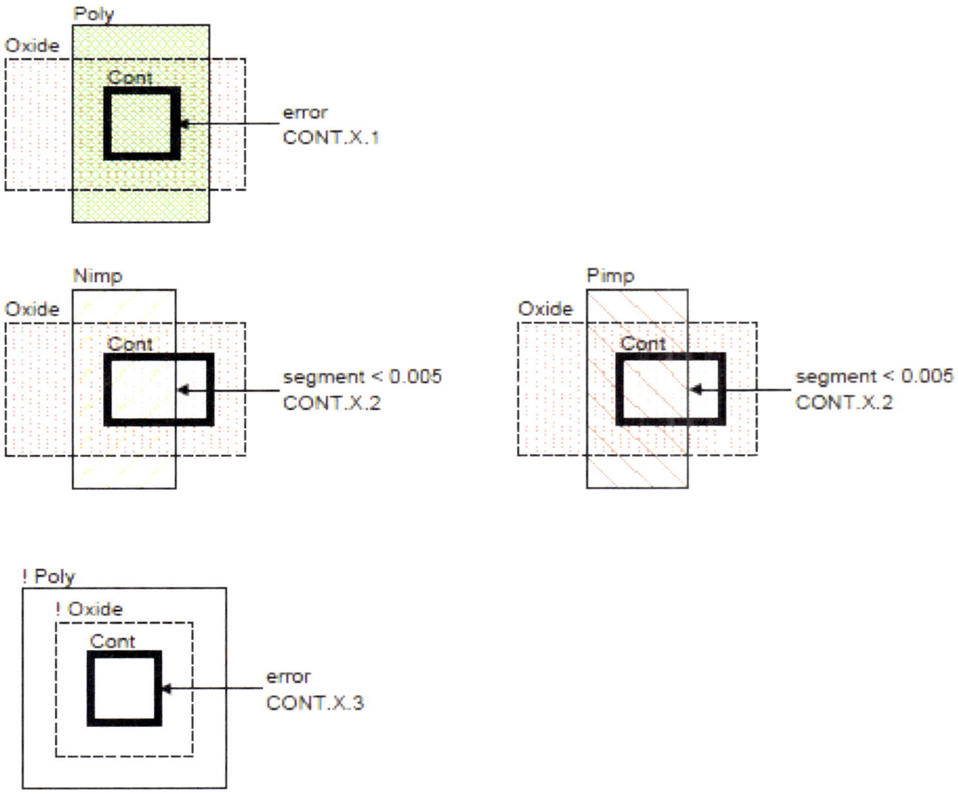

6. Metal rules

METAL 1 RULES

METAL1 RULES

Rule Name	Value (um)	Description
METAL1.W.1	0.12	Minimum Metal 1 width.
METAL1.W.2	12.0	Maximum Metal 1 width.
METAL1.SP.1.1	0.12	Minimum Metal 1 to Metal 1 spacing.
		Minimum Metal 1 to Metal 1 spacing if:
METAL1.SP.1.2	0.18	one metal width > 0.18 and parallel length > 0.56.
METAL1.SP.1.3	0.50	one metal width > 1.5 and parallel length > 1.5.
METAL1.SP.1.4	0.90	one metal width > 3.0 and parallel length > 3.0.
METAL1.SP.1.5	1.50	one metal width > 4.5 and parallel length > 4.5.
METAL1.SP.1.6	2.50	one metal width > 7.5 and parallel length > 7.5.
METAL1.E.1	0.00	Minimum Metal 1 to Contact enclosure.
METAL1.E.2	0.06	Minimum Metal 1 to Contact enclsoure on two opposite sides of the Contact.
METAL1.L.1	0.18	Minimum bent Metal 1 (45 degree angle) length.
METAL1.SP.2	0.16	Minimum bent Metal 1 (45 degree angle) space.
METAL1.W.3	0.14	Minimum bent Metal 1 (45 degree angle) width.
METAL1.A.1	0.07	Minimum Metal1 area.
METAL1.D.1	> 20% < 65%	Metal 1 Density range over any 120um x 120um area (checked by stepping in 60um increments).
METAL1.D.2	< 60%	Maximum Metal 1 density over any 600um x 600um area (checked by stepping in 300um increments).

METAL k (k = 2, 3, 4, 5, 6, 7) RULES

METALk (k = 2, 3, 4, 5, 6, 7) RULES

Rule Name	Value (um)	Description
METALk.W.1	0.14	Minimum Metal k width.
METALk.W.2	12.0	Maximum Metal k width.
METALk.SP.1.1	0.14	Minimum Metal k to Metal k spacing.
		Minimum Metal k to Metal k spacing if:
METALk.SP.1.2	0.20	one Metal k width > 0.20 and parallel length > 0.56.
METALk.SP.1.3	0.50	one Metal k width > 1.5 and parallel length > 1.5.
METALk.SP.1.4	0.90	one Metal k width > 3.0 and parallel length > 3.0.
METALk.SP.1.5	1.50	one Metal k width > 4.5 and parallel length > 4.5.
METALk.SP.1.6	2.50	one Metal k width > 7.5 and parallel length > 7.5.
METALk.E.1	0.005	Minimum Metal k enclosure of Via k-1.
METALk.E.2	0.06	Minimum Metal k enclosure of Via k-1on at least two opposite sides.
METALk.L.1	0.20	Minimum bent Metal k (45 degree angle) length.
METALk.SP.2	0.18	Minimum bent Metal k (45 degree angle) space.
METALk.W.3	0.16	Minimum bent Metal k (45 degree angle) width.
METALk.A.1	0.08	Minimum Metal k area.
METALk.D.1	> 20% < 65%	Metal k Density range over any 120um x 120um area (checked by stepping in 60um increments).
METALk.D.2	< 60%	Maximum Metal k density over any 600um x 600um area (checked by stepping in 300um increments).

METAL RULES (continued)

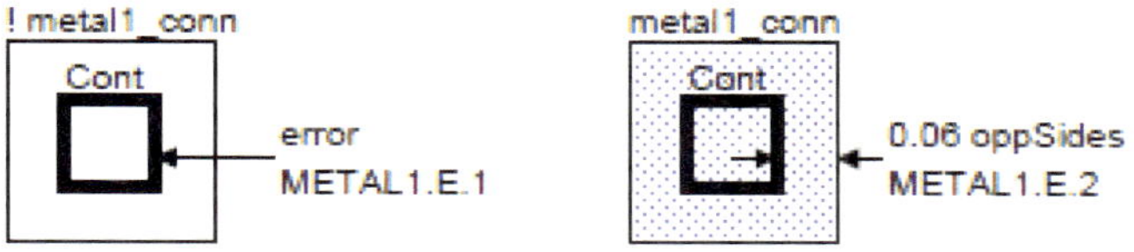

macro

Macro Table

$name1	$layer1	$layer2	$id1	$id2
Metal2	metal2_conn	Via1	METAL2.E.1	METAL2.E.2
Metal3	metal3_conn	Via2	METAL3.E.1	METAL3.E.2
Metal4	metal4_conn	Via3	METAL4.E.1	METAL4.E.2
Metal5	metal5_conn	Via4	METAL5.E.1	METAL5.E.2
Metal6	metal6_conn	Via5	METAL6.E.1	METAL6.E.2
Metal7	metal7_conn	Via6	METAL7.E.1	METAL7.E.2

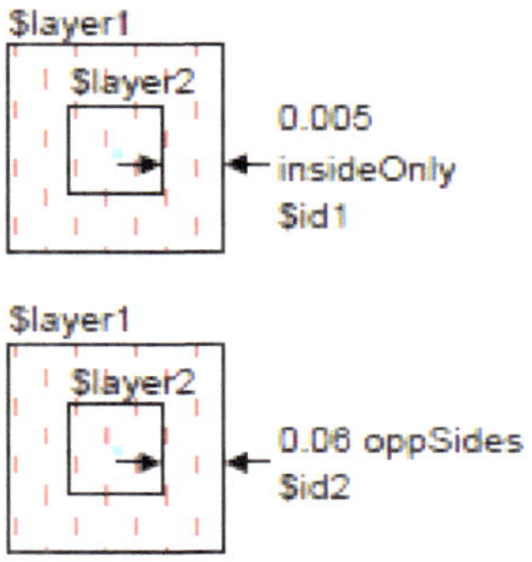

macro

Macro Table

$name1	$layer1	$layer2	$id1	$id2
Metal8	metal8_conn	Via7	METAL8.E.1	METAL8.E.2
Metal9	metal9_conn	Via8	METAL9.E.1	METAL9.E.2

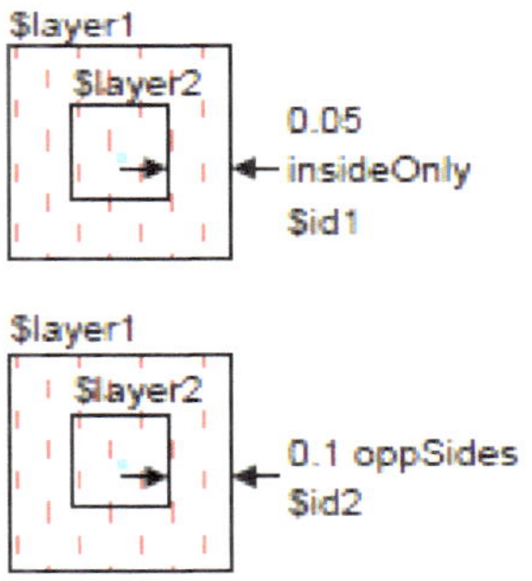

METAL RULES (continued)

macro

Macro Table

$layer1	**$name1**	**$id1**	**$value1**
metal1_conn	Metal1	METAL1.W.1	0.12
metal2_conn	Metal2	METAL2.W.1	0.14
metal3_conn	Metal3	METAL3.W.1	0.14
metal4_conn	Metal4	METAL4.W.1	0.14
metal5_conn	Metal5	METAL5.W.1	0.14
metal6_conn	Metal6	METAL6.W.1	0.14
metal7_conn	Metal7	METAL7.W.1	0.14
metal8_conn	Metal8	METAL8.W.1	0.44
metal9_conn	Metal9	METAL9.W.1	0.44

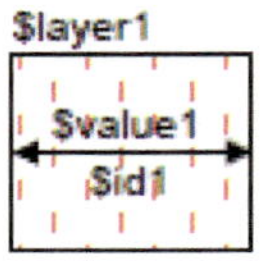

macro

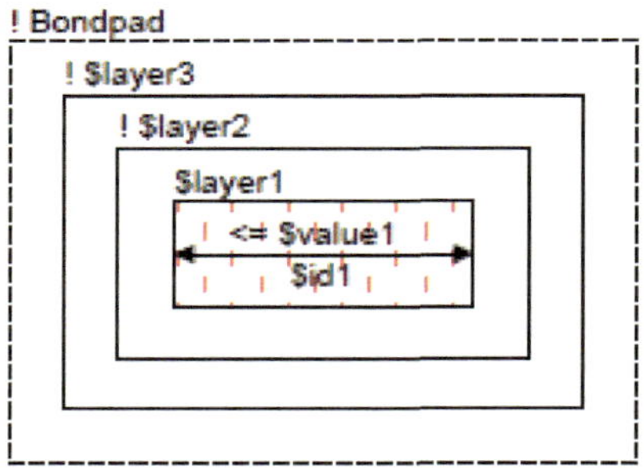

Macro Table

$layer1	**$layer2**	**$layer3**	**$name1**	**$id1**	**$value1**
metal1_conn	cont_array_zone	via1_array_zone	Metal1	METAL1.W.2	12.0
metal2_conn	via1_array_zone	via2_array_zone	Metal2	METAL2.W.2	12.0
metal3_conn	via2_array_zone	via3_array_zone	Metal3	METAL3.W.2	12.0
metal4_conn	via3_array_zone	via4_array_zone	Metal4	METAL4.W.2	12.0
metal5_conn	via4_array_zone	via5_array_zone	Metal5	METAL5.W.2	12.0
metal6_conn	via5_array_zone	via6_array_zone	Metal6	METAL6.W.2	12.0

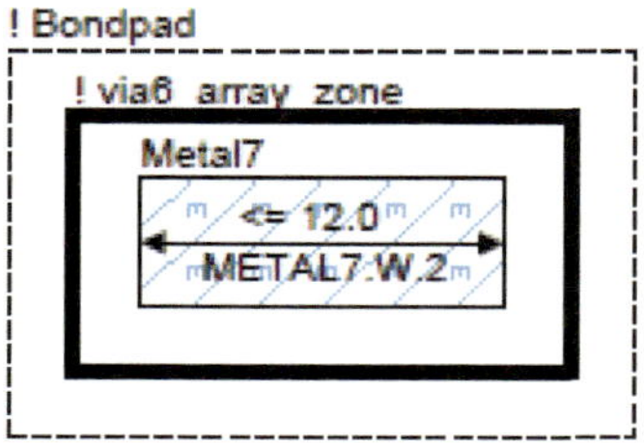

METAL RULES (continued)

macro

Macro Table

$layer1	$name1	$id1	$value1
metal8_conn	Metal8	METAL8.W.2	12.0
metal9_conn	Metal9	METAL9.W.2	12.0

! Bondpad

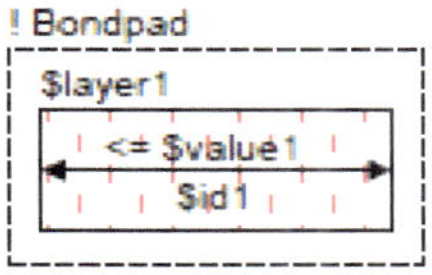

macro

Macro Table

$layer1	$id1	$value1
Metal1	METAL1.SP.1.1	0.12
Metal2	METAL2.SP.1.1	0.14
Metal3	METAL3.SP.1.1	0.14
Metal4	METAL4.SP.1.1	0.14
Metal5	METAL5.SP.1.1	0.14
Metal6	METAL6.SP.1.1	0.14
Metal7	METAL7.SP.1.1	0.14
Metal8	METAL8.SP.1.1	0.40
Metal9	METAL9.SP.1.1	0.40

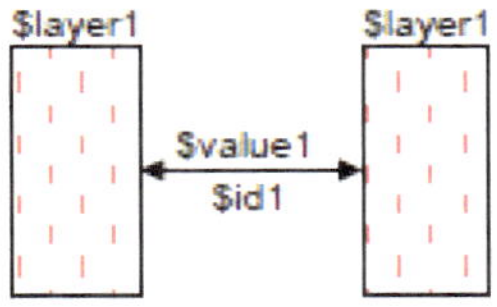

macro

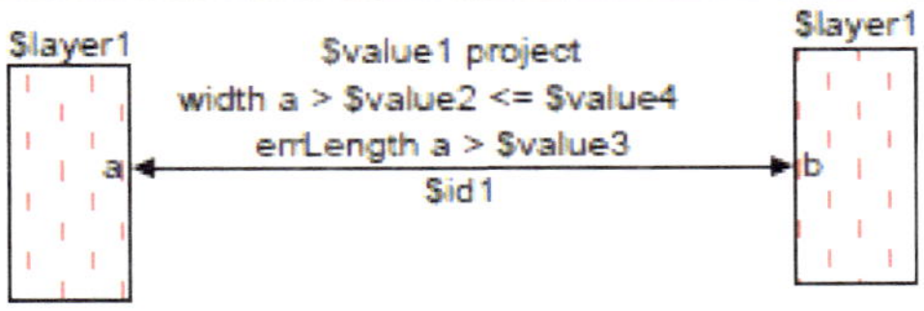

Macro Table

$layer1	$id1	$value1	$value2	$value3	$value4
Metal1	METAL1.SP.1.2	0.18	0.18	0.56	1.5
Metal2	METAL2.SP.1.2	0.20	0.20	0.56	1.5
Metal3	METAL3.SP.1.2	0.20	0.20	0.56	1.5
Metal4	METAL4.SP.1.2	0.20	0.20	0.56	1.5
Metal5	METAL5.SP.1.2	0.20	0.20	0.56	1.5
Metal6	METAL6.SP.1.2	0.20	0.20	0.56	1.5
Metal7	METAL7.SP.1.2	0.20	0.20	0.56	1.5

METAL RULES (continued)

macro

Macro Table

$layer1	$id1
Metal1	METAL1.SP.1.3
Metal2	METAL2.SP.1.3
Metal3	METAL3.SP.1.3
Metal4	METAL4.SP.1.3
Metal5	METAL5.SP.1.3
Metal6	METAL6.SP.1.3
Metal7	METAL7.SP.1.3
Metal8	METAL8.SP.1.2
Metal9	METAL9.SP.1.2

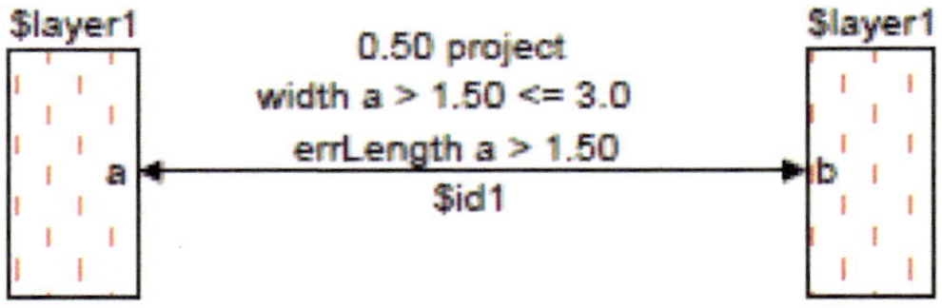

macro

Macro Table

$layer1	$id1
Metal1	METAL1.SP.1.4
Metal2	METAL2.SP.1.4
Metal3	METAL3.SP.1.4
Metal4	METAL4.SP.1.4
Metal5	METAL5.SP.1.4
Metal6	METAL6.SP.1.4
Metal7	METAL7.SP.1.4
Metal8	METAL8.SP.1.3
Metal9	METAL9.SP.1.3

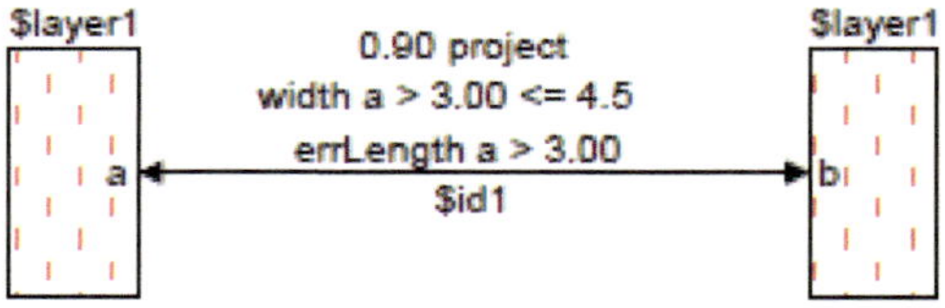

macro

Macro Table

$layer1	$id1
Metal1	METAL1.SP.1.5
Metal2	METAL2.SP.1.5
Metal3	METAL3.SP.1.5
Metal4	METAL4.SP.1.5
Metal5	METAL5.SP.1.5
Metal6	METAL6.SP.1.5
Metal7	METAL7.SP.1.5
Metal8	METAL8.SP.1.4
Metal9	METAL9.SP.1.4

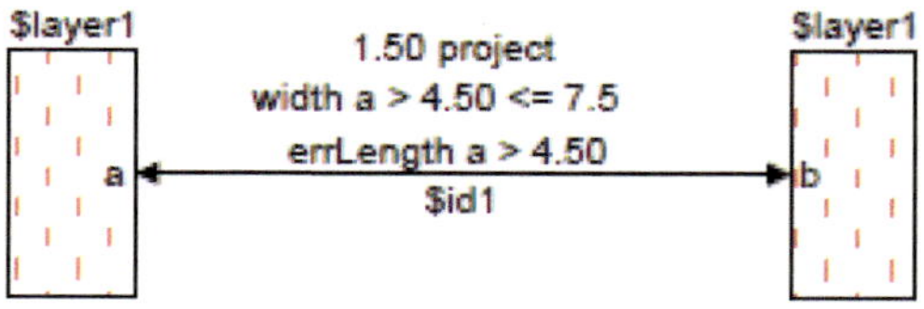

METAL RULES (continued)

macro

Macro Table

$layer1	$id1
Metal1	METAL1.SP.1.6
Metal2	METAL2.SP.1.6
Metal3	METAL3.SP.1.6
Metal4	METAL4.SP.1.6
Metal5	METAL5.SP.1.6
Metal6	METAL6.SP.1.6
Metal7	METAL7.SP.1.6
Metal8	METAL8.SP.1.5
Metal9	METAL9.SP.1.5

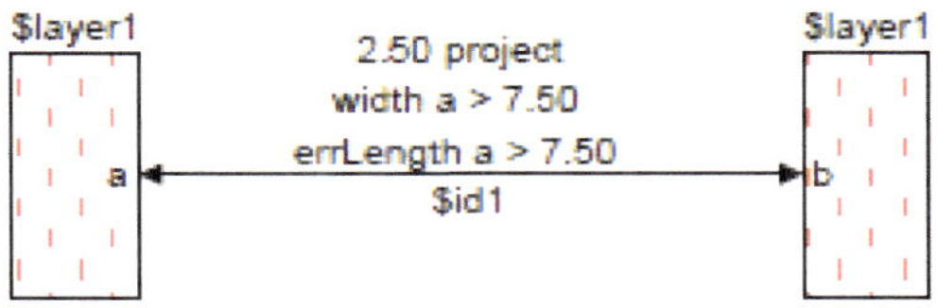

macro

Macro Table

$layer1	$id1	$value1
Metal1	METAL1.L.1	0.18
Metal2	METAL2.L.1	0.20
Metal3	METAL3.L.1	0.20
Metal4	METAL4.L.1	0.20
Metal5	METAL5.L.1	0.20
Metal6	METAL6.L.1	0.20
Metal7	METAL7.L.1	0.20

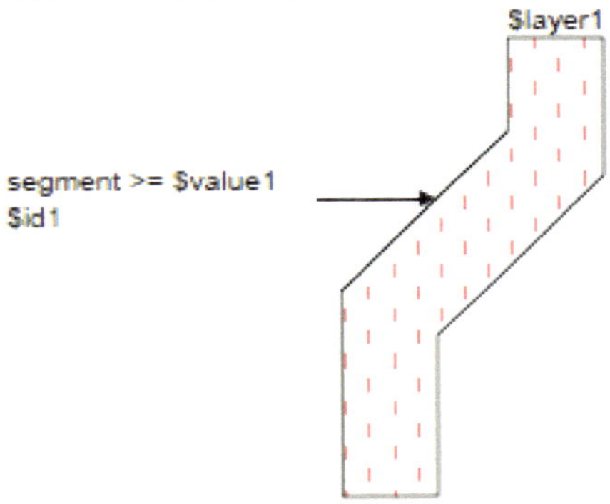

macro

Macro Table

$layer1	$id1	$value1	$id2	$value2
Metal1	METAL1.SP.2	0.16	METAL1.W.3	0.14
Metal2	METAL2.SP.2	0.18	METAL2.W.3	0.16
Metal3	METAL3.SP.2	0.18	METAL3.W.3	0.16
Metal4	METAL4.SP.2	0.18	METAL4.W.3	0.16
Metal5	METAL5.SP.2	0.18	METAL5.W.3	0.16
Metal6	METAL6.SP.2	0.18	METAL6.W.3	0.16
Metal7	METAL7.SP.2	0.18	METAL7.W.3	0.16

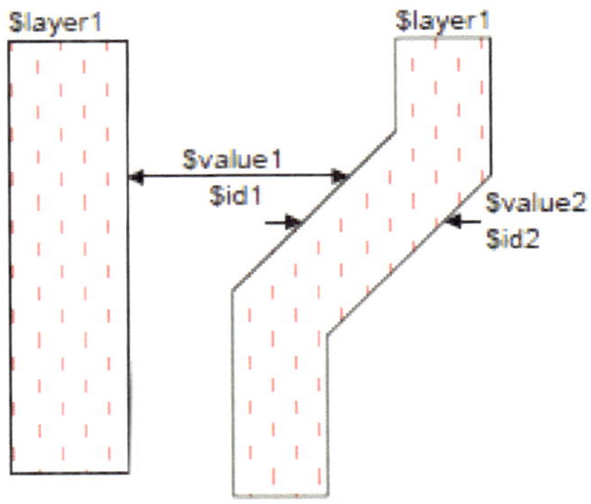

METAL RULES (continued)

macro

Macro Table

$layer1	$id1	$value1
Metal1	METAL1.A.1	0.07
Metal2	METAL2.A.1	0.08
Metal3	METAL3.A.1	0.08
Metal4	METAL4.A.1	0.08
Metal5	METAL5.A.1	0.08
Metal6	METAL6.A.1	0.08
Metal7	METAL7.A.1	0.08
Metal8	METAL8.A.1	0.2
Metal9	METAL9.A.1	0.2

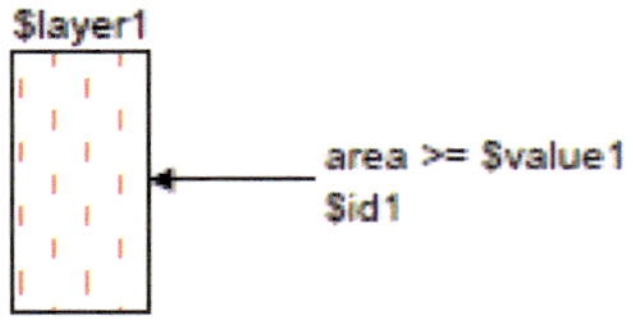

switch CHECK_DENSITY

macro

Macro Table

$name1	$layer1	$id1
Metal1	metal1_conn	METAL1.D.1
Metal2	metal2_conn	METAL2.D.1
Metal3	metal3_conn	METAL3.D.1
Metal4	metal4_conn	METAL4.D.1
Metal5	metal5_conn	METAL5.D.1
Metal6	metal6_conn	METAL6.D.1
Metal7	metal7_conn	METAL7.D.1
Metal8	metal8_conn	METAL8.D.1
Metal9	metal9_conn	METAL9.D.1

Density

ratio >= 0.20 <= 0.65

windowSize: 120.0

stepSize: 60.0

id: $id1

message: $name1 density must be >= 20% <= 65%

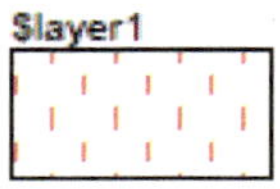

macro

Macro Table

$name1	$layer1	$id1
Metal1	metal1_conn	METAL1.D.2
Metal2	metal2_conn	METAL2.D.2
Metal3	metal3_conn	METAL3.D.2
Metal4	metal4_conn	METAL4.D.2
Metal5	metal5_conn	METAL5.D.2
Metal6	metal6_conn	METAL6.D.2
Metal7	metal7_conn	METAL7.D.2
Metal8	metal8_conn	METAL8.D.2
Metal9	metal9_conn	METAL9.D.2

Density

ratio <= 0.60

windowSize: 600.0

stepSize: 300.0

id: $id1

message: $name1 density must be <= 60%

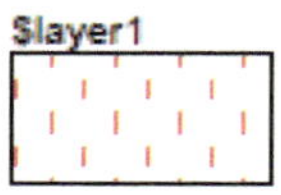

7. Via rules

VIA k (k = 1, 2, 3, 4, 5, 6) RULES

Comment Table VIA k (k = 1, 2, 3, 4, 5, 6) RULES

Rule Name	Value (um)	Description
VIAk.W.1	0.14	Minimum and maximum Via k width.
VIAk.SP.1	0.15	Minimum Via k to Via k spacing.
VIAk.SP.2	0.20	Minimum Via k to Via k spacing when the Via ks are in a 3x3 or larger array (minimum dimension on one side of array is 3). Via ks spaced less than 0.21um should be considered for array spacing check.
VIAk.E.1	0.005	Minimum Metal k to Via k enclosure.
VIAk.E.2	0.06	Minimum Metal k to Via k enclosure on at least two opposite sides of Via k.
VIAk.X.1	---	Minimum of two Via k with spacing <= 0.30um or four Via k with spacing <= 0.60um are required when connecting Metal k and Metal k+1 when one of the Metals has a width > 0.40um at the connection point.
VIAk.X.2	---	Minimum of four Via k with spacing <= 0.30um or nine Via k with spacing <= 0.60um are required when connecting Metal k and Metal k+1 when one of the Metals has a width > 1.0um at the connection point.
VIAk.X.3	---	Vias 1 through 6 may be consecutively stacked up to four high when only one Via is connecting two Metal layers for any level of the stack.
VIAk.X.4	---	Vias 1 through 6 may be consecutively stacked up more than four high when at least two Vias are connecting two Metal layers for all levels of the stack.

VIA 7, 8 RULES

Comment Table VIA k (k = 7, 8) RULES

Rule Name	Value (um)	Description
VIAk.W.1	0.36	Minimum and maximum Via k width.
VIAk.SP.1	0.36	Minimum Via k space.
VIAk.E.1	0.03	Minimum Metal k to of Via k enclosure.
VIAk.E.2	0.08	Minimum Metal k to Via k enclosure on at least two opposite sides of Via k.

VIA RULES (continued)

macro

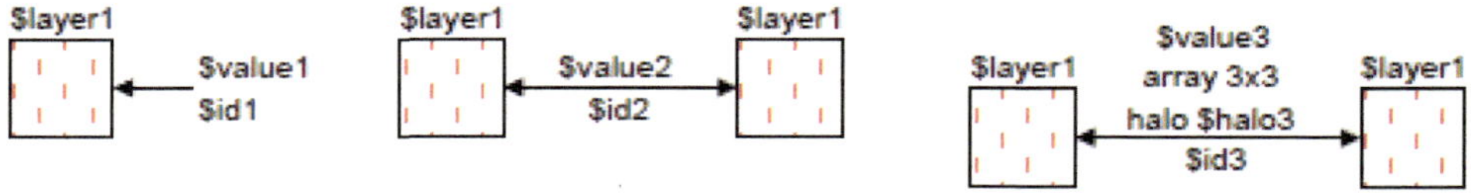

Macro Table

$layer1	$id1	$value1	$id2	$value2	$id3	$value3	$halo3
Via1	VIA1.W.1	0.14x0.14	VIA1.SP.1	0.15	VIA1.SP.2	0.20	0.10
Via2	VIA2.W.1	0.14x0.14	VIA2.SP.1	0.15	VIA2.SP.2	0.20	0.10
Via3	VIA3.W.1	0.14x0.14	VIA3.SP.1	0.15	VIA3.SP.2	0.20	0.10
Via4	VIA4.W.1	0.14x0.14	VIA4.SP.1	0.15	VIA4.SP.2	0.20	0.10
Via5	VIA5.W.1	0.14x0.14	VIA5.SP.1	0.15	VIA5.SP.2	0.20	0.10
Via6	VIA6.W.1	0.14x0.14	VIA6.SP.1	0.15	VIA6.SP.2	0.20	0.10
Via7	VIA7.W.1	0.36x0.36	VIA7.SP.1	0.36	ignore	ignore	ignore
Via8	VIA8.W.1	0.36x0.36	VIA8.SP.1	0.36	ignore	ignore	ignore

macro

Macro Table

$name1	$layer1	$layer2	$id1	$value1	$id2	$value2
Metal1	Via1	metal1_conn	VIA1.E.1	0.005	VIA1.E.2	0.06
Metal2	Via2	metal2_conn	VIA2.E.1	0.005	VIA2.E.2	0.06
Metal3	Via3	metal3_conn	VIA3.E.1	0.005	VIA3.E.2	0.06
Metal4	Via4	metal4_conn	VIA4.E.1	0.005	VIA4.E.2	0.06
Metal5	Via5	metal5_conn	VIA5.E.1	0.005	VIA5.E.2	0.06
Metal6	Via6	metal6_conn	VIA6.E.1	0.005	VIA6.E.2	0.06
Metal7	Via7	metal7_conn	VIA7.E.1	0.03	VIA7.E.2	0.08
Metal8	Via8	metal8_conn	VIA8.E.1	0.03	VIA8.E.2	0.08

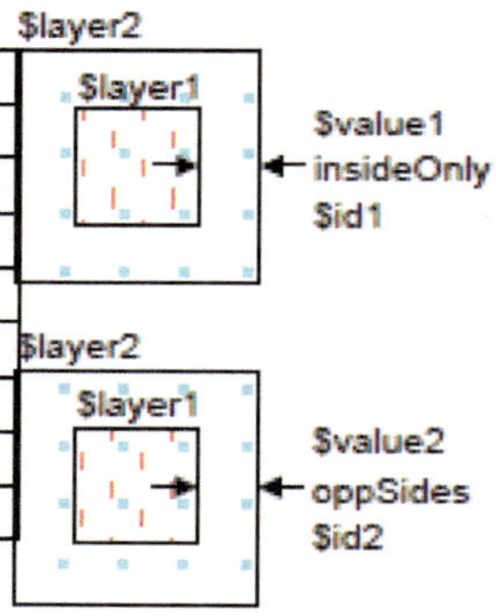

VIA RULES (continued)

macro

Macro Table

$name1	**$name2**	**$name3**	**$layer1**	**$id1**
Via1	Metal1	Metal2	rule_VIA1_X_1	VIA1.X.1
Via2	Metal2	Metal3	rule_VIA2_X_1	VIA2.X.1
Via3	Metal3	Metal4	rule_VIA3_X_1	VIA3.X.1
Via4	Metal4	Metal5	rule_VIA4_X_1	VIA4.X.1
Via5	Metal5	Metal6	rule_VIA5_X_1	VIA5.X.1
Via6	Metal6	Metal7	rule_VIA6_X_1	VIA6.X.1

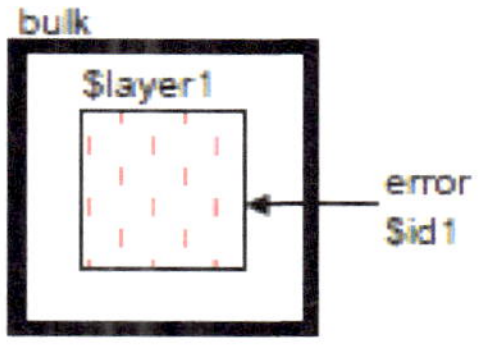

macro

Macro Table

$name1	**$name2**	**$name3**	**$layer1**	**$id1**
Via1	Metal1	Metal2	rule_VIA1_X_2	VIA1.X.2
Via2	Metal2	Metal3	rule_VIA2_X_2	VIA2.X.2
Via3	Metal3	Metal4	rule_VIA3_X_2	VIA3.X.2
Via4	Metal4	Metal5	rule_VIA4_X_2	VIA4.X.2
Via5	Metal5	Metal6	rule_VIA5_X_2	VIA5.X.2
Via6	Metal6	Metal7	rule_VIA6_X_2	VIA6.X.2

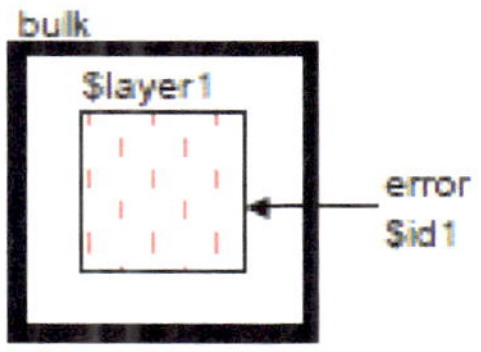

switch SUGGESTED_CHECK

macro

Macro Table

$name1	**$name2**	**$layer1**	**$id1**
Metal1	Metal6	rule_VIAk_X_3_X_4a	VIAk.X.3_VIAk.X.4
Metal2	Metal7	rule_VIAk_X_3_X_4b	VIAk.X.3_VIAk.X.4

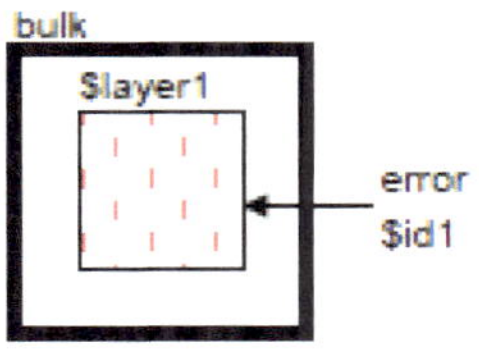

8. Connectivity Definition

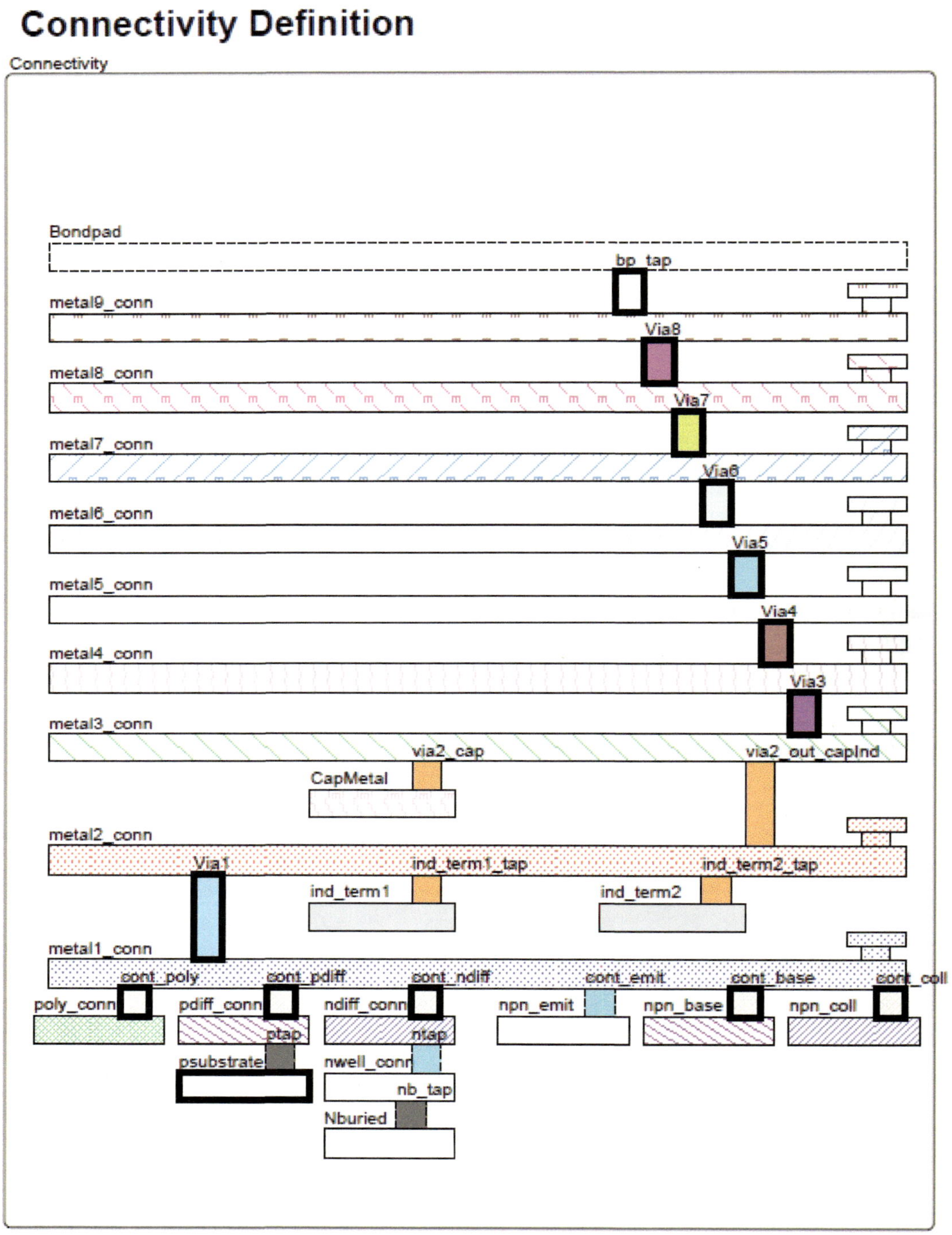

CHAPTER **5**

Cadence Virtuoso Tools 실행

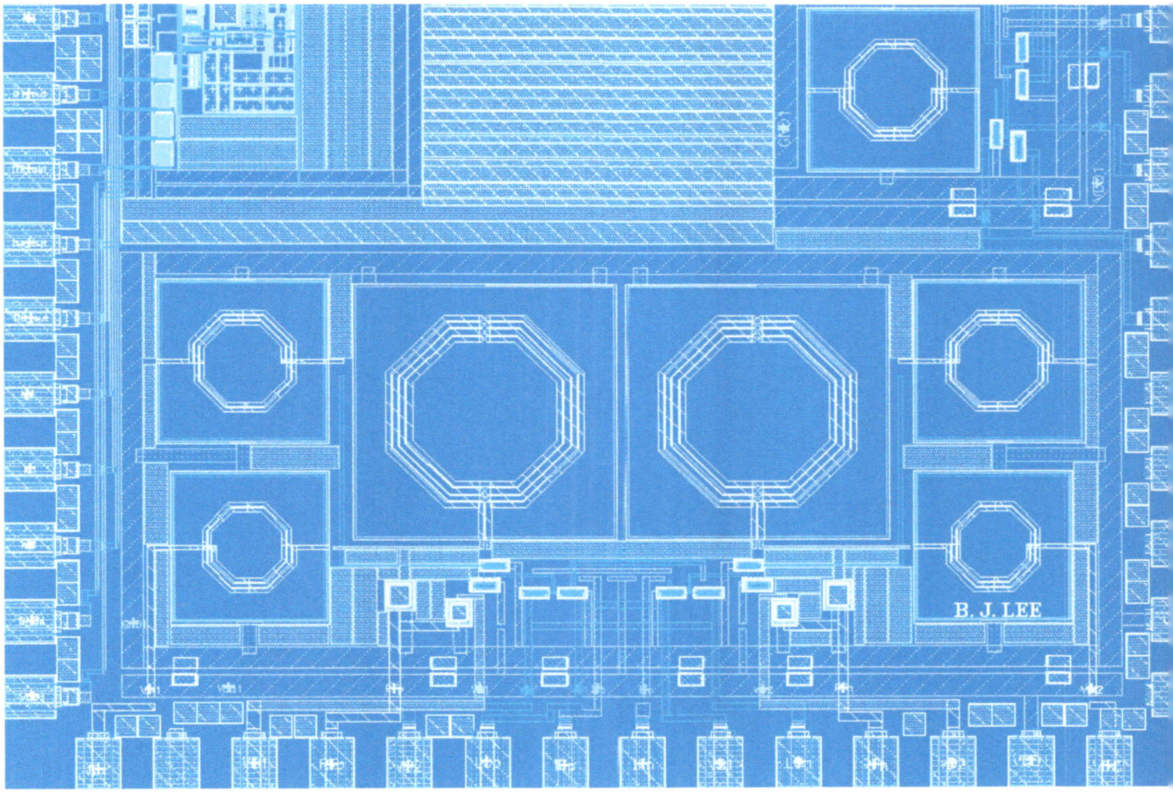

Cadence Virtuoso Tools 실행 5.1

5.1 Cadence Virtuoso Tools 실행

5.1.1 기본적인 Linux명령어

ls	현재 디렉토리 내에 있는 모든 파일과 폴더를 알림
cd	처음 login한 디렉토리로 이동
cd ..	현재 디렉토리에서 한 단계 상위 디렉토리로 이동
cd (directory name)	현재 디렉토리 내에 있는 다른 디렉토리로 이동
mkdir (directory name)	현재 디렉토리에 새로운 디렉토리 생성
rm −rf (directory name)	디렉토리 삭제(하위 디렉토리도 삭제)
pwd	현재 자신이 위치한 디렉토리의 위치 알림
cp (file name) (route)	현재 디렉토리에 있는 파일을 지정한 경로로 복사
csh	c shell 적용
vi (file name)	파일 안의 내용을 편집할 수 있는 편집기를 실행함

5.1.2 편집기 명령어

	커서 이동 명령		
h	왼쪽으로 한 칸 이동	H	화면의 처음으로 이동
O	커서를 라인의 시작으로 이동	$	커서를 라인의 끝으로 이동
k	커서를 한 라인 위로 이동	j	커서를 한 라인 아래로 이동
l	오른쪽으로 한 칸 이동	L	화면 끝으로 이동
삽입 명령			
i	커서 앞에 입력	I	라인 시작 부분에 입력
a	커서 뒤에 입력	A	라인 끝에 입력
o	커서 있는 라인 밑에 입력	O	커서가 있는 라인 위에 입력
	삭제 명령		
x	커서가 있는 문자 삭제	X	커서가 있는 문자 앞에 있는 문자 삭제
dw	커서가 있는 단어 삭제	db	커서가 앞에 있는 단어 삭제
dd	커서가 있는 라인 삭제	D	커서가 있는 라인의 나머지 삭제
바꾸기 명령			
r	커서에 있는 문자 대치	R	입력 모드로 한 문자씩 덮어씀
	이동		
p	삭제나 복사된 텍스트를 커서가 있는 문자나 라인 뒤에 삽입	P	삭제나 복사된 텍스트를 커서가 있는 문자나 라인 앞에 삽입
	복사		
yw	커서가 있는 단어를 복사	yb	커서가 있는 앞 단어를 복사
yy	커서가 있는 라인을 복사	yG	파일의 나머지 복사
	검색		
/	전 검색을 앞으로 반복	?	전 검색을 뒤로 반복
	편집기 종료 명령		
:q	그대로 종료하기	:q!	변경된 내용을 저장 않고 종료
:wq	변경된 내용을 저장하고 종료		

5.1.3 Cadence virtuoso 실행

① 작업 위치를 gpdk090_v4.6으로 이동한다.

② 실행명령어 virtuoso &를 입력한 뒤에 Enter 키를 누른다.

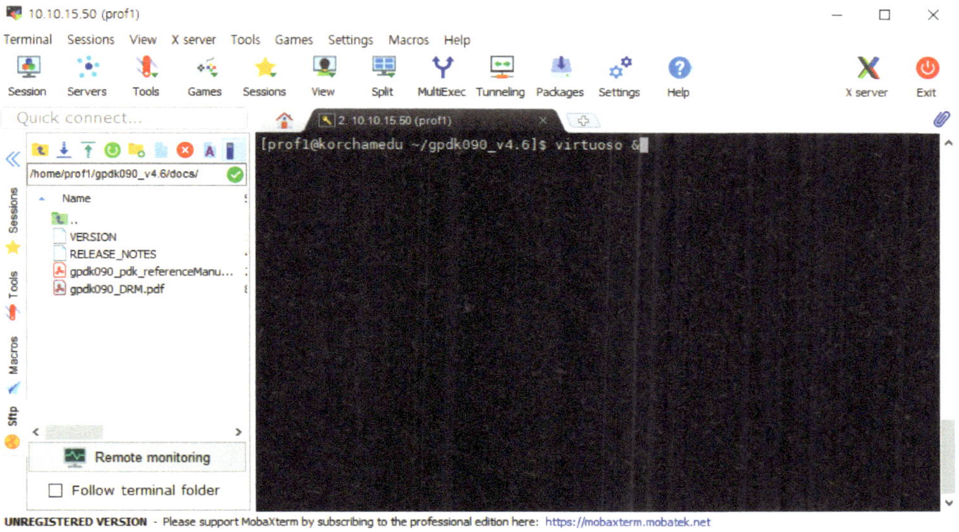

③ 실행되는 Cadence virtuoso 화면.

④ 실행된 Cadence virtuoso 시작 창.

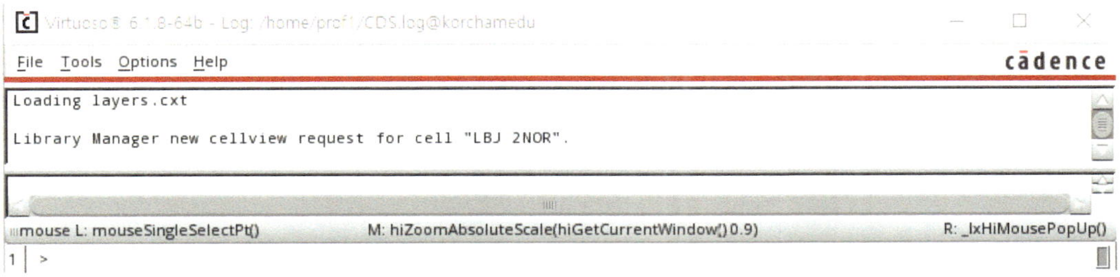

5.1.4 Cadence 초기 설정

① Options→ User Preferences... click 한다.

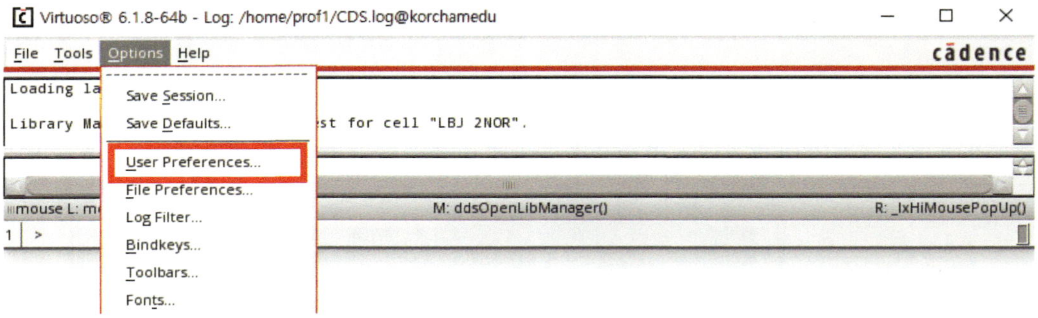

② User Preferences setting

▶ Options Displayed When Commands Starts click 한다.

(Cadence에서 명령어 실행 시 command 창을 항상 나타나게 해 준다)

▶ Undo Limit 128 setting

(Cadence에서 Undo Limit를 128개를 확인하며, 단축키는 u이다)

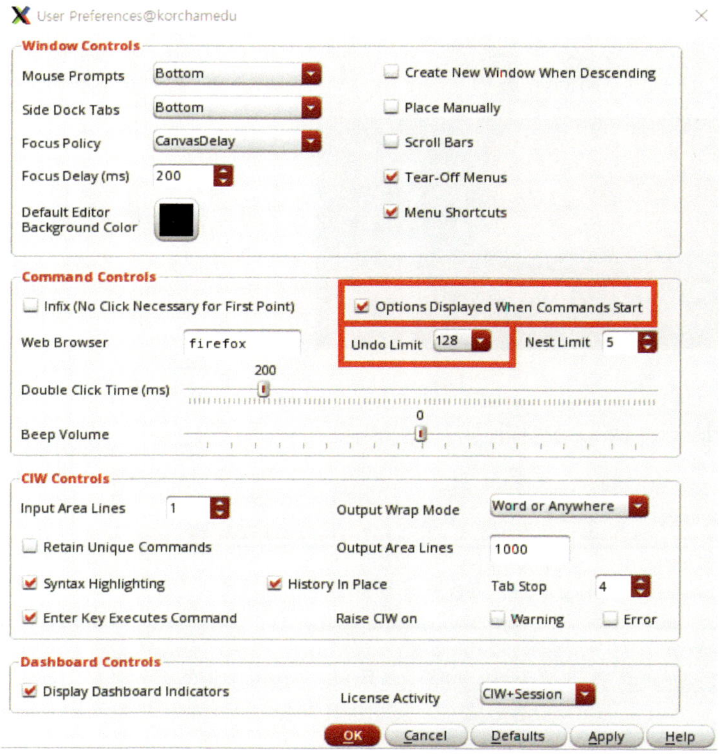

③ Tools → Library Path Editor... click 한다.

▶ 새로운 Library에 Tech-File의 추가 또는 기존 Library에 Tech-File을 추가하거나 삭제 할 때에 이용한다.

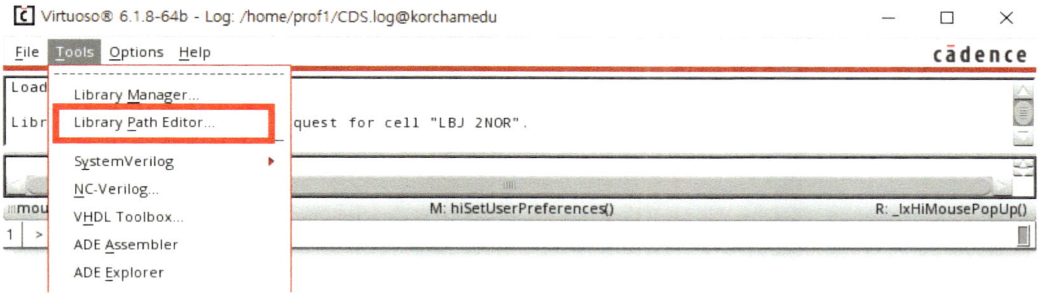

④ Library Path Editor.

▶ Edit → Add Library...

(원하는 Library나 Tech-File을 추가한다)

▶ Edit → Remove Library Definition.

(원하지 않는 Library나 Tech-File을 삭제한다)

⑤ Add Library.

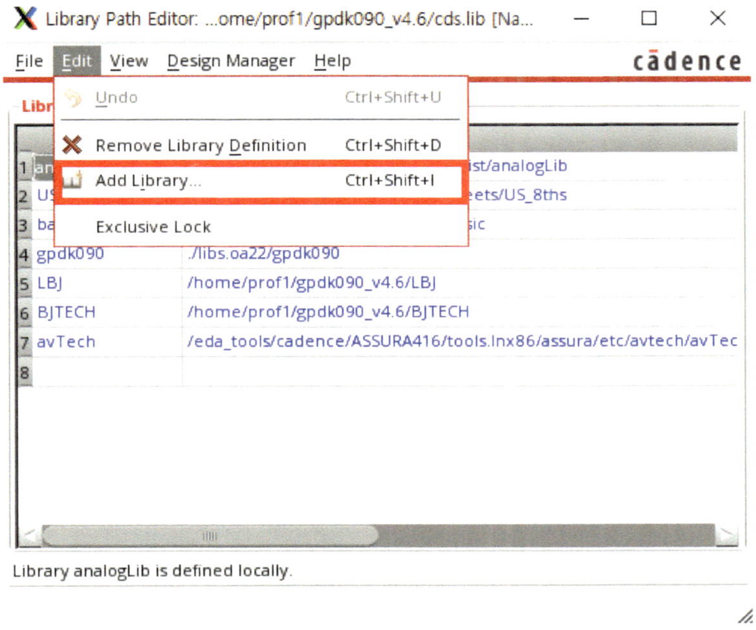

▶ 원하는 Library나 Tech-File의 경로를 입력한 뒤 오른쪽엔 있는 Library 칸의 Library 나 Tech-File를 click 한 후 OK 버튼을 누른다.

⑥ 추가된 Library.

▶ gpdk090이란 PDK가 추가된 것을 확인 할 수 있다.

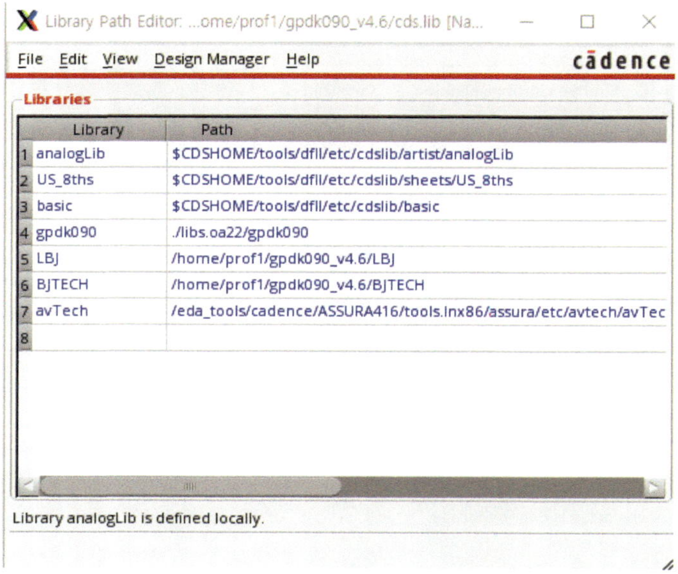

⑦ File → Save As... 후 종료

▶ 원하는 Library나 Tech-File의 추가가 완료 되었으면 저장 후 종료를 한다.

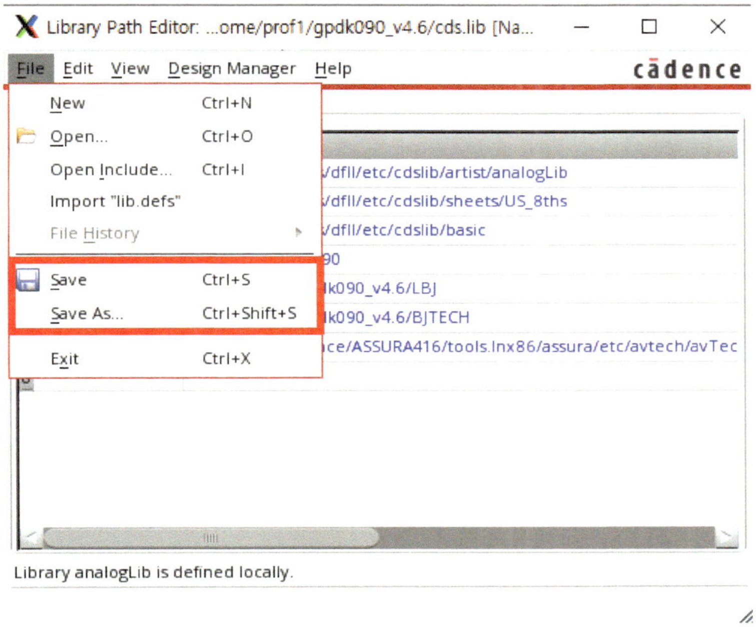

5.1.5 Library 생성

① Tools → Library Manager... click 한다.

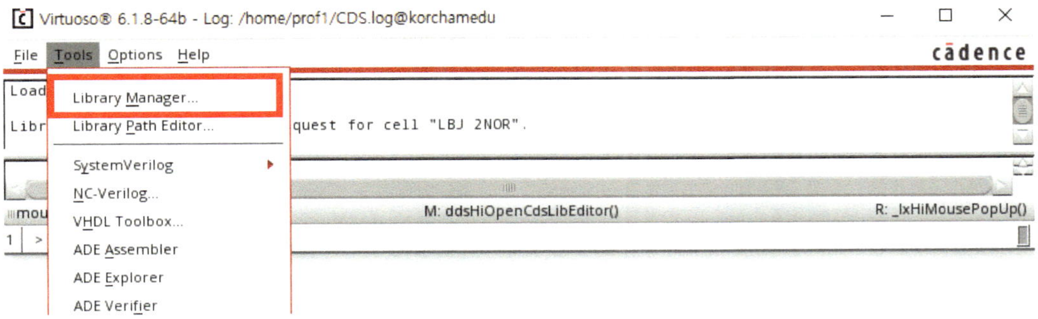

② File → New → Library...

▶ 새로운 Schematic 또는 Layout 작업을 실행하기 위해서는 설계자와 Tech-file에 따라 새로운 Library를 생성해야 한다.

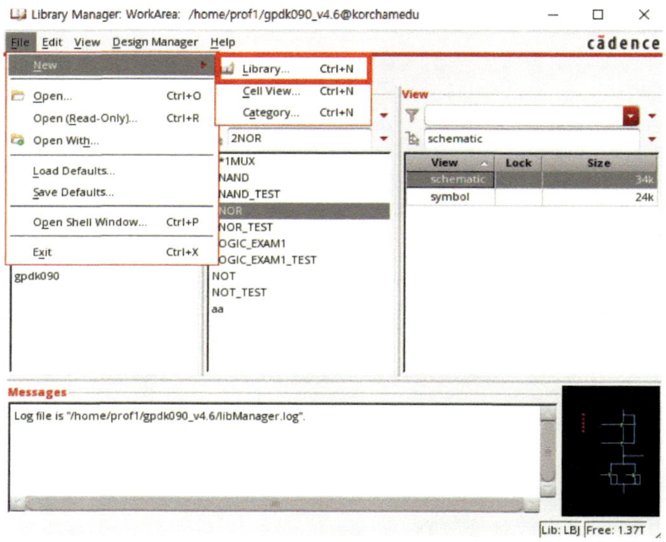

③ New Library 이름을 Name의 빈칸에 적어 넣고 OK를 click 한다.

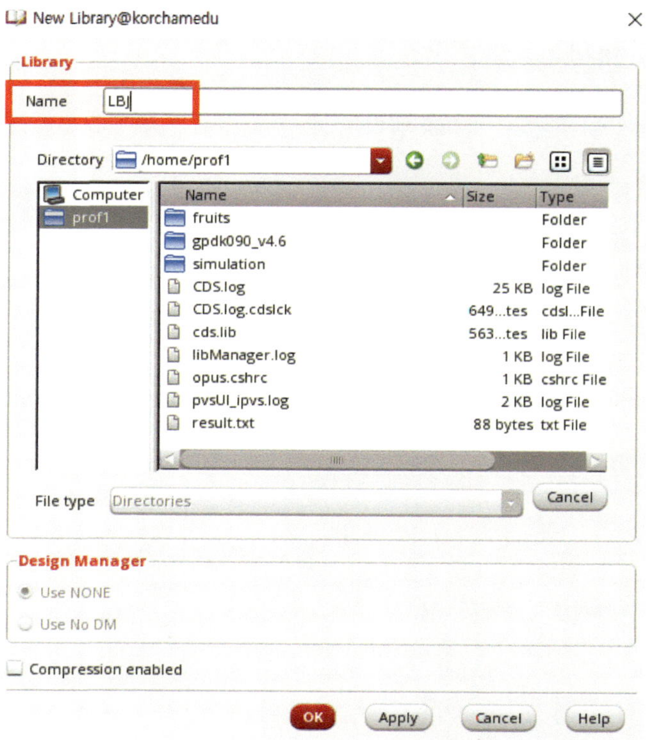

④ Technology File 적용

▶ Attach to an existing technology library을 click 한 후 OK를 누른다.

▶ Technology의 오른쪽을 활성화 시키면 현재 Cadence Virtuoso Tool에 적용되어 있는 techfile의 목록이 나온다. 그중에 자신이 설계의 쓸 techfile을 선택한 후 OK 버튼을 누른다.

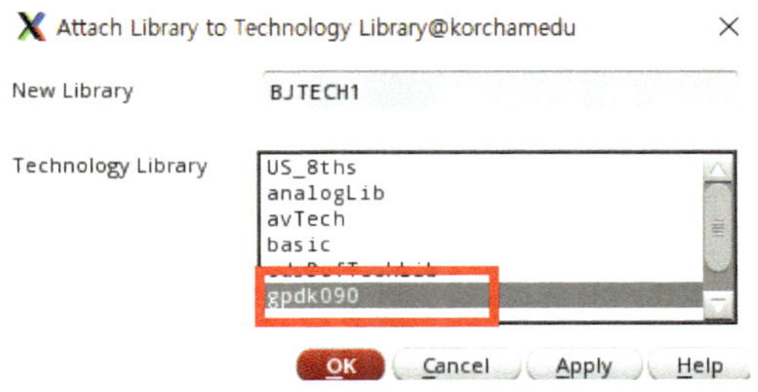

▶ GPDK090 Techfile을 적용한 결과를 볼 수 있다.

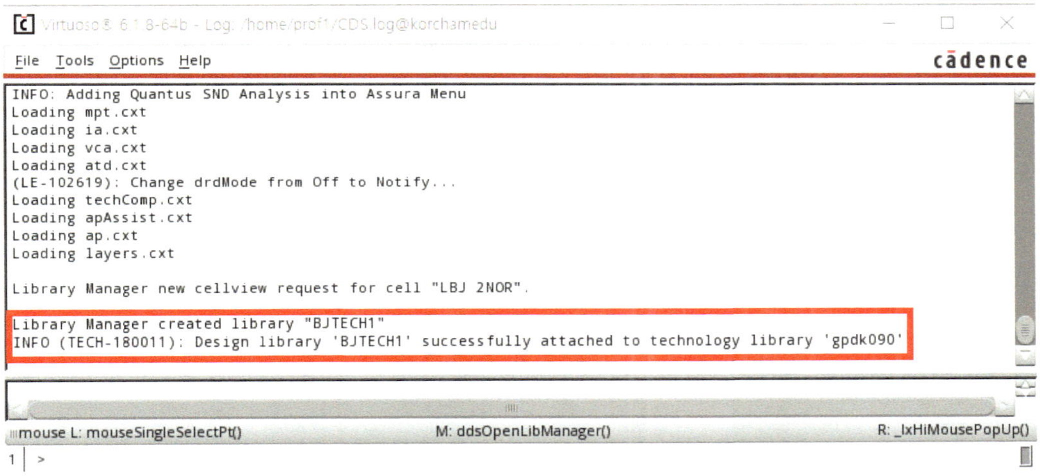

5.1.6 Cell View 생성

⟨Schematic⟩

① 만들어진 Library를 click하고 File → New → Cell View...를 click 한다.

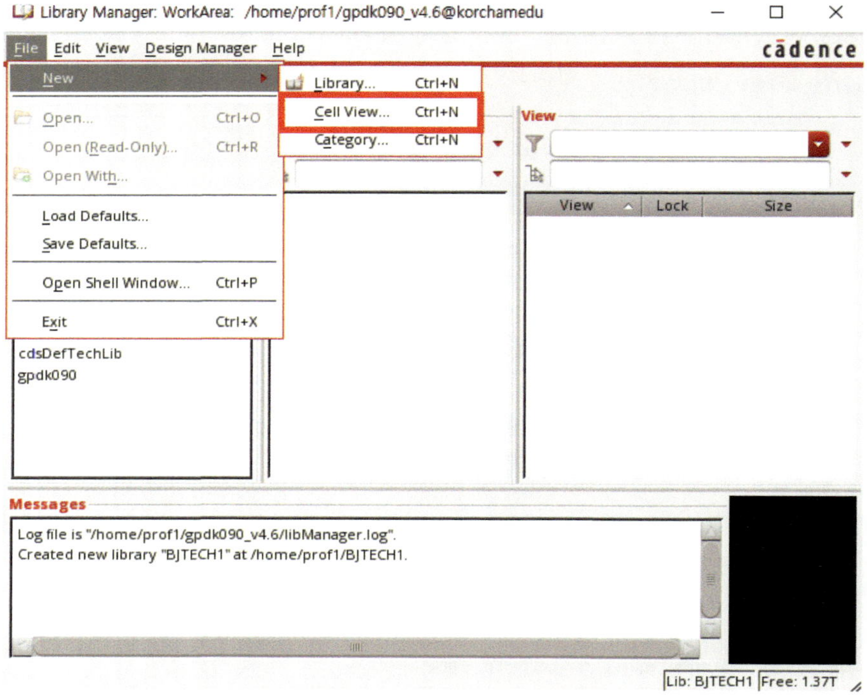

② Cell Name에 만들고 싶은 Cell name를 입력한 후 OK를 click 한다.

③ Cell 화면을 확인 할 수 있다.

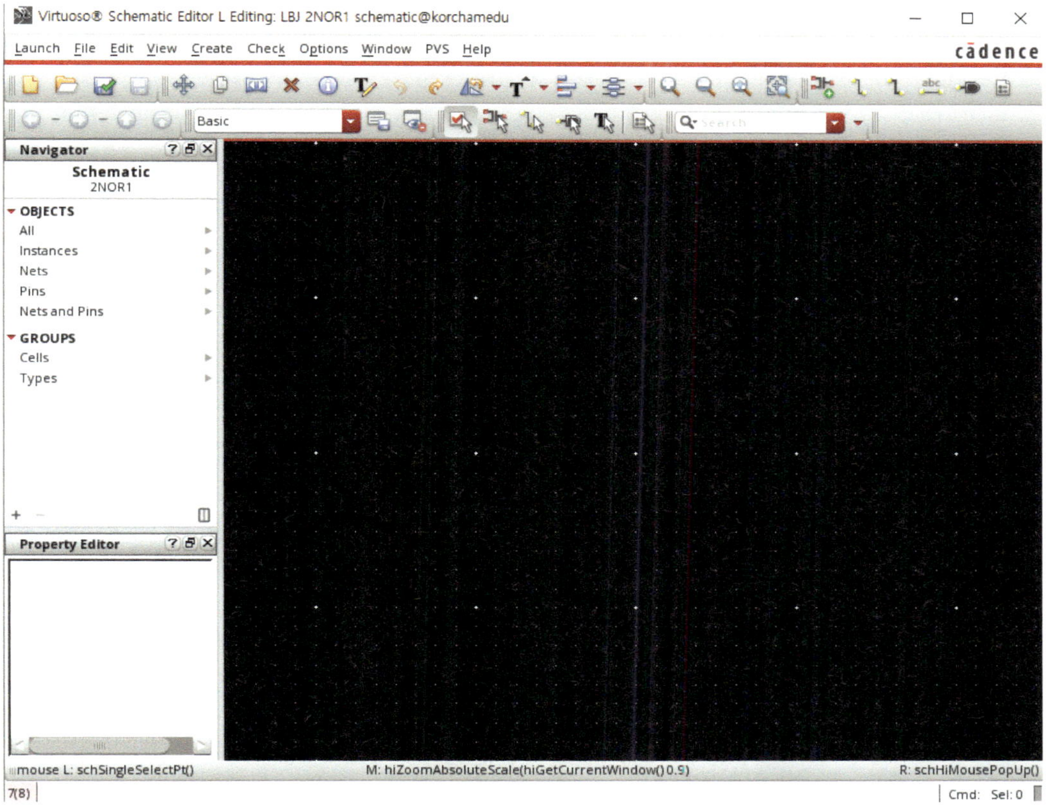

④ 설계를 용이하게 하기 위하여 Option → Display → Grid를 선택한 후 Spacing은 0.0625, Snap Spacing은 0.03125로 값을 바꾸어 준다.

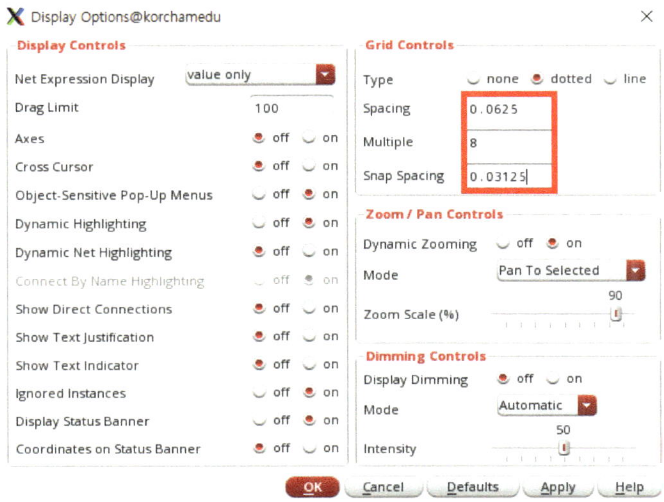

⑤ 단축키

	Check and Save	shift +x	오류 Check후 저장
	Save	shift +s	저장
	Zoom in by 2	[	Zoom in
	Zoom out by 2	]	Zoon out
	Stretch	m	이동이나 늘이기
	Copy	c	복사
	Delete	del	삭제
	Undo	u	실행취소
	Property	q	속성보기
	Instance	i	소자 불러오기
	Wire(narrow)	w	선 긋기
	Wire(wide)	shift +w	굵은 선 긋기
	Wire name	l	선 이름 붙이기
	Pin	p	Pin 만들기
	Cmd Options	F3	Command창 부르기
	Repeat		전 명령어 다시 사용하기

⟨Layout⟩

① 만들어진 Library의 BJTECH1을 선택 한 후에 File → New → Cell View...를 click 한다.

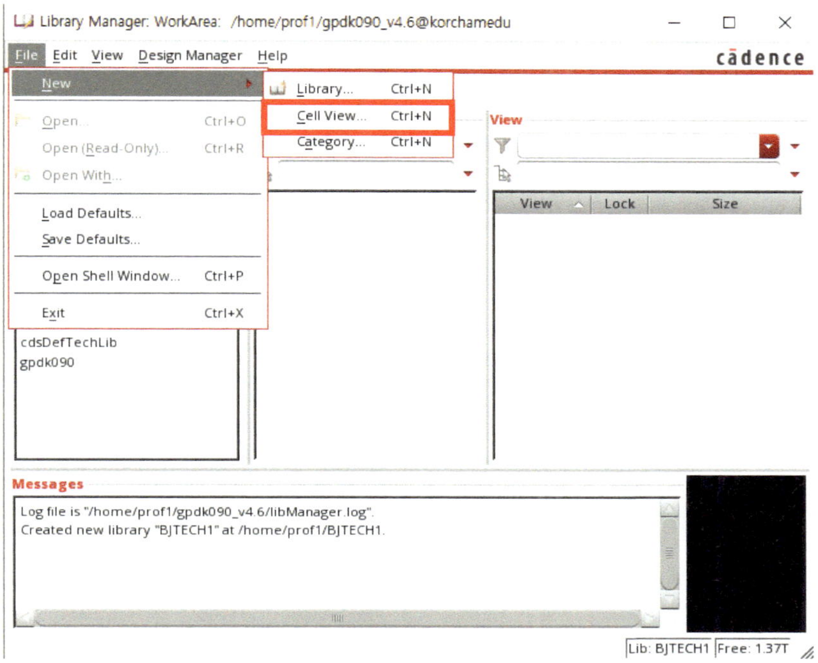

② Cell Name을 정하고 클릭한다. (Schematic → Layout으로 바꾸어 준다)

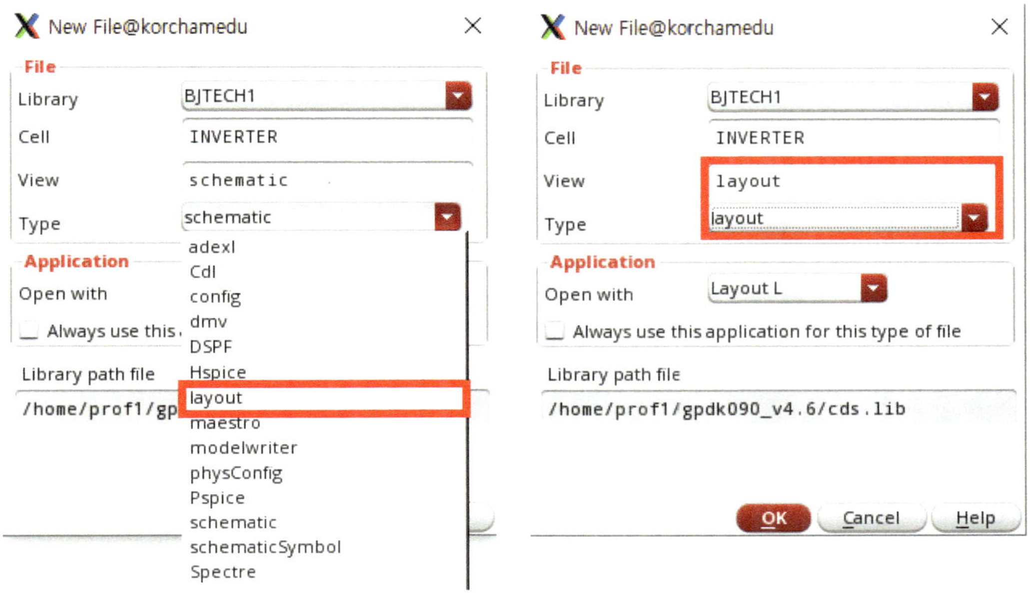

③ OK를 click하면 Layers 창과 Virtuoso 작업 창이 생성되고 이제부터 layout을 할 수 있는 환경이 만들어 진다.

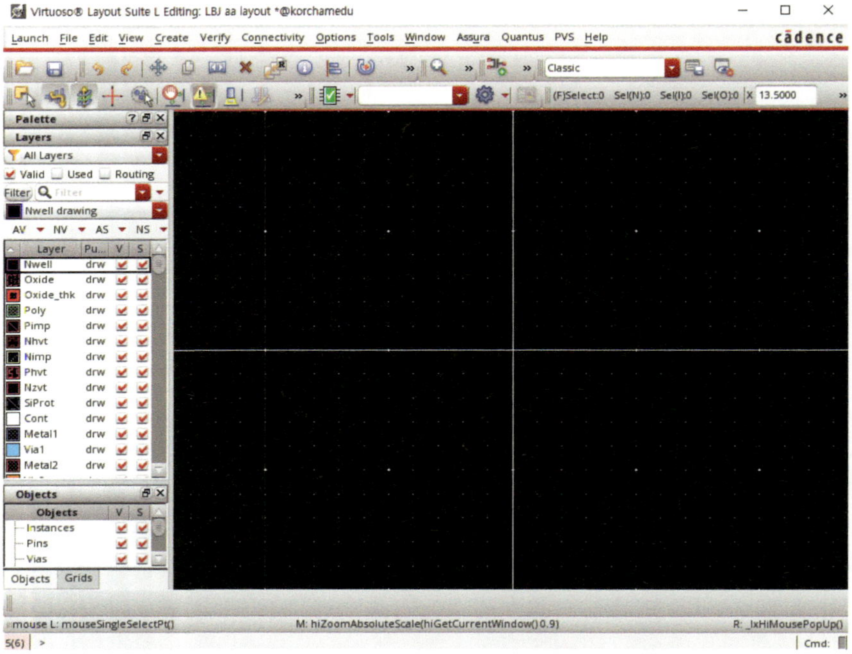

④ LSW 창(Layout 작업 시 사용하게 되는 layer를 표시해주는 창)

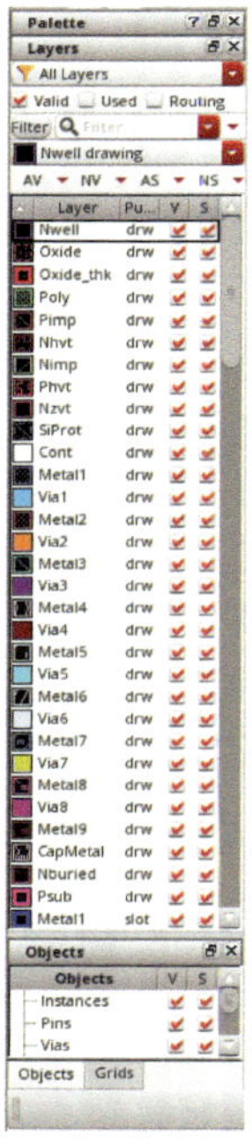

- ▶ AV(All Visible) - 모든 layer를 보여준다.
- ▶ NV(Non Visible) - 선택한 layer만 보여준다.
- ▶ AS(All Select) - instance와 pin layer 모두를 선택한 상태 보여준다.
- ▶ NS(Non Select) - instance와 pin layer 모두를 선택하지 않는 상태로 보여준다.
- ▶ 빨간 사각형으로 되어 있는 부분에 원하는 layer명을 입력하면 해당 layer를 찾아준다.

⑤ Layout 작업 창

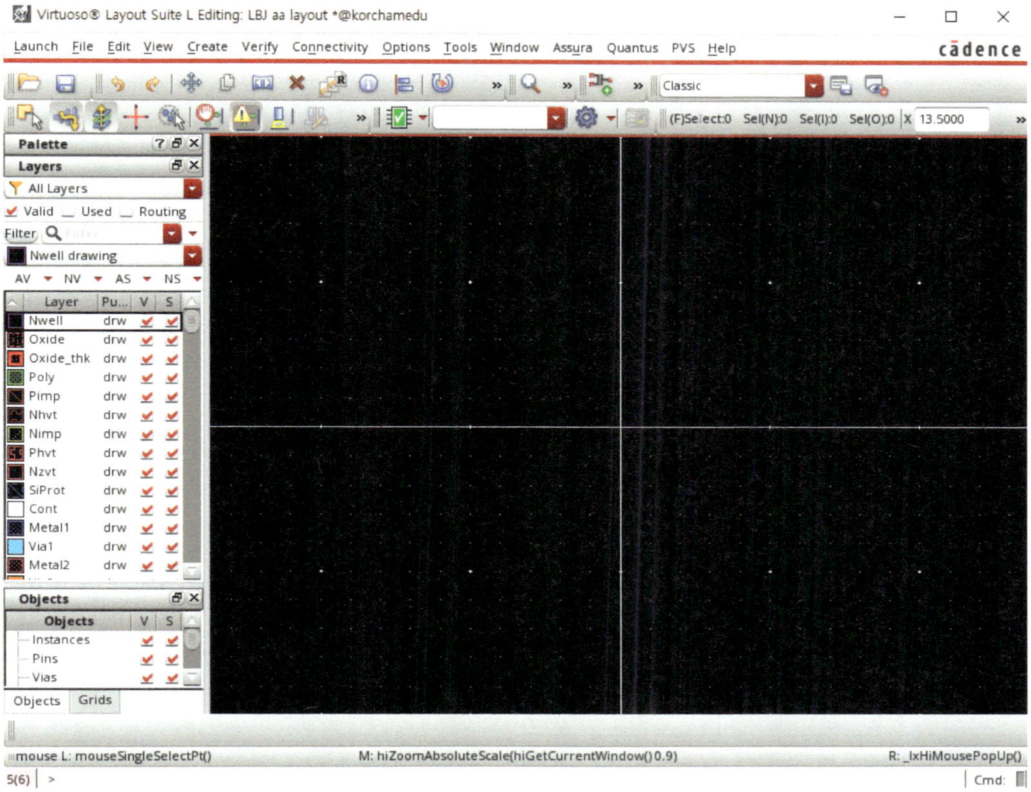

▶ 검은 색 부분 - layout을 하게 될 작업창이고 하얀색 실선이 교차하는 곳은 (0,0)의 위치이다.

▶ Window Title - 현재 열려 있는 창이 어떤 작업창인지를 알려준다.

▶ Status Banner - 작업 중인 곳의 X, Y 좌표와 X, Y 각각에 대한 두 지점 사이의 차이(dX, dY)와 거리(Dist), 현재 실행되고 있는 명령(Cmd)을 알려준다.

▶ 한 번 명령을 실행하면 키보드의 Esc 키를 눌러서 명령 취소를 수행하기 전까지는 계속 그 명령이 실행 중이다.

▶ Mouse Setting - 마우스의 왼쪽, 중간, 오른쪽 버튼을 눌렀을 때 어떤 동작을 하게 되는지를 나타내고 있는데 왼쪽은 선택, 중간은 pop-up 메뉴, 오른쪽은 Library Manager를 띄워준다.

⑥ Icon Menu

아이콘	도구명	설명	단축키
	Save	작업 한 내용을 저장	
	Fit Edit	작업 창의 화면에 꽉 차게 보여 줌	f
	Zoom In	화면 확대	Ctrl+z
	Zoom Out	화면 축소	Shift+z
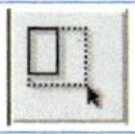	Stretch	layer, path 등을 늘리거나 줄여 줌	s
	Copy	layer, instance, path, label 등을 복사	c
	Move	layer, instance, path, label 등을 이동	m
	Delete	layer, instance, path, label 등을 삭제	del
	Undo	실행 취소	u
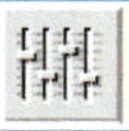	Properties	instance, path, label 등을 특성 확인 및 수정	q
	Instance	instance를 불러 옴	i
	Path	instance나 layer를 연결할 때 사용	p
	Polygon	선택한 layer를 다각형으로 그림	shift+p
	Label	회로 설계 시 지정한 pin과 layout에서의 pin을 같게 인식	l
	Rectangle	선택한 layer를 사각형으로 그림	r
	Ruler	자	k

▶ 여기서 화면 확대의 단축키 'Ctrl+z' 대신 마우스 오른쪽 버튼으로 확대하고 싶은 곳을 드래그

▶ Path 대신 rectangle 명령으로 metal을 그린 후 instance를 연결

▶ Ruler로 거리를 잰 후 표시되어 자의 눈금을 없애기 위해서 'shift+k'(virtuoso의 모든 단위는 ㎛)

⑦ 기본적인 도구 사용법

▶ Stretch 명령

단축키 'r'을 누르거나 Rectangle 아이콘을 선택하고 LSW 창에서 layer 하나를 선택한 다음 작업창에 그린다. 키보드의 Esc 키를 눌러 이전 명령을 취소하고 단축키 's'를 누르거나 Stretch 아이콘을 눌러 그려진 layer의 오른쪽 아래를 마우스로 드래그 하여 선택하면 그림의 빨간색 사각형처럼 색이 바뀐다. 색이 바뀐 부분을 마우스 왼쪽 버튼으로 클릭 후 오른쪽으로 이동시키면 그려진 layer의 오른쪽 변이 마우스를 따라 이동하고 원하는 위치에서 마우스 왼쪽 버튼을 클릭하면 layer의 크기를 조절할 수 있다.

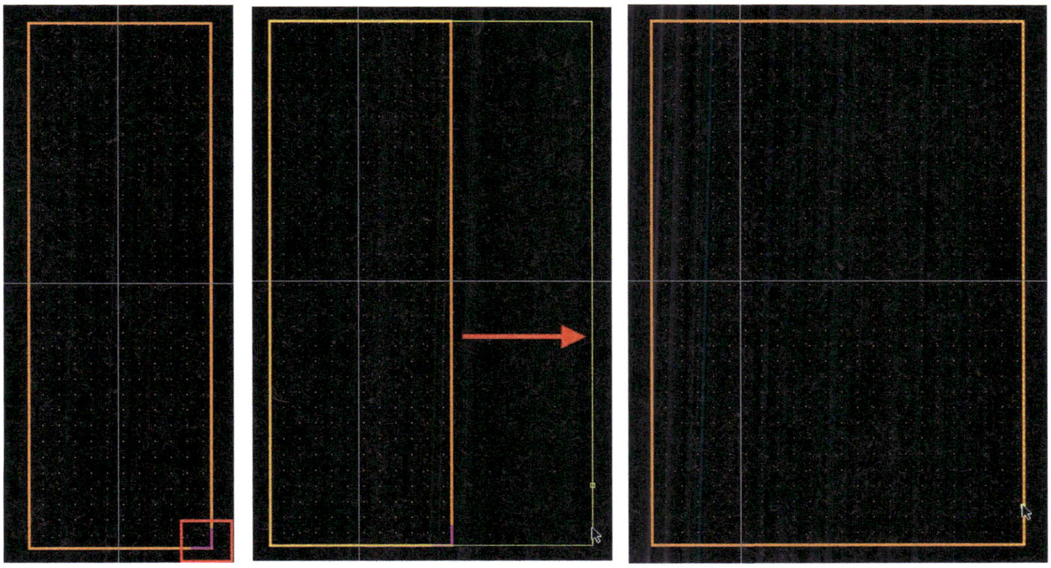

▶ Copy 명령

단축키 'c'를 누르거나 아이콘의 Copy를 선택하고 원하는 layer를 마우스 왼쪽 버튼으로 선택한 다음 오른쪽으로 마우스를 이동시켜보면 선택한 layer가 복사되어 이동되는 것을 확인할 수 있고 원하는 위치에 마우스 왼쪽 버튼으로 클릭하면 layer 복사가 완료된 것을 확인할 수 있다. 여기서 설명은 layer로 했지만 instance, path, label도 동일한 방법으로 복사가 가능하다.

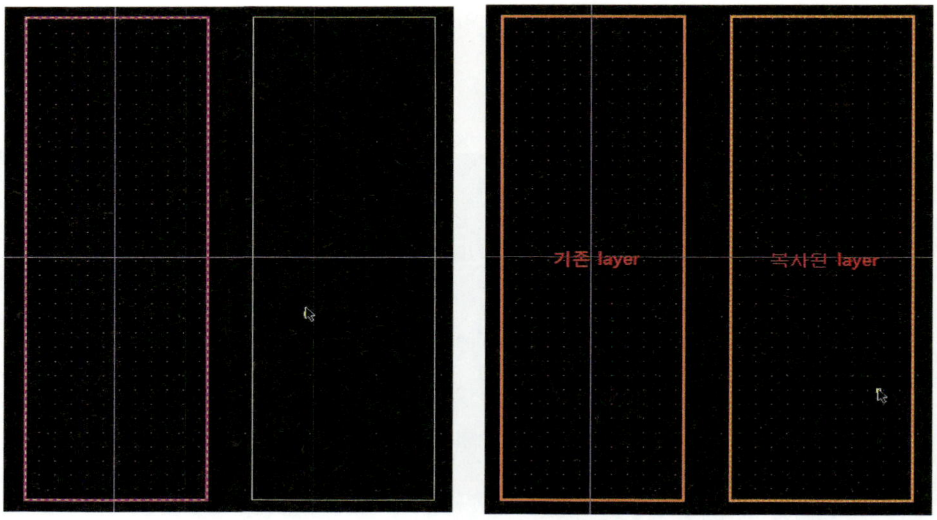

그리고 복사 명령에 대한 옵션을 선택할 수 있는 pop-up창이 하나 뜨는데 Snap Mode는 복사하는 layer의 방향을 지정할 수 있는데 자세한 설명은 아래 표로 대체한다. 또한, Copies의 숫자를 변경하면 행과 열로 설정한 수만큼의 layer를 복사하는 것도 가능하며, Delta 부분은 현재 위치에서 X와 Y 방향으로 일정한 거리를 띄우고 복사하고 싶을 때 X와 Y에 원하는 거리를 입력하고 Apply XY를 눌러주면 layer가 입력한 거리만큼 띄워져서 복사된다.

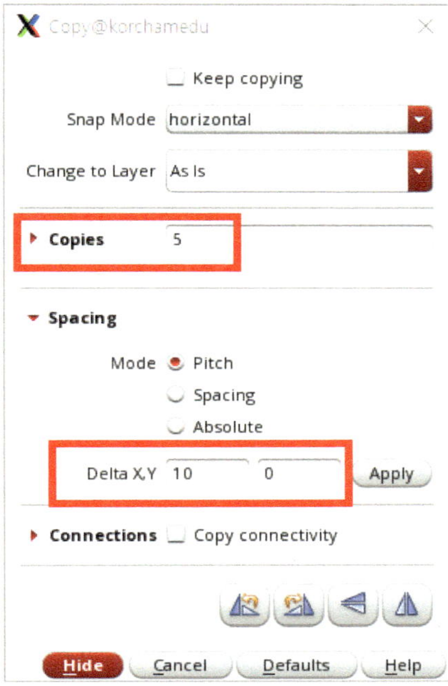

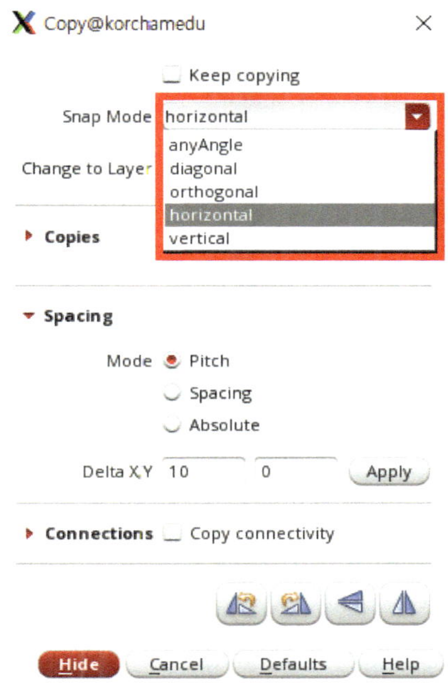

예를 들어, Delta의 X에 40, Y에 40입력하고 Apply XY을 누르면 복사하려던 layer가 현재 위치에서 X축으로 40㎛, Y축으로 40㎛ 떨어진 곳에 복사된다. 마지막으로 Rotate는 layer를 회전시킬 때, Sideways는 layer를 좌우대칭 시킬 때, Upside Down은 layer를 상하대칭 시킬 때 선택할 수 있는 옵션이다.

Snap Mode	설명
anyAngle	어떠한 방향으로든 복사
diagonal	수평/수직/45도 방향으로만 복사
orthogonal	수평/수직 방향으로만 복사
horizontal	수평 방향으로만 복사
vertical	수직 방향으로만 복사

▶ Move 명령

단축키 'm'을 누르거나 아이콘 Move를 선택하고 마우스 왼쪽 버튼으로 이동하고 싶은 layer를 선택하면 선택된 layer가 마우스를 따라 움직이고 원하는 위치에서 마우스 왼쪽 버튼을 클릭하면 layer가 이동된 것을 볼 수 있다. 여기서도 이동 명령에 대한 옵션을 선택할 수 있는 pop-up창이 뜨는데 Snap Mode는 Copy 명령에서 설명한 방향은 동일하지만 layer를 복사해주는 것이 아니라 이동시킨다는 것이 차이점이다. 그리고 Delta 역시 Copy 명령에서 설명한 것과 동일하고 복사하는 것이 아니라 이동시킨다는 차이만 있다.

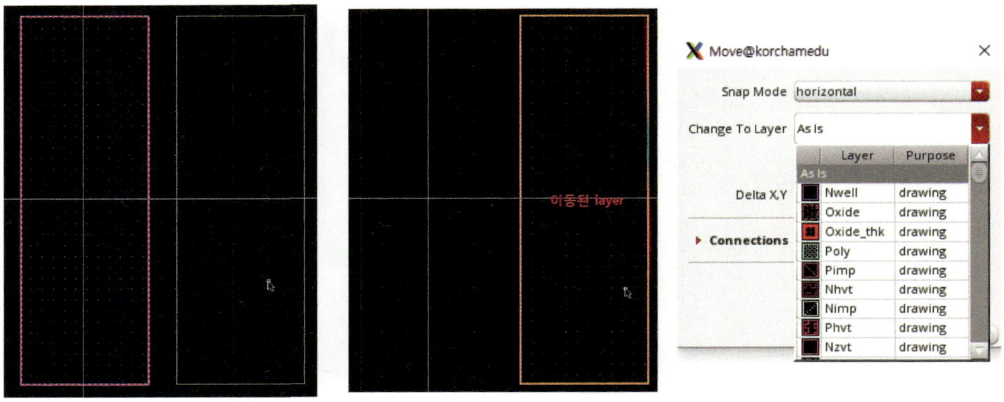

▶ Instance 명령

Instance 아이콘을 누르거나 단축키 'i'를 눌러서 nmosv1를 하나 불러 보자.

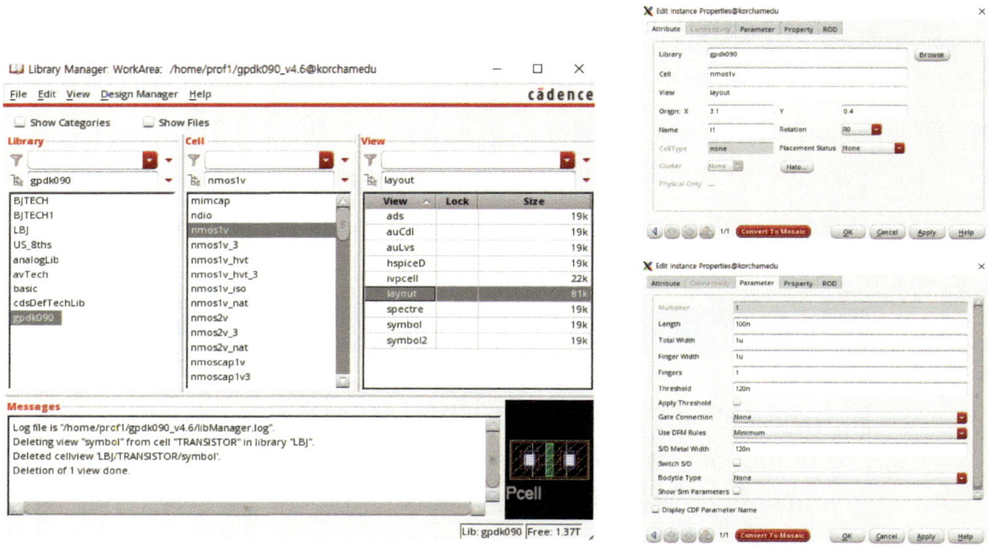

Create Instance 창의 Browse 버튼을 누르고 gpdk090 라이브러리에는 많은 NMOS와 PMOS가 제공 되고 있다. 그 중에서 cell은 nmos1v와 pmos1v를 선택하고 view는 layout을 선택한 후 close 버튼을 눌러 Library Browser 창을 닫으면 Create Instance 창의 옵션이 활성화되고 Hide 버튼을 누르면 virtuoso 작업 창에 nmos1v instance가 마우스를 따라 다니는데 원하는 위치에 클릭해서 놓는다. 하지만 layout instance를 불러왔기 때문에 layer가 보이지 않는데 단축키 'shift+f'를 눌러주면 nmos1v의 layout이 보인다. 같은 방법으로 pmos1v도 불러오면 아래 그림처럼 나타난다.

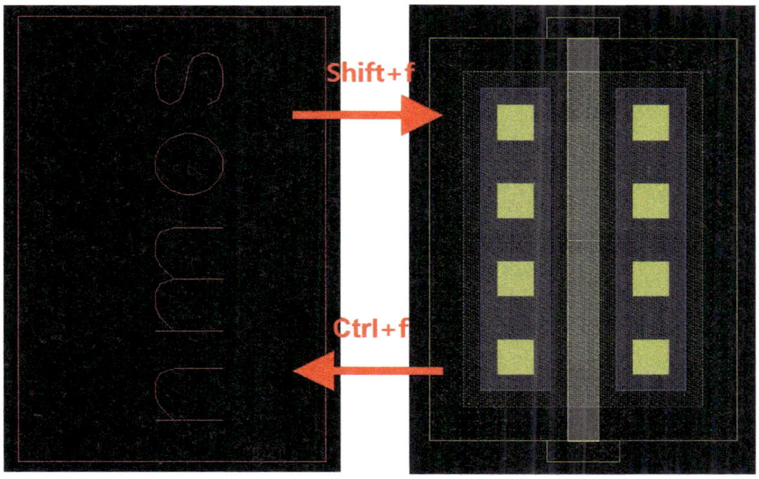

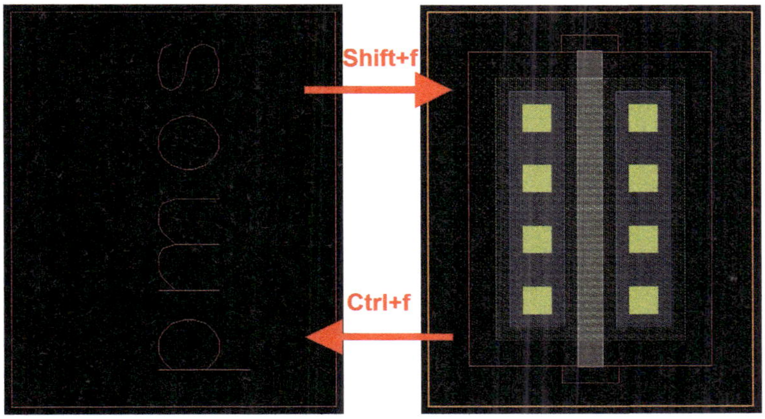

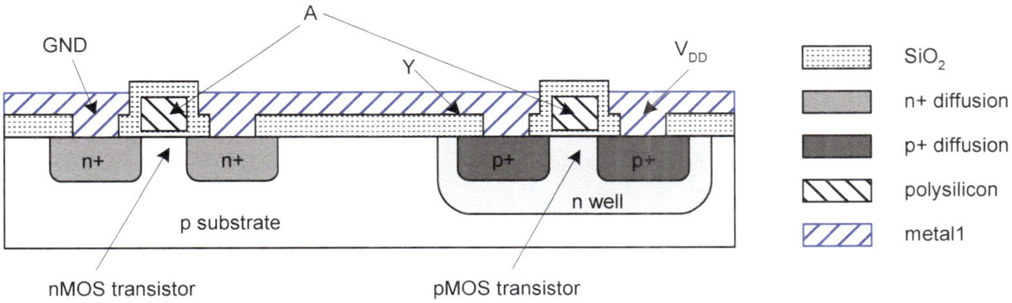

앞에서 설명이 없었던 Create Instance 창의 옵션들에 대해 다음 표에 나타냈었다.

옵션	설명
Multiplier	Length와 Total Width로 설정된 MOSFET을 몇 개 만들 것인지를 지정한다.
Length	MOSFET의 length 지정, 단위는 nm로 한다.
Total Width	MOSFET의 total width 지정, 단위는 ㎛로 한다.
Finger Width	하나의 MOSFET을 finger로 나눠서 layout할 때 단위가 되는 width, 단위는 ㎛로 한다.
Fingers	하나의 MOSFET을 finger로 나눠서 layout할 때 몇 개로 나눌 것인지를 지정한다.

앞에서 NMOS와 PMOS를 gpdk090 라이브러리에서 instance로 불러왔다. 하지만 NMOS와 PMOS가 어떤 layer들로 구성되어 있고, source, drain, gate가 어디인지에 대한 이해를 돕기 위해 앞에서 설명한 NMOS, PMOS 단면도와 비교해서 자세하게 살펴보도록 하겠다.

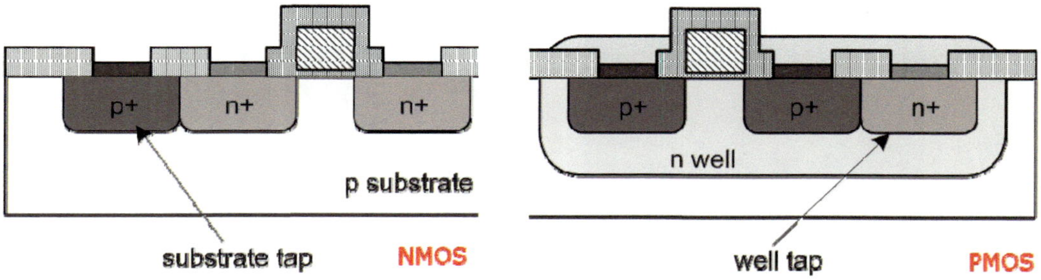

우선, nmos1v 부터 살펴보면, Poly layer로 되어 있는 부분이 gate를 구성하고 Oxide layer는 실제 source, drain으로 사용될 영역을 지정해준다. 그리고 Nimp(N implant)는 source와 drain 영역을 n+로 doping하라는 layer로 Oxide layer보다 조금 크게 그려준다. 마지막으로 Cont(Contact) layer를 이용해서 source, drain 영역과 Metal1을 연결해 놓았다. NMOS의 단면도와 비교하면 substrate tap이라고 된 NMOS의 body가 layout에는 없는데 이것은 gpdk090이 N-well CMOS 공정이기 때문에 기본 substrate는 p-sub이 되고 layout 작업 창의 검은 화면이 p-sub이므로 Pimp(P implant)와 Oxide layer를 그려주고 Contact으로 Metal1과 연결한 후 회로 설계 시 연결한 전위(voltage potential)에 연결해주면 된다.

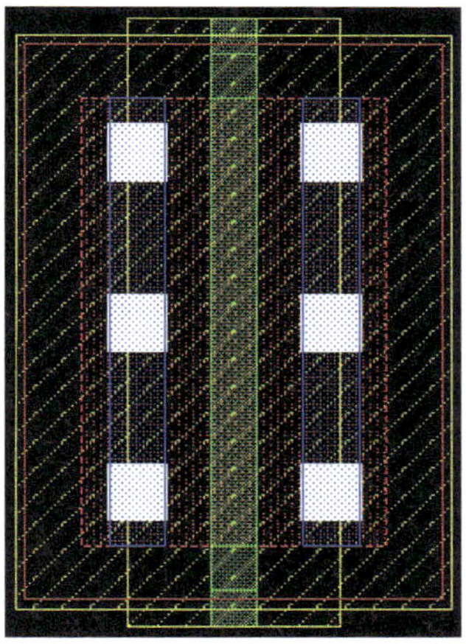

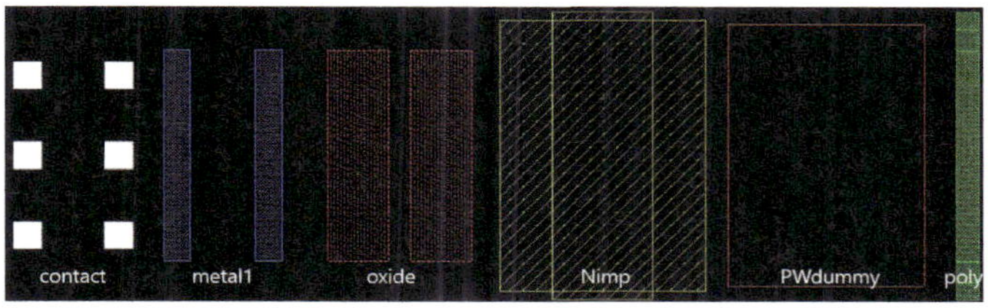

다음은 pmos1v이다. pmos1v 역시 Poly layer로 되어 있는 부분이 gate를 구성하고 Oxide layer는 실제 source, drain으로 사용될 영역을 지정해준다. 그리고 Pimp(P implant)는 source와 drain 영역을 p+로 doping하라는 layer로 Oxide layer보다 조금 크게 그려주고 Cont(Contact) layer를 이용해서 source, drain 영역과 Metal1을 연결해 놓았다. 여기서 PMOS는 NMOS와는 다르게 Nwell layer가 추가되는데 PMOS의 단면도를 보면 p-sub에 Nwell을 형성해서 PMOS를 구현했으므로 Nwell layer가 필요하다. PMOS의 단면도와 비교하면 well tap이라고 된 PMOS의 body가 layout에는 없는데 이것은 gpdk090이 N-well CMOS 공정이기 때문에 기본 substrate는 p-sub이 되고 Nwell 안에 Nimp(N implant)와 Oxide를 그려주고 Contact으로 Metal1과 연결한 후 회로 설계 시 연결한 전위(voltage potential)에 연결해 주면 된다.

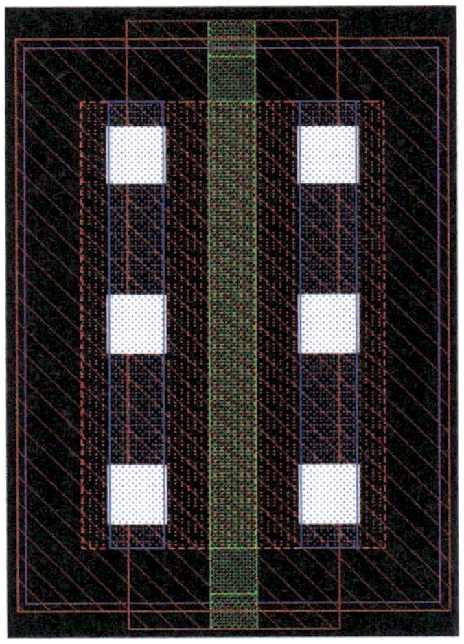

▶ Path 명령

Path 명령은 metal로 instance나 layer를 연결할 때 사용한다. Metal layer를 rectangle을 이용하여 직접 그려줘도 되지만 metal을 일정한 굵기로 사용하고자 할 때 편리하게 사용할 수 있다. 단축키 'p'를 누르거나 Path 아이콘을 선택하고 Metal1 layer를 선택 후 작업창에 마우스 왼쪽 버튼을 클릭하고 원하는 방향으로 마우스를 이동시키면 path가 그려진다. 만약 꺾어서 그리고 싶다면 꺾기를 원하는 곳에서 마우스 왼쪽 버튼을 클릭해주고 다시 이어 그리면 되고 최종적으로 이어야 할 목적지까지 연결했다면 마우스 왼쪽 버튼을 더블 클릭해서 path를 종료하면 된다. 또한, path를 원하는 굵기로 그리고 싶다면 pop-up창의 width에 원하는 수치를 입력하면 되고, Snap Mode는 앞에서 설명한 Copy나 Move 명령과 마찬가지로 path의 방향을 조절할 수 있다.

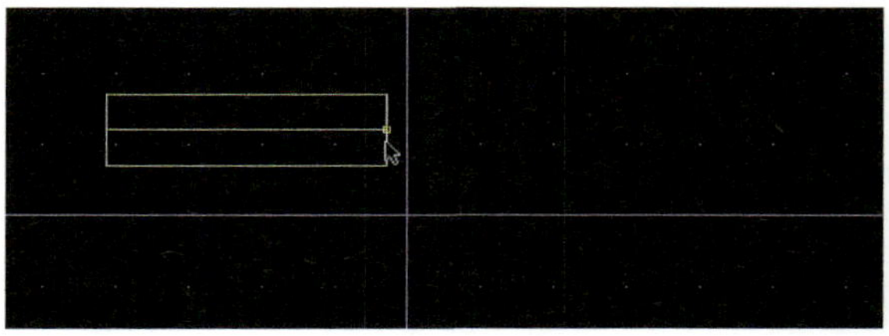

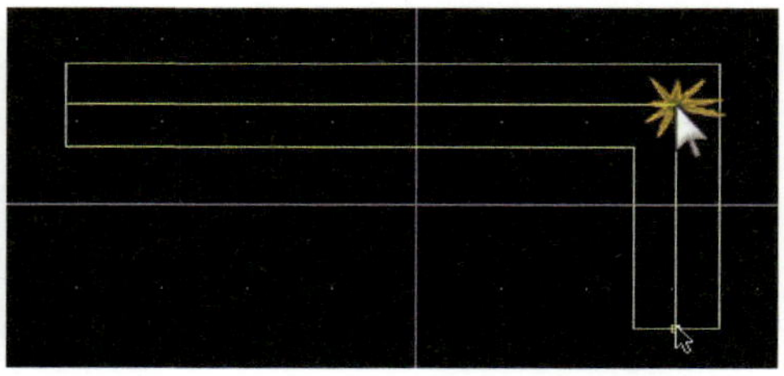

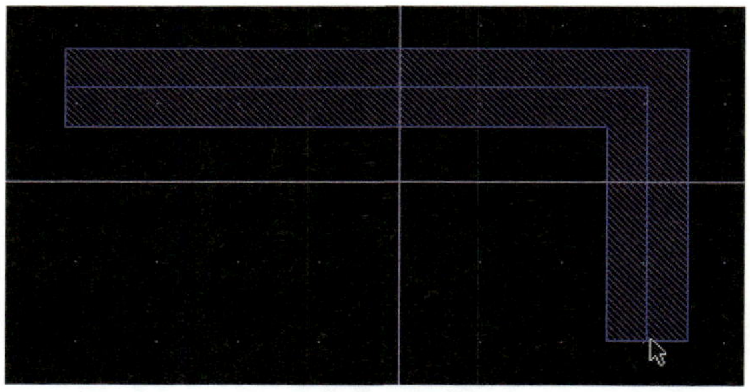

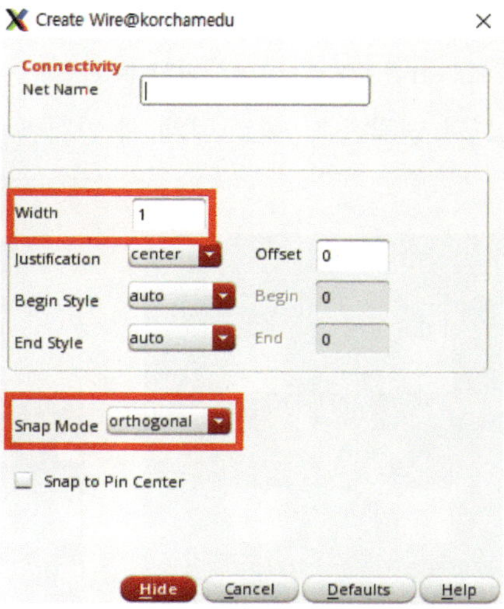

▶ Label 명령

Label은 회로 설계 시 지정한 pin과 layout에서의 pin을 같은 pin으로 인식시키기 위해서 사용한다. 즉, 입/출력 pin을 layout에서 표시하기 위해 해당 metal에 pin 이름과 같은 이름으로

label을 준다. 대신 여기서 선택해야 하는 layer는 drwing라고 되어 있는 Metal 1이 아니라 label이라고 되어 있는 Metal1이고, 그림에 나와 있는 예는 Metal1(drwing) layer에 label을 주는 것이므로 Metal1(lable) layer를 선택한 것이다. 만약 metal(drwing) layer가 Metal1이 아닌 상위 metal이라면 그에 상응하는 metal(label) layer를 선택하고 label을 줘야 한다. 단축키 'l'을 누르고 Label의 옵션을 보면 Label에는 pin 이름을 Height는 label의 크기를 수정할 수 있으며 Font는 label의 글꼴을 나타내는데 기본 font는 stick이나 너무 가늘고 잘 보이지 않으므로 보통 roman을 사용한다.

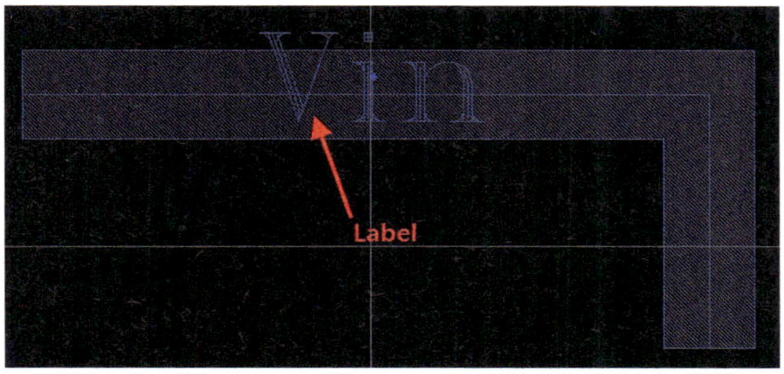

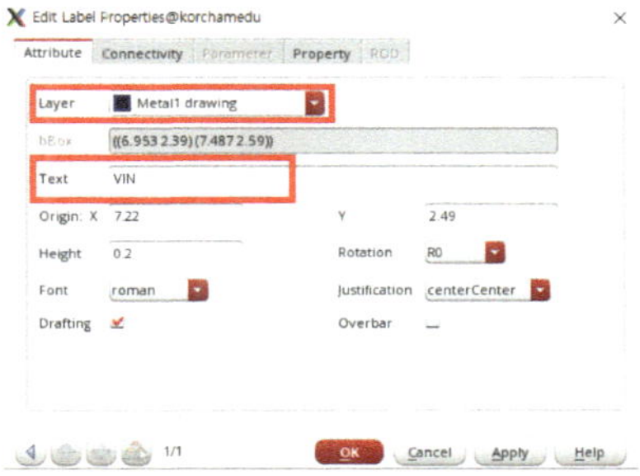

▶ Ruler 명령

Ruler는 원하는 길이를 측정하고 싶을 때 사용하는 명령이다. 단축키 'k'를 누르거나 아이콘 Ruler를 선택하고 원하는 곳의 길이를 측정하면 되는데 단위는 ㎛이다. 그리고 Ruler 역시 원하는 방향으로 길이를 측정하고 싶다면 Create Measurement 에서 옵션을 조정해주면 된다.

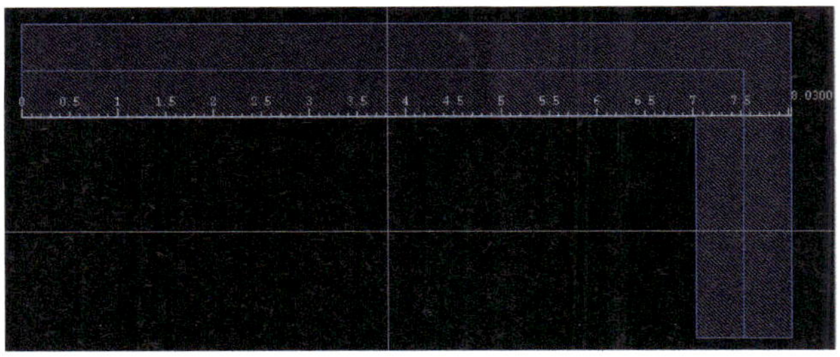

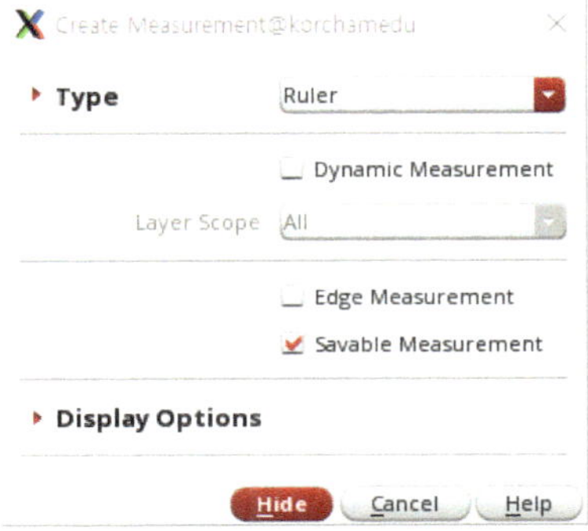

▶ Contact 명령

Contact은 Poly layer와 Implant layer, Well layer, Substrate를 Metal1과 연결하는데 사용하는 Contact과 Metal1과 Metal2를 연결하는 Via 1, Metal2와 Metal3을 연결하는 Via2, Metal3과 Metal4를 연결하는 Via 3, Metal4와 Metal5를 연결하는 Via 4, Metal5와 Metal6을 연결하는 Via 5가 있다. 만약 더 높은 상위 metal이 있다면 via의 수도 많아지고 gpdk090은 최상위 metal이

Metal9이므로 Via 8까지 존재한다. Contact을 불러오는 방법은 단축키 'o'를 누르고 Contact Type에서 원하는 것을 선택한 다음 해당 contact의 최소 width와 length를 Contact pop-up창의 Width와 Length에 입력한 후 원하는 곳에 마우스 왼쪽 버튼을 클릭하면 된다. gpdk090에서는 contact과 via의 최소 width와 length가 모두 0.2㎛이다.

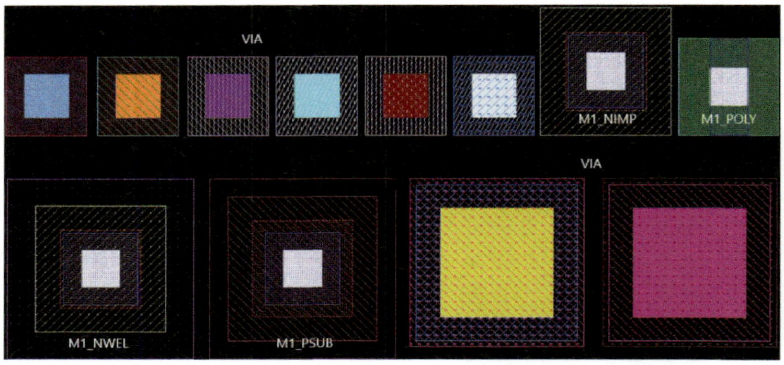

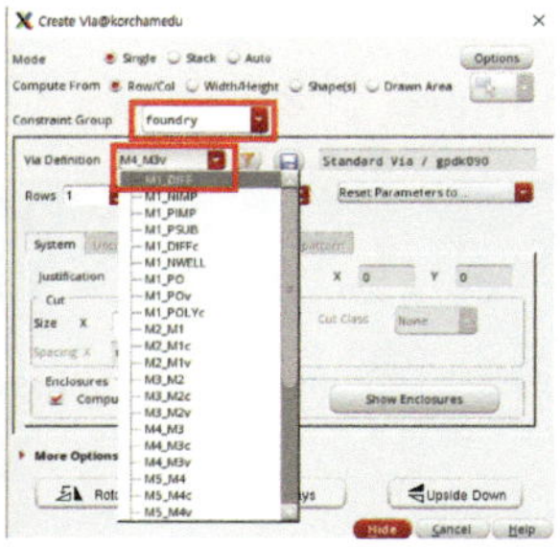

▶ Make Cell & Flatten 명령

Virtuoso layout 작업창의 menu banner에서 Edit → Hierarchy 하위 메뉴를 보면 Make Cell과 Flatten 메뉴를 실행할 수 있다.

Flatten은 이미 만들어져 있는 gpdk090의 layout instance를 불러왔을 때 수정 가능하게 layer를 분리해준다. 예를 들어, nmosv1 layout instance를 불러와서 수정하고 싶다면 불러 온 instance를 선택하고 Virtuoso layout 작업창의 menu banner에서 Edit → Hierarchy 하위 메뉴 중 Flatten을 선택한다.

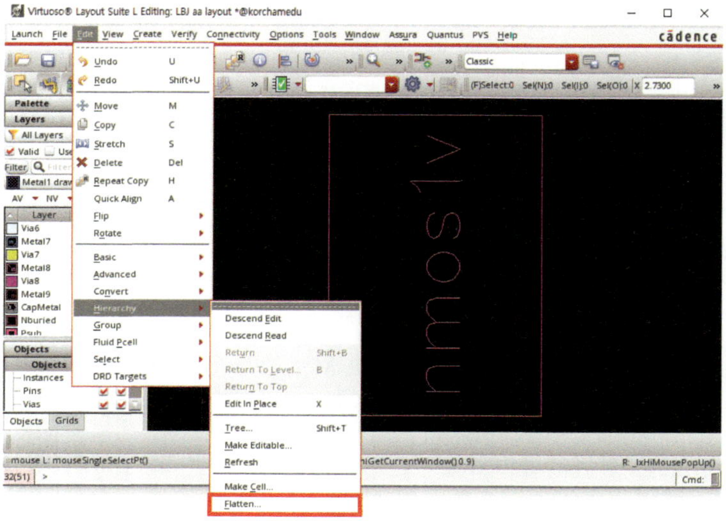

그러면 Flatten pop-up 창이 뜨는데 옵션 중 Flatten Pcells를 체크하고 OK를 눌러주고 불러온 nmosv1 layout instance의 layer들을 선택하고 Move 명령을 이용하여 분리하면 분리가 가능하고 원하는 대로 수정이 가능하다.

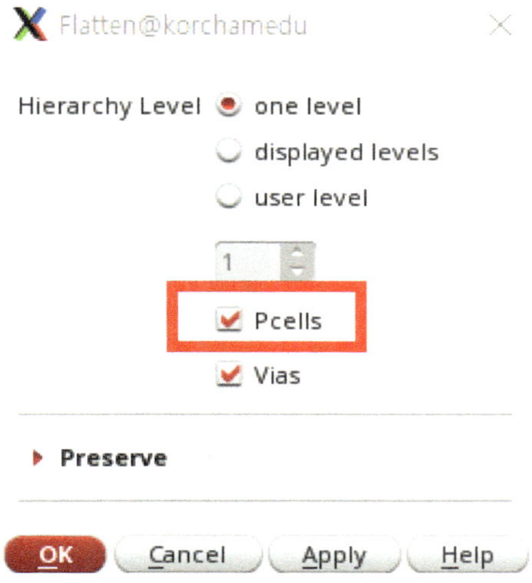

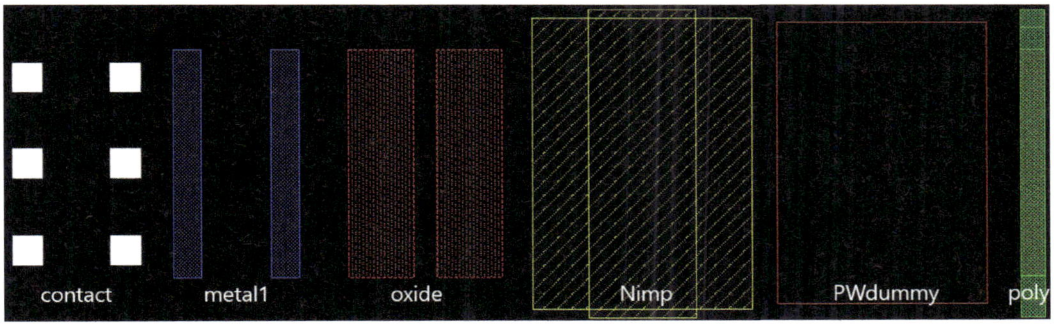

분리한 NMOS layout instance를 수정 후 다시 cell로 만들고 싶다면 Edit → Hierarchy 하위 메뉴 중 Make Cell을 선택한다.

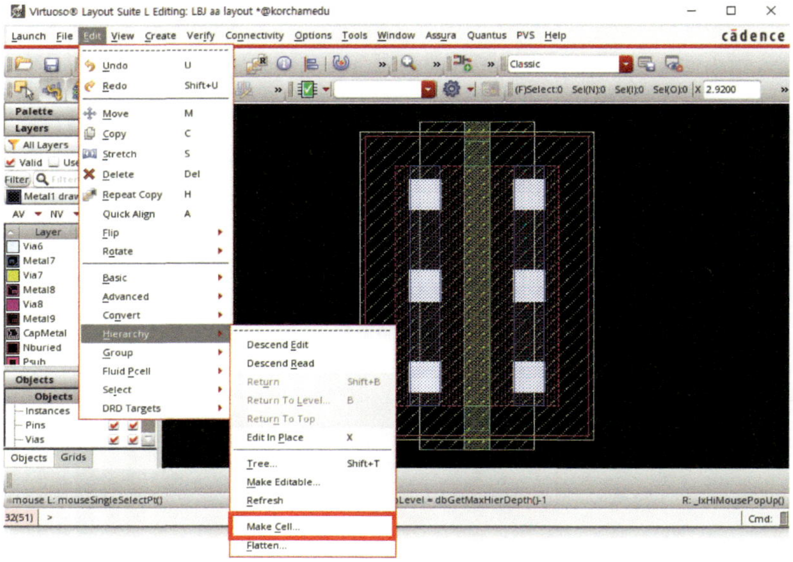

여기서도 Make Cell pop-up창이 뜨는데 새로 만든 cell을 저장할 Library 이름과 Cell 이름을 적어주고 OK를 누르면 된다.

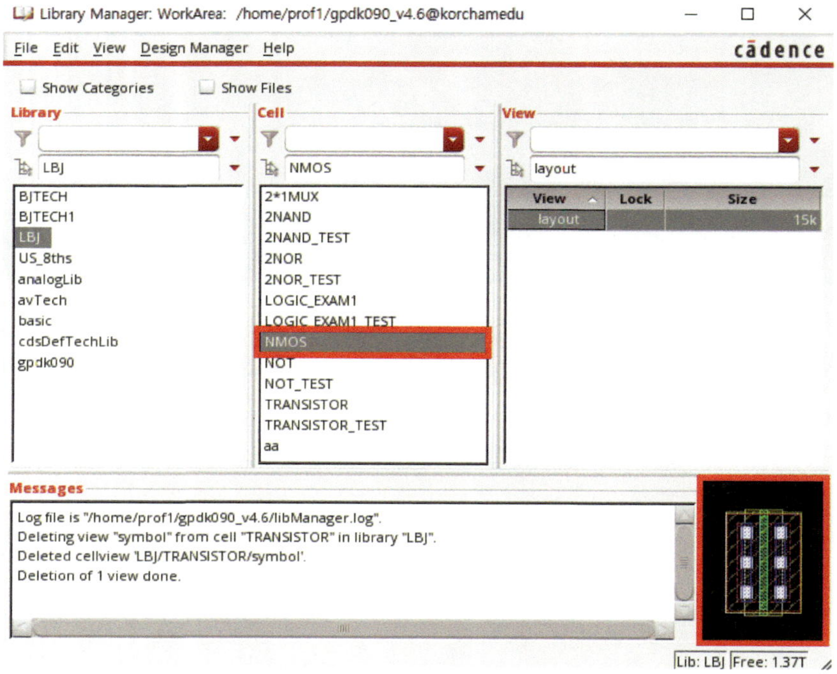

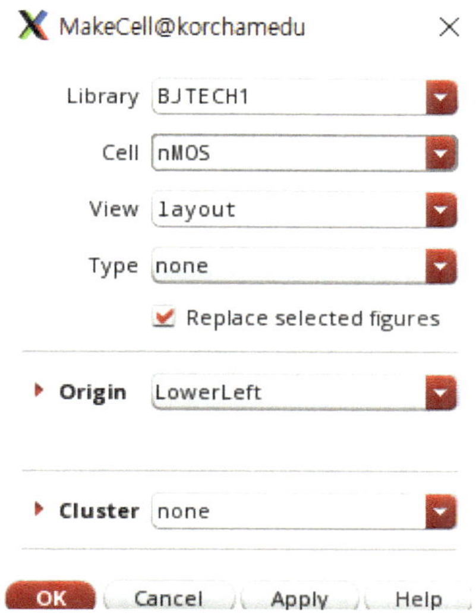

실제로 저장이 되었는지 확인을 해보면, Library Manager의 Test 라이브러리에 저장이 되어 있는 것을 볼 수 있고, instance 명령을 이용하여 수정했던 layout을 불러올 수 있다.

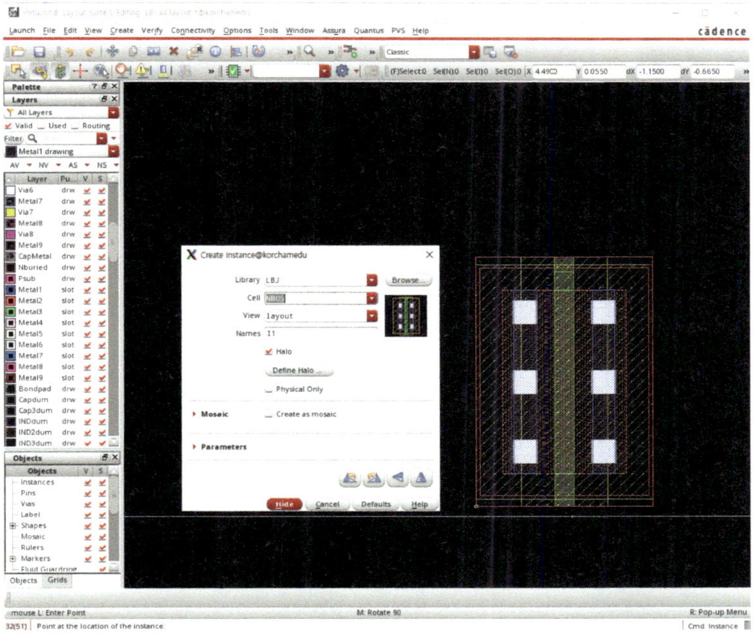

▶ Finger를 이용한 layout

Finger는 MOSFET를 layout할 때 단위 MOSFET를 하나 정해놓고 다른 MOSFET을 정수배해서 그릴 때나 MOSFET의 width가 매우 커서 여러 개의 MOSFET을 연결해서 구현해야 할 때 사용한다. 예를 들어, NMOS의 length=0.09㎛이고 width=2㎛라고 가정하면 length=0.09㎛, width=1㎛의 NMOS 2개를 더한 것과 같은 결과이다.

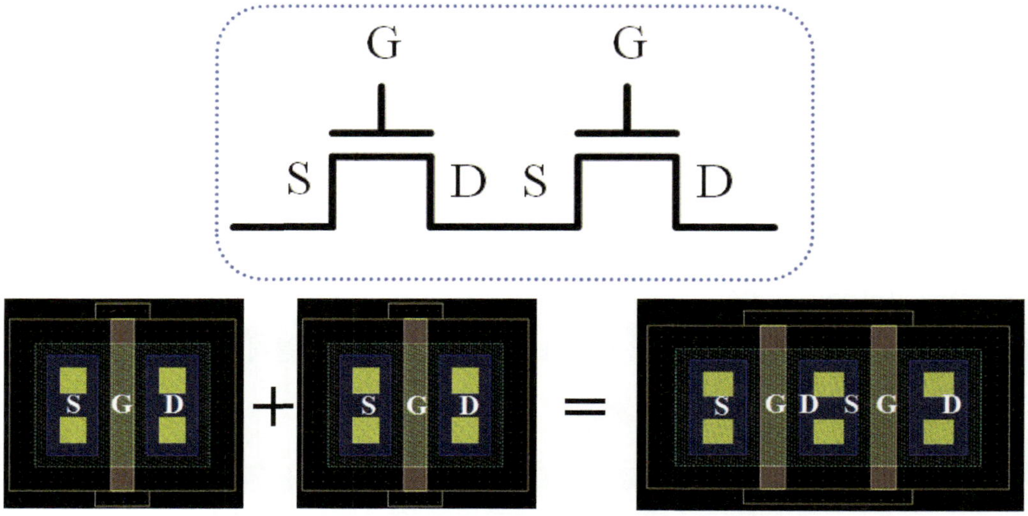

이렇게 layout을 수행하기 위해서는 아래 그림처럼 NMOS를 불러올 때 finger=2, finger width=1㎛를 입력하면 된다. 즉, finger × finger width = total width 가 된다. 그리고 아래 Gate Connection과 S/D Connection은 finger로 그린 MOSFET의 Gate와 Source/Drain을 어떻게 연결할 것인가를 설정하는 부분이다. Gate Connection에서의 Top은 위로, Bottom은 아래로, Both는 위/아래로 Alternate는 번갈아가며 연결하는 것이고, S/D Connection에서의 Source는 source를 모두 하나로 연결해주고 Drain은 drain을 하나로 연결해주며 Both는 source는 source끼리 drain은 drain끼리 하나로 연결해준다.

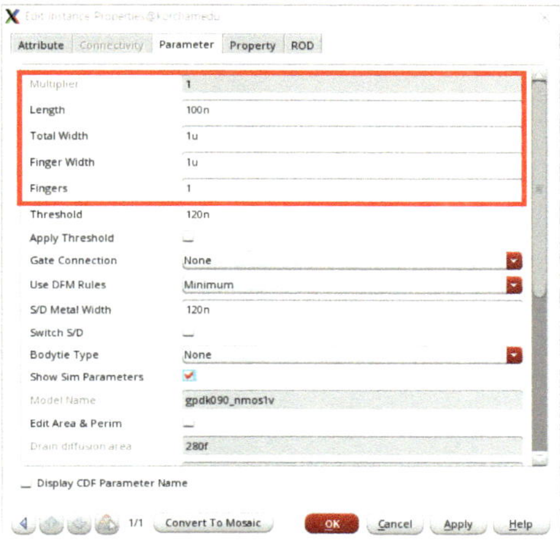

5.1.7 기본적인 단축키

e	Descend Read	Hierarchy 되어 있는 블록의 내부로 들어가 읽는다
shift + e	Descend Edit	Hierarchy 되어 있는 블록의 내부를 수정 한다
f	Fit	회로를 화면 중심으로 맞춘다
shift + v	World View	전체 회로도를 미니 맵으로 본다
shift + m	Move	이동 시킨다
g	Find Marker	오류나 에러가 있는 지점을 찾는다
o	Display Option	Display Option 설정 한다
r	Rotate	소자나 wire 90도 회전 한다
shift + o	Editor Option	Editor Option 설정 한다

CHAPTER 6

디지털 회로

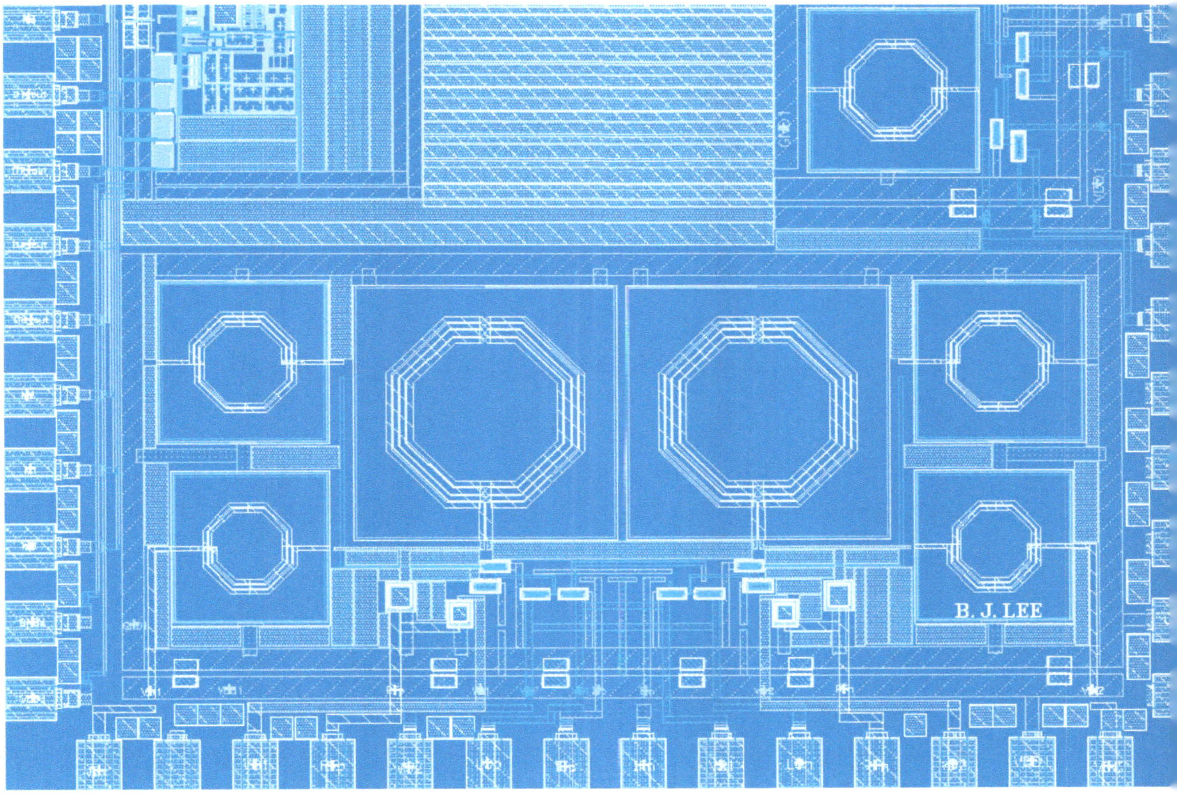

Inverter 6.1
2-Input NAND 6.2
2-Input NOR 6.3
MUX 6.4
Switch 6.5

6.1 Inverter

6.1.1 설계 이론

기본적인 CMOS 인버터 회로의 회로와 DC 전달 함수 특성은 다음 그림과 같다.

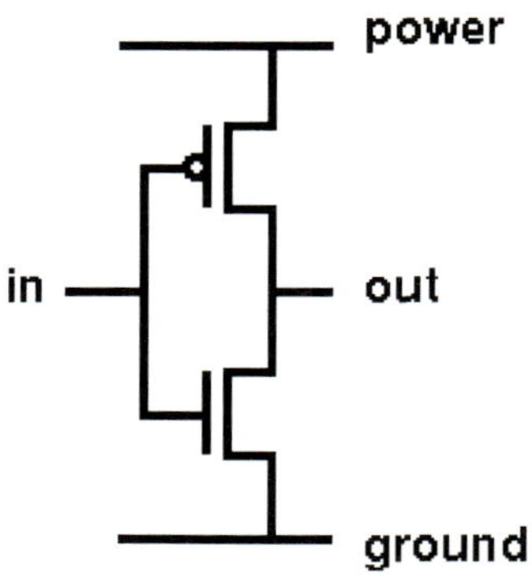

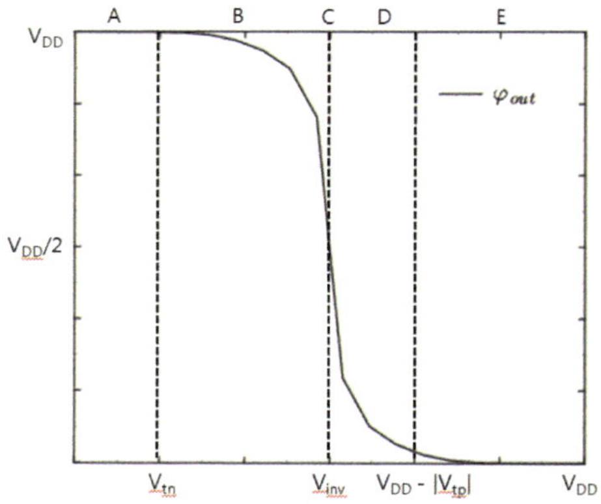

오른쪽 그림에서 나타낸 바와 같이 인버터의 동작 영역을 구분하여 설명하기로 한다.

① A지역 $0 \leq V_{IN} \leq V_{tn}$

이와 같은 경우 NMOS는 $V_{GS} < V_{tn}$ 이므로 off가 되고 PMOS는 선형 역영에서 동작하게 된다. 이 때 출력전압은 V_{DD}와 같게 된다.

② B지역 $V_{tn} < V_{IN} < V_{inv}$

V_{inv}는 인버터를 아날로그 증폭기라 가정하였을 때, 이득이 최대가 되는 입력전압을 의미한다. 즉 B지역의 기울기가 가장 큰 부분의 전압을 말한다. 이 지역에서는 NMOS는 포화영역, PMOS는 선형영역에서 동작한다.

③ C지역 $V_{in} = V_{inv}$

이 역역은 NMOS와 PMOS가 모두 포화영역에서 동작하는 지역이다. 이 지역에서는 NMOS와 PMOS로 흐르는 전류가 같기 때문에 다음과 같은 식이 성립한다.

$$I_n = I_p = \frac{1}{2}\mu_n C_{ox}\frac{W_n}{L_n}(V_{IN} - V_{tn})^2 = \frac{1}{2}\mu_p C_{ox}\frac{W_p}{L_p}(V_{DD} - V_{IN} - |V_{tp}|)^2$$

이 식을 통해 다음 식을 얻을 수 있다.

$$V_{inv} = \frac{V_{DD} - |V_{tp}| + V_{tn}\left(\sqrt{\dfrac{\mu_n C_{ox}\left(\dfrac{W_n}{L_n}\right)}{\mu_p C_{ox}\left(\dfrac{W_p}{L_p}\right)}}\right)}{1 + \left(\sqrt{\dfrac{\mu_n C_{ox}\left(\dfrac{W_n}{L_n}\right)}{\mu_p C_{ox}\left(\dfrac{W_p}{L_p}\right)}}\right)}$$

문턱 전압(V_t)과 $\mu_n C_{ox}$, $\mu_p C_{ox}$는 공정상의 변수이므로 설계자가 변경 할 수 없는 변수이다. 그러므로 설계자는 트랜지스터의 (W/L)의 비율을 적절하게 변경함으로써 원하는 V_{inv}의 값을 얻을 수 있다. 이 V_{inv}의 값을 기준으로 입력에 인가되는 전압에 대하여 V_{inv}보다 작은 경우 인버터의 출력은 low 레벨이 되고, V_{inv}보다 큰 경우는 반대로 출력은 high 레벨이 된다.

즉 설계자가 PMOS와 NMOS의 (W/L)비율을 조절하여 이상적인 인버터 조건인 다음 조건을 만족시키면 된다.

$$V_{inv} = \frac{V_{DD}}{2}$$

실제로 NMOS와 PMOS의 이동도 차이는 $\mu_n \fallingdotseq 3\mu_p$ 이므로 이상적인 인버터의 트랜지스터의 크기 비율은 다음과 같이 설계하는 것이 보통이다.

$$\frac{\left(\dfrac{W_p}{L_p}\right)}{\left(\dfrac{W_n}{L_n}\right)} \fallingdotseq 2 \sim 3$$

④ D지역 $V_{inv} < V_{IN} < V_{DD} - |V_{tp}|$

이 지역에서는 NMOS는 선형영역, PMOS는 포화영역에서 동작하게 된다.

⑤ E지역 $V_{DD} - |V_{tp}| < V_{IN} \leq V_{DD}$

이 지역에서는 NMOS가 선형영역에 있고, PMOS는 off된다, 따라서 이 때 출력전압은 0이 된다.

6.1.2 Schematic

① Simulation 준비

▶ gpdk090 Techfile을 적용한 Library를 생성한다.

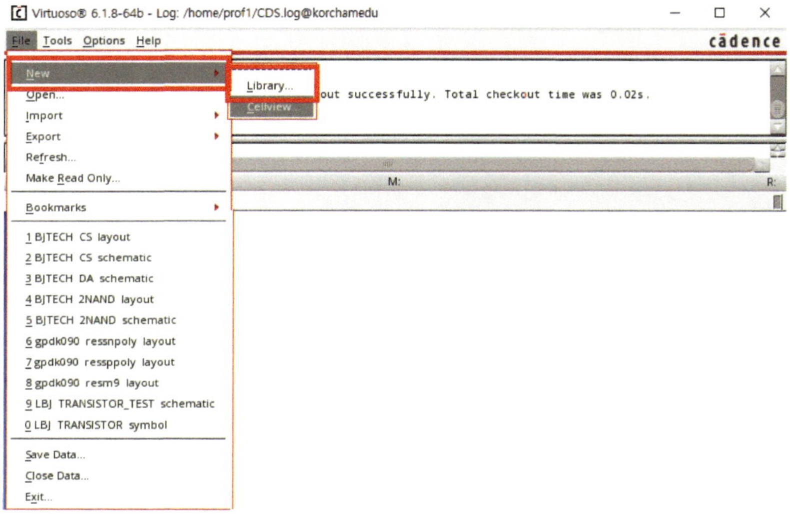

▶ Library name에 각자의 라이브러리 이름을 입력하고 Attach an existing technology library를 check 하고 Apply를 click 한다.

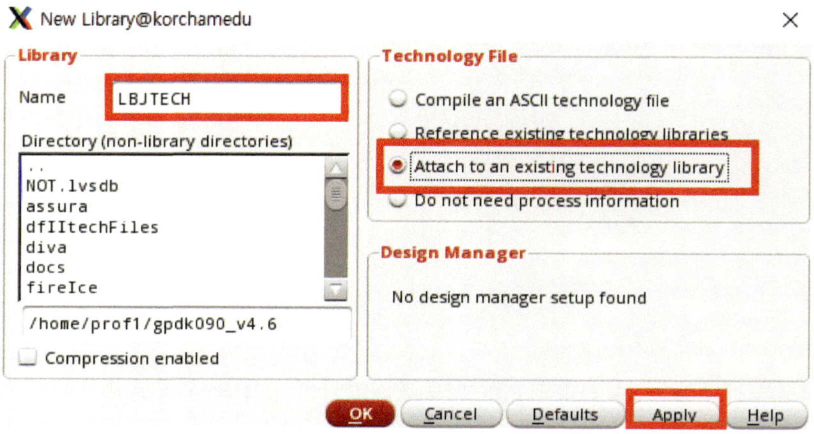

▶ Attach an existing technology library에서 gpdk090을 선택하면 방금 만들어진 library는 모두 gpdk090의 design rule을 적용 받는다.

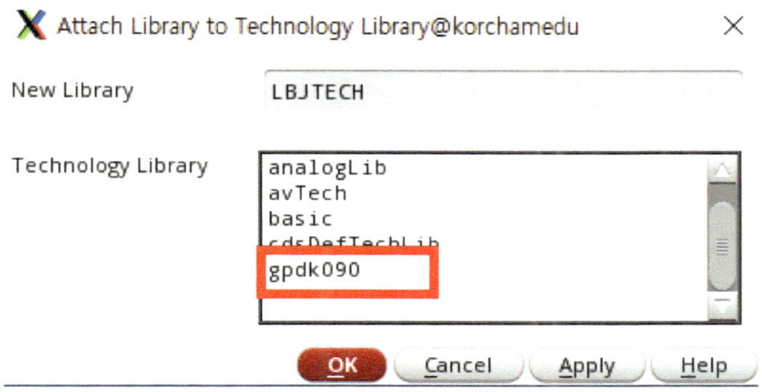

▶ 만들어진 Library를 click한 상태에서 File → New → Cell View... click 한다.

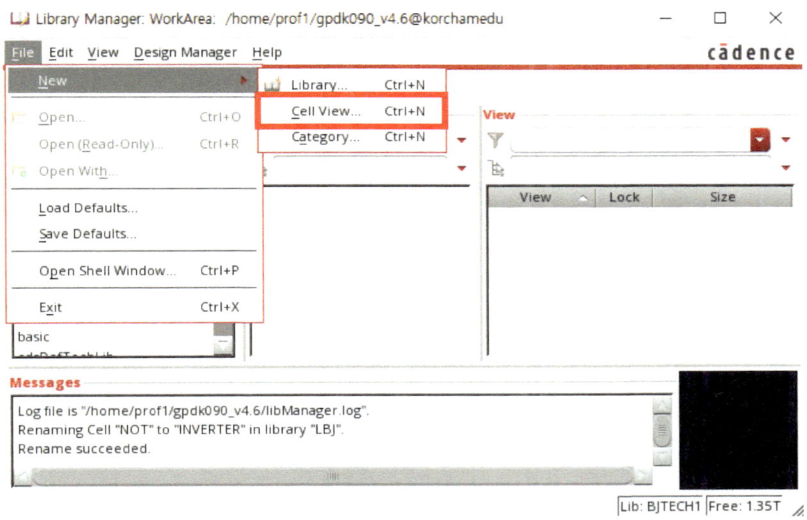

▶ Cell View을 INVERTER라고 입력하고 Type은 schematic을 선택한 후 click 한다.

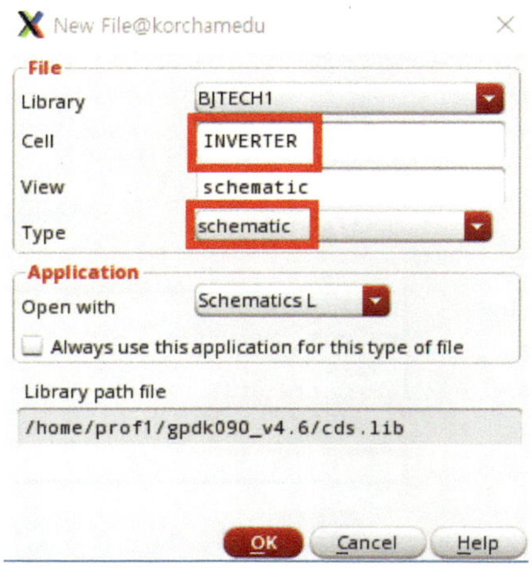

▶ Inverter Schematic을 할 수 있는 Schematic Editor 창이 활성화 된 것을 확인 할 수 있다.

② Inverter 회로도 그리기

▶ 원활한 작업을 위해서 Option → Display... click 하고 Spacing에 0.0625를 Snap Spacing 에 0.03125를 입력한다.

▶ 회로의 필요한 nMOS pMOS 소자 불러내기.

- 단축키 'i'를 누른 후 Browser를 click 한다.

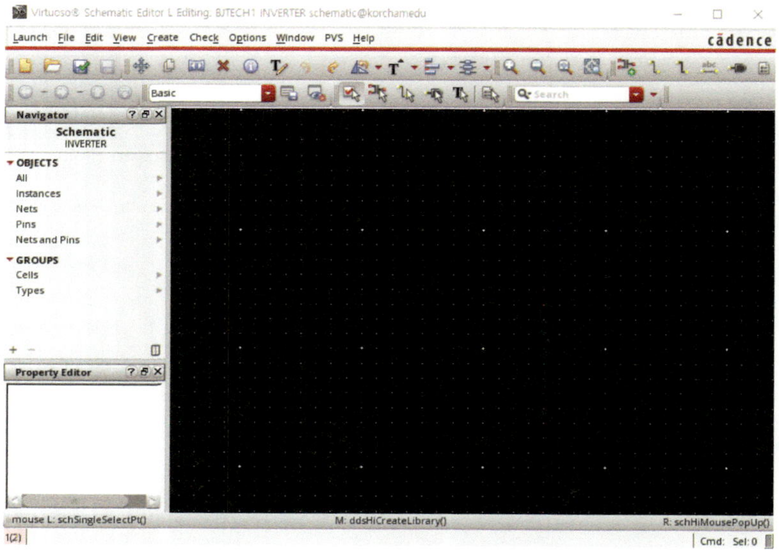

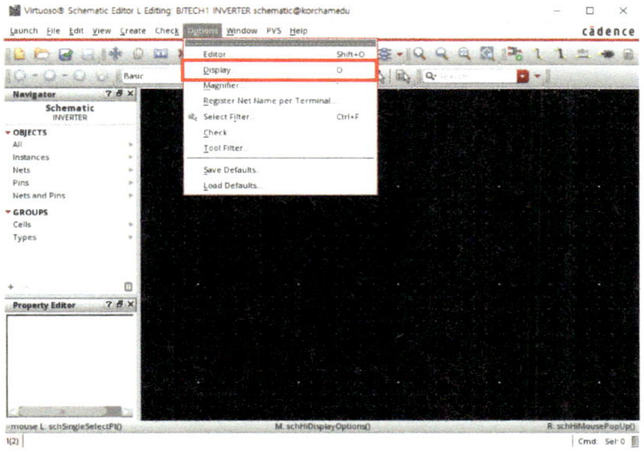

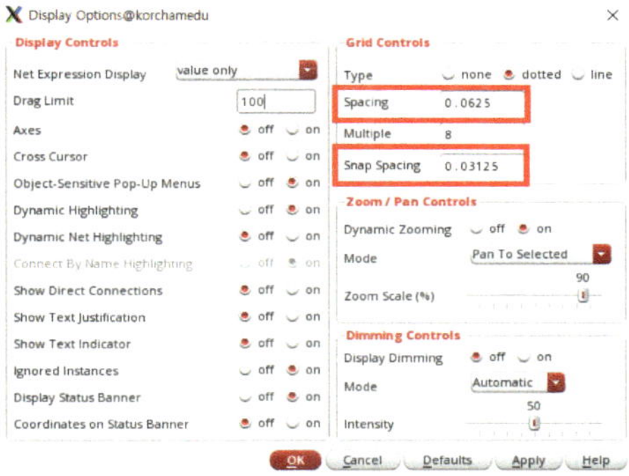

- 미리 Library 추가 시킨 gpdk090에서 우선 nmos1v의 Symbol을 선택한다.

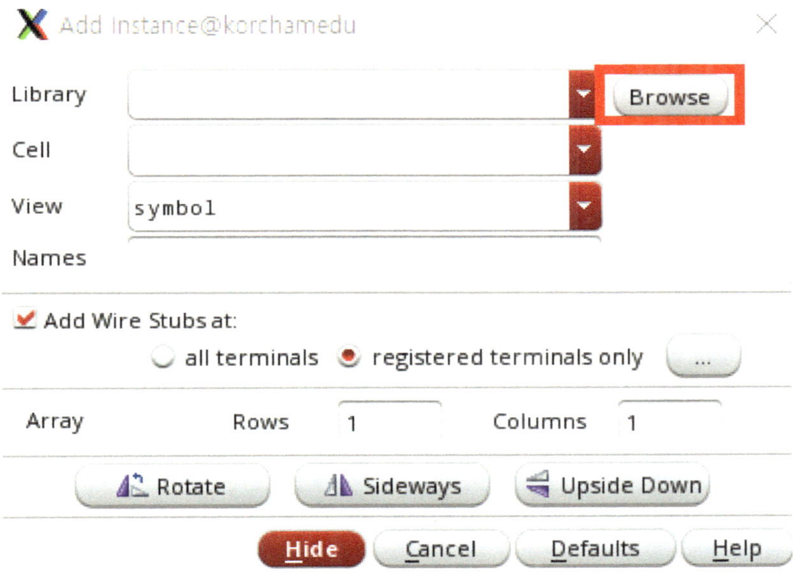

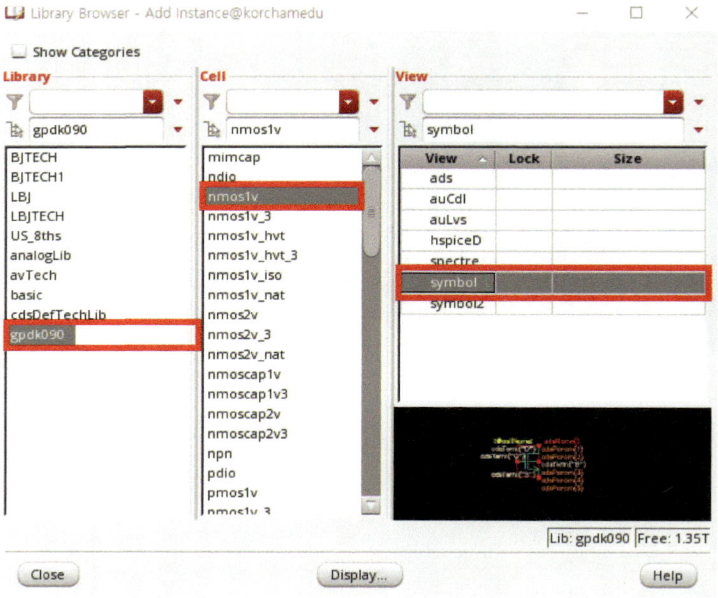

- Browser를 닫은 후 Instance 창을 확인하면 nmos1v의 값을 정할 수 있는 창이 나타난다. nmos1v의 소자 값은 Length는 100n Total Width 값은 1u로 입력한 후에 Hide click 한다. 단 길이 단위인 미터(m)는 자동생성 되기 때문에 넣지 않도록 한다.

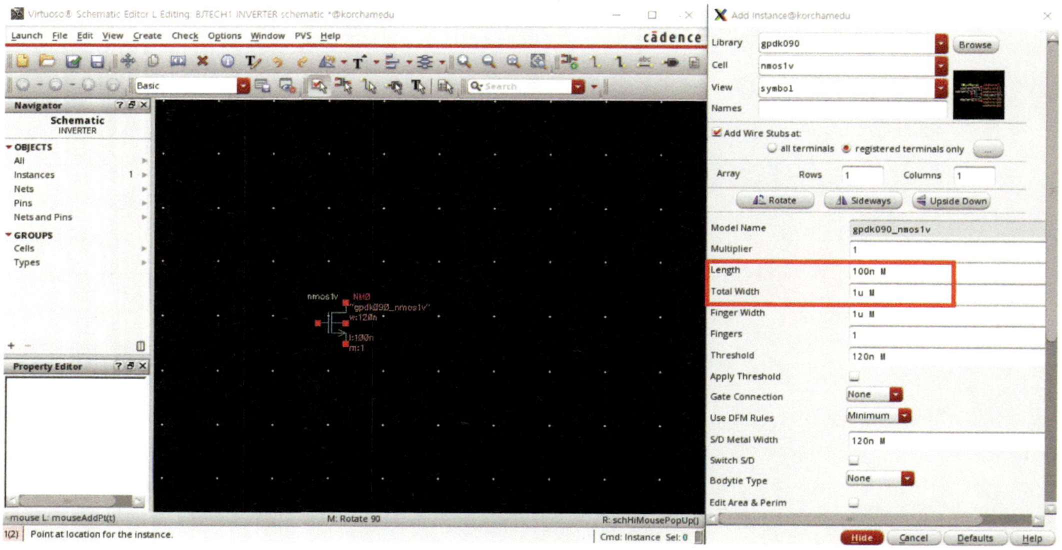

- Cell 화면에 원하는 위치를 정하고 마우스를 click하면 nmos1v가 나타난다.

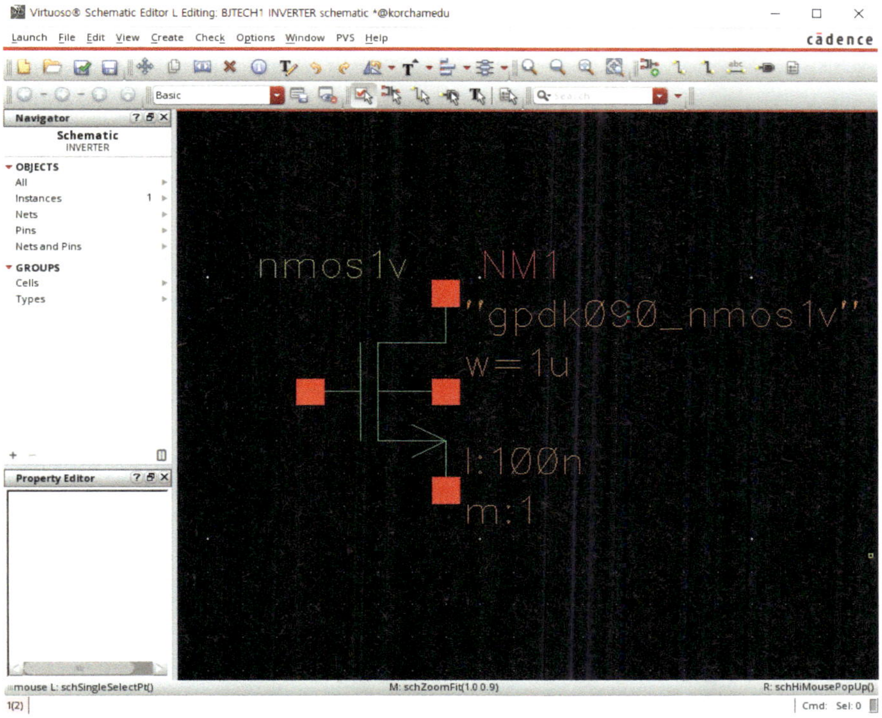

- 소자의 특성을 바꾸기 위하여 nmos1v를 click한 뒤 단축키 'q'를 누르면 nmos1v를 생성 후에도 소자 값을 변경할 수 있다.

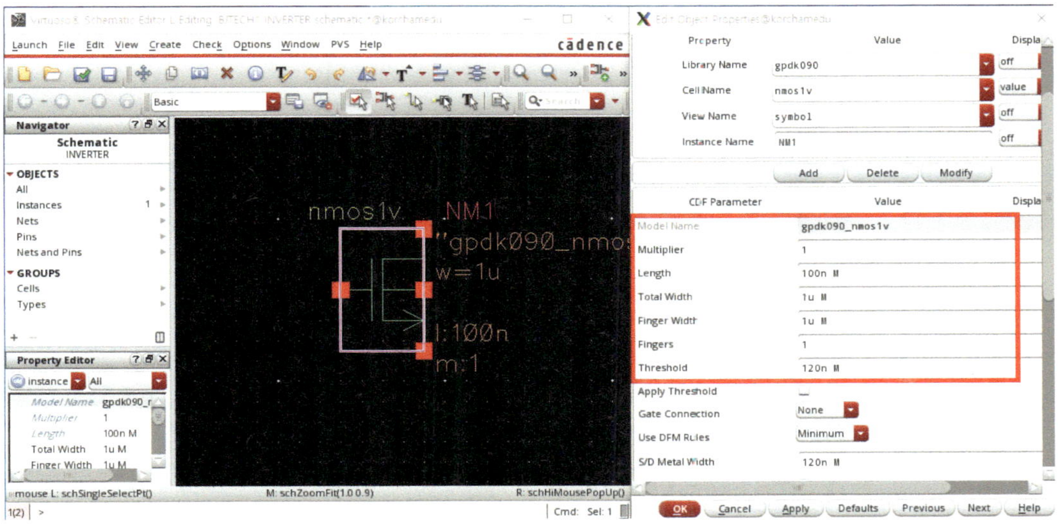

- 위와 같은 방법으로 pmos1v를 불러서 Schematic 창에 배치한다.

▶ Wire 그리기와 nmis1v, pmos1v 소자 값 입력

- 단축키 'w'를 누르면 wire를 그릴 수 있다. Inverter Schematic 모양으로 각 단자를 연결해 준다.

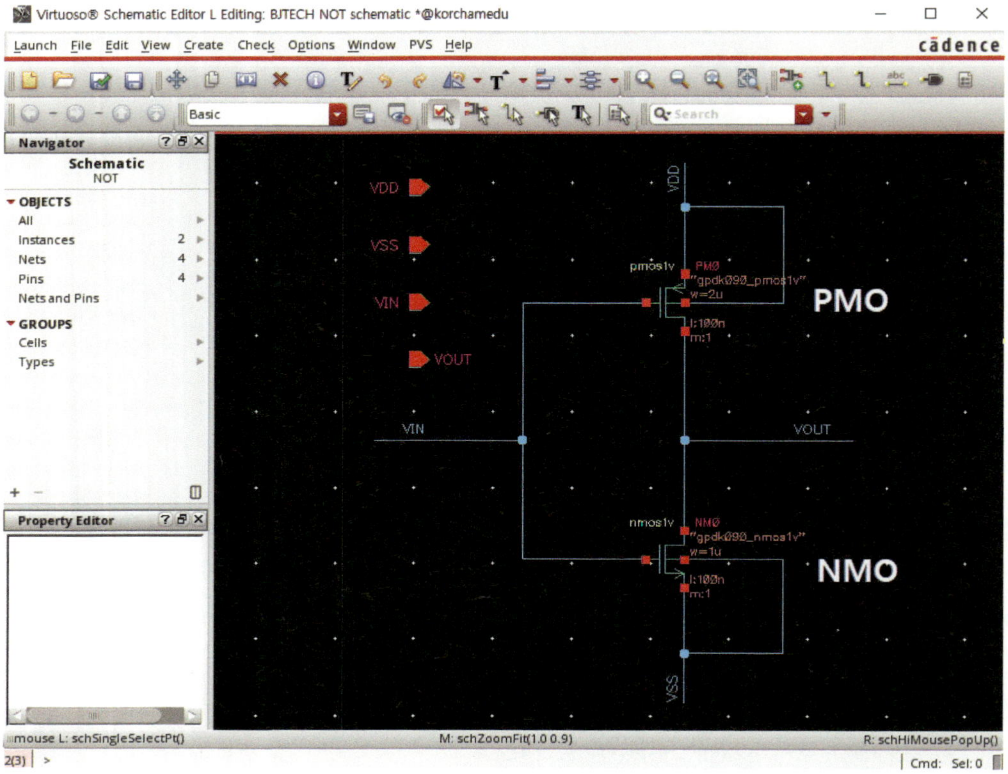

- 단축키 'q'를 이용해서 소자의 값을 아래와 같이 입력 해준다.

MOSFET	Length(nm)	Fingers	Finger Width(㎛)	Total Width(㎛)
pmos1v(PM0)	100	1	width	width
nmos1v(NM0)	100	1	1	1

* PM0의 W값 width는 변수로 하였으며 Inverter의 정확한 nmos1v와 pmos1v의 소자 값을 찾으려 할 때 이용하는 방법으로 자세한 방법은 뒤에 simulation에서 설명해 놓았다.

▶ Wire Name 붙이기

- 단축키 'L'을 누르면 Wire Name을 붙일 수 있다. Wire 각 부분에 이름을 붙여준다. Wire Name을 붙이는 이유는 Wire를 전부 연결하지 않아도 같은 Wire Name을 가진 Wire, Pin 끼리는 연결이 된다.

▶ Pin 만들기

- 단축키 'p'를 누르면 Pin을 만들 수 있다. Pin의 역할은 회로를 Symbol로 만들었을 때 입출력 Port이다. 위에서 언급했듯이 Pin 또한 Wire Name과 이름이 같으면 굳이 연결하지 않아도 연결이 된다. 주의 할 점은 회로 검증 과정인 LVS에서 pin mame이 다를 경우 error가 발생하기 때문에 모두 대문자로 통일하여 쓰도록 한다.

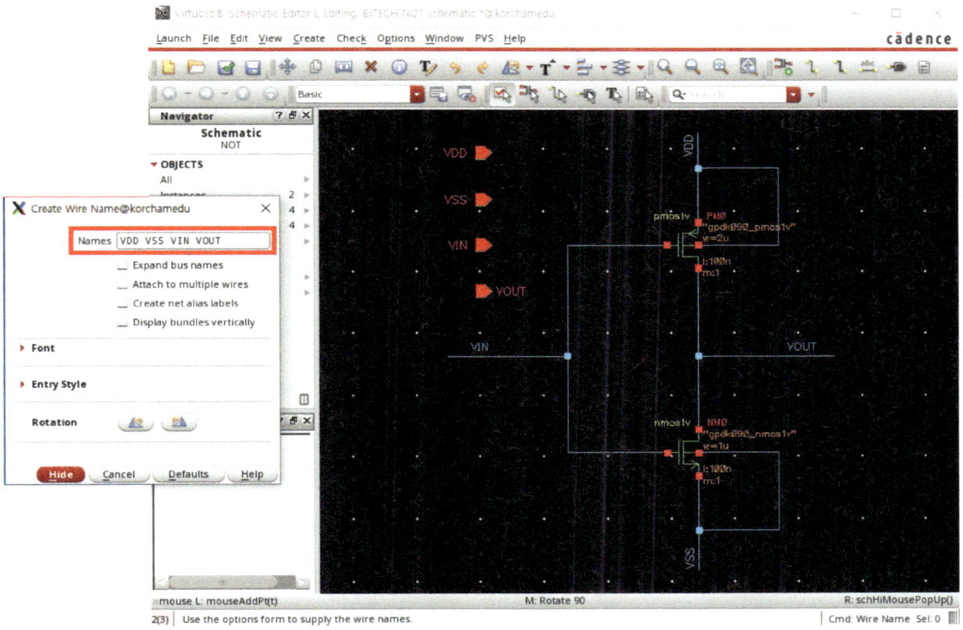

- Pin을 만들 때엔 항상 그 Port가 Input, output, Input-output, switch 특성인지 파악하고 그에 맞추어서 만들어야 한다. Input에 해당하는 pin은 VDD, VSS, VIN이며 output에 해당하는 pin은 VOUT으로 한다. Symbol 생성 후 Port 속성이 다른 것을 연결할 때는 오류가 발생하며 이 설정은 Add Pin창에 Direction에서 바꿔준다.

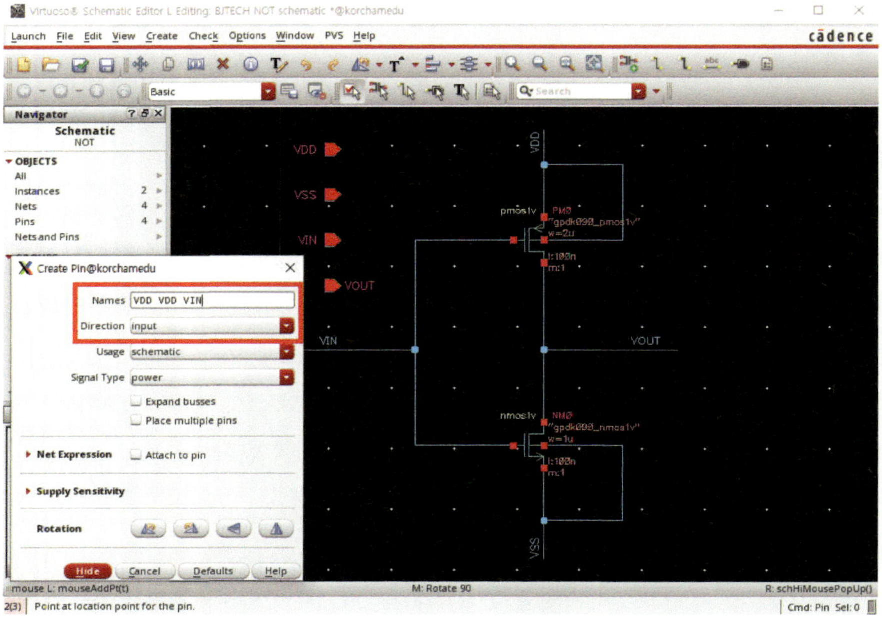

▶ 저장하기

- 회로도를 다 완성 했다면 왼쪽 상단에 위치한 아이콘 Check and Save나 단축키 'shift +x'를 눌러서 저장을 한다. Schematic이 error없이 완성되면 다음과 같은 메시지를 확인 할 수 있다.

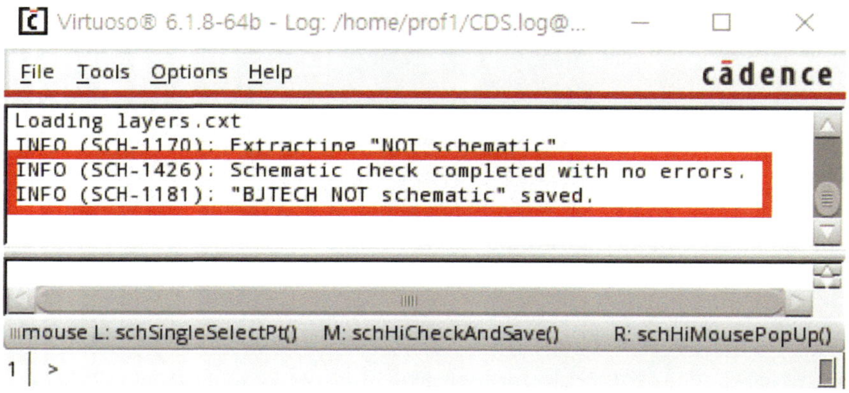

- Error와 warning이 있는 경우 예를 들어 보면 다음과 같이 inverter 회로에서 pmos1v의 drain 부분과 출력 부분인 VOUT 쪽이 서로 연결이 되지 않았다면 warning이 발생한다. Error 또는 warning 모두 해결해야 하며 다양한 형태의 Error 또는 warning 메시지는 virtuoso log 창에서 확인 할 수 있으며 반드시 수정하고 저장하도록 한다.

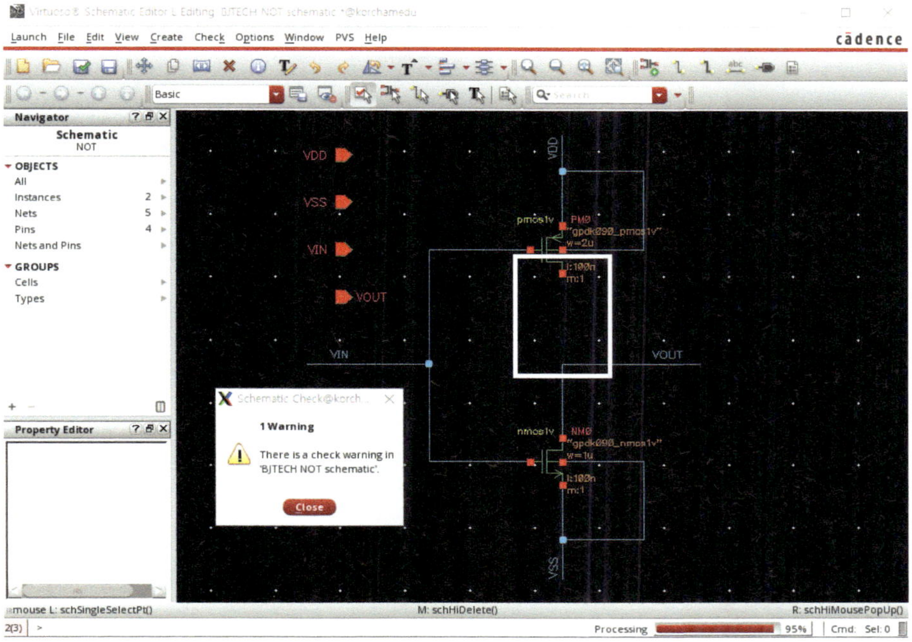

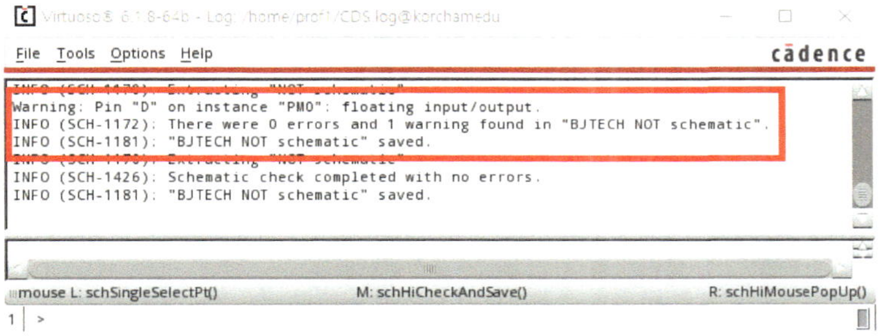

- 회로를 다시 바르게 연결 하면 error나 warning은 사라지게 된다. 이때 회로가 복잡해 error나 warning의 위치를 찾기가 힘들 때 단축키 g를 누르면 다음과 같은 창이 나타난다. 창에 나오는 error나 warning을 click 한 후에 Zoom To Markers를 check 하면 찾는 위치가 창에 zoom 되어 나타나게 된다.

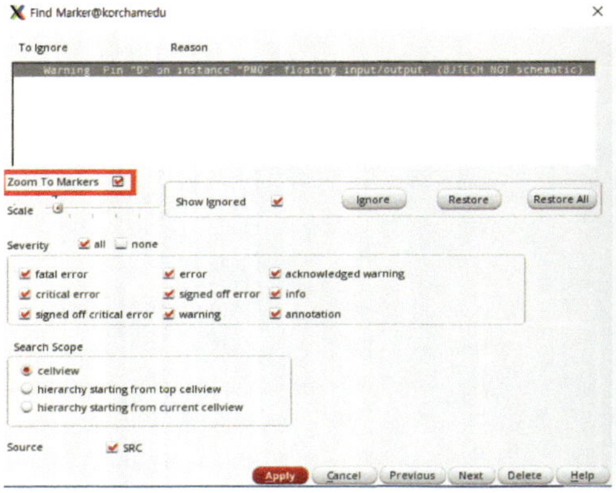

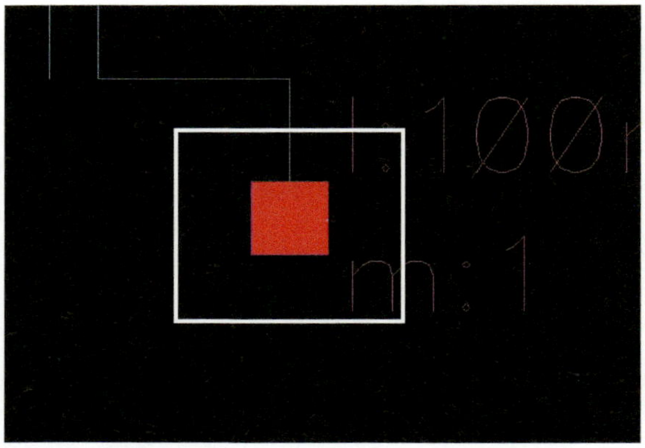

- Error나 warning을 모두 수정한 뒤 다시 저장을 하여 schematic을 완성하도록 한다.

③ Symbol 생성

▶ Symbol 만들기

- 지금까지 완성한 Inverter schematic을 Symbol로 만들어서 다른 디지털 회로나 블록에 연결하여 간단하고 다양하게 사용 할 수 있다. Design → Create Cellview → From Cellview..를 click 한다.

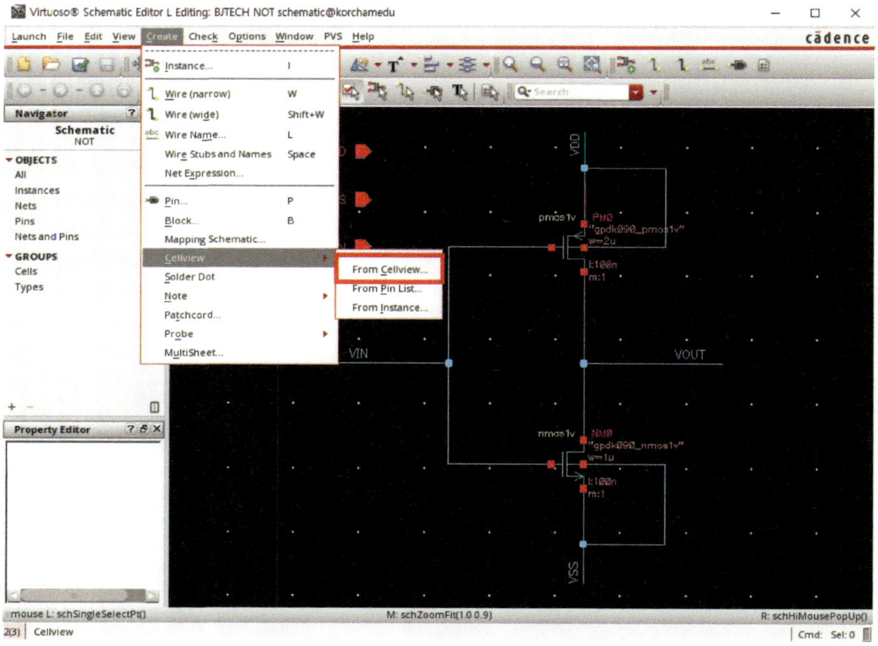

- Symbol의 Pin 배치를 원하는 방향으로 정해서 배치할 수 있다.

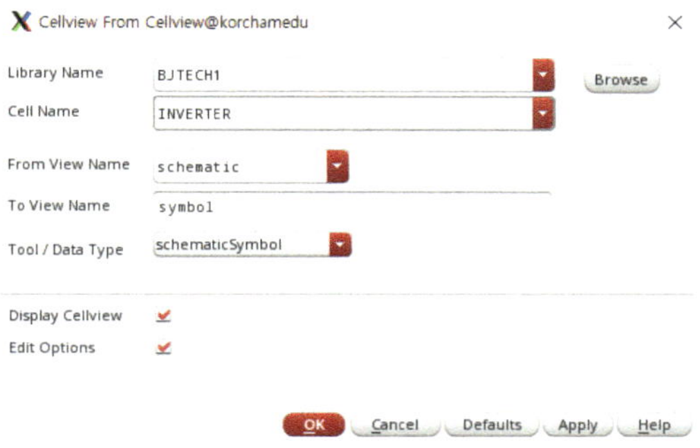

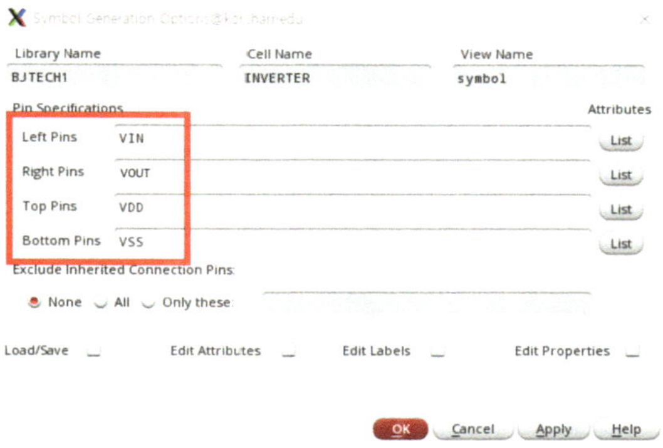

- Symbol의 기본 모양은 사각형이고 설정되어진 대로 Pin 모양이 만들어진다. 이때 Shape 기능을 통해 원하는 not gate symbol 모양을 만들 수 있다. Creat line을 이용하여 삼각형을 그리고 creat circle을 선택하여 원을 그린다. Label을 이용하여 symbol의 이름을 삽입할 수 있는데 예제에서는 NOT을 입력하도록 한다.

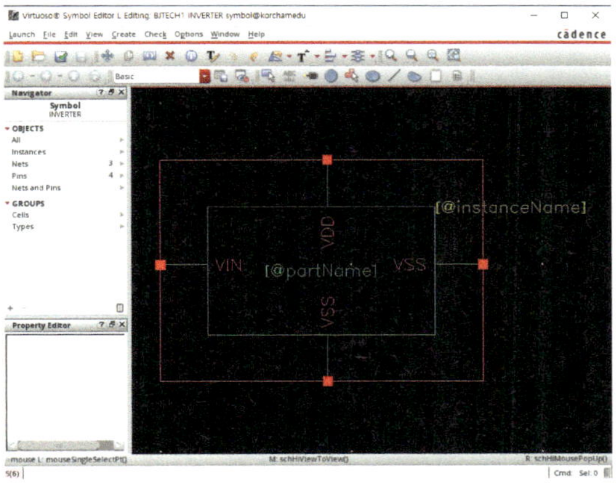

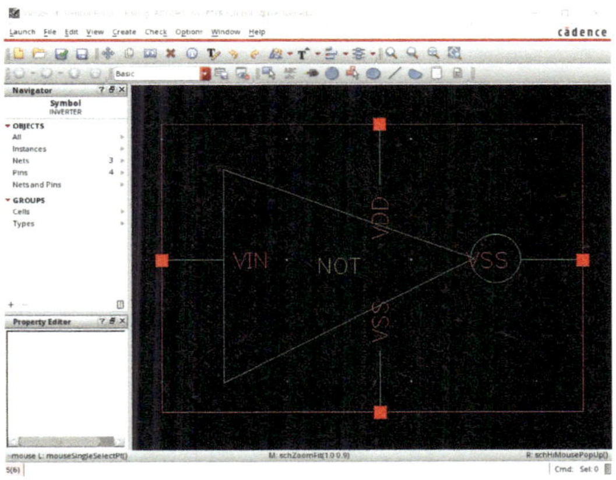

- Symbol을 다 완성한 후 check and save를 누르고 error 또는 warning이 있는지 확인하고 없을 경우 창을 닫는다. 그리고 inverter cell을 확인하면 symbol이 생성되어 있는것을 확인할 수 있다.

6.1.3 Simulation

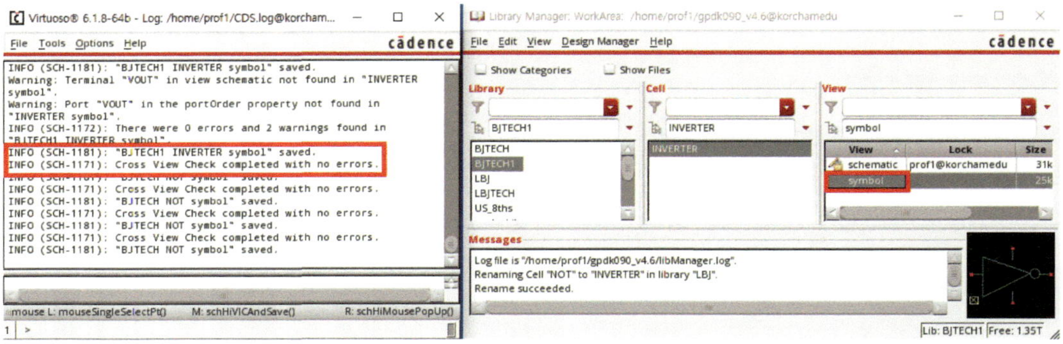

▶ Simulation을 수행하기 위해 INVERTER_TEST Cell을 하나 더 만든다.

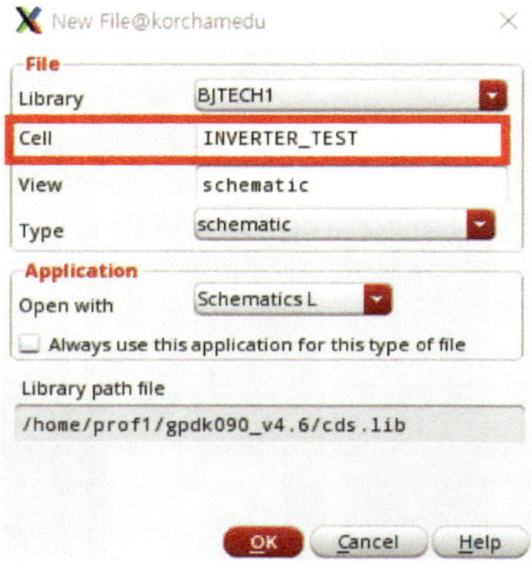

▶ 단축키 'i' Add Instance를 실행시켜 만들었던 inverter Symbol를 불러온다.

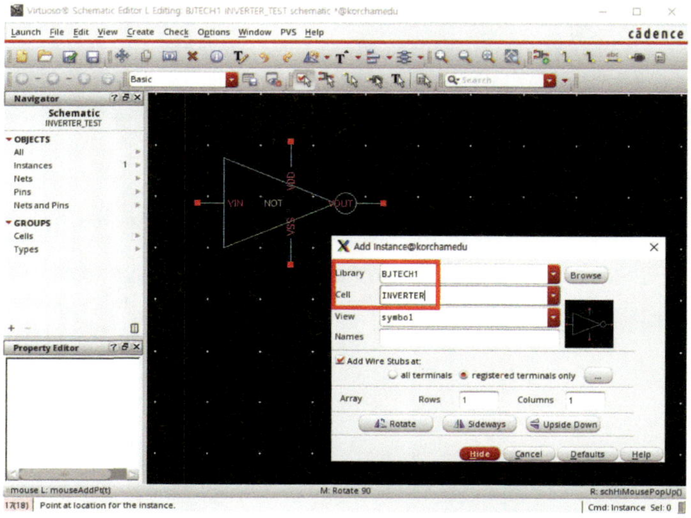

▶ 단축키 'i' Add Instance를 실행시켜 analogLib Library에서 제공하는 vdc, gnd 소자 symbol을 불러와서 VDD, VSS, VIN 3개를 배치하고 출력은 output Pin을 이용하여 VOUT pin을 연결시킨다.

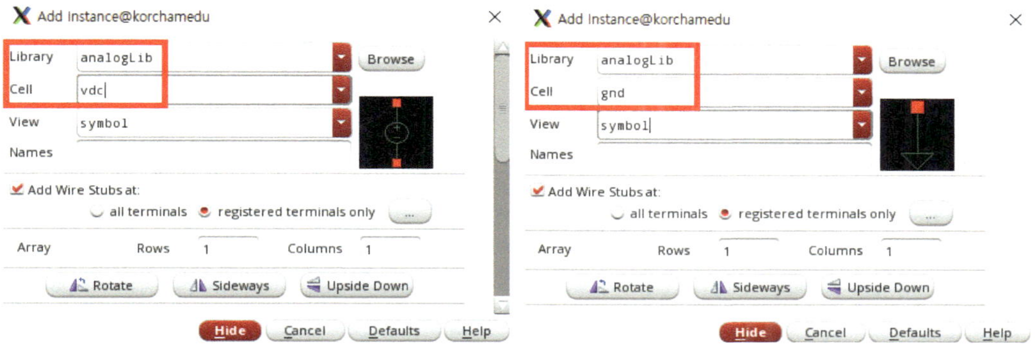

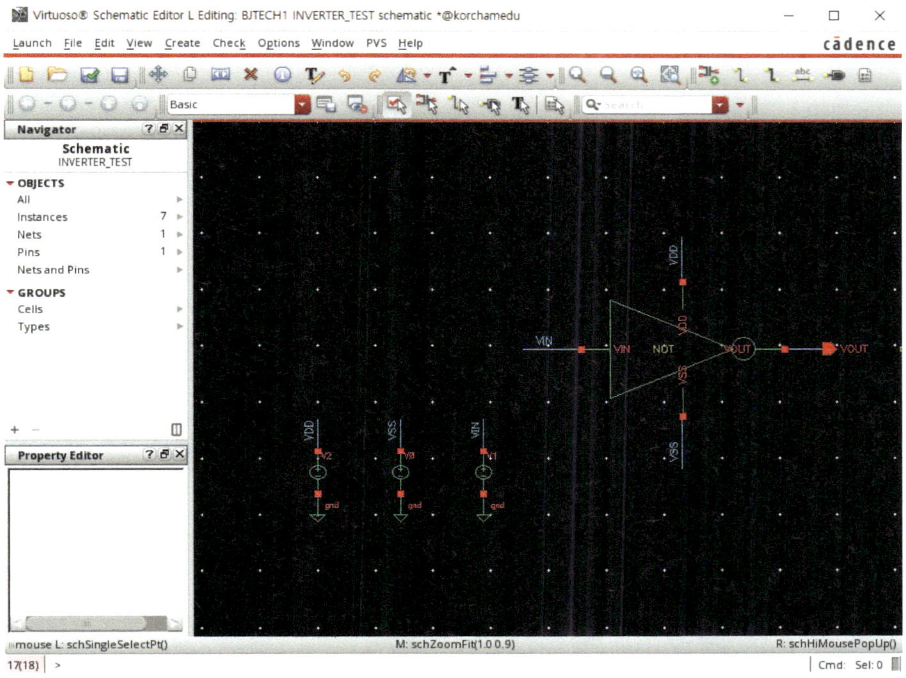

▶ VDD, VSS, VIN 등의 전압 속성을 바꾸기 위하여 vdc symbol을 선택한 후 단축키 'q' Edit Object Properties를 사용하여 vdc에 알맞은 전압 값을 입력한다. VDD에는 1V, VSS에는 0V, VIN은 지정 값 대신 변수 값으로 VIN이라고 입력한다. VIN을 변수 값으로 하는 이유는 입력전압을 0V~1V까지 가변하면서 출력파형의 변화를 보기 위해서 VIN이라는 변수 값으로 정하였다.

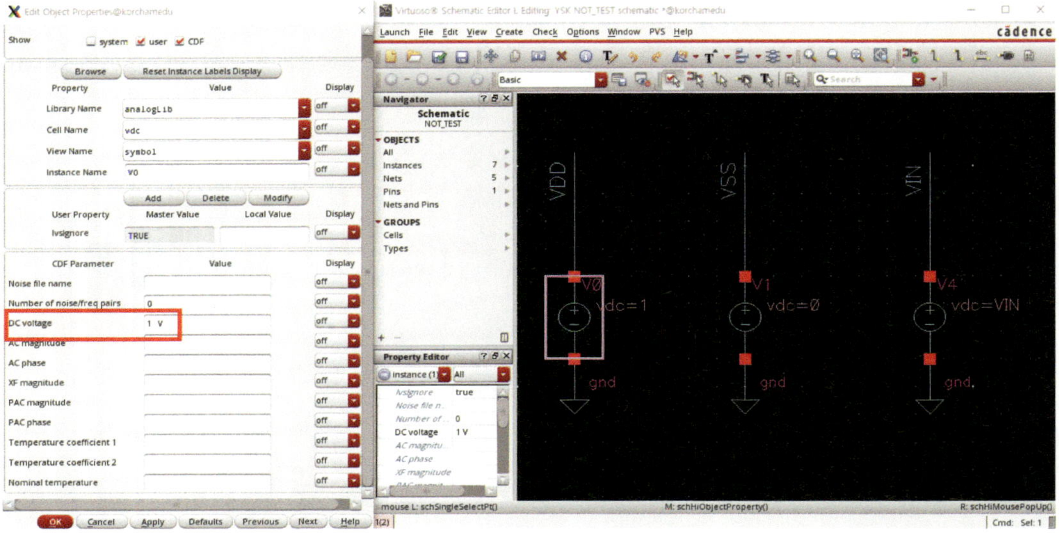

⑤ Launch

▶ Simulation을 실행하기 위해서 Analog Environment를 실행시킨다. Launch → ADE L를 click 한다.

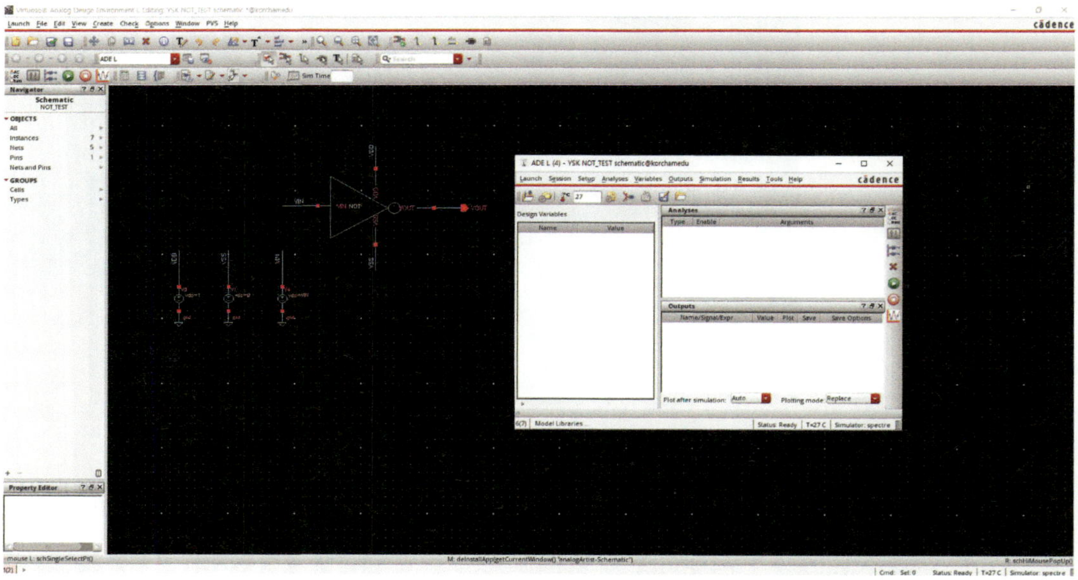

▶ Variables → Copy From Cellview를 click 하면 inverter schematic 회로에서 변수로 지정한 입력 VIN과 pmos1v의 WIDTH인 변수 2개가 나타난다.

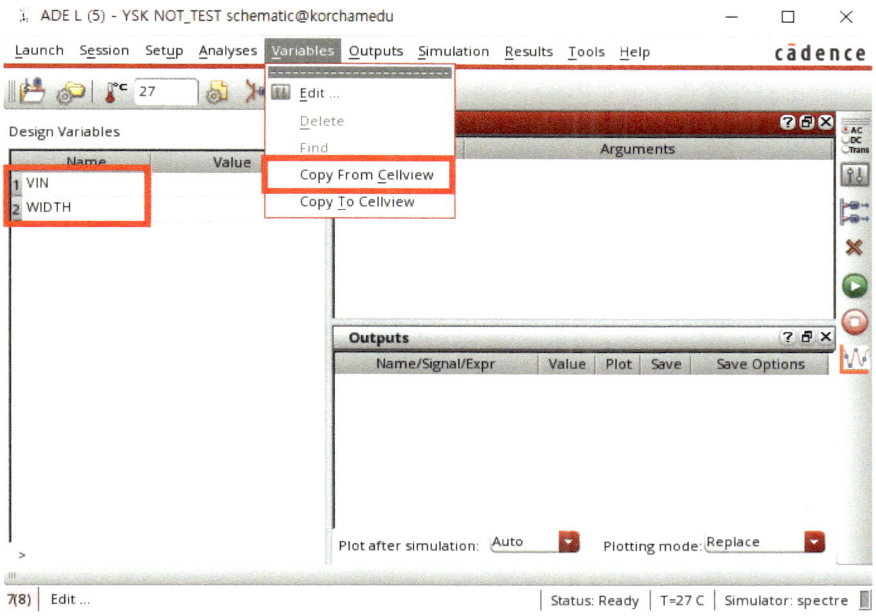

▶ 변수 값을 더블클릭 하거나 Variables → Edit를 click 하면 변수 값을 입력할 수 있다. VIN에는 0.5, WIDTH에는 2u라는 변수 값을 입력한다. 여기서 입력한 변수 값들은 의미가 없으며 simulation에서 변수에 대한 값을 다시 정하도록 한다.

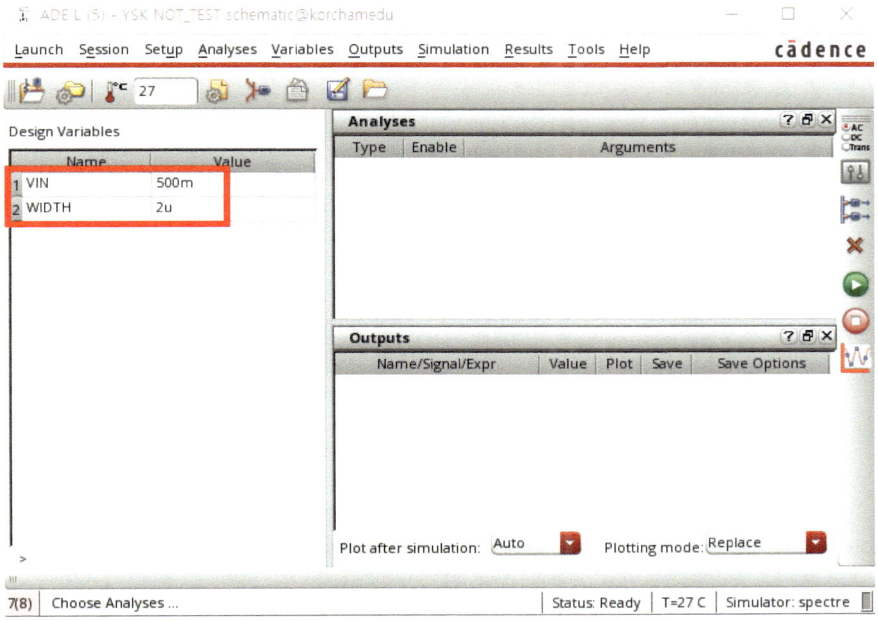

▶ Analyses → choose..를 click 한 후 dc Analyses를 선택하여 세부 설정을 한다. Simulation은 Inverter의 입력값인 VIN이 0~1V까지 변화 할 때 출력 VOUT의 변화를 관찰하는 simulation을 한다. 이때 입력 값 VIN은 Linear하게 0.01씩 증가하게 설정하였다.

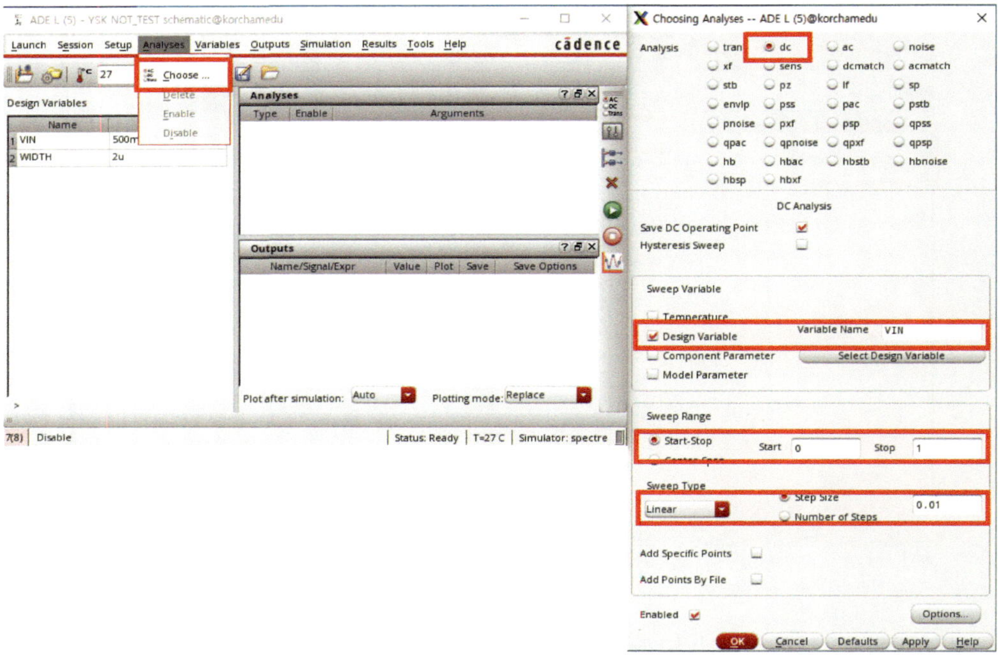

▶ Simulation을 실행하기 위해서 Simulation → Netlist and Run을 누르거나 오른쪽에 있는 Netlist and Run의 symbol을 누르면 설정된 simulation이 시작된다.

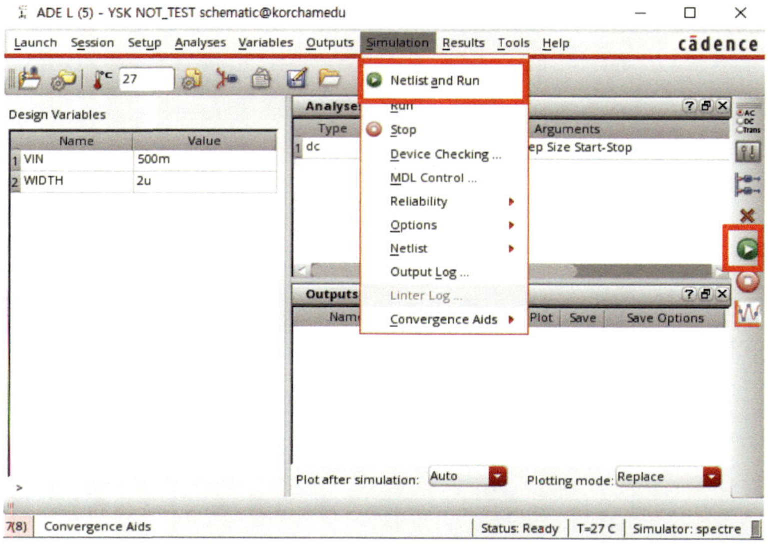

▶ Simulation이 error 없이 실행되면 Virtuoso Log 창에 정상적으로 수행되었다고 하는 successful 메시지를 확인 할 수 있으며 Specter Circuit Simulator의 진행 사항을 확인 할 수 있다.

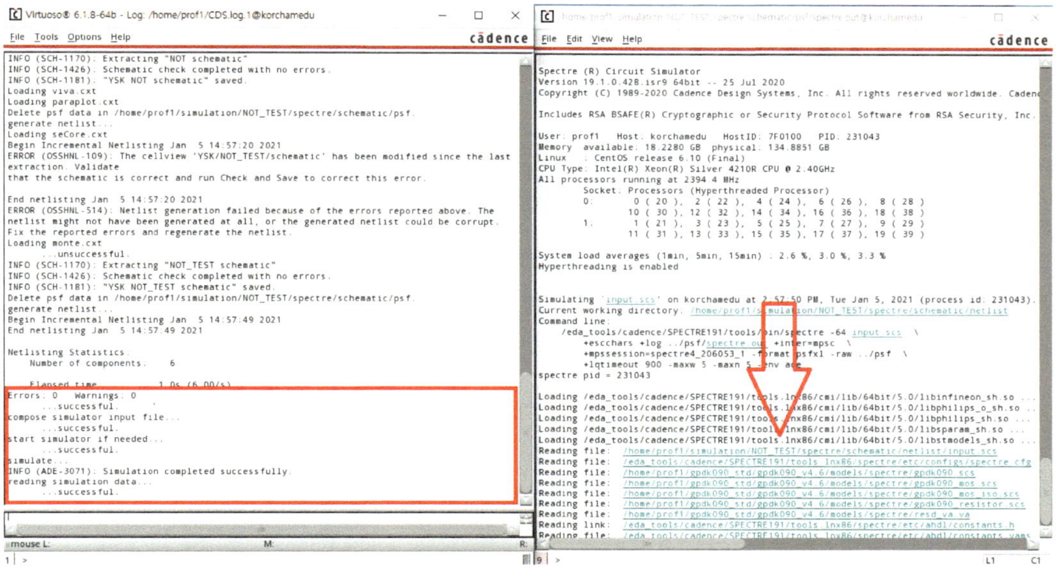

▶ Simulation 결과.

- Results → Direct Plot → Main Form..을 click 한다.

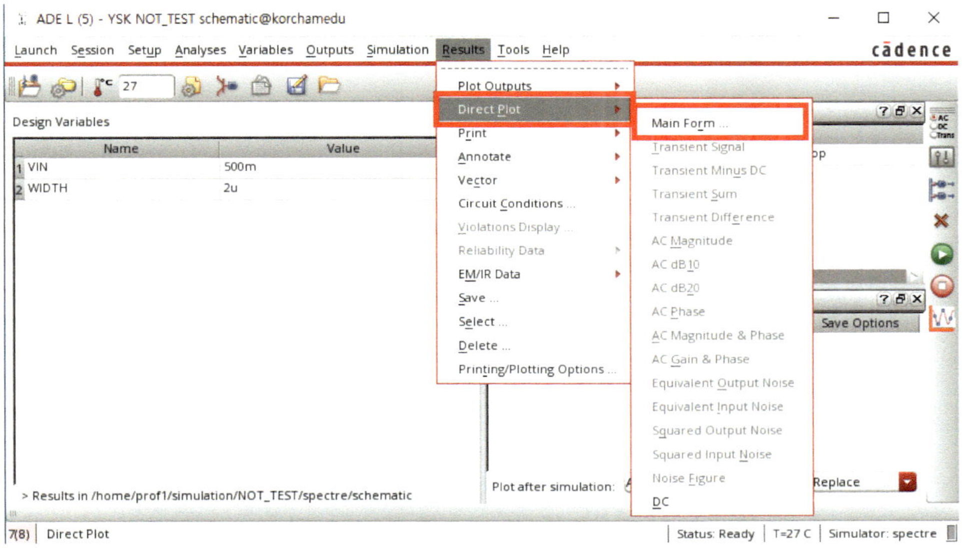

- Direct Plot Form과 Virtuoso Visualization & Analysis XL 창이 나타나고 회로도 또한 활성화 된다. Direct Plot Form의 설정을 dc Voltage로 놓은 상태에서(Ok나 Cancel를 누르면 안 됨) 입력단의 노드 VIN과 출력단의 노드 VOUT를 click 한다.

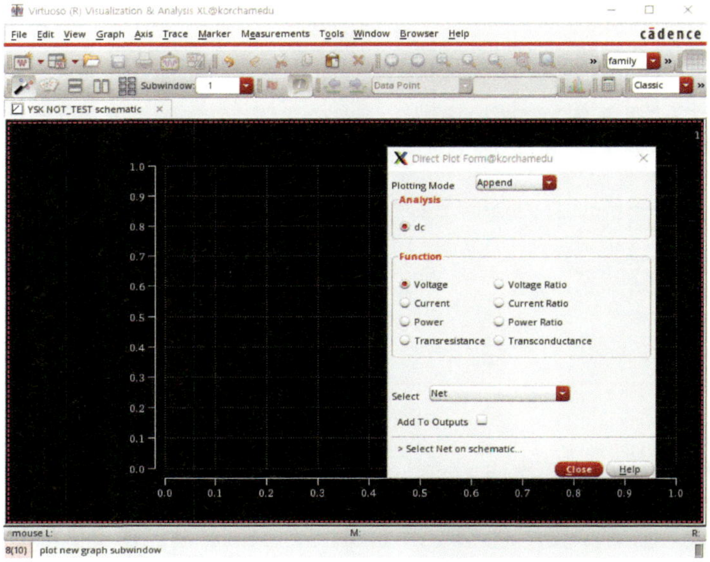

- Simulation 결과는 VIN이 0.5V일 때 출력 VOUT이 0.5V에서 만나야 하는데 결과를 보면 0.47V에서 입출력이 교차되는 것을 알 수 있다. 따라서 inverter는 정확한 스위칭 동작을 하지 않는 것을 확인 할 수 있다. 교차점이 0.5V로 가려고 하면 pmos1v의 width 값을 조금 더 크게 해야 한다는 것을 예측 할 수 있다.

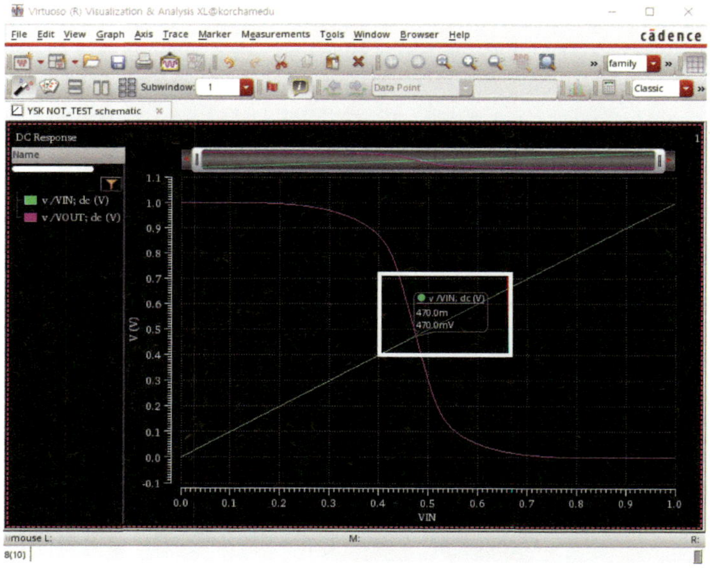

- 입출력이 0.5V에서 스위칭 시키기 위해 pmos1v의 width의 값을 변경시켜 조건을 만족 시키는 정확한 사이즈를 찾기 위해 Tools → Parametric Analysis ...를 실행 시킨다. Variable Name에 변수 width를 넣고 사이즈를 변경할 범위를 정한다. Variable는 WIDTH, From은 1u, To는 10u, Step Mode는 Linear Steps, Step Size는 1u로 하여 simulation을 진행한다.

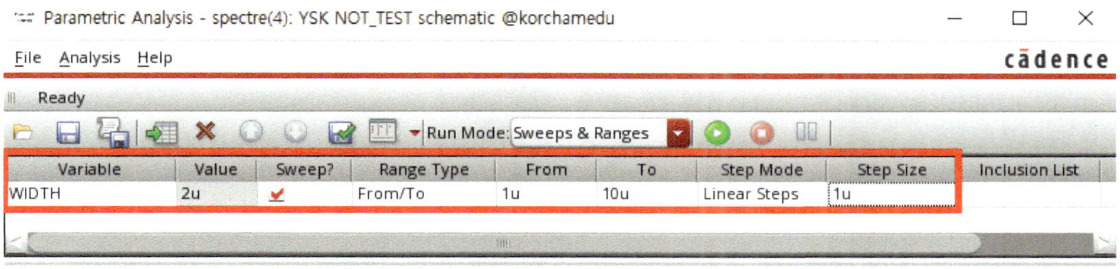

12 | Select a Run Mode

- Analysis → Start All을 click하여 simulation 실행한다. Simulation 진행사항은 100% 까지 도달하면 완료된 것이고 virtuoso Log 창에서도 확일 할 수 있다.

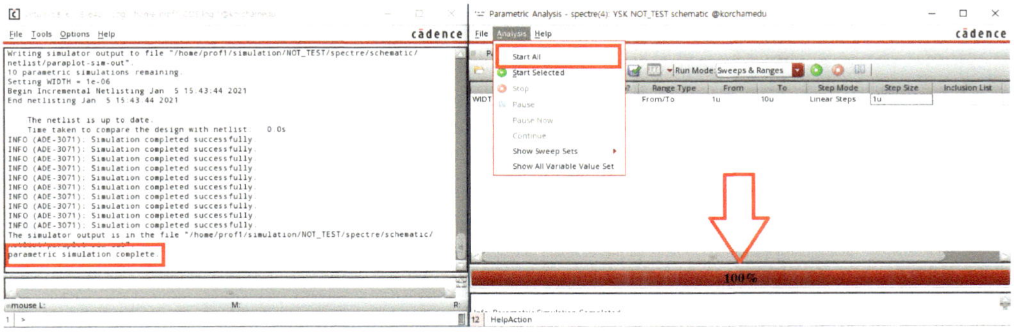

- 앞에서 결과를 확인한 방법과 동일하게 Results → Direct Plot → Main Form..를 click하여 simulation 결과 확인한다. pmos1v의 width에 따른 10개의 simulation 결과 값이 한꺼번에 보이기 원하는 부분을 마우스 오른쪽을 이용하여 드래그 하면 아래와 같이 확대 화면을 볼 수가 있다. 원하는 값의 가장 가까운 선을 더블클릭하면 그 Simulation의 width 값을 확인 할 수 있다.

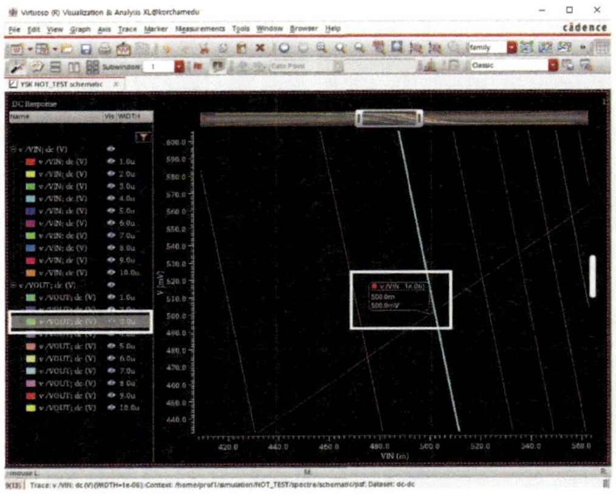

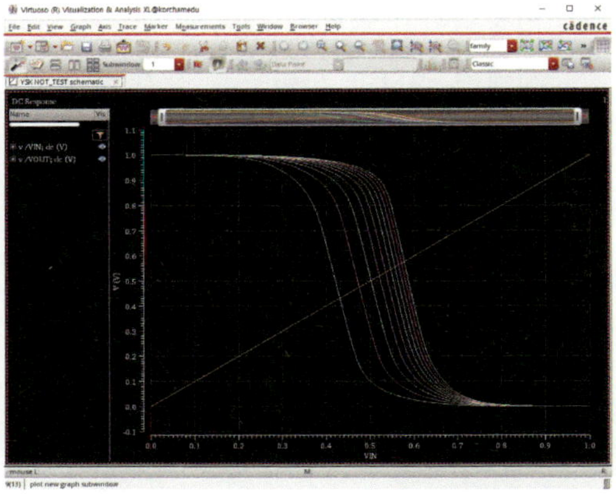

- Simulation 결과 pmos1v의 width가 2㎛~3㎛ 범위 안에 입출력 스위칭 전압인 0.5V가 들어와 있는 것을 확인 할 수 있다. 따라서 pmos1v의 width가 2㎛~3㎛에서 0.1㎛ 단위로 다시 simulation을 실행하면 2.9㎛~3㎛에서 0.5V가 만나는 것을 확인할 수 있고, 같은 방법으로 simulation을 수행하여 pmos1v의 width가 소수 둘째자리까지 simulation을 실행한다. Simulation 결과를 소수 둘째자리까지 확인 하였을 경우 스위칭 전압인 0.5V가 2.91㎛에 조금 더 가깝기 때문에 pmos1v width의 최종 값은 2.91㎛로 결정한다.

▶ 찾아낸 회로 값 입력하기

- 단축키 'shift + e' (Descend Edit)를 누르고 Symbol을 click 한 뒤 OK를 누르면 inverter 회로도를 확인 할 수 있다.

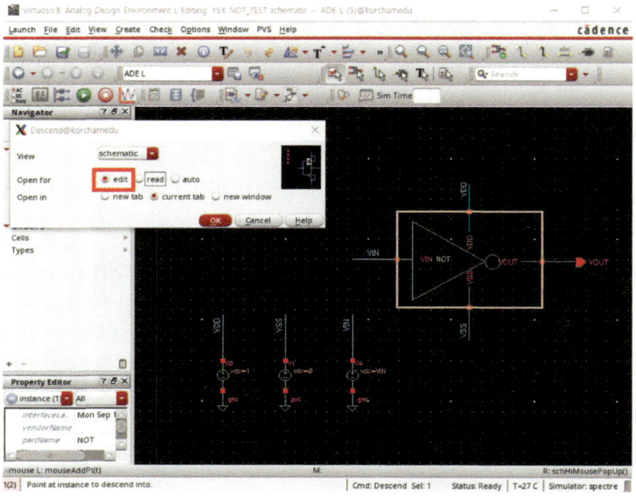

- pmos1v를 클릭한 후 단축키 q를 누르고 소자 값 2.91㎛를 입력한다.

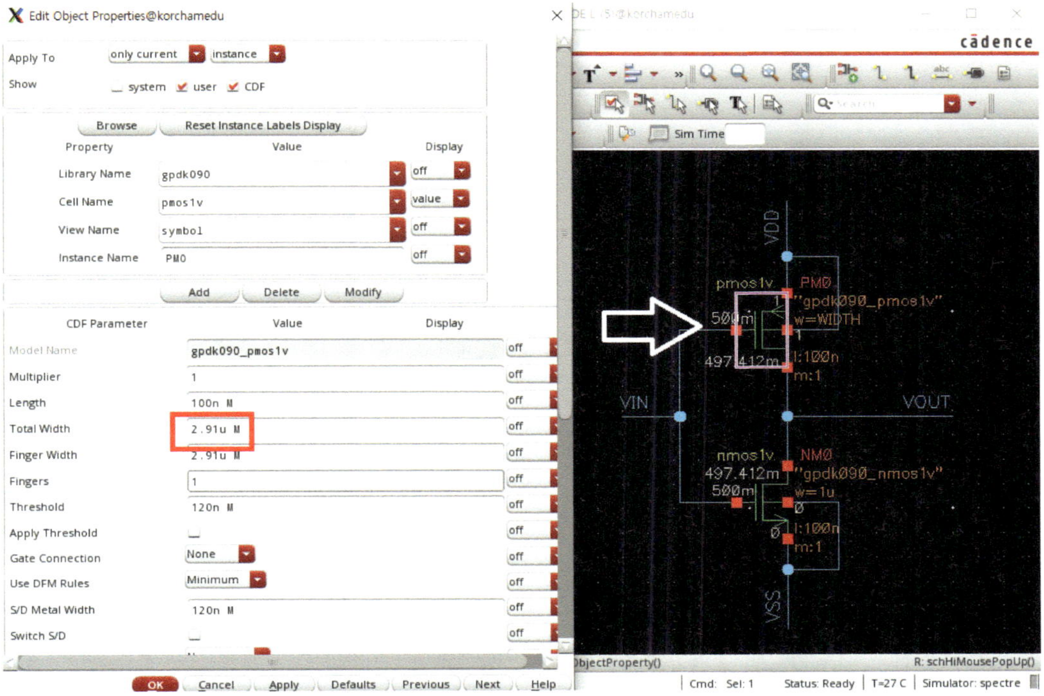

- 소자 값 변경 후에 check and save를 click 하여 완료한다.

▶ 각 소자 동작 특성 확인 방법.

- Analyses → choose..를 클릭한 후 dc의 Save DC Operating Point를 check 한 뒤에 simulation을 실행시킨다.

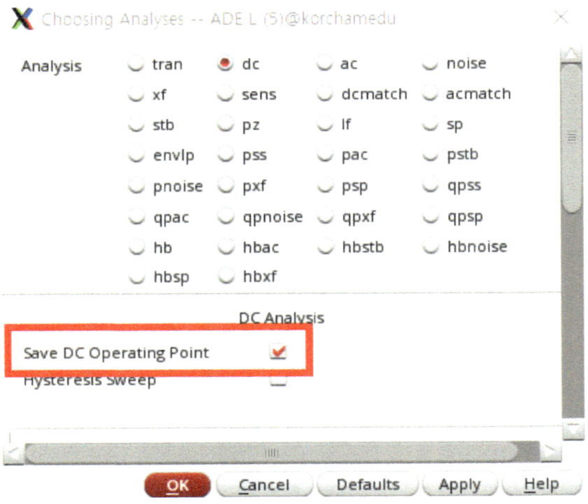

- simulation완료 후 Result → Annotate → DC Node Voltages를 클릭하면 각 소자의 Node Voltage를 확인할 수 있다.

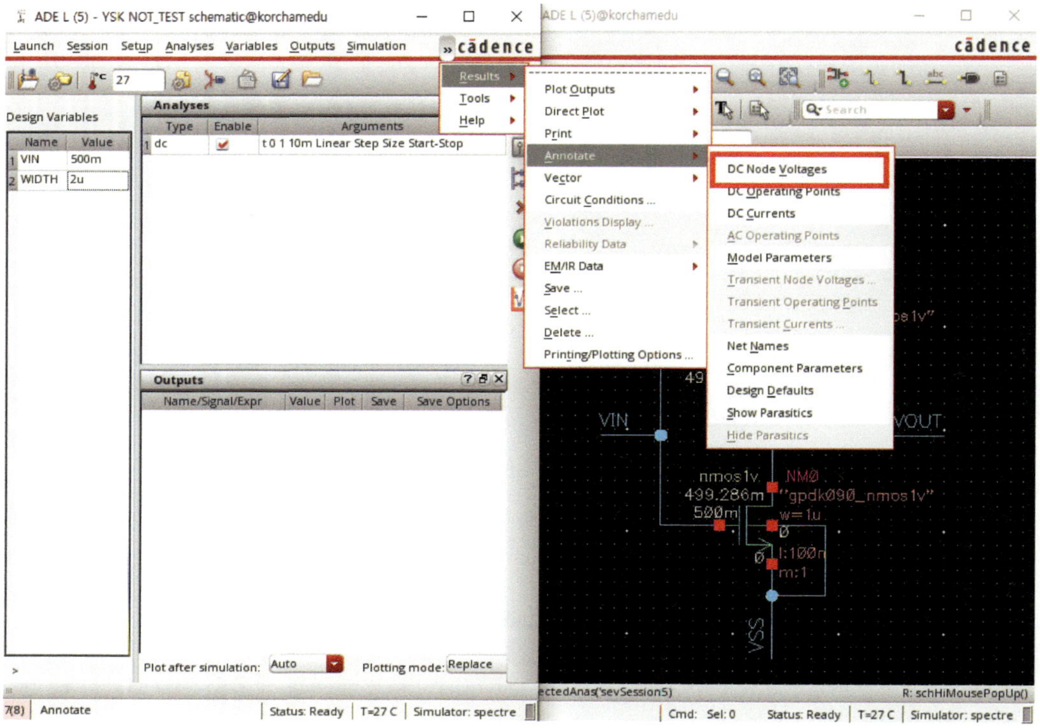

- Simulation 완료 후 Result → Print → DC Operating Point를 click 한 뒤 각 소자를 click 하면 그 소자가 현재 어떤 특성들을 가지고 있는지 수치로 자세히 확인할 수 있다.

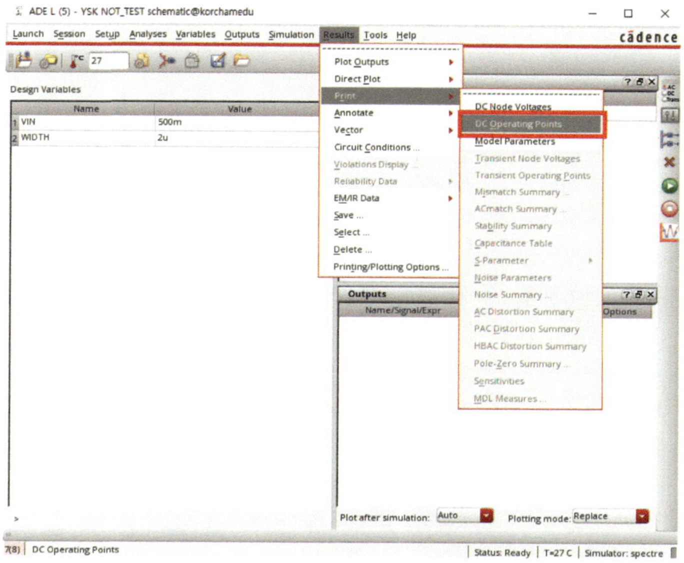

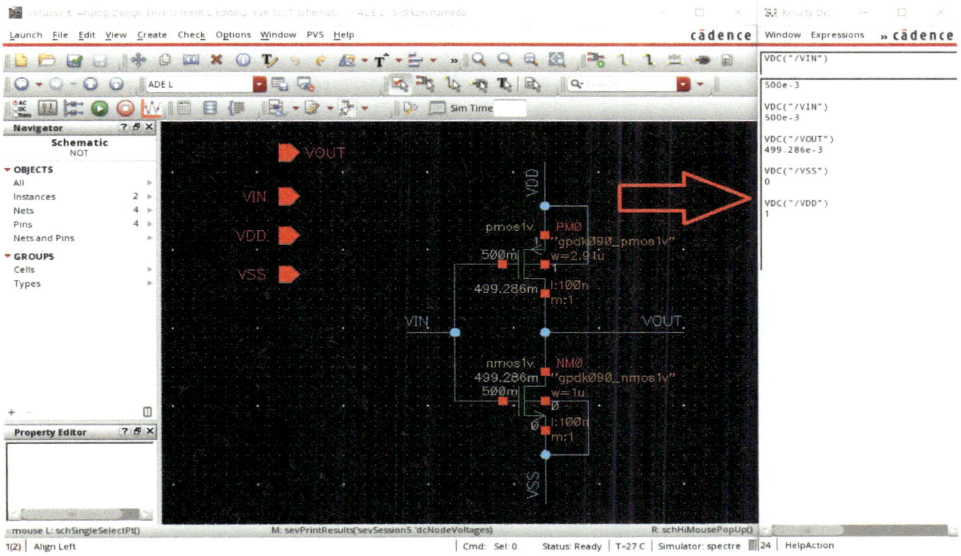

6.1.4 Layout

① Layout 준비

▶ Grid Control

- Virtuoso layout 작업 창을 생성하고 단축키 'e'를 누르거나 menu banner의 Options에서 Display를 선택한 후 Grid Controls에서 X Snap Spacing과 Y Snap Spacing을 각각 0.005로 입력한다. 이것은 공정에서 제공하는 최소 grid를 설정하는 부분으로 만약 최소 grid보다 작다면 off-grid가 발생해서 chip 제작 시 layer를 생성할 수 없다. 그리고 최소 grid보다 크게 설정하는 것은 상관없지만 보통 정수배로 입력해주거나 최소 grid를 입력해준다. 앞으로의 예제에서는 모두 gpdk090의 최소 grid인 0.005로 해놓고 layout 하고 나머지 옵션은 필요에 따라 설정해서 사용하면 된다.

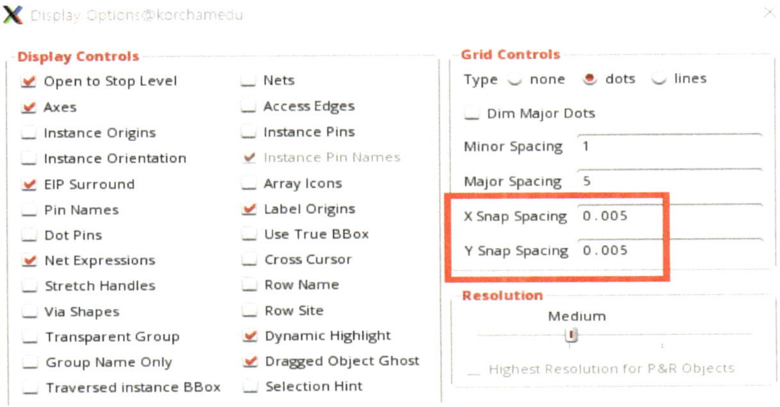

② Layout

▶ Schematic 확인

- layout을 시작하기 전에 inverter schematic 창을 열어서 설계한 inverter를 구성하는 nmon1v, pmon1v의 length와 width로 구성된 MOSFET parameter 값들이 어떻게 되는지 반드시 확인하고 layout을 진행한다.

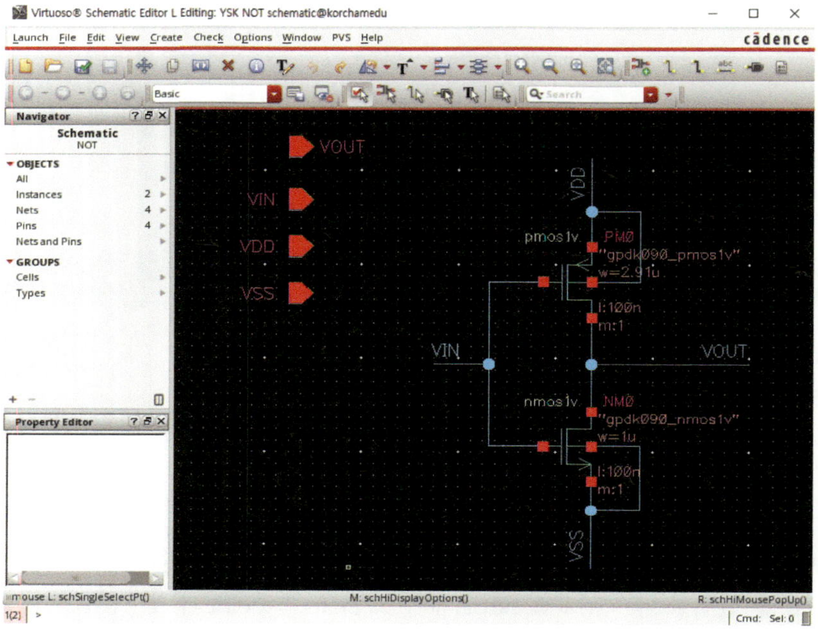

MOSFET	Length(㎚)	Finger	Finger Width(㎛)	Total Width(㎛)
nmos1v(NM0)	100	1	1	1
pmos1v(PM0)	100	1	2.91	2.91

- 그리고 실제 layout을 하기 전에 inverter를 layout 했을 때의 cross-section을 보면 아래 그림과 같다.

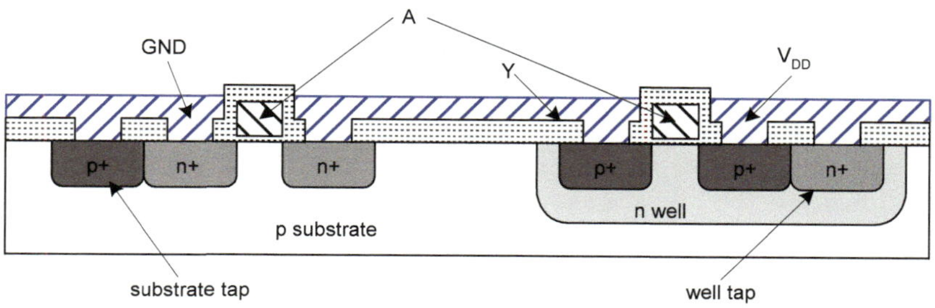

- 설계한 inverter 회로와 마찬가지로 NMOS와 PMOS의 gate가 묶여 입력 단자를 구성하고, NMOS의 drain과 PMOS의 drain이 서로 연결되어 출력 단자를 구성한다. NMOS의 source는 NMOS의 body와 함께 GND에 PMOS의 source는 PMOS의 body와 함께 VDD에 연결되어 있다.

▶ Layout 환경 만들기

① 만들어진 Library를 선택 한 후에 File → New → Cell View...를 click 한다.

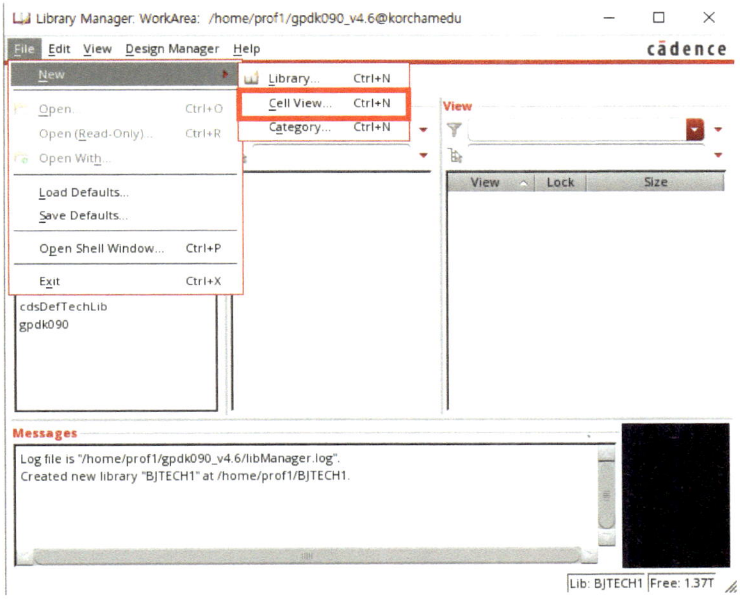

② Cell Name을 정하고 click 한다. (Schematic → Layout으로 바꾸어 준다)

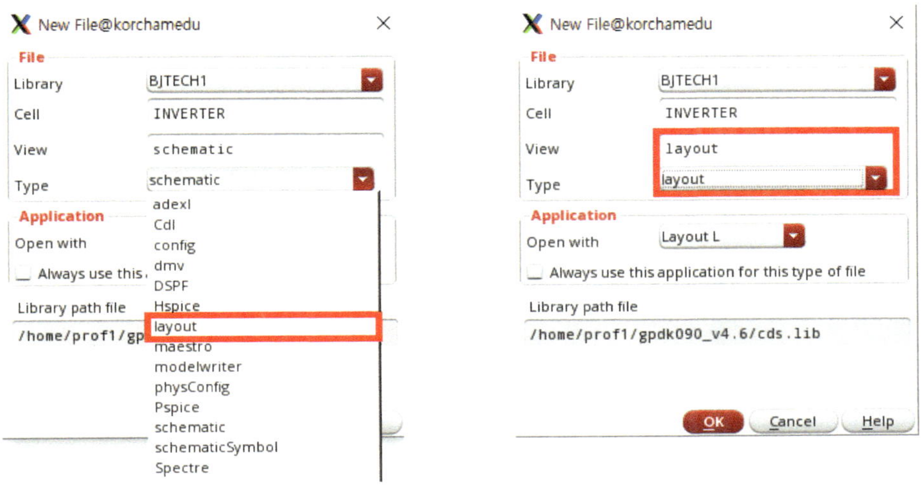

③ OK를 click 하면 Layers 창과 Virtuoso 작업 창이 생성되고 이제부터 layout을 할 수 있는 환경이 만들어 진다.

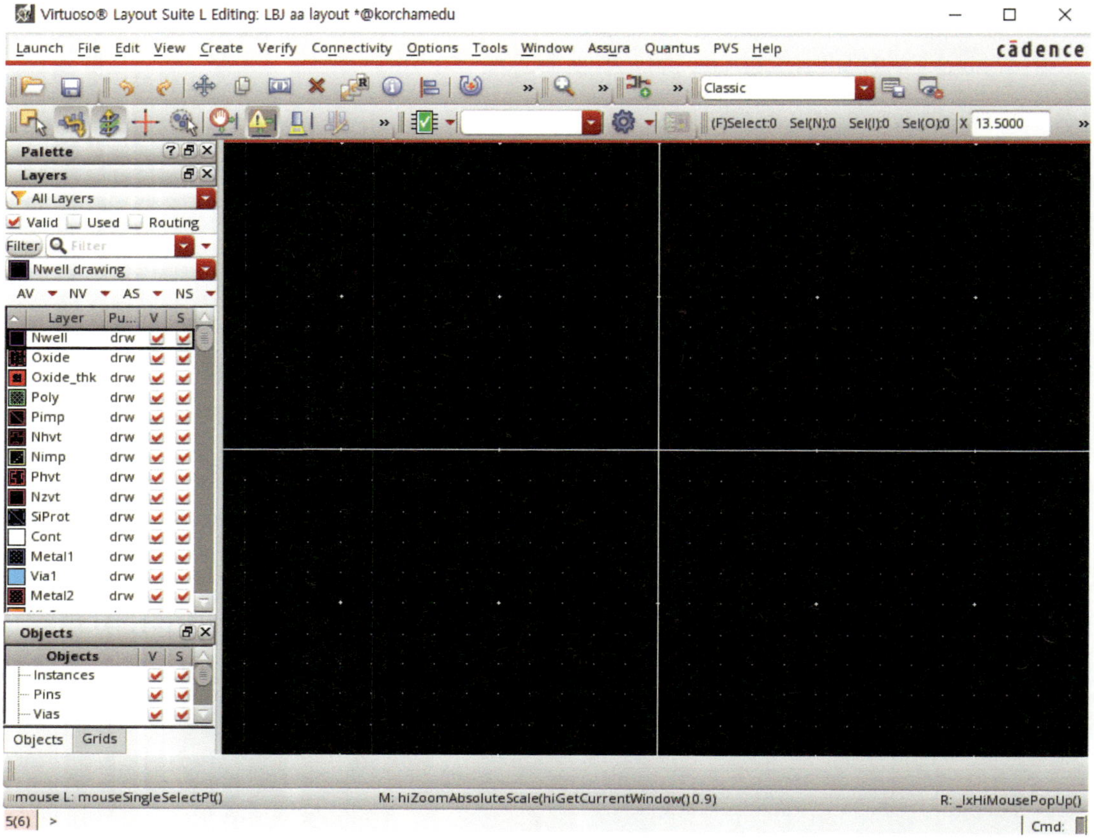

▶ MOSFET instance 불러오기

- 단면도와 schematic을 바탕으로 layout을 해보자. Instance 명령(단축키 'i')으로 NMOS와 PMOS를 불러와서 'shift+f'로 layer가 보이게 한다. 불러온 NMOS와 PMOS의 source/drain은 gate를 기준으로 좌우 어느 쪽으로 결정해서 사용하든지 상관은 없지만 metal의 길이를 최소화하고 연결의 편의를 위해 PMOS와 NMOS 모두 gate의 왼쪽을 source로 오른쪽을 drain으로 지정한다.

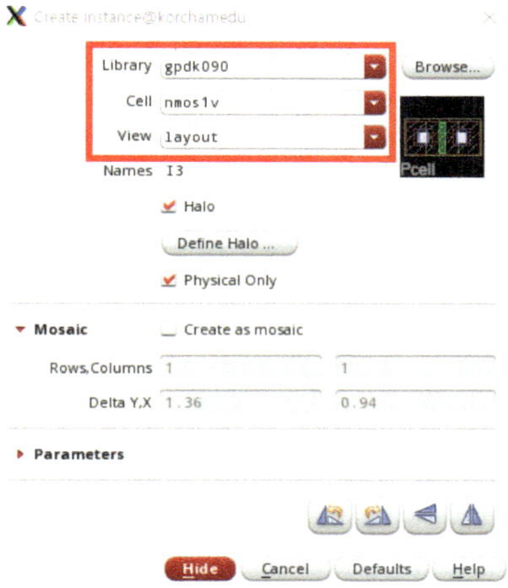

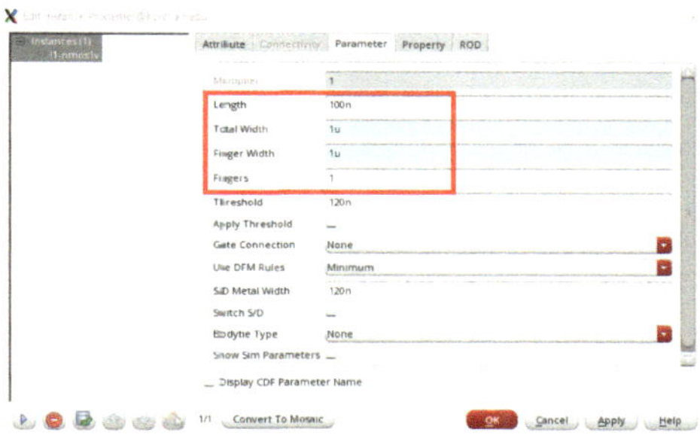

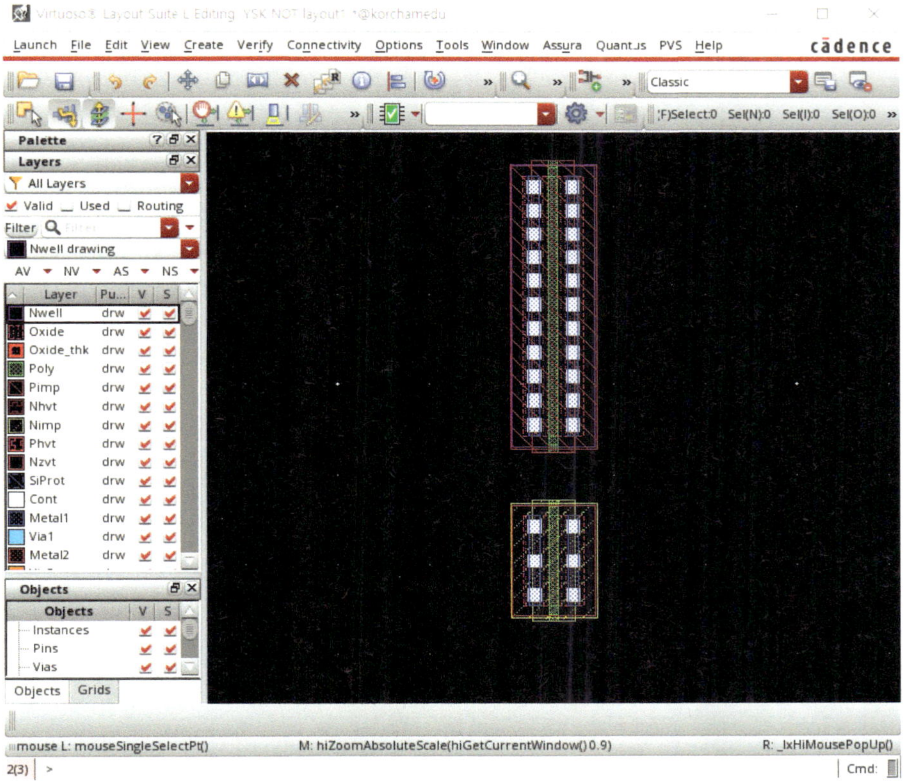

- 여기서 nmos1v의 body를 생각해보면, p-sub에 p+로 doping 되어 있고 metal로 source와 함께 GND로 연결되어 있다. 이것을 layout할 때는 Oxide와 Pimp를 그려주고 p-diffusion contact을 이용하여 Metal1으로 연결해주면 된다. 즉, Contact 명령(단축키 'o')을 사용할 때 M1_PIMP를 불러오면 된다.

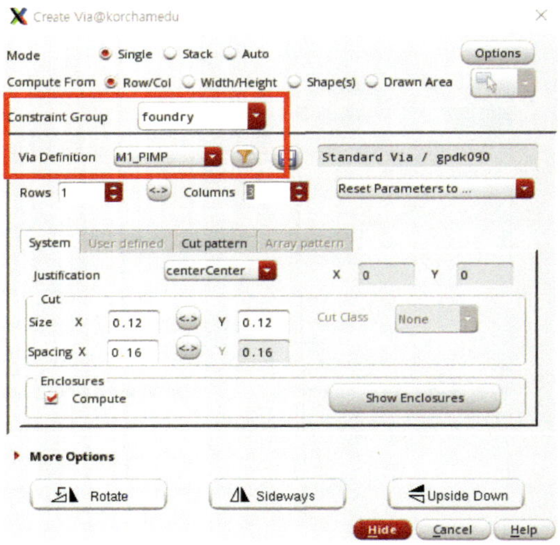
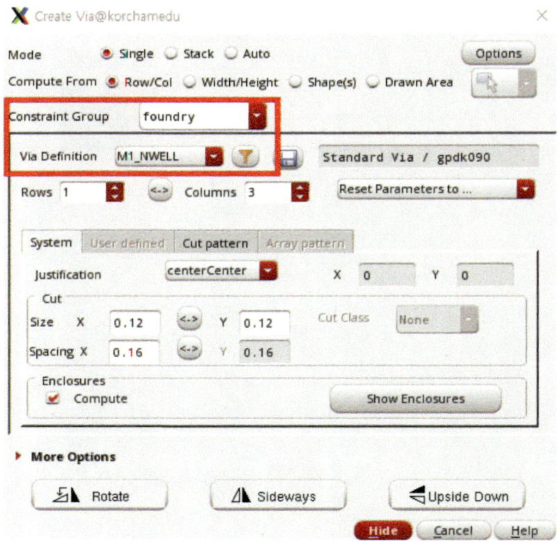

- 반면 pmos1v의 body는 p-sub에 N-well이 있고 그 안에서 n+로 doping 되어 metal로 source와 함께 VDD에 연결되어 있다. 이것을 layout할 때는 Nwell을 먼저 그려주고 그 안에 Oxide와 Nimp를 그려준 후 n-diffusion contact을 이용하여 Metal1으로 연결해주면 된다. 즉, contact 명령을 사용하면 M1_NWELL을 불러오면 된다.

▶ VDD & VSS instance 불러오기

- NMOS의 body와 PMOS의 body로 사용되면서 GND와 VDD로도 사용할 수 있는 M1_PIMP와 M1_NWELL을 Contact 명령을 이용해서 불러온다.
- Contact 명령(단축키 'o')을 실행해서 Constraint Group에서 foundry를 선택한 후에 Via Definition에서 Contact Type을 NMOS의 body는 M1_PIMP로 PMOS의 body는 M1_NWELL로 선택해주면 되고, Rows와 Columns 값은 contact을 행이나 열로 몇 개씩 만들 것이냐를 지정하는 것인데 여기서는 Rows는 1로 Columns은 3으로 입력해서 세로로 1개 가로로 3개의 contact이 만들어져 있는 형태로 불러오게 된다.
- 여기서 중요한 부분은 contact을 만들어야 할 때는 contact을 만들어 넣어야 할 면적에 contact를 크게 하나로 만들어 넣는 것보다 design rule을 지키면서 최대한 많은 갯수의 contact을 만들어 넣는 것이 좋은데 그 이유는 저항값을 줄일 수 있기 때문이다. 회로를 설계할 때는 wire가 순수한 wire이지만 실제로 layout을 해서 chip을 만들 때는 parasitic 저항 성분이 들어가게 된다. 그래서 contact을 최대한 많이 넣어 기존의 저항 성분을 병렬로 만들면 저항이 작아지게 되므로 넣을 수 있는 최대한 넣어야 한다. 다만 contact 명령을 이용하면 저절로 이 법칙이 적용되는 것이다. 그러면 body까지 불러 온 layout 화면을 보자.

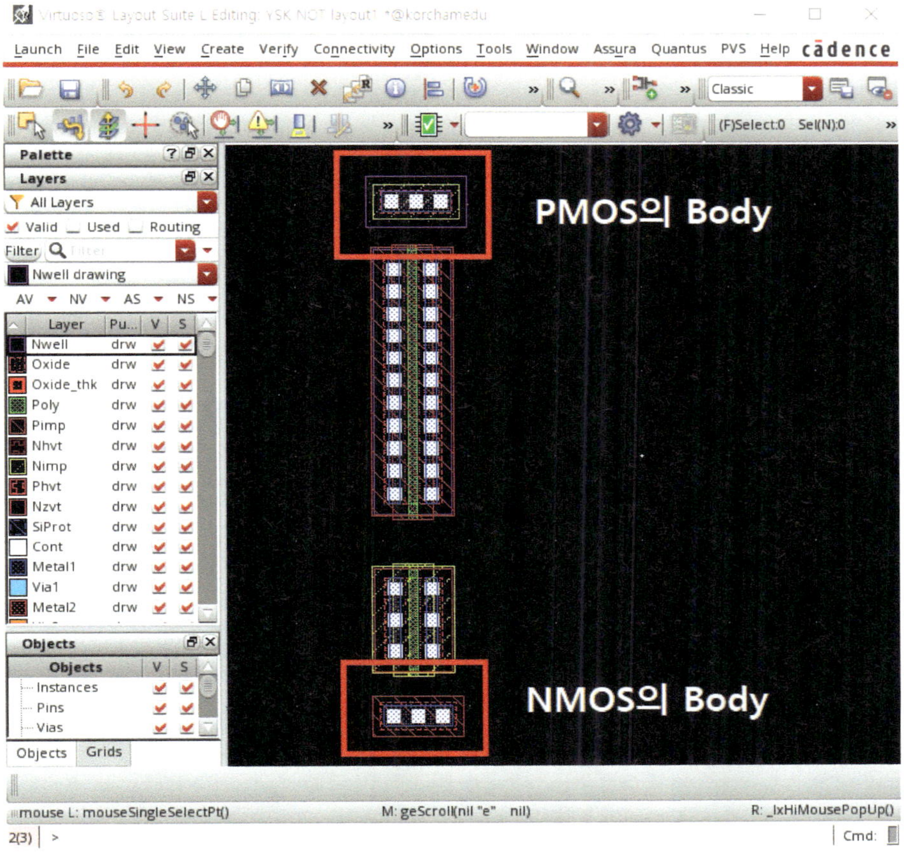

- NMOS의 body와 PMOS의 body가 놓여 있는 것을 볼 수 있다. 여기서 PMOS의 body는 N-well이 있으므로 PMOS의 N-well과 붙여놓아야 design rule을 어기지 않게 되고 만약 띄워서 위치시키면 design rule에서 제한하고 있는 최소 길이 이상을 띄워야 한다. 그러나 띄우게 될 경우 차지하는 면적이 넓어지므로 보통은 붙여놓는다.

▶ Net 및 입/출력 연결하기

- 필요한 instance는 모두 불러왔으니 입력과 출력 그리고 연결이 필요한 net을 연결하도록 하겠다. Inverter 회로는 PMOS의 gate와 NMOS의 gate가 연결되어 입력을 받아들이고 있으므로 이 부분부터 해보면, gate는 poly layer로 되어 있으므로 Layers 창에서 Poly를 선택하고 Path 명령(단축키 'p')을 이용하여 PMOS와 NMOS의 gate를 연결해준다. 여기서 path의 width는 gate의 length인 100㎚로 하고 연결한다.

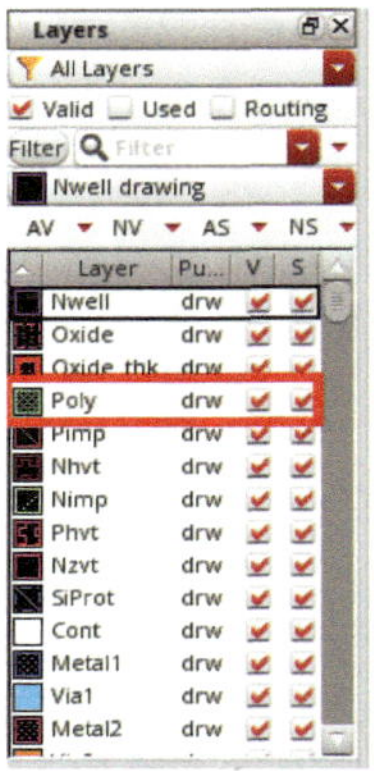

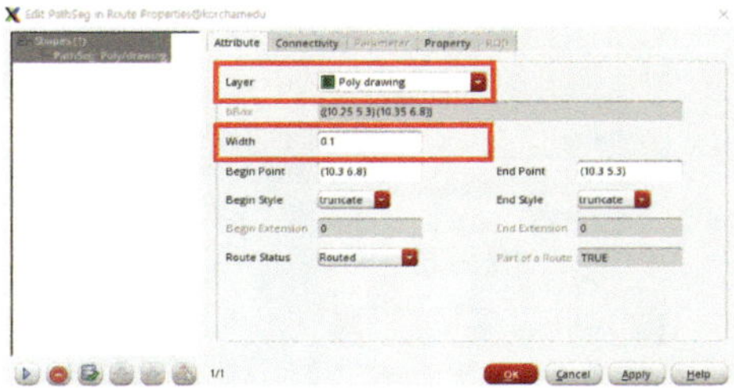

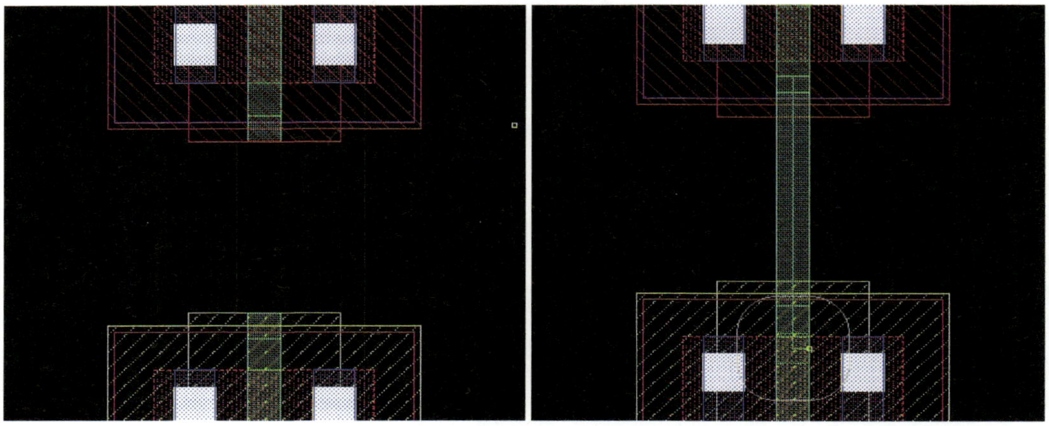

p

- 그리고 이것을 입력 pin인 VIN으로 뽑아내야 하므로 Contact 명령(단축키 'o')으로 M1_POLYc contact을 PMOS와 NMOS의 gate를 연결한 Poly layer에 놓는다.

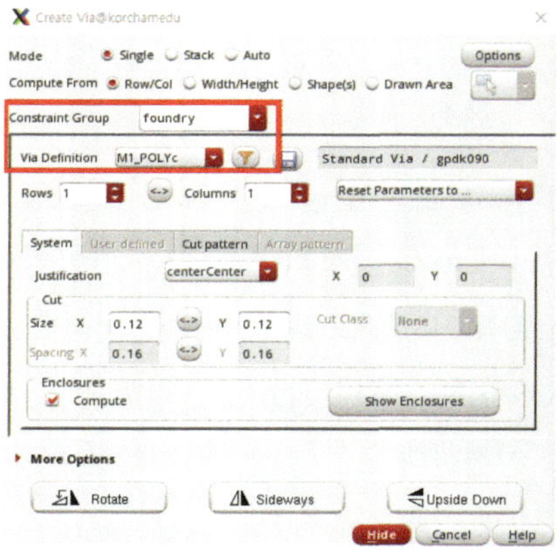

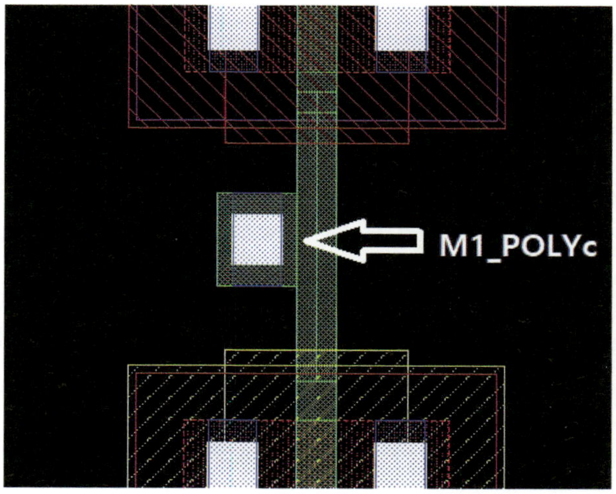

- 그리고 입력을 받아들일 수 있게 M1_POLYc의 Metal 1을 연장해서 왼쪽으로 빼놓는다. 실제로 M1_POLYc의 Metal1을 연장하는 것보다 Metal1 layer를 추가로 그리는 것이 더 편리하므로 Layers 창에서 Metal1 layer를 선택하고 Path 명령(단축키 'p')을 눌러 width를 0.24㎛로 입력한 후 연장해서 그린다.

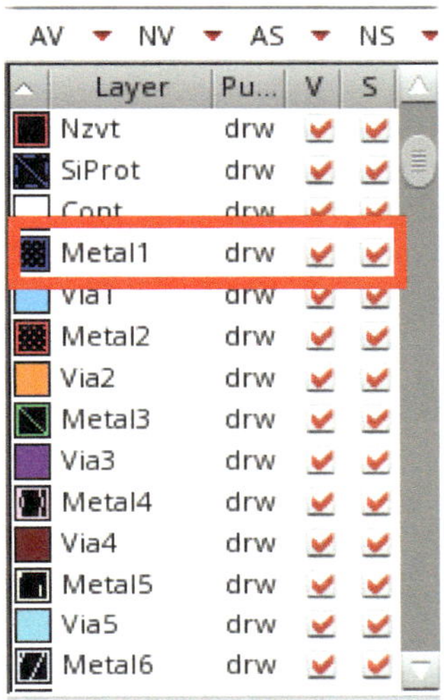

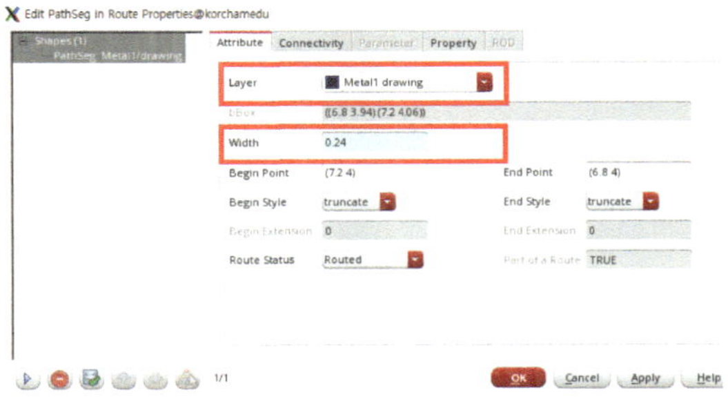

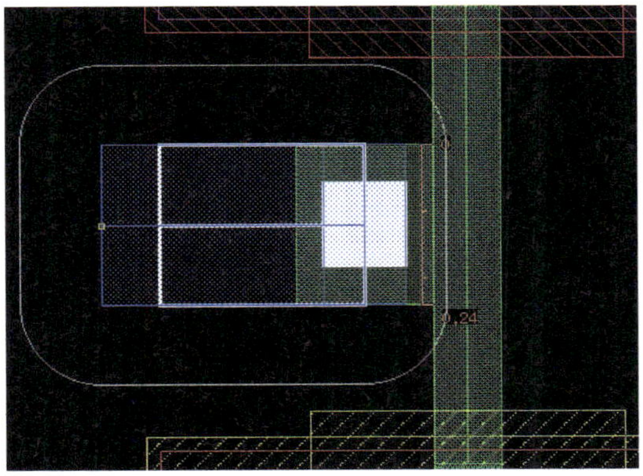

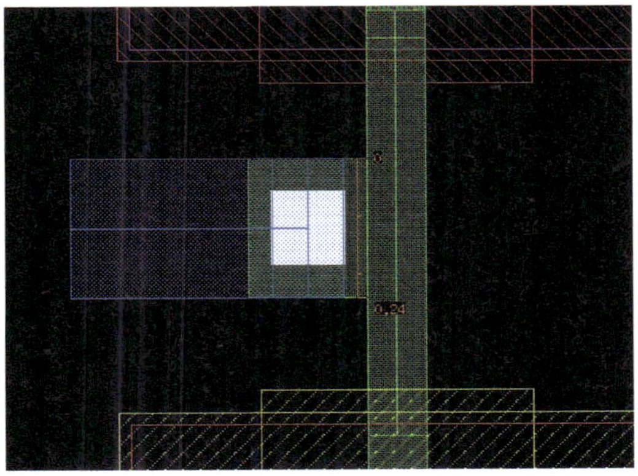

- 다음으로 inverter의 출력이 되는 PMOS의 drain과 NMOS의 drain을 연결하는데 PMOS와 NMOS의 drain에 이미 Metal1이 있으므로 같은 width를 갖는 Metal1 path로 연결한다. 여기서는 width가 0.24㎛인 Metal1으로 Path 명령(단축키 'p')을 이용해 연결하고 출력 pin으로 표시하기 위해 Path 명령(단축키 'p')을 이용해서 0.24㎛의 width를 갖는 Metal1을 오른쪽으로 연장해 놓겠다.

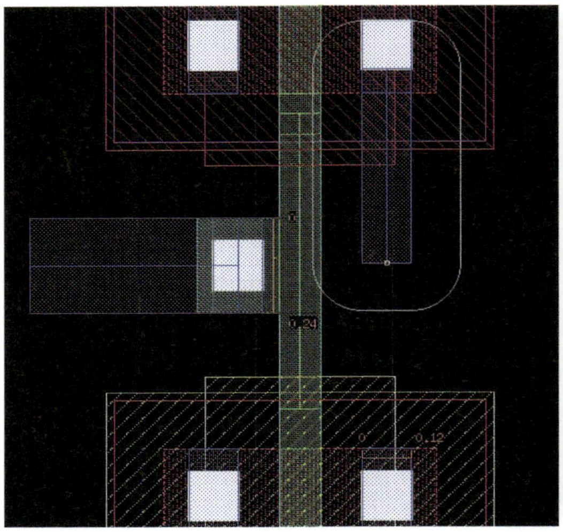

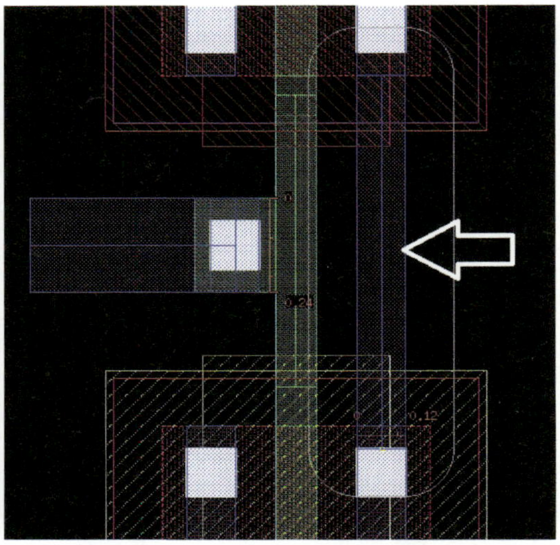

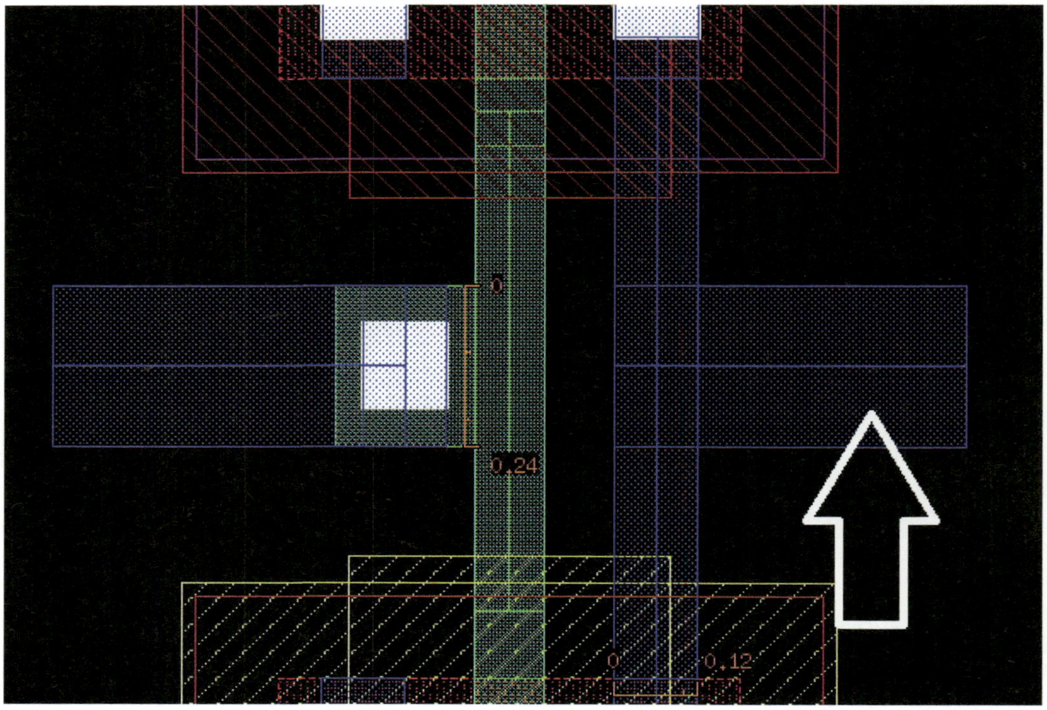

- 이제 PMOS의 source는 VDD에 NMOS의 source는 GND에 연결해야 한다. 앞에서 설명한 것과 마찬가지로 Path 명령(단축키 'p')을 이용하여 0.12㎛의 width를 갖는 Metal 1으로 연결한다.

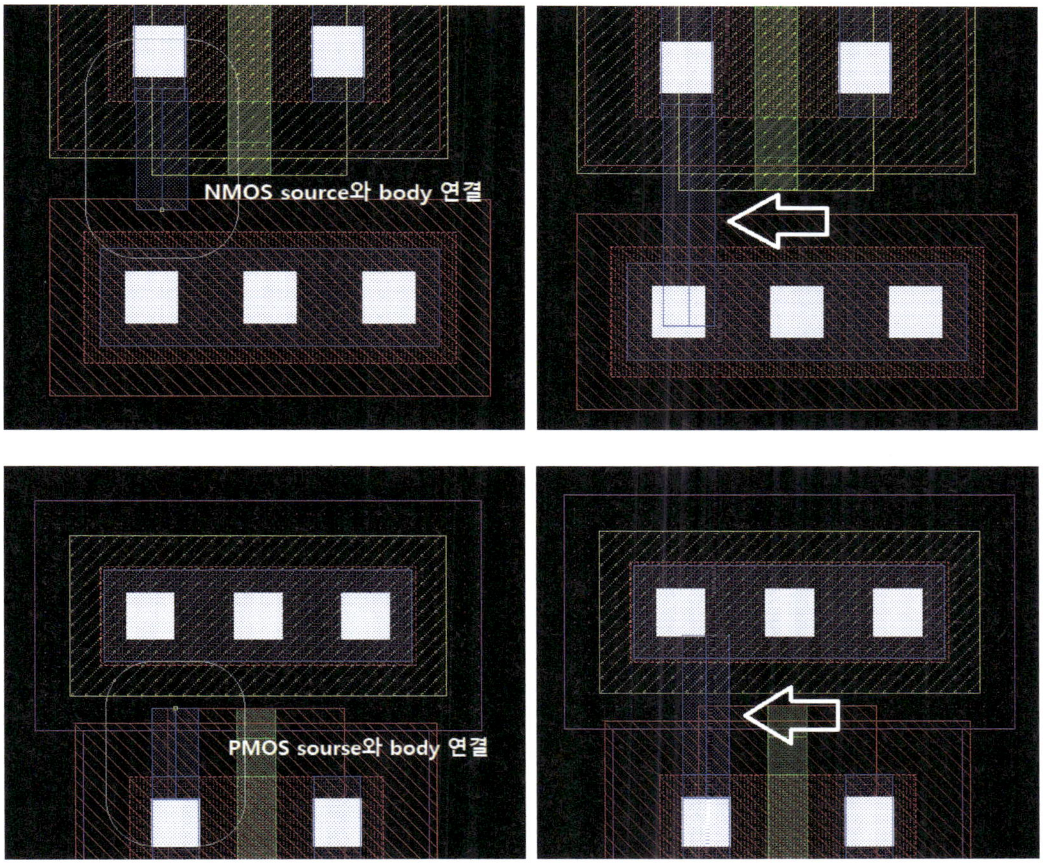

▶ Pin 지정하기

- 회로설계 시 할당했던 pin을 layout에서도 지정해줘야 한다. Pin을 지정하는 방법은 두 가지가 있다. 첫 번째 방법은 앞에서 설명한 Label 명령을 사용하는 것이고 두 번째 방법은 Pin이라는 명령을 사용하는 방법이다.

- 먼저 Label 명령을 사용해서 Pin을 지정하는 방법에 대하여 살펴보면 Layout에서 어떤 metal에 pin을 지정하는 것인지를 확인하고 Layers 창에서 pin을 지정할 metal에 해당하는 metal(pin) layer를 선택한 후 Label 명령(단축키 'l')으로 pin을 지정하면 된다. Inverter 회로의 입력(Vin) pin을 예로 들어 설명하면 layout에서 입력에 연결되어 있는 metal이 Metal 1이므로 Layers 창에서 Metal 1(pin) 이라고 되어 있는 layer를 선택하고 Label 명령(단축키 'l')을 실행하면 열리는 Create Label 창에서 Label에는 pin의 이름 VIN을 Height는 기본 값이 1인데 높이를 줄이고 싶거나 키우고 싶다면 적당한 값을 입력하면 되고 Font는 기본 값이 stick이지만 label의 글자 크기가 너무 얇아 잘 보이지 않는

다고 생각해서 roman으로 지정했다. 이렇게 지정한 후 Hide를 눌러주면 VIN이라는 글자가 마우스커서를 따라 다니는데 입력으로 지정된 metal에 클릭해주면 된다. 여기서 주의할 것은 label의 +표시가 반드시 해당 metal 위에 있어야 한다는 것이다.

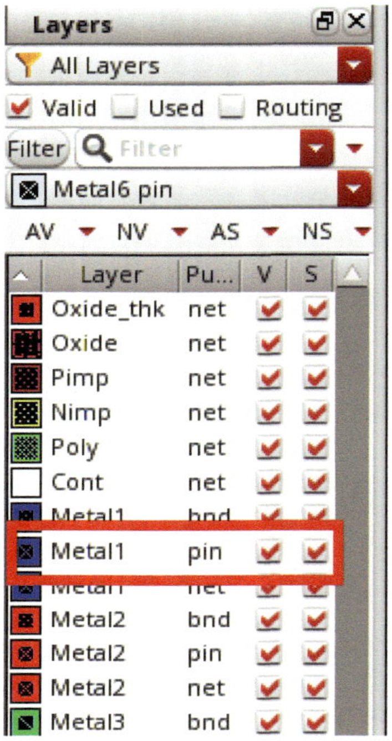

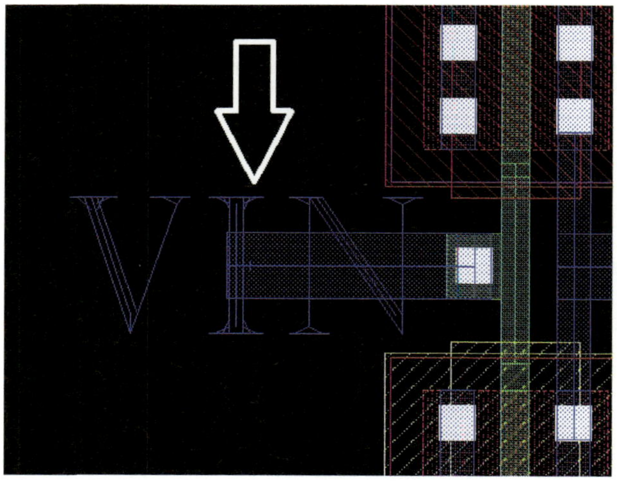

- 다음은 Pin 명령을 사용해서 pin을 지정하는 방법이다. Label 명령에서와 마찬가지로 Layers 창에서 pin을 지정할 metal에 해당하는 metal 1(pin) layer를 선택하고 Virtuoso layout 작업창의 menu banner에서 Create → Pin을 선택하거나 단축키 Ctrl+p를 누르면 Create Symbolic Pin 이라는 pop-up 창이 열리는데 Terminal Names에는 pin의 이름을 Mode는 3가지 중 원하는 것을 I/O Type은 지정할 pin의 형태를 Pin Type에는 어떤 layer에 지정될 pin인지에 대한 것을 선택한다. 마찬가지로 inverter 회로의 입력 pin(Vin)을 예로 들어 설명하면, layout에서 입력에 연결되어 있는 metal이 Metal 1이므로 LSW 창에서 Metal 1(pin) 이라고 되어 있는 layer를 선택하고 Pin 명령(단축키 'Ctrl+p')을 실행해서 Create Symbolic Pin 창을 열리면 Terminal Names에는 pin의 이름 Vin을 입력하고 Mode는 sym pin, I/O Type은 입력 pin이므로 input, Pin Type은 Metal 1과 연결되는 pin이므로 Metal 1_T를 각각 선택한 후 Hide를 누르면 작은 사각형이 마우스 커서를 따라다니는데 입력으로 지정한 metal에 클릭해주면 된다. 여기서도 Label 명령에서와 마찬가지로 pin의 +표시가 반드시 해당 metal 위에 있어야 한다는 것을 주의하자.

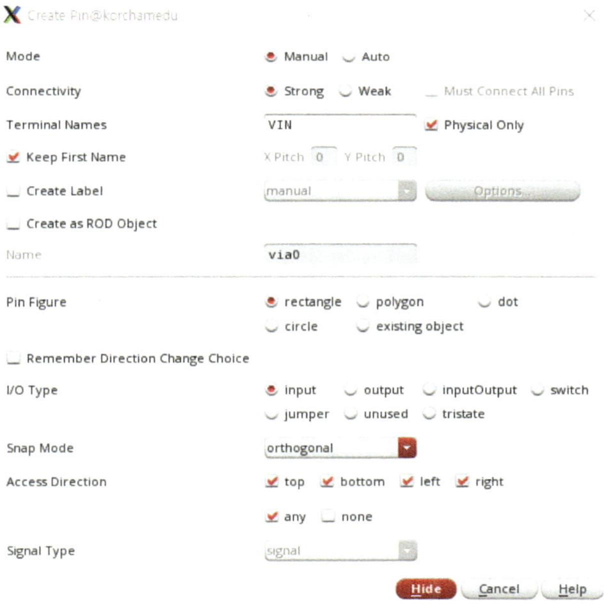

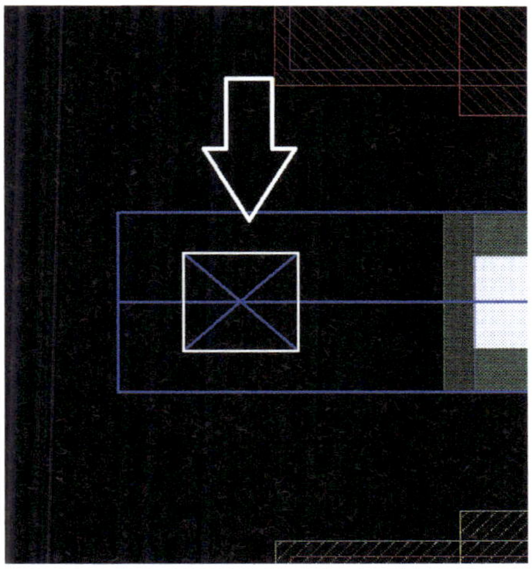

- Pin 명령에 대해서 조금 더 설명하자면, Create Symbolic Pin 창의 Mode는 pin을 지정하는 방법만 다를 뿐 같은 기능을 수행한다. Sym pin은 이미 만들어져 있는 Pin Type을 사용할 수 있고 auto pin은 자동으로 Pin Type을 지정해주고 shape pin은 Pin Type을 원

하는 모양으로 지정할 수 있다. 그리고 Display Pin Name Option 부분을 클릭하면 Label 명령에서와 같은 형태의 Pin Name Display 창이 열리는데 여기서 Height와 Font 등을 지정할 수 있다. 마지막으로 I/O Type은 지정하고자 하는 pin이 입력 pin이면 input, 출력 pin이면 output, 입/출력 양방향 pin이면 inputOutput 등을 선택할 수 있다.

- 앞에서 Pin을 지정하는 방법으로 2가지를 설명했고 Label 명령을 사용하는 것이 훨씬 간단하다. 그러므로 inverter 회로의 layout과 앞으로 설명 할 예제에서는 Pin 명령(단축키 'Ctrl+p')대신 Label 명령(단축키 'l')을 사용하도록 하겠다. 이제 Label 명령(단축키 'l')을 이용하여 inverter 회로의 모든 pin을 지정하자. 아래 그림은 모든 pin을 지정한 것을 나타내고 있고, 오른쪽 그림은 단지 pin이 잘 보이도록 'ctrl+f' 하여 나타낸 것이다.

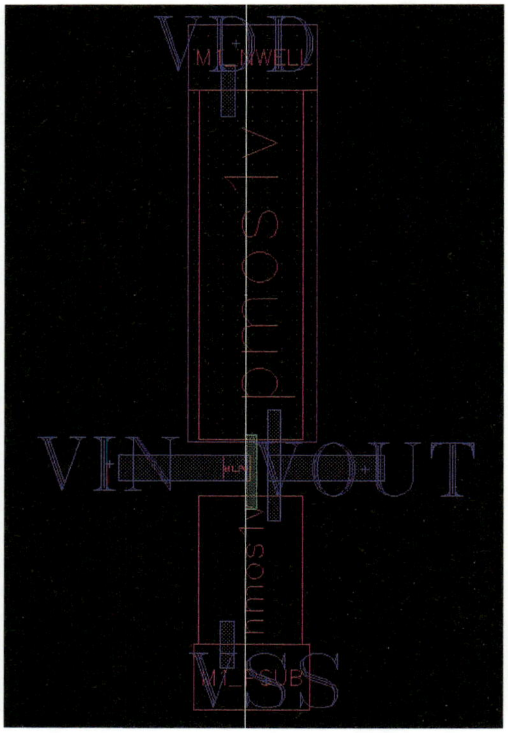

▶ Layout 검증

- Inverter 회로의 layout이 끝났지만 여기서 끝이 아니다. Assura라는 tool을 사용하여 정해진 design rule에 맞게 그려졌는지를 확인하는 DRC(Design Rule Check)작업과 설계한 회로(schematic)와 layout한 회로가 같은 회로인지를 검증하는 LVS(Layout versus Schematic)작업이 남았다.

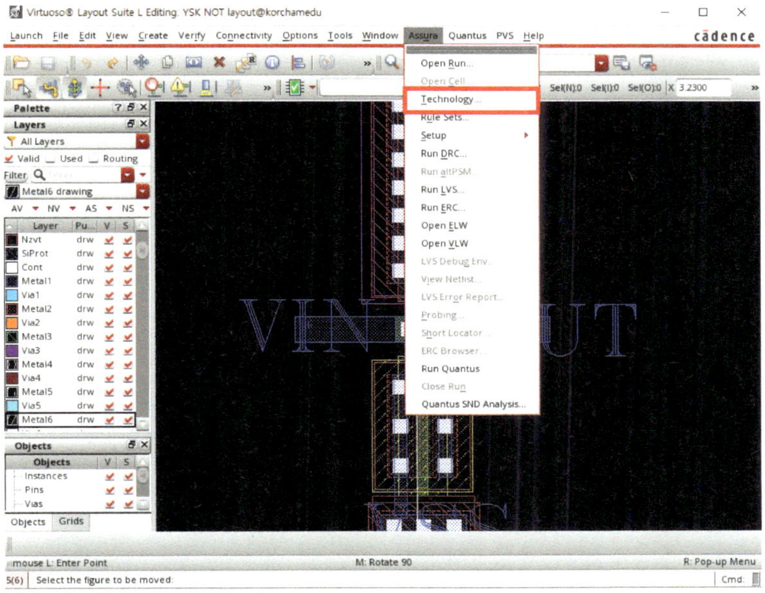

- 먼저 Assura tool을 사용하기 위해 Assura Technology Library 파일을 지정해야 한다. Virtuoso layout 작업창의 menu banner에서 Assura → Technology를 선택하면 Assura Technology Lib Select 창이 열리고 ... 버튼을 눌러 그림처럼 Assura Technology 파일을 지정하면 된다.

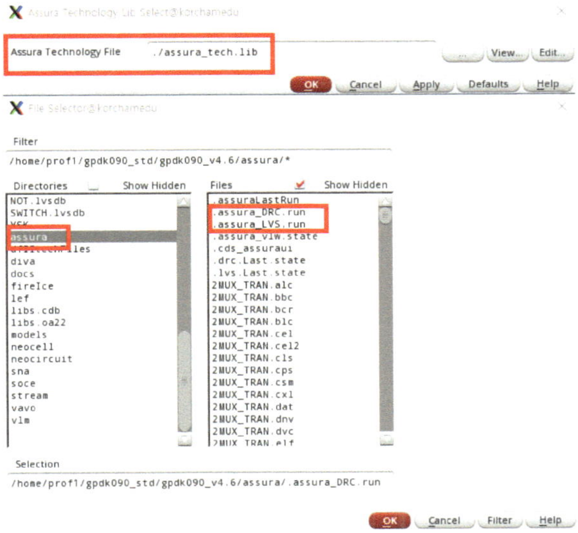

▶ Run DRC

- DRC를 실행해보자. Virtuoso layout 창의 menu banner에서 Assura → Run DRC를 선택하면 Run Assura DRC 창이 열리고 그림처럼 설정 후 OK를 눌러주면 layout이 design rule에 맞게 그려졌는지 확인하는 작업이 진행된다. Run Assura DRC 창에서 Run Name에는 layout한 회로의 이름을 Run Directory에는 DRC가 실행되면 생성되는 파일들이 저장될 경로를 지정하면 된다.

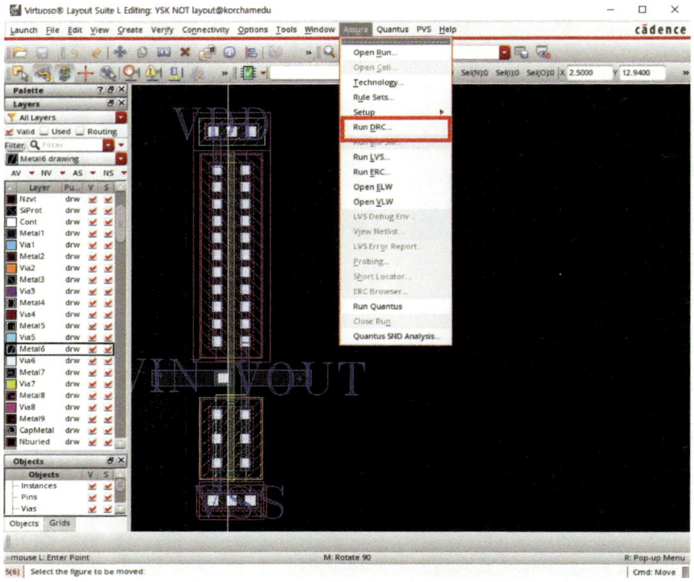

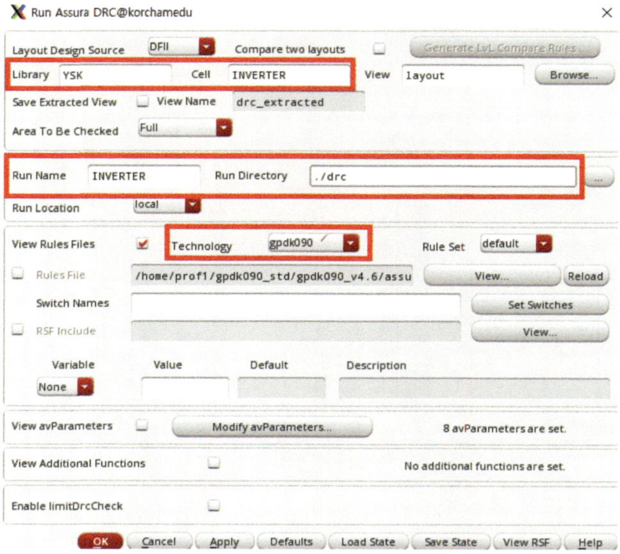

- DRC가 실행되면 Progress라는 창이 생성되면서 작업 중이라는 것을 표시하고 실행이 끝나면 "inverter" has completed successfully. 라는 메시지 창이 뜨면서 DRC를 실행한 결과를 확인하겠냐고 물어보는데 Yes를 눌러 결과를 확인한다. 확인 버튼을 누르면 No DRC errors found라는 메시지를 확인할 수 있으며 DRC 검증이 끝났다는 것을 확인 할 수 있고 Virtuoso Log 창에서도 DRC 메시지를 확인 할 수 있다.

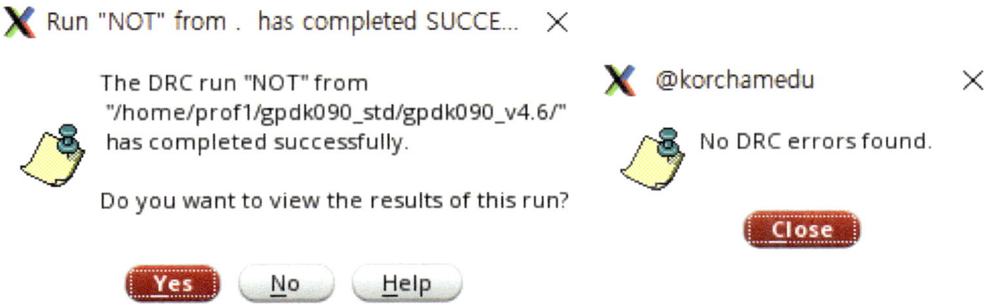

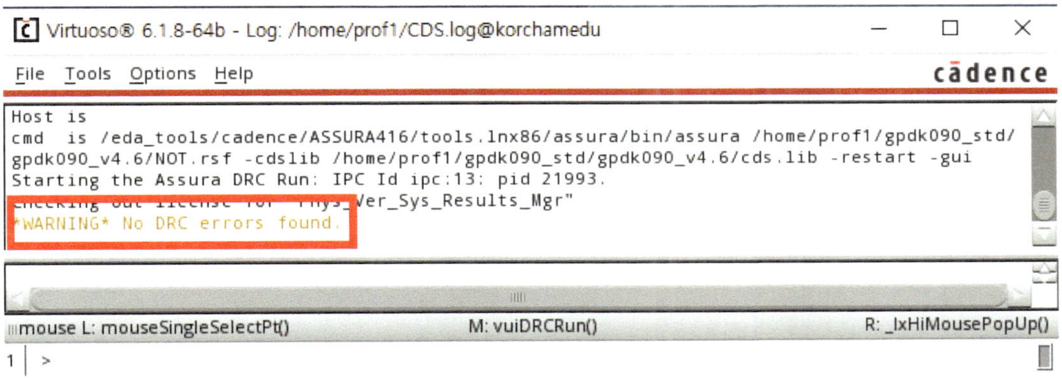

- 만약 design rule을 위반해서 layout을 했다면 그림처럼 Error Layer Window 창이 열리면서 어떤 design ruled을 지키지 못했는지 error 메시지를 보여준다. 여기서 error는 Metal1의 최소 폭 사이즈가 0.12㎛ 이상이 되어야 하는데 Metal1의 design rule을 지키지 못하여 DRC error가 발생 된 것을 알 수 있다. 해당 메시지를 클릭하고 위의 화살표를 누르면 layout에서 error 부분이 어느 부분인지 위치를 알려준다.

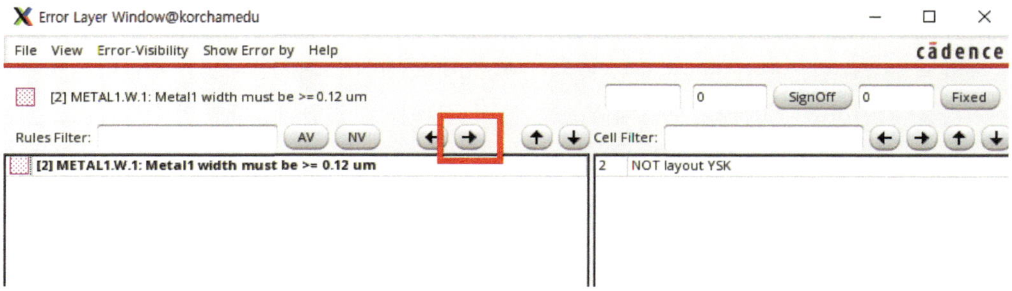

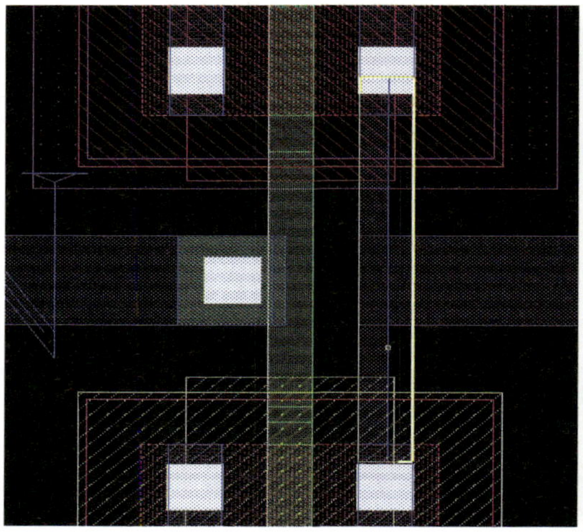

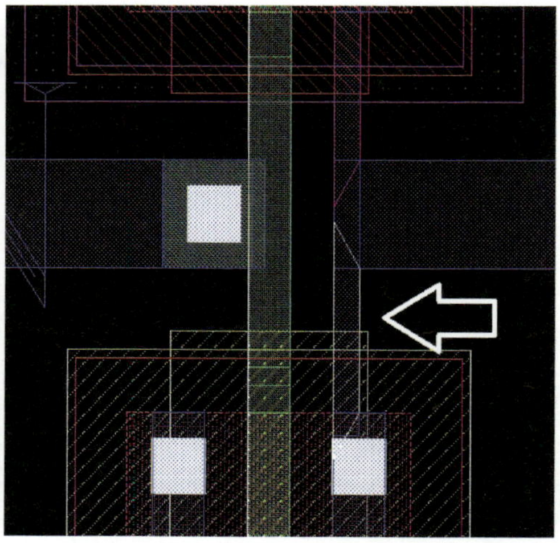

- 실제 길이를 재어보니 0.06㎛로 0.12㎛가 되지 않았다. 이 부분을 수정하고 저장한 다음 다시 DRC를 실행하면 error가 없다는 메시지 창이 나타난다. 이것으로 DRC 작업은 끝이 났다.

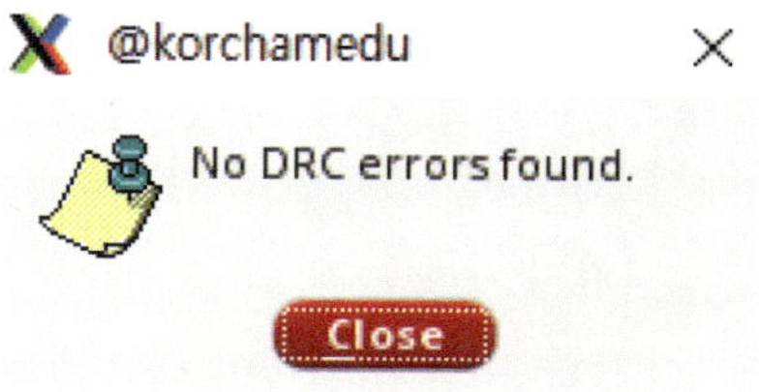

▶ Run LVS

- LVS를 실행해보자. Virtuoso layout 창의 menu banner에서 Assura → Run LVS를 선택하면 Run Assura LVS 창이 열리고 그림처럼 설정 후 OK를 눌러주면 layout과 schematic을 비교하여 서로 다른 부분이 있는지를 확인하는 작업이 진행된다. Run Assura LVS 창에서 Run Name에는 layout한 회로의 이름을 Run Directory에는 LVS가 실행되면 생성되

는 파일들이 저장될 경로를 지정하면 된다.

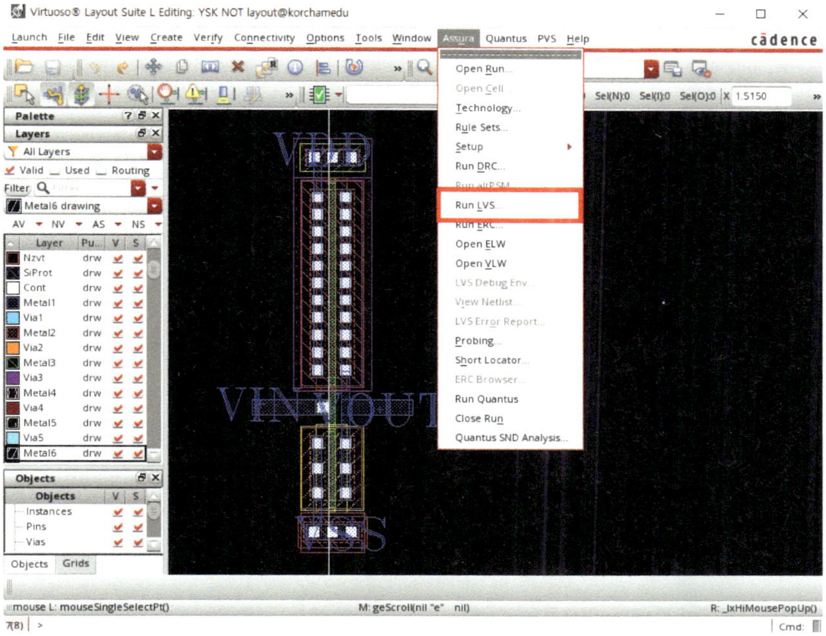

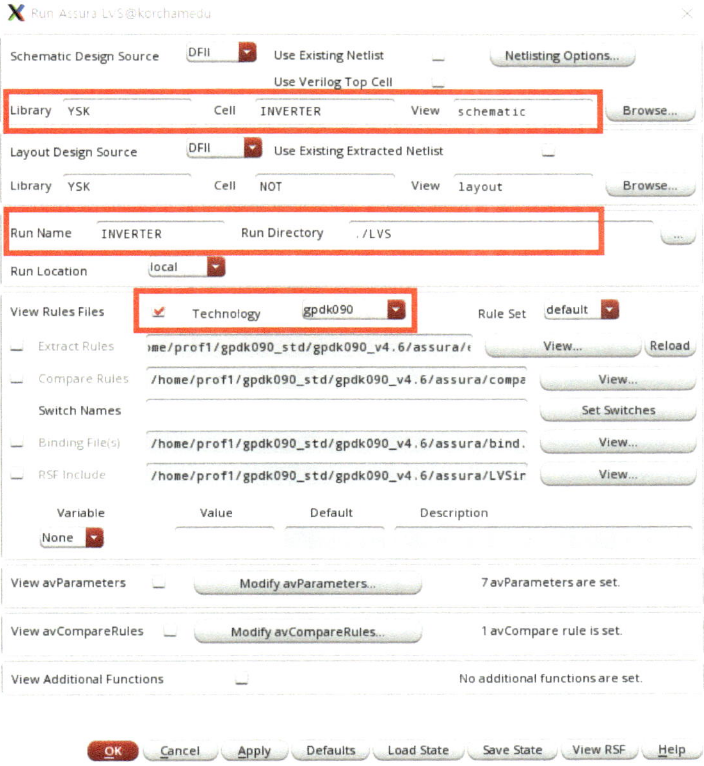

- LVS가 실행되면 Progress라는 창이 생성되면서 작업 중이라는 것을 표시하고 실행이 끝나면 Run: inverter 창이 나타나면서 schematic과 layout이 일치한다는 것을 알려주고 실행 결과를 보겠냐고 물어보는데 Yes를 눌러주면 LVS Debug – inverter 창에서 schematic과 layout이 일치한다는 것을 보여준다.

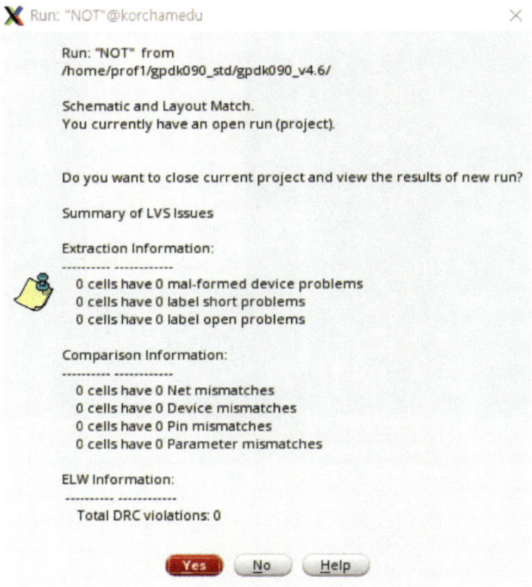

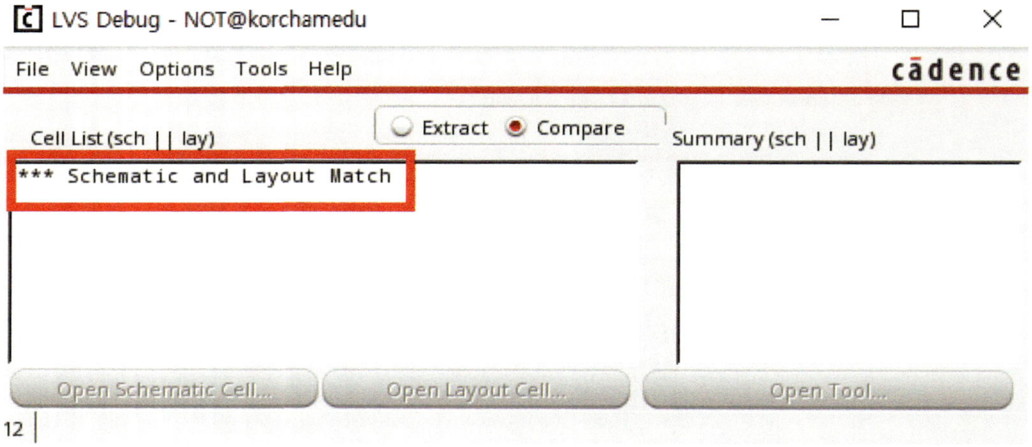

- 이번 inverter 예제에서는 한번에 LVS를 통과했지만 LVS의 error 메시지가 어떻게 나오는지를 확인하기 위해 입력 pin(VIN)만 pin 명령을 이용하여 작업하고 LVS를 다시 실행해보자. Schematic과 layout이 일치했다면 Run: inverter 창이 열렸어야 하지만 VIN을 pin 명령을 이용해서 작업했기 때문에 하나의 불일치가 있다고 메시지를 내보낸다. 그리고 여기서 OK를 눌러주면 어디가 불일치하는지를 확인할 수 있는데 pin에서 불일치가

나타난다는 것을 확인할 수 있다. 또한, LVS Debug - inverter 창의 Summary(Sch || Lay) 부분에서 불일치가 생긴 부분을 선택하고 Open Tool 버튼을 click 하면 Pin Mismatch Tool 창이 열리는데 schematic에서는 Vin이라는 pin이 있지만 Layout에서는 그런 이름을 가진 pin이 존재하지 않는다고 나타내고 있다. 이것을 확인하여 수정하면 처음 LVS을 실행시킨 결과처럼 schematic과 layout이 서로 일치한다는 결과 창을 얻을 수 있다.

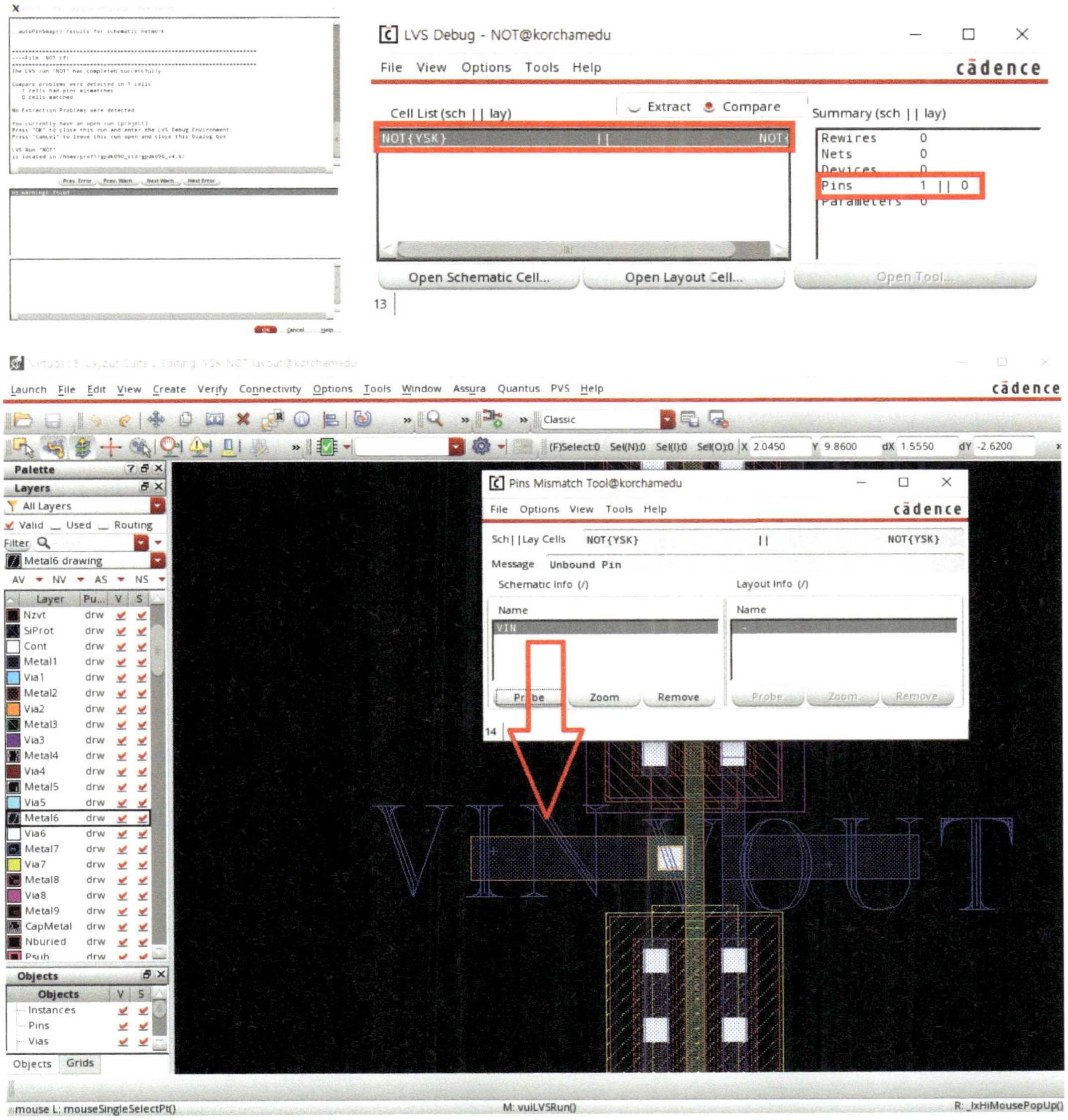

6.2 2-Input NAND

6.2.1 설계 이론

2-input NAND 게이트는 직렬로 연결된 2개의 nMOS pull-down 소자와 병렬의 pMOS pull-up 트랜지스터로 이루어진다. NAND 게이트에서 pMOS 트랜지스터는 V_{DD}와 출력 사이에 직렬로 연결되고, 각 입력은 nMOS와 pMOS 트랜지스터의 게이트 쌍에 연결되어 진다. nMOS 트랜지스터의 입력은 그에 대응하는 pMOS 트랜지스터에 연결되어야 한다. 만약, 2-input NAND 게이트의 입력 둘 중에 하나 또는 둘 모두가 Low 이면 GND로의 전류 경로가 생기지 않고 그에 대응하는 pMOS가 ON이 되어 출력은 High를 유지하게 된다. 만약, 입력이 하나라도 Low이면 그에 대응하는 병렬 pMOS 소자는 ON이 되어 전류가 출력 단자로 흐르게 된다. 두 입력이 모두 High 일 때만, 출력이 바뀌는 조건이 된다. 이 경우에는 pMOS가 OFF가 되고, n-채널 사이로 연속적인 전류 경로가 열려서 출력은 Low 상태가 된다.

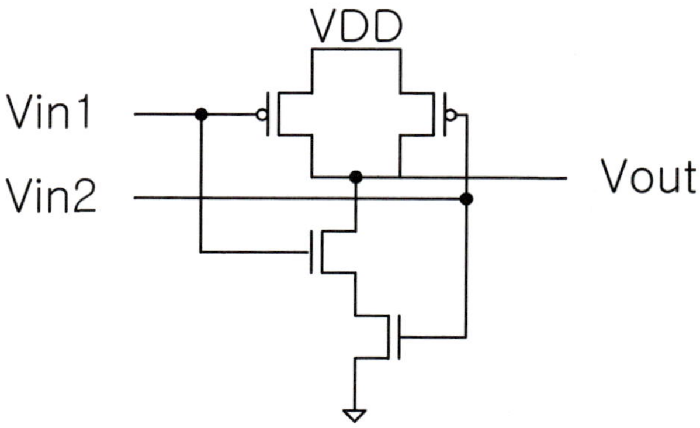

6.2.2 Simulation

① Simulation 준비.

▶ Techfile 적용한 Library 생성한다.

▶ 만들어진 Library를 click하고 File → New → Cell View... click. 한다

▶ Cell View을 2NAND라고 설정한다.

② 회로도 그리기.

▶ 소자를 불러들여 회로를 그린다.

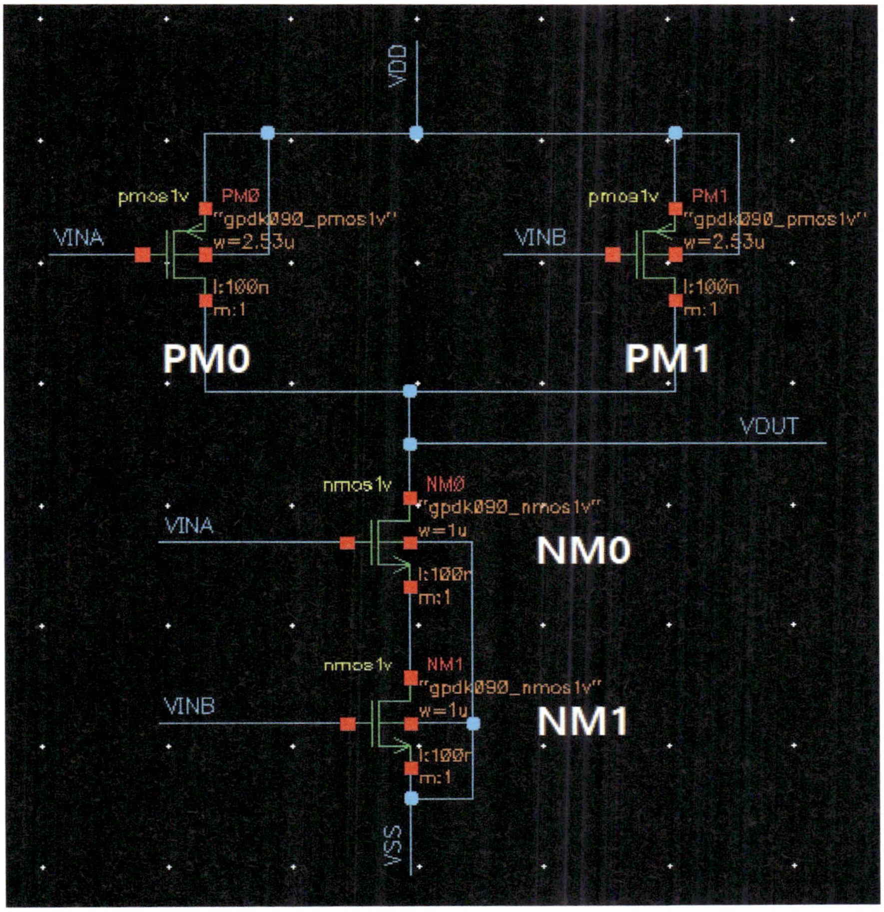

▶ 아래의 소자 값으로 setting을 해준다.

MOSFET	Length(㎚)	Fingers	Finger Width(㎛)	Total Width(㎛)
pmos1v(PM0)	100	1	width	width
pmos1v(PM1)	100	1	width	width
nmos1v(NM0)	100	1	1	1
nmos1v(NM0)	100	1	1	1

▶ Design → Create Cellview → From Cellview ...를 통해 Symbol을 그린다. 2NAND gate의 symbol을 만들 때 반원 모양은 Creat Arc 메뉴를 클릭한 후 마우스를 이용하여 클릭하여 완성하면 되고 나머지 부분은 inverter와 동일한 작업으로 하며 symbol을 완성한다. Symbol을 완성하고 나면 반드시 check and save를 누르고 error나 warning이 있는지 확인하고 error나 warning이 있을 경우 error나 warning를 해결하고 작업을 종료한다.

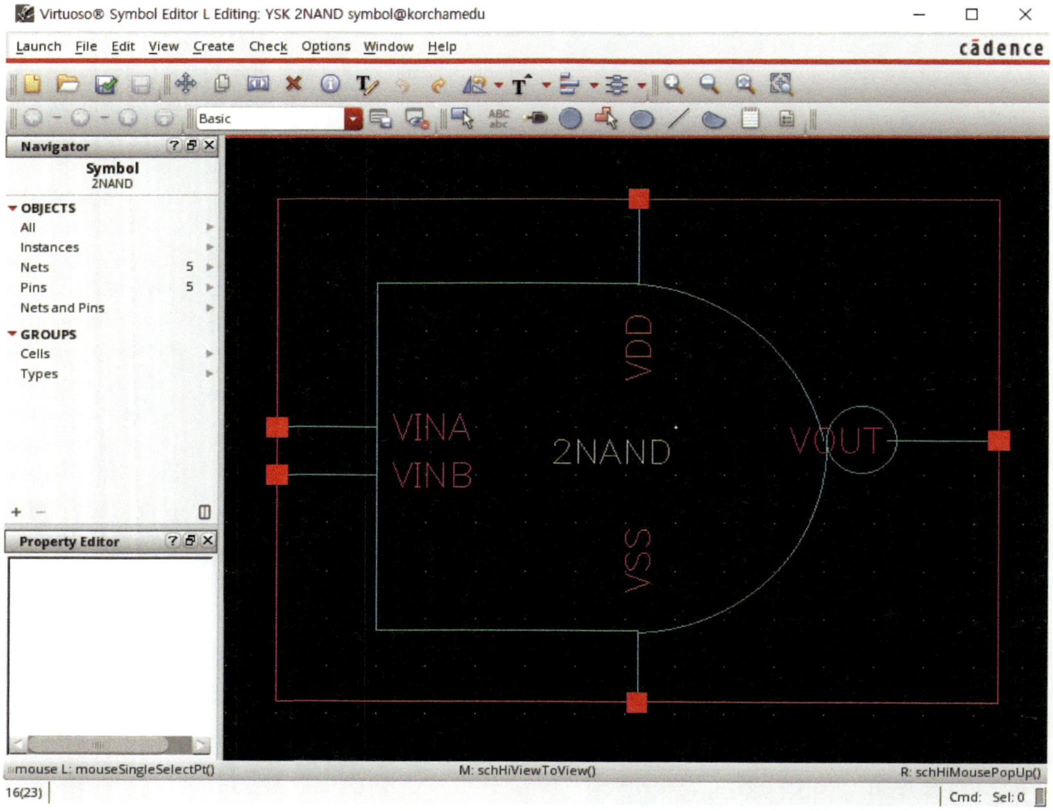

▶ Library log 창에서 2NAND_TEST cell을 만들고 새로 만들어진 schematic 창에서 만들어진 Symbol을 가지고 2NAND 테스트 회로도를 만든다. VINA와 VINB 또한 simulation을 위해 변수로 입력 시킨다.

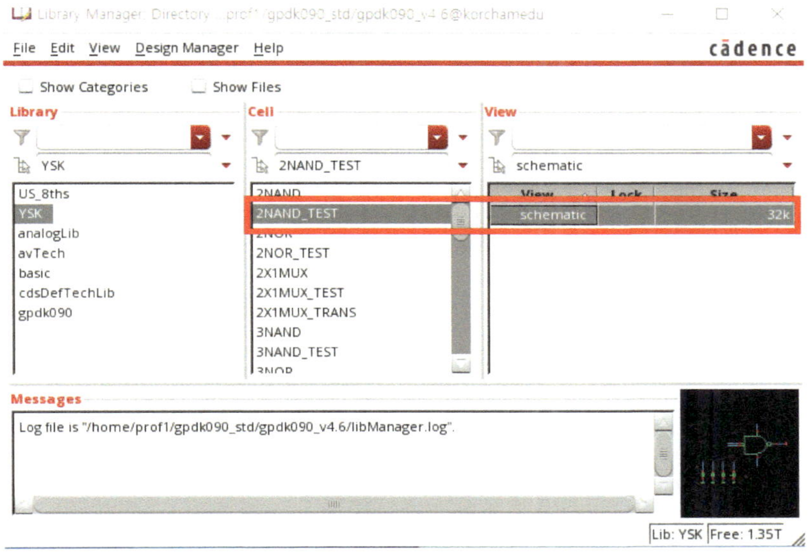

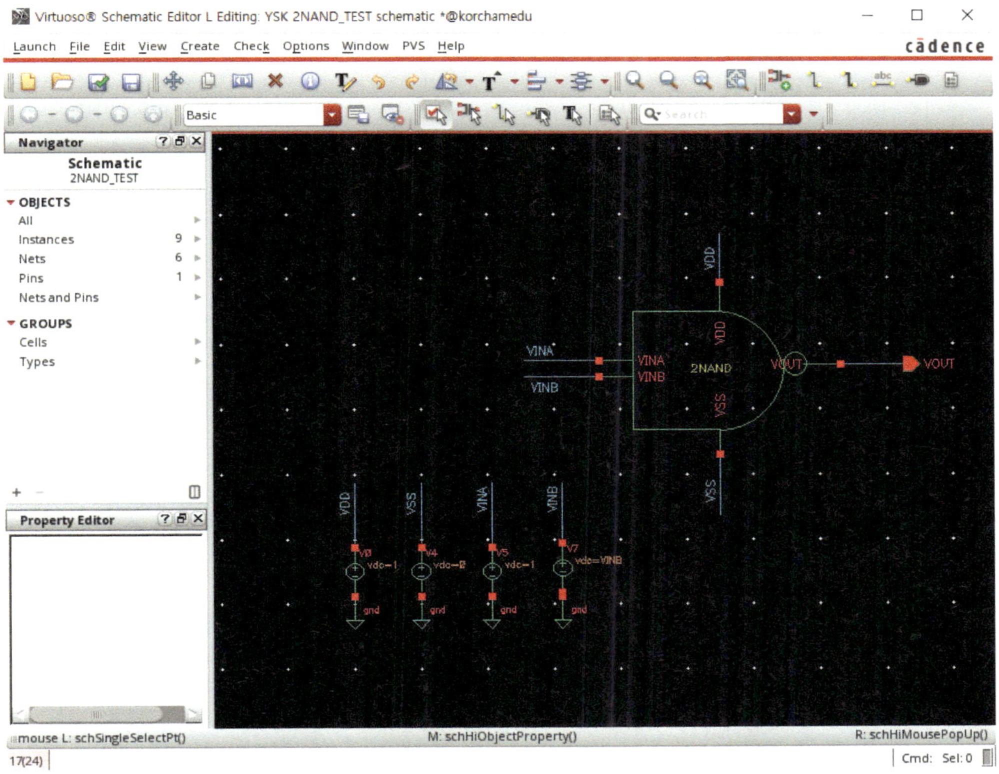

③ Launch.

▶ Simulation을 실행하기 위해서 ADE L 실행시킨다. Launch → ADE L를 click 한다.

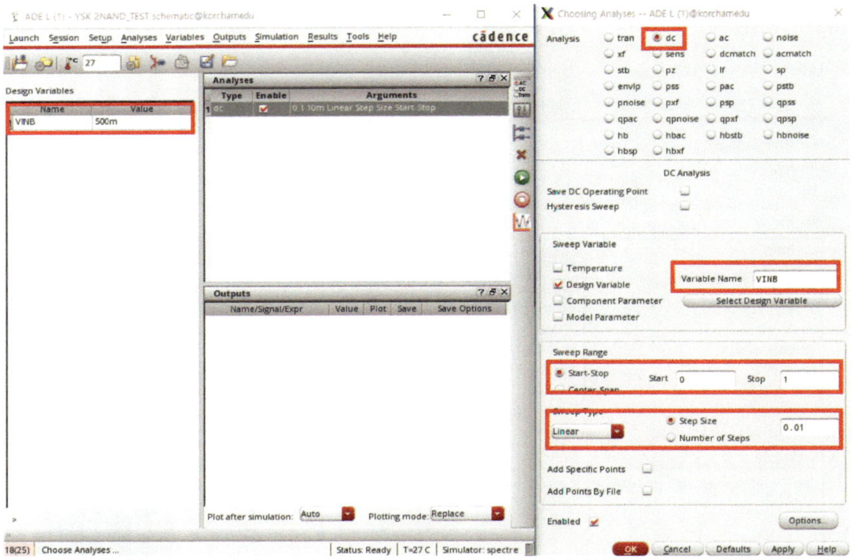

▶ 0.5V에서 정확한 스위칭이 되지 않는다. 정확한 점을 찾고 싶으면 Inverter simulation을 참조하여 PMOS의 WIDTH 값을 바꿔주면서 Parametric Analysis를 통한 simulation을 실행하여 PMOS의 WIDTH를 찾으면 pmos1v의 WIDTh 값은 약 W=2.95㎛가 나온다.

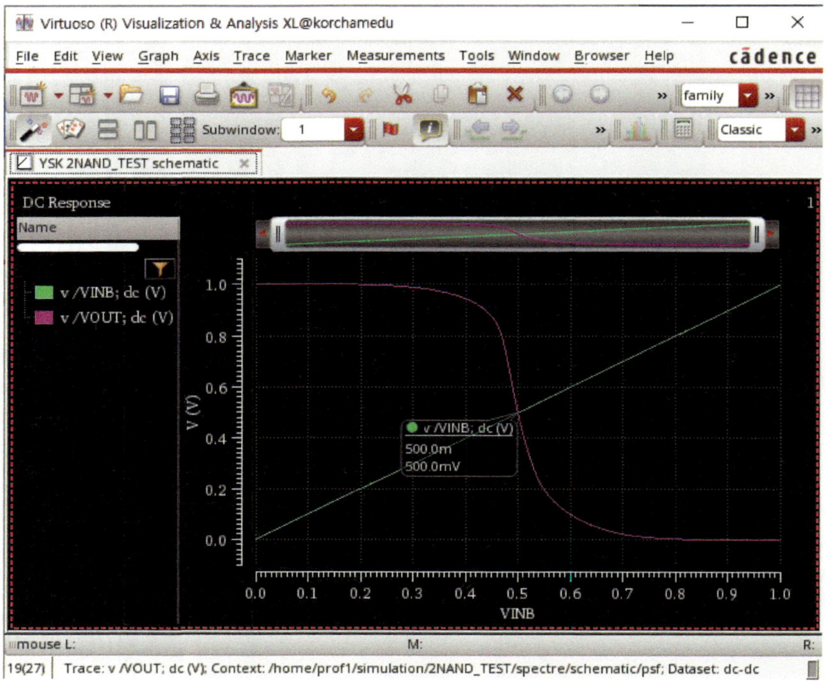

▶ 2-Input NAND가 정확한 논리동작을 하는지 확인하기 위해서 Transient Analysis를 하기 위해 Add Instance에서 analogLib에 있는 vpulse를 불러온다. vpulse는 입력을 펄스 전압으로 인가 할 수 있다.

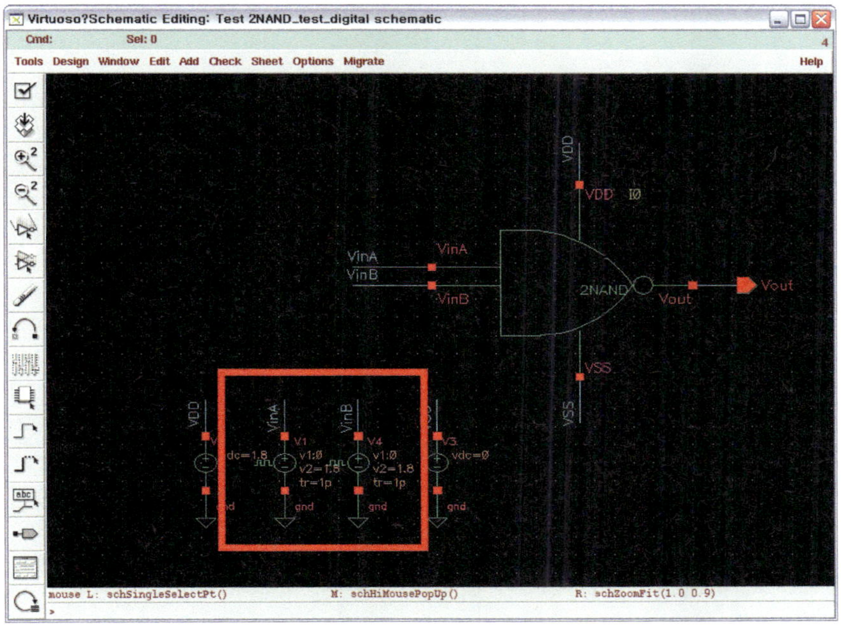

▶ vpulse 값 입력하기

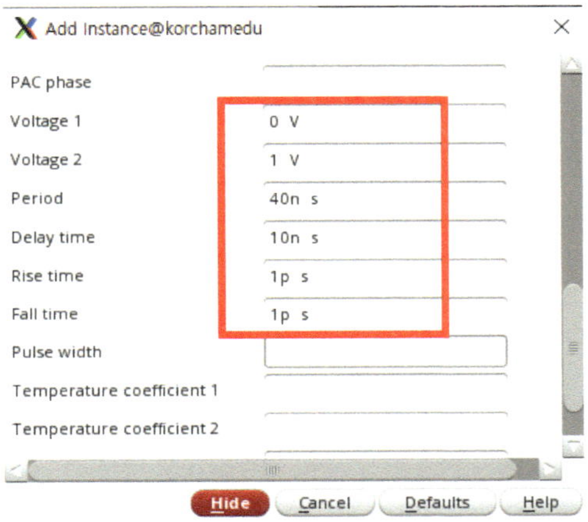

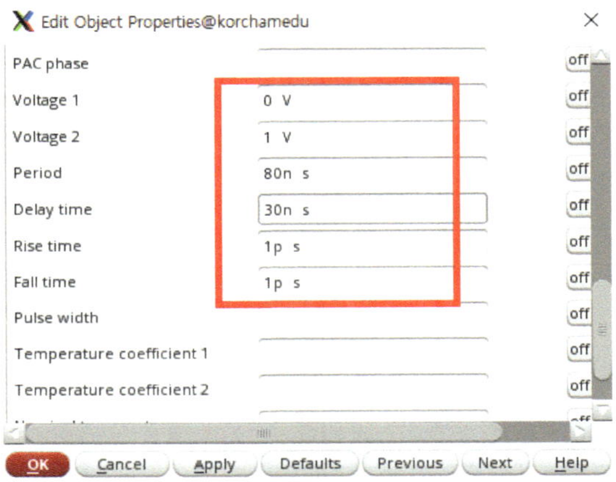

▶ Transient Analysis 해석을 위해 Analyses → Choose … 선택을 하고 tran을 check한다. Stop Time을 1u로 설정하고 moderate를 check한 후에 OK를 눌러 실행한다.

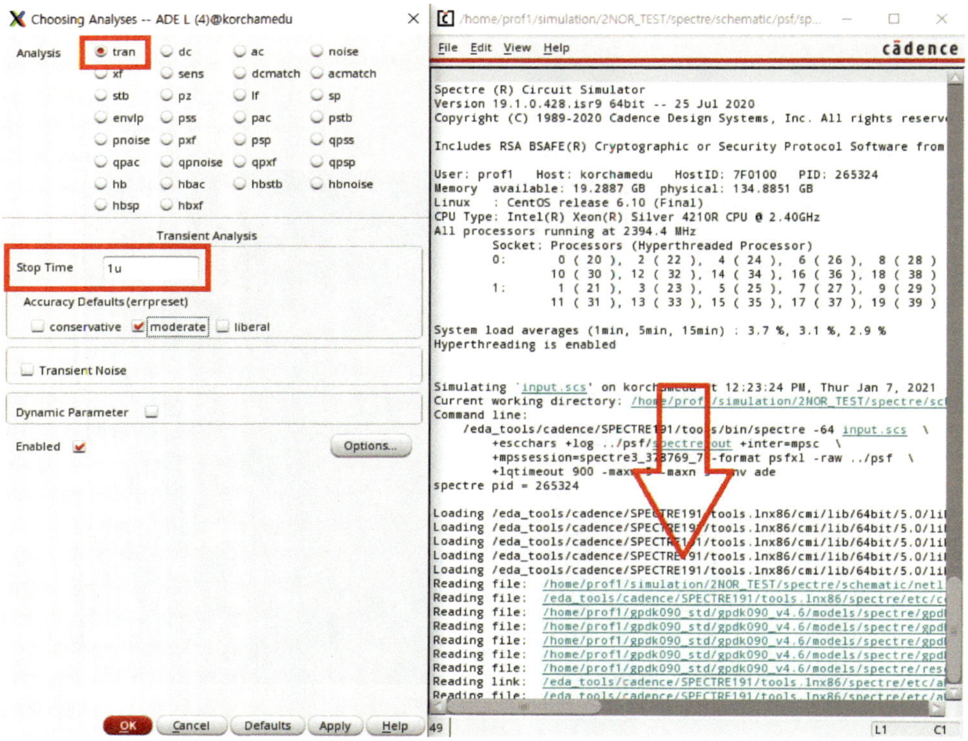

▶ 설정을 마친 뒤 simulation을 실행 시킨 후 결과를 확인하면 아래와 같은 결과 파형을 확인할 수 있다. 결과 파형 결과 2-Input NAND가 정확히 동작하는 것을 볼 수 있다.

- 처음 simulation 결과를 확인하면 다음과 같이 3개의 simulation 파형이 한꺼번에 겹쳐서 결과가 보여지기 때문에 해석하기가 오른쪽 상단에 있는 Split Current Strip 메뉴를 click하면 각각의 simulation 파형 결과가 분리되어진다. Combine All Analog Trace 메뉴를 다시 한 번 click하면 원상태로 복귀된다.

- Simulation 시간을 확대해서 보기 위해 화살표가 표시 되어있는 부분을 마우스로 조절하면 시간을 확대하여 simulation 파형 결과를 좀 더 정확히 동작하는 것을 볼 수 있다.

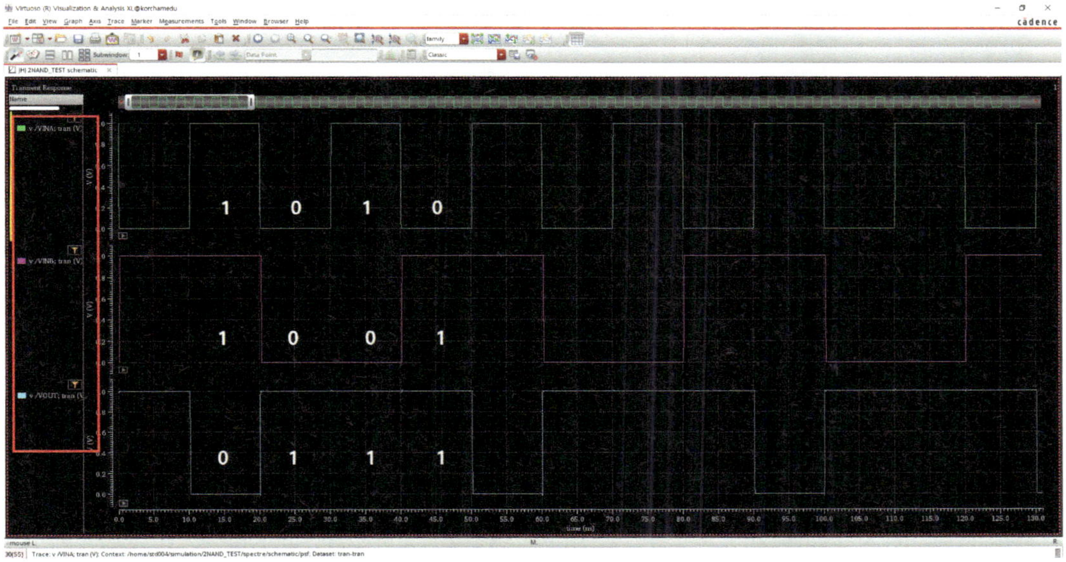

6.2.3 Layout

① Layout

▶ Schematic 확인

- Layout을 수행하기 전에 반드시 2NAND schematic을 확인하여 각 MOSFET의 소자 값을 먼저 확인하자.

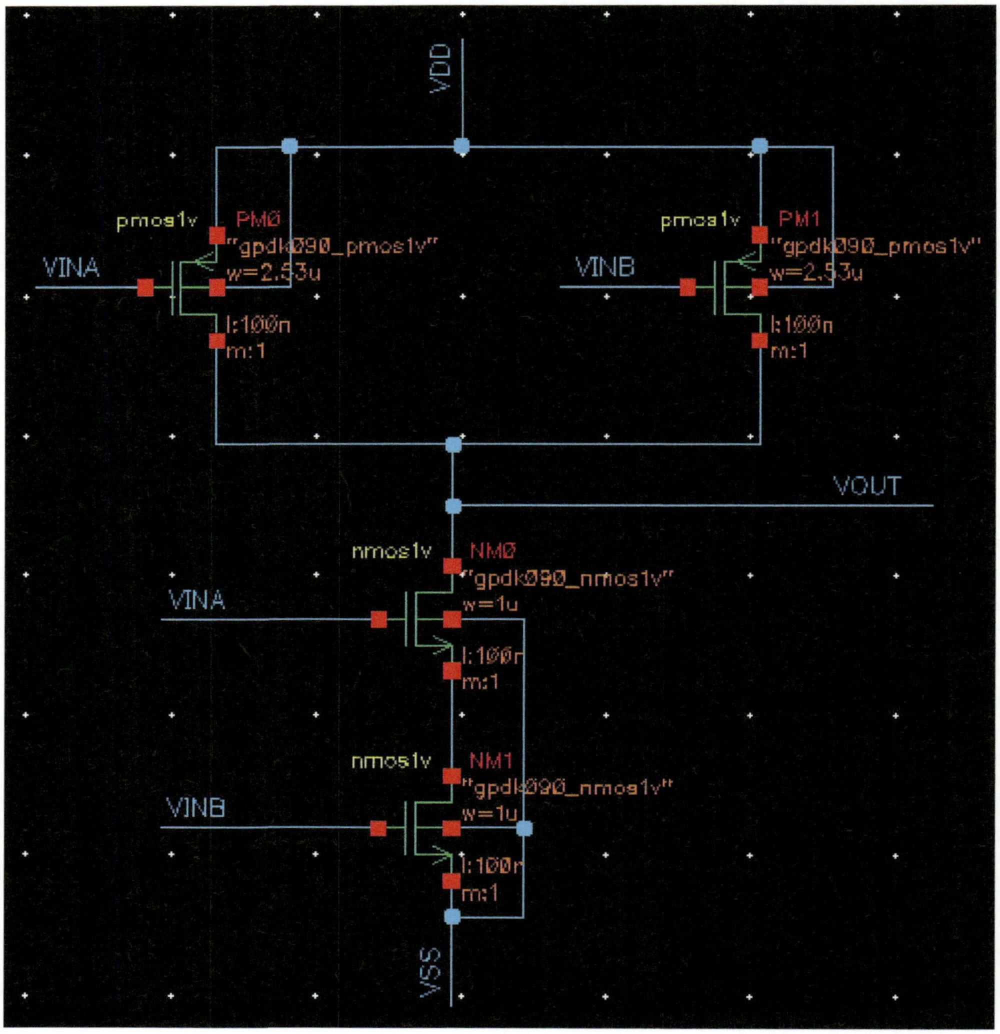

MOSFET	Length(nm)	Finger	Finger Width(μm)	Total Width(μm)
nmos1v(NM0)	100	1	1	1
nmos1v(NM1)	100	1	1	1
pmos1v(PM0)	100	1	2.53	2.53
pmos1v(PM1)	100	1	2.53	2.53

▶ MOSFET instance 불러오기

- 2개의 NMOS를 layout 하는 방법은 아래 그림처럼 여러 가지이지만 가장 작은 면적을 차지하면서 MOSFET의 각 terminal을 가장 짧게 연결할 수 있는 방법은 제일 오른쪽에 있는 방법이다. NM0과 NM1의 source와 drain이 연결되어 있으므로 서로 공유하고 나머지 terminal은 해당 net으로 연결하면 된다.

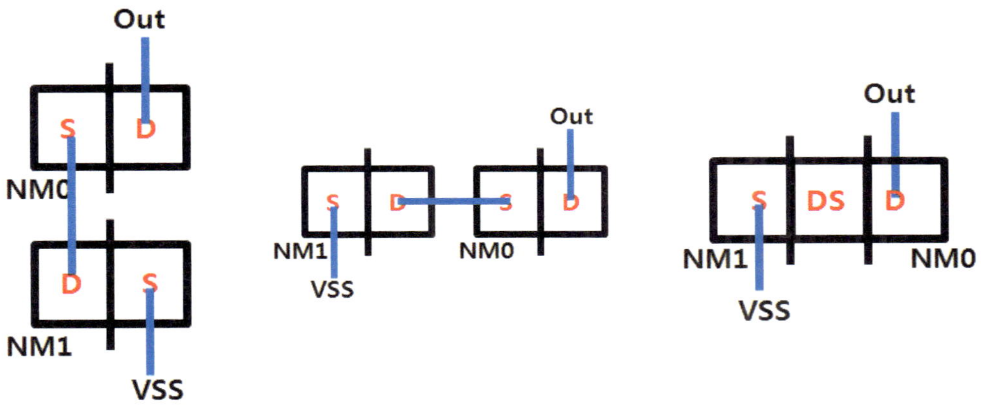

- 2개의 PMOS를 layout 하는 방법도 NMOS와 마찬가지로 여러 가지 방법이 있지만 가장 효율적인 방법이 아래 그림에서 가장 오른쪽에 있는 방법이다. PM0과 PM1의 drain을 공유해서 출력으로 연결하고 source는 VDD에 연결하면 된다.

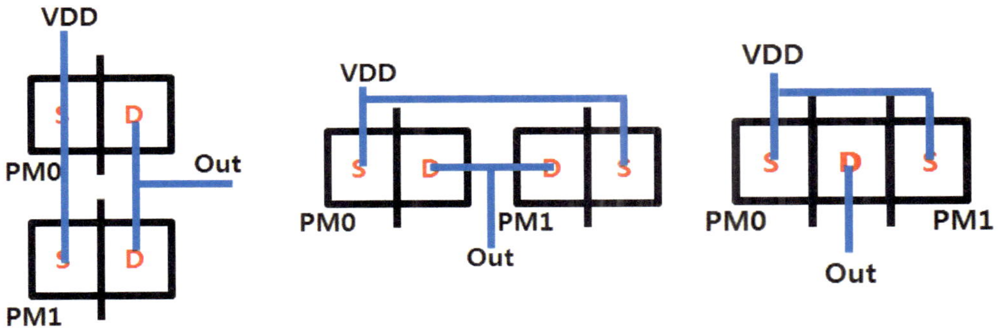

- MOSFET을 불러오기 위해 Instance 명령(단축키 'i')을 이용해서 nmos1v와 pmos1v를 불러온다. 2NAND에 사용되는 MOSFET를 선택한 후 단축키 'q'를 이용하여 MOSFET의 속성을 바꿔준다. pmos1v는 Total Width를 5.06㎛ 2finger 형태로 만들어 주면 되고 nmos1v는 Total Width를 2㎛ 1finger 형태로 만들어주면 된다.

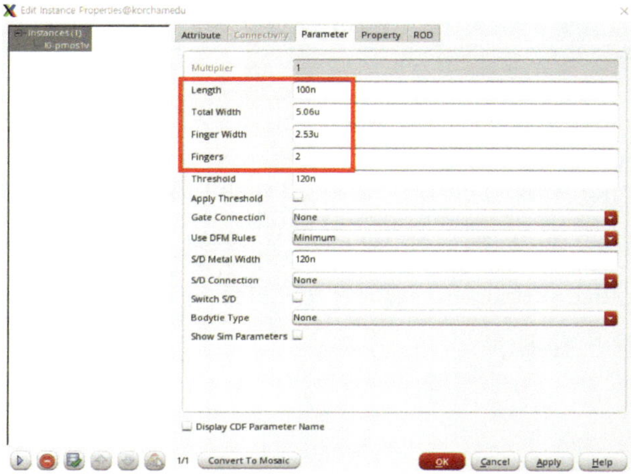

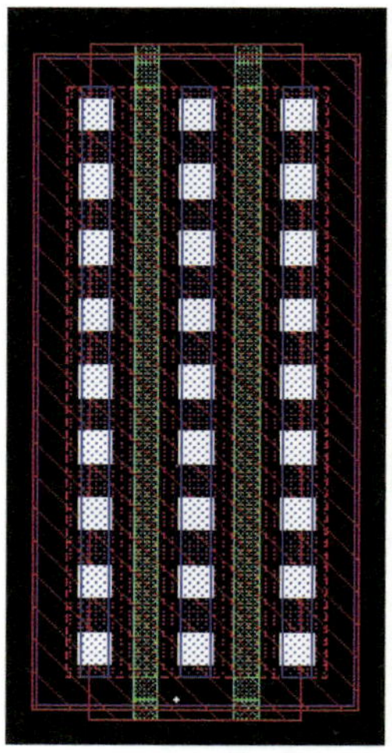

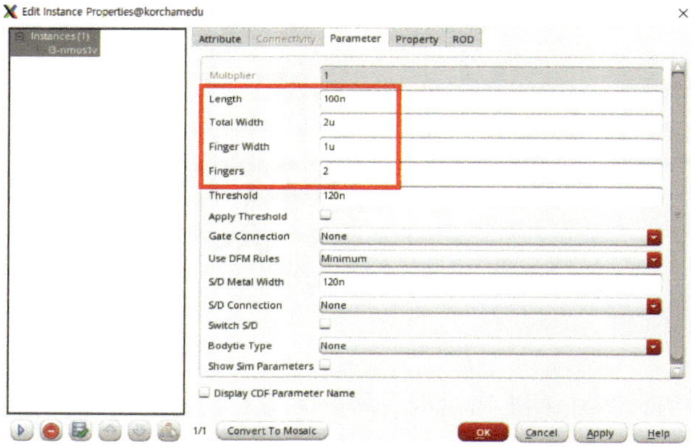

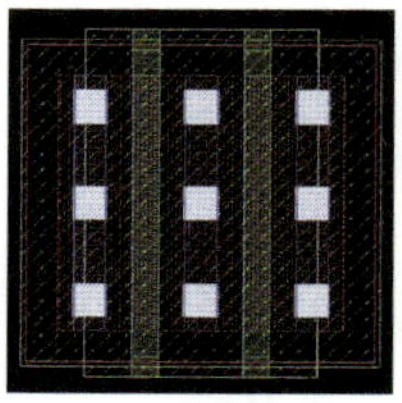

- 여기서 PMOS를 불러올 때 S/D Connection 부분에서 Source에 체크를 한 이유는 위의 multi finger 설명에서 PM0과 PM1의 source가 서로 연결되어 있으므로 instance를 불러올 때 옵션에서 미리 설정한 것이다.

▶ VDD & VSS instance 불러오기

- Contact 명령(단축키 'o')을 이용하여 VDD 및 PMOS의 body와 VSS 및 NMOS의 body로 사용될 instance를 불러온다.

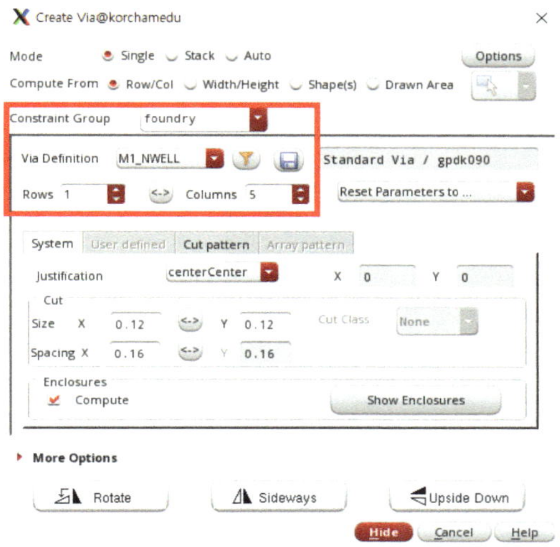

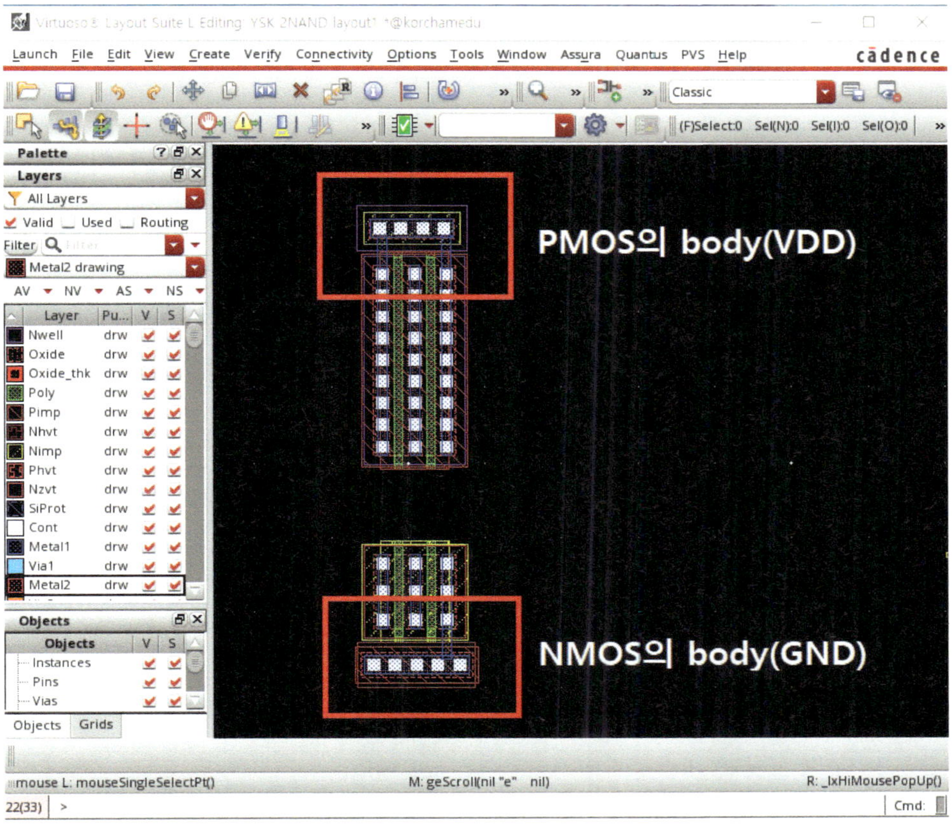

▶ Net 및 입/출력 연결하기

- Path 명령(단축키 'p')을 이용하여 PMOS와 NMOS의 gate를 Poly layer로 연결하고 PMOS의 source는 VDD에 NMOS(NM1)의 source는 VSS에 Metal1 layer로 연결한다. 그리고 PM0과 PM1이 공유하고 있는 drain과 NM0의 drain을 Metal1 layer로 연결한다.

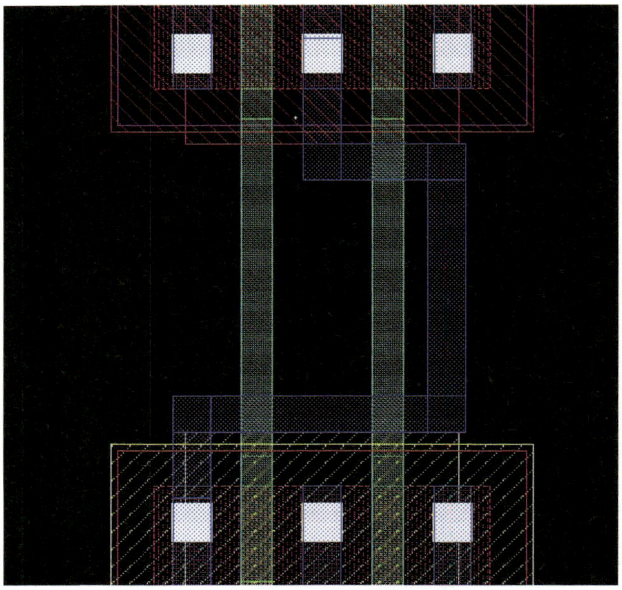

- PMOS와 NMOS의 gate가 Poly layer로 연결되어 있지만 Input pin으로 지정하기 위해 Contact 명령(단축키 'o')을 이용하여 M1_POLY1 contact을 넣고 Path 명령(단축키 'p')을 이용하여 Metal 1 layer를 연결한다.

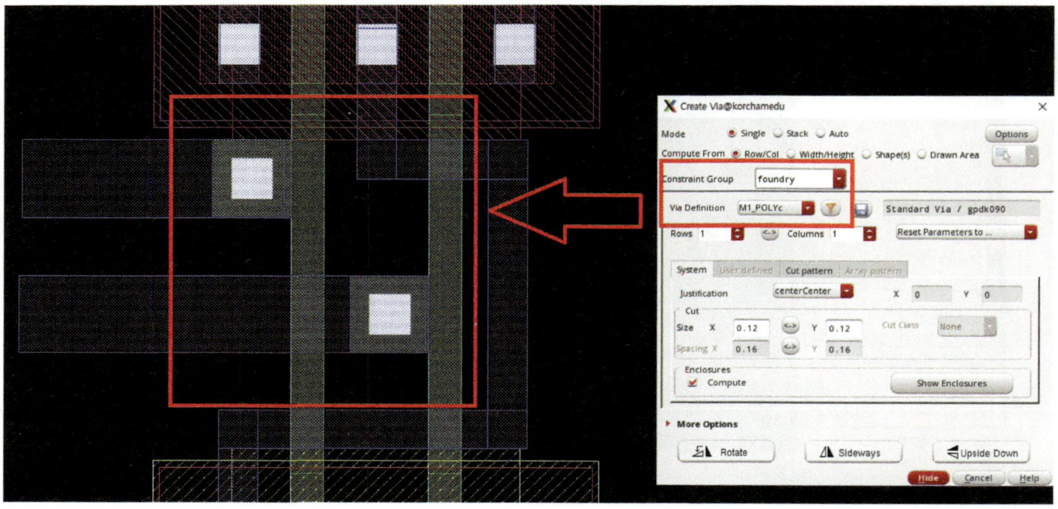

o

▶ Pin 지정

- Pin 명령(단축키 'Ctrl+p')을 이용하여 Input pin인 VINA, VINB, VDD, VSS와 Output pin인 VOUT을 label 명령을 이용하여 layout에 적용한다.

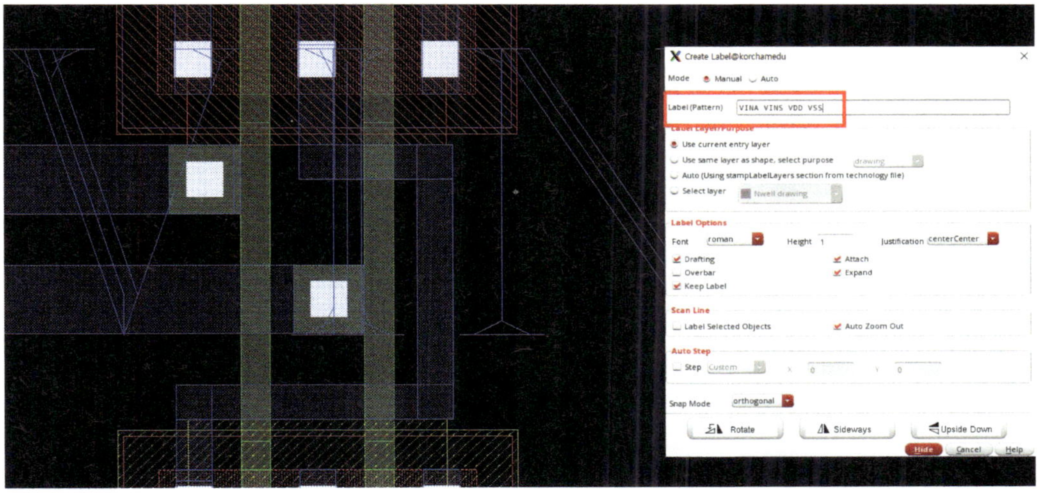

② Layout 검증

▶ Run DRC

- Assura Tool(Assura → Run DRC)을 이용하여 design rule에 맞게 layout 했는지 확인해 보자.

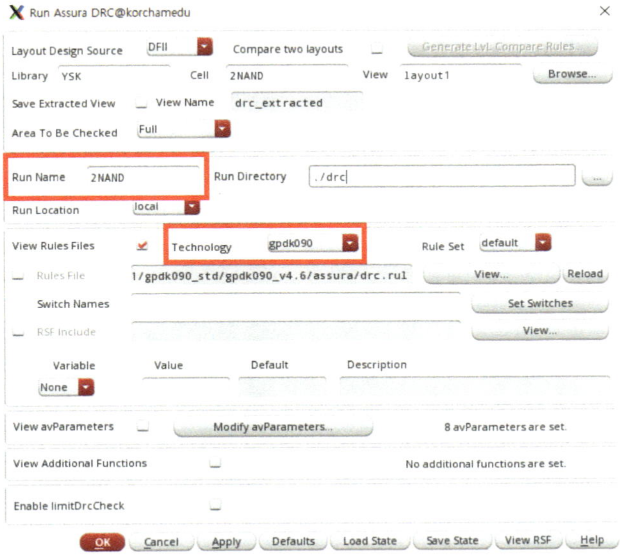

- Design rule을 위반한 항목이 2가지가 나왔다. 하나는 Poly layer와 Poly layer 사이의 거리가 최소 0.12㎛ 이상이어야 한다는 것이고, 다른 하나는 Metal1 layer와 Metal1 layer 사이의 거리가 최소 0.18㎛ 이상이어야 한다는 것이다. Error가 발생한 부분을 확인해 보면 그림처럼 나타난다.

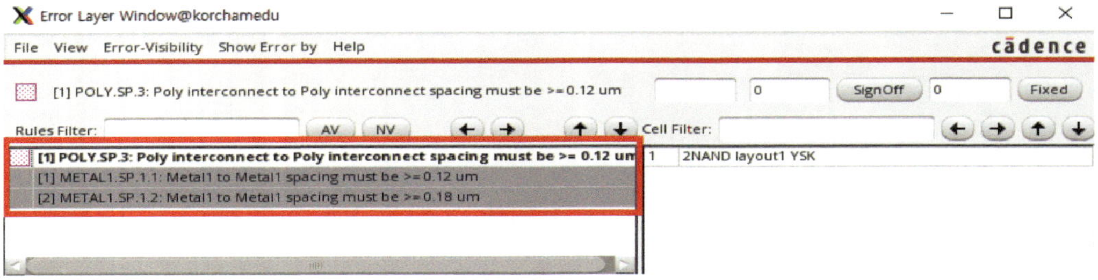

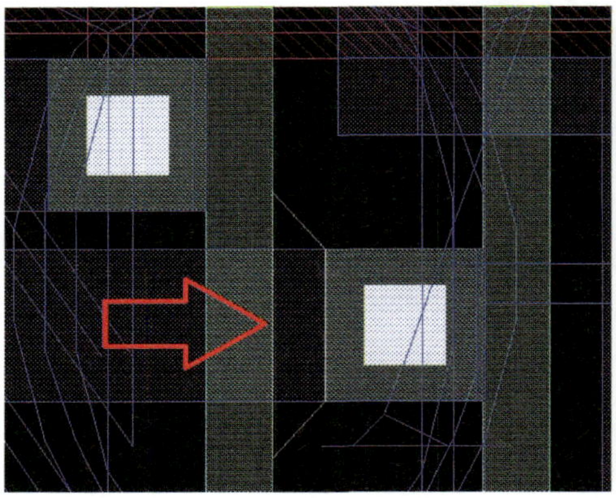

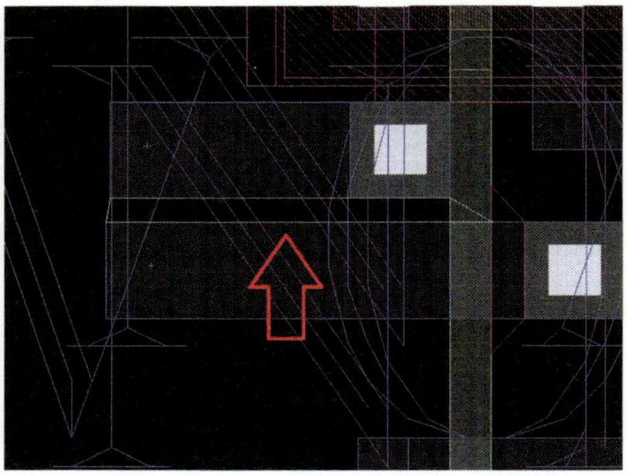

- Design rule을 위반한 항목이 2가지 항목에 나타난 최소거리 이상을 띄워서 수정하고 다시 DRC를 수행하면 error가 없다는 메시지가 출력되는 것을 볼 수 있다.

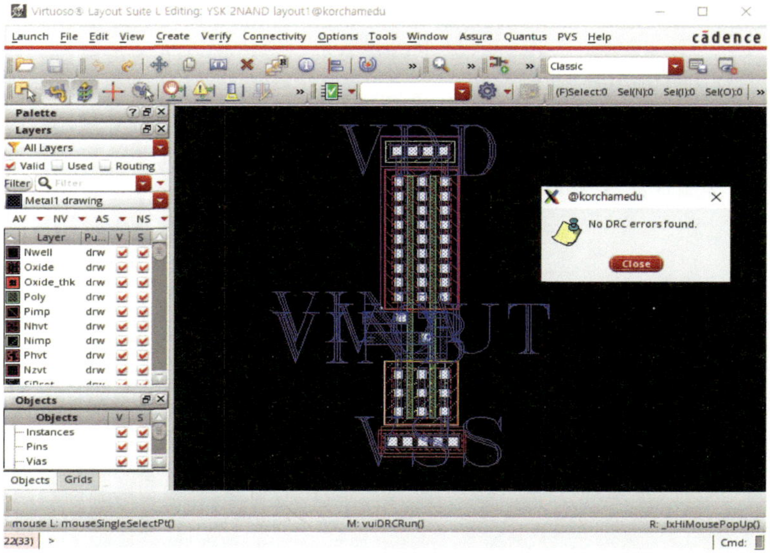

▶ Run LVS

- Assura Tool(Assura → Run LVS)을 이용하여 schematic과 layout이 일치하는지를 확인해보면, 서로 일치한다는 Schematic and Layout Match 출력메시지를 확인 할 수 있다. LVS 검증까지 모두 끝날 경우 2NAND layout 작업은 모두 끝났다고 할 수 있다.

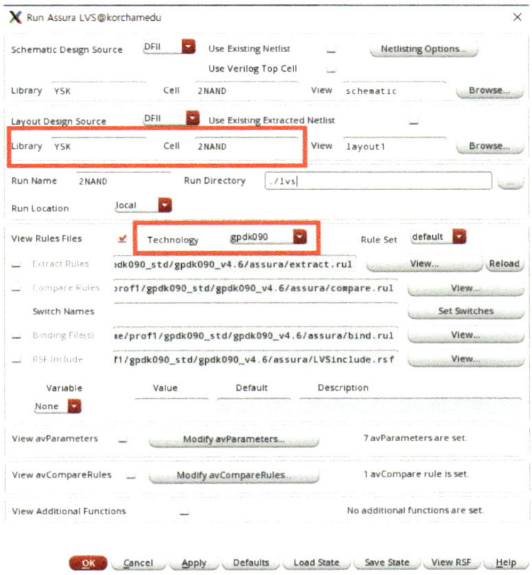

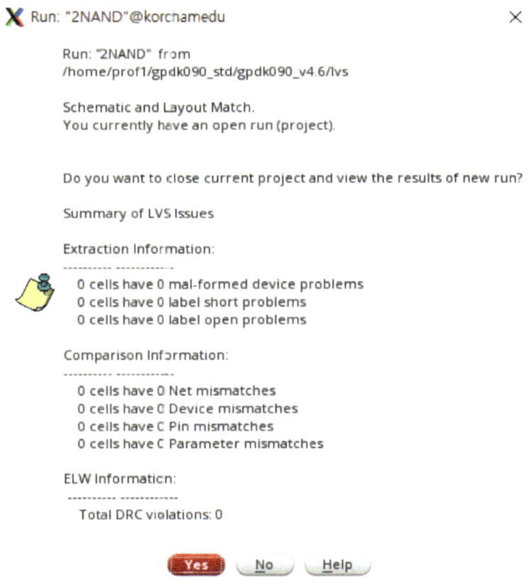

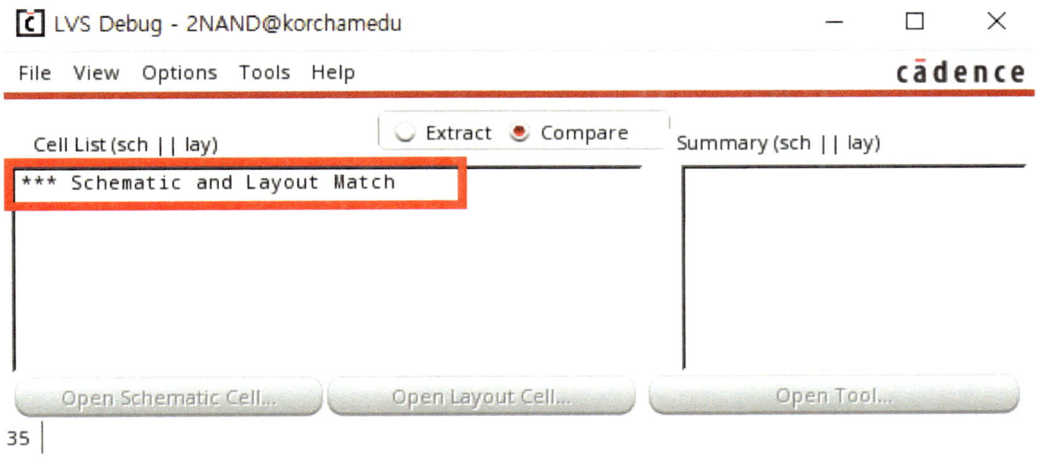

6.3 2-Input NOR

6.3.1 설계 이론

NOR연산은 NAND연산의 쌍대성이다. 그래서 NOR논리에 대한 모든 과정과 규칙은 NAND논리를 위해 개발된 과정과 규칙에 대해 쌍대성이다. NOR게이트는 어느 Boole함수를 수행하기 위해 사용될 수 있는 또 하나의 유니버설 게이트이다. AND, OR, NOT연산을 NOR gate로 수행하는 것이 아래 그림에 나와 있다.

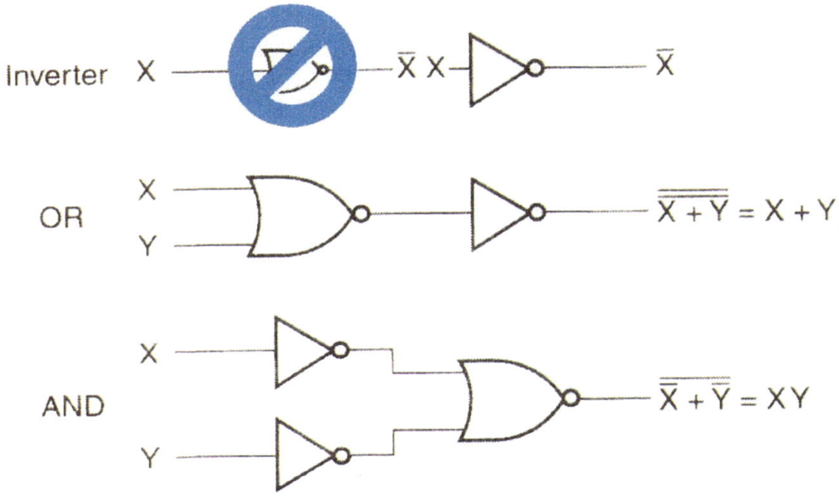

보수연산은 NAND게이트처럼 단일 NOT게이트로 축소되는 단일 입력 NOR게이트에서 구할 수 있다. OR연산은 2개의 NOR게이트를 필요로 하고, AND연산은 각 입력에 NOT게이트를 가진 NOR게이트로 구할 수 있다, NOR에 대한 2개의 선택적 그래픽기호는 아래 그림과 같다.

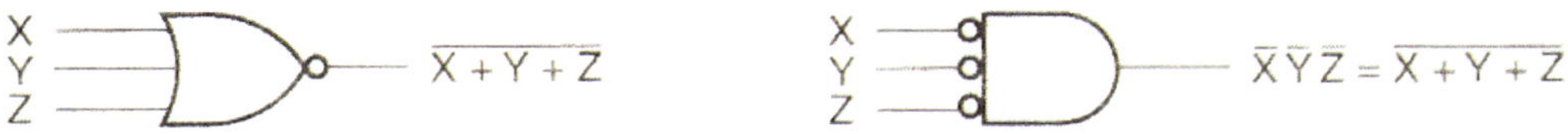

OR-NOT기호는 NOR연산을 NOT으로 연결된 OR로 정의한다. NOT-AND기호는 각 입력의 보수를 취하고 AND연산을 구현한다. 이러한 선택적인 기호는 똑같은 NOR연산을 지시하고 드모르간 법칙 때문에 논리적으로도 동치이다.

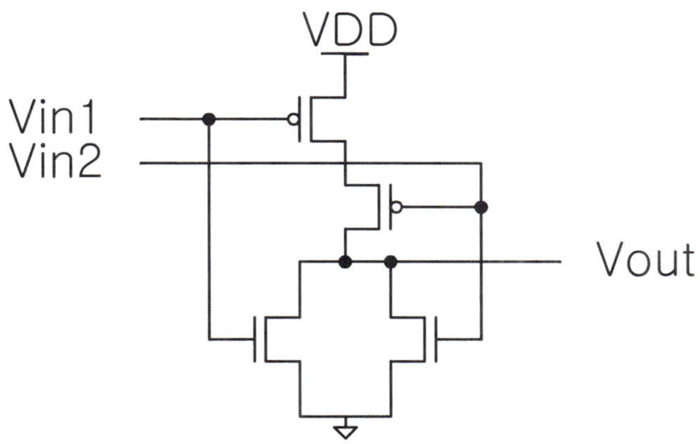

2) Simulation

① Simulation 준비.

▶ Techfile 적용한 Library 생성한다.

▶ 만들어진 Library를 click하고 File → New → Cell View... click 한다.

▶ Cell View을 2NOR라고 설정한다.

② 회로도 그리기.

▶ 소자를 불러들여 회로를 그린다.

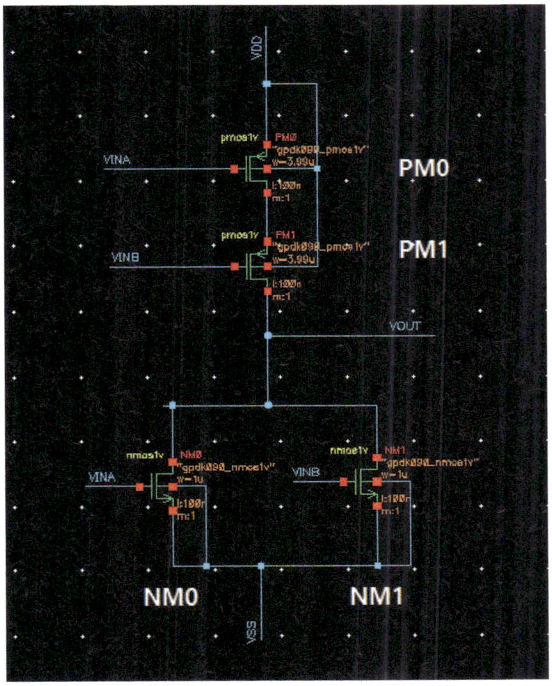

▶ 아래의 소자 값으로 setting을 해준다.

MOSFET	Length(nm)	Fingers	Finger Width(µm)	Total Width(µm)
pmos1v(PM0)	100	1	width	width
pmos1v(PM1)	100	1	width	width
nmos1v(NM0)	100	1	1	1
nmos1v(NM0)	100	1	1	1

▶ Design → Create Cellview → From Cellview ...를 통해 inverter와 2NAND에서 설명했던 방법과 동일하게 2NOR gate의 Symbol을 그리고 저장한다.

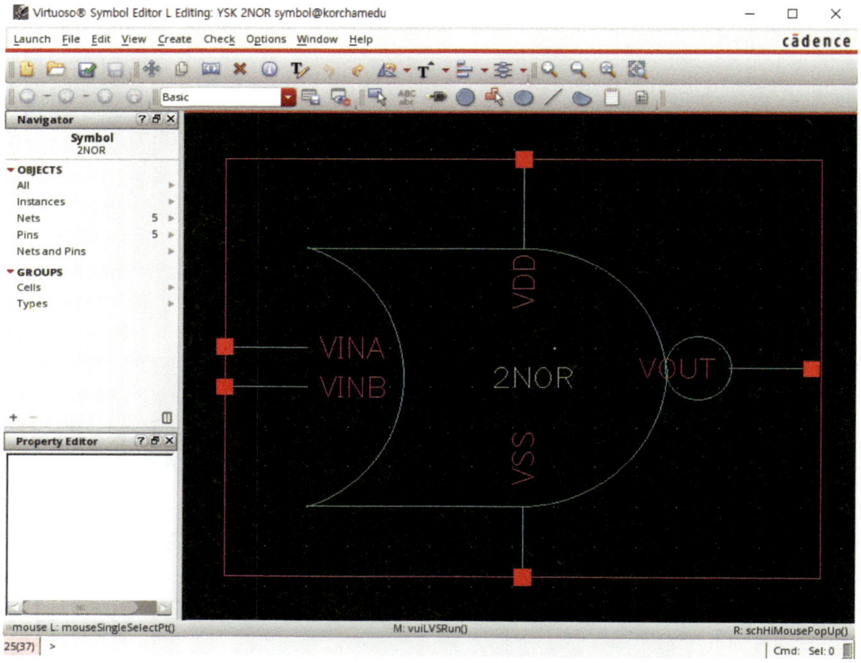

▶ 만들어진 Symbol을 가지고 테스트 회로도를 만든다. VINA=0V와 VINB=VINB로 변수로 지정하여 simulation을 수행한다.

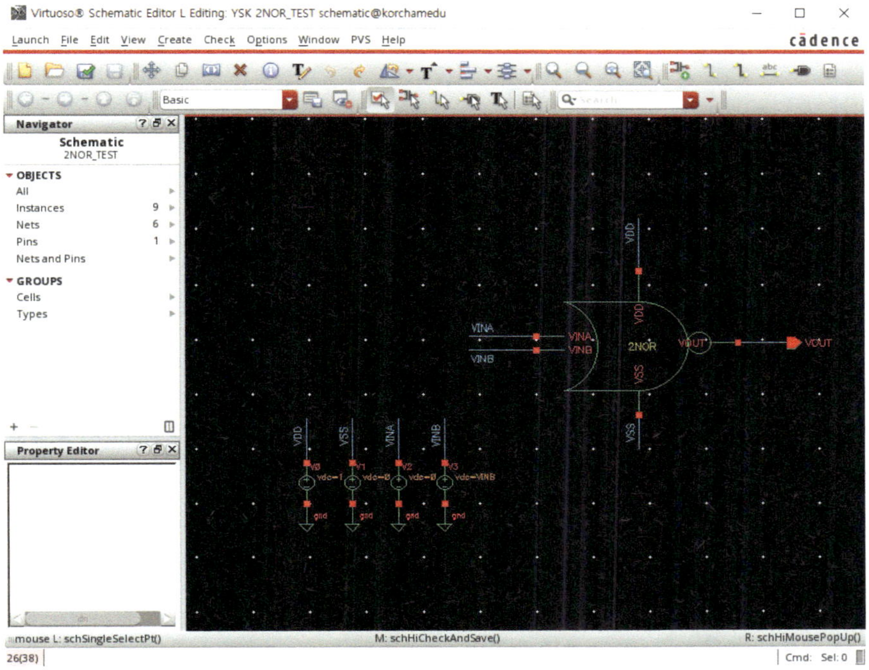

③ Launch.

▶ Simulation을 실행하기 위해서 ADE L 실행시킨다. Launch → ADE L를 click 한다.

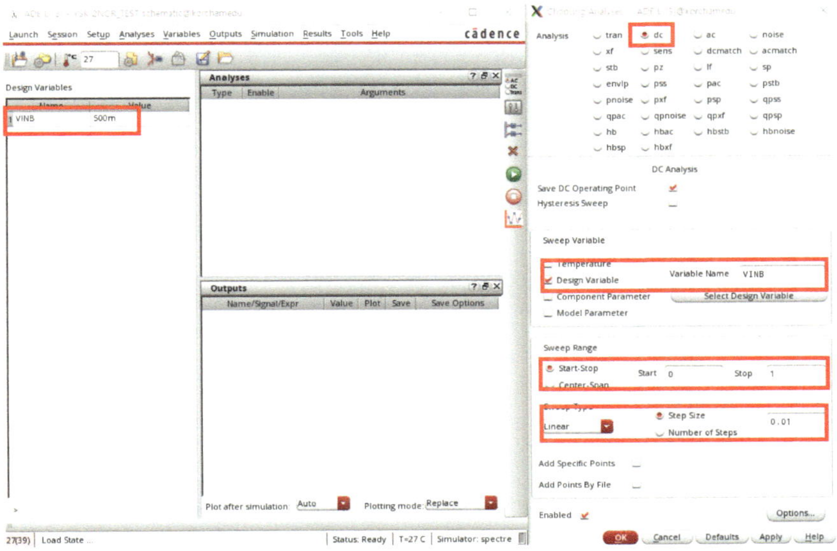

▶ Simulation을 수행하여 보면 입출력 전압이 0.5V에서 정확한 스위칭이 되지 않는다. 정확한 점을 찾고 싶으면 inverter와 2NAND와 같이 Parametric Analysis로 찾으면 약 W= 2.95 ㎛가 나온다.

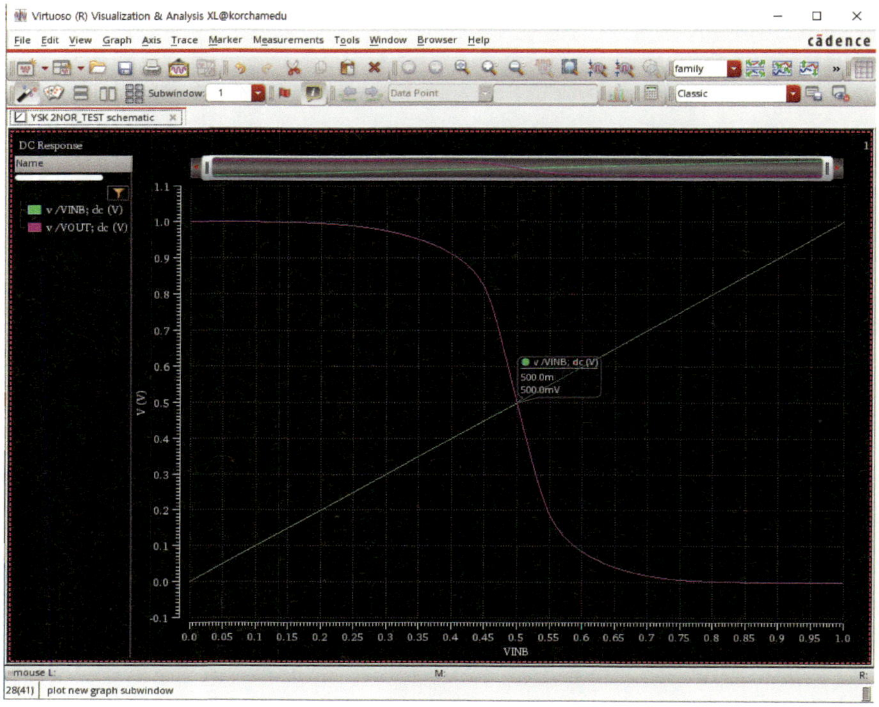

▶ 2-Input NOR가 정확히 동작하는 것을 확인하기 위해서 simulation 방법 중 하나인 Transient Analysis를 수행하기 위하여 Add Instance에서 analogLib에 있는 vpulse를 불러온다. vpulse는 입력을 펄스 전압으로 인가 할 수 있다.

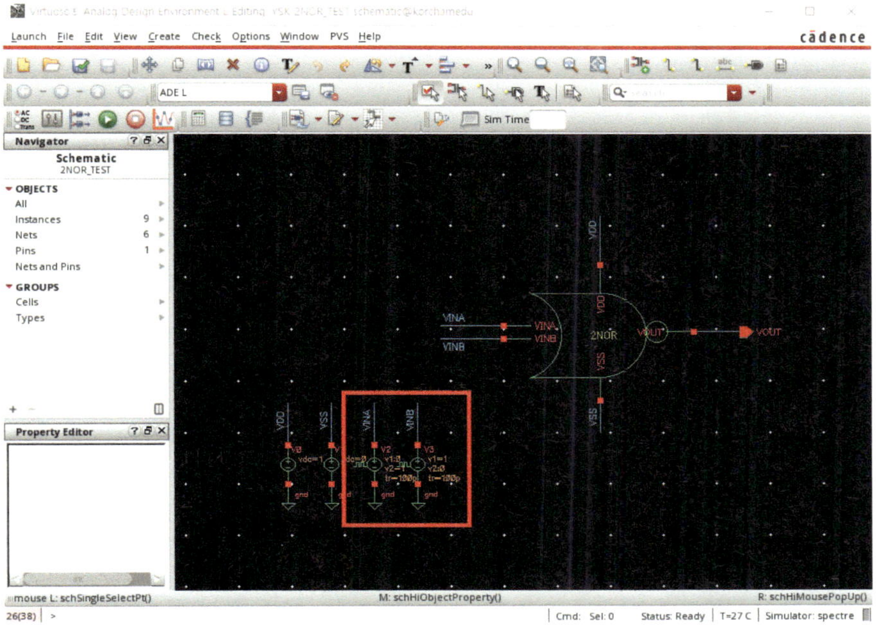

▶ vpulse 값 입력하기

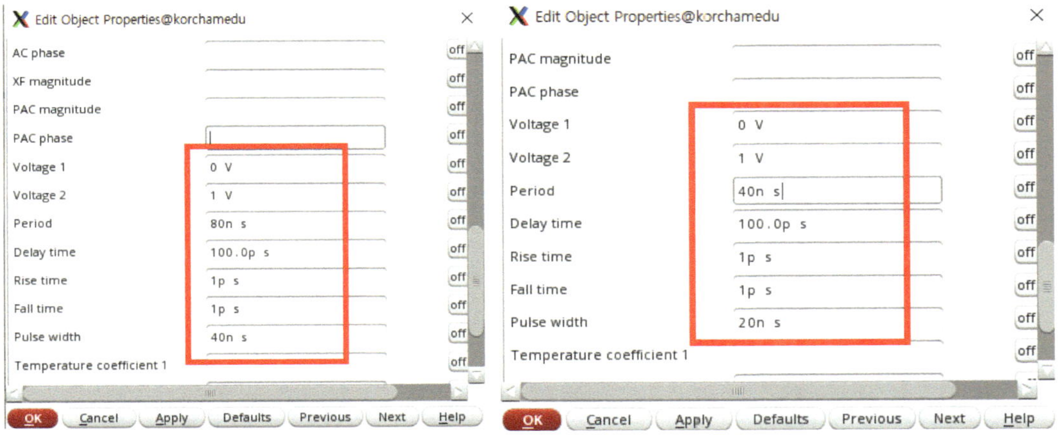

▶ Transient Analysis 해석을 위해 Analyses → Choose … 선택을 하고 tran을 check한다. Stop Time을 설정하고 moderate를 check한다.

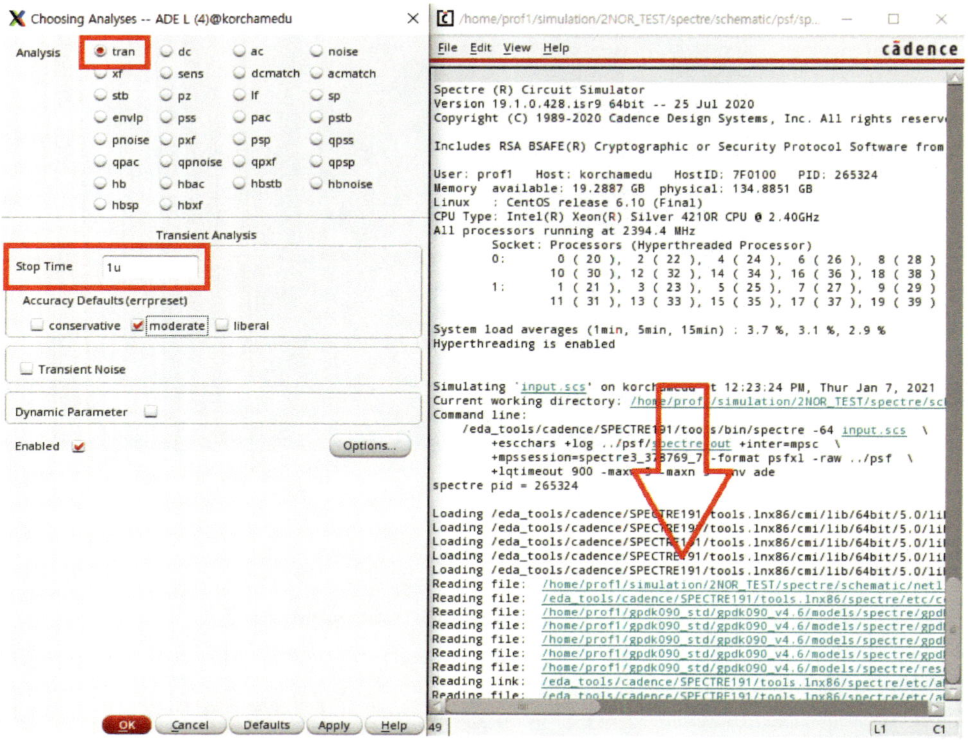

▶ 설정을 마친 뒤 simulation을 실행 시킨 후 결과를 확인하면 아래와 같은 결과 파형을 확인할 수 있다. 결과 파형 결과 2-Input NOR가 정확히 작동하는 것을 볼 수 있다.

- 처음 simulation 결과를 확인하면 왼쪽 아래와 같이 3개의 결과가 뭉쳐 나와서 해석하기가 어려운데 왼쪽 밑에 Switch Axis Mode를 click하면 오른쪽 아래와 같이 각각의 결과가 분리되어진다. 다시 한 번 누르면 원상태로 복귀된다.

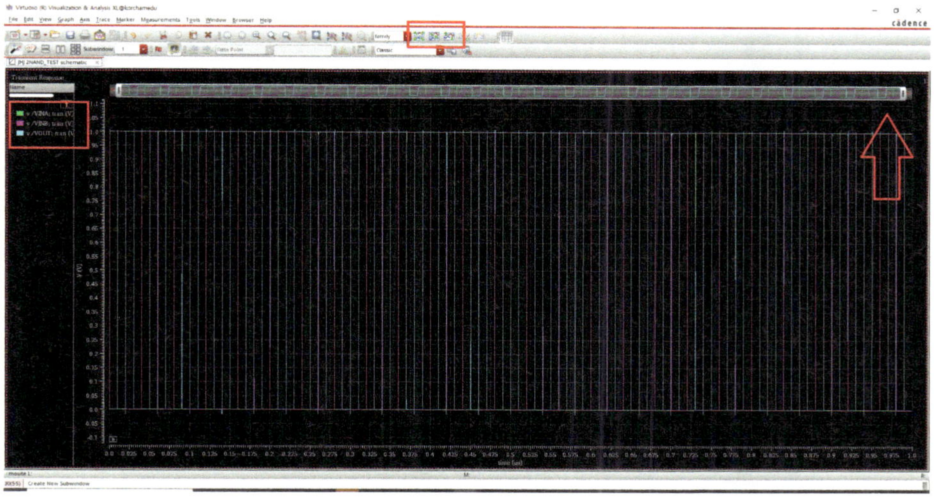

- 결과 파형 결과 2-Input NOR가 정확히 작동하는 것을 볼 수 있다.

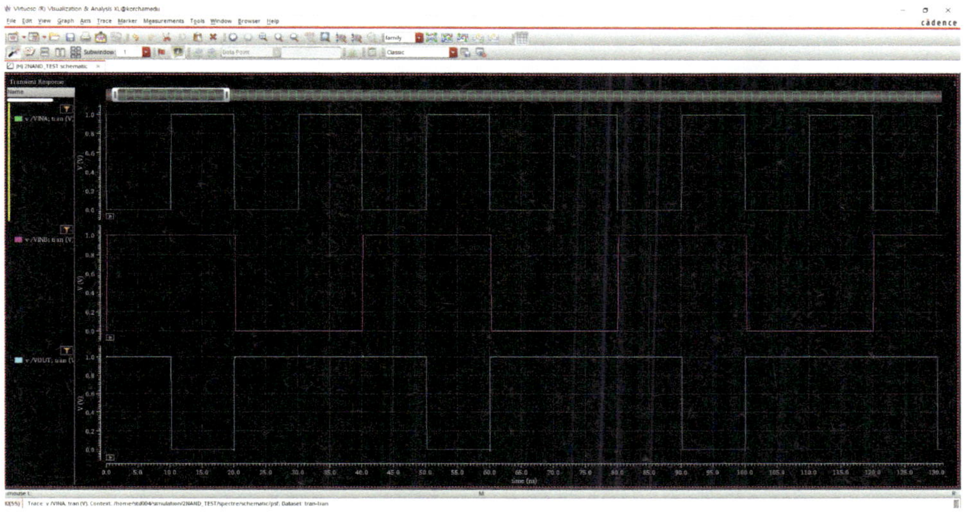

4) Layout

① Layout

▶ Schematic 확인

- 2NOR gate Layout을 수행하기 전에 schematic을 확인하여 각 MOSFET의 소자 값을 먼저 확인하자.

MOSFET	Length(nm)	Finger	Finger Width(μm)	Total Width(μm)
nmos1v(NM0)	100	1	1	1
nmos1v(NM1)	100	1	1	1
pmos1v(PM0)	100	1	3.99	3.99
pmos1v(PM1)	100	1	3.99	3.99

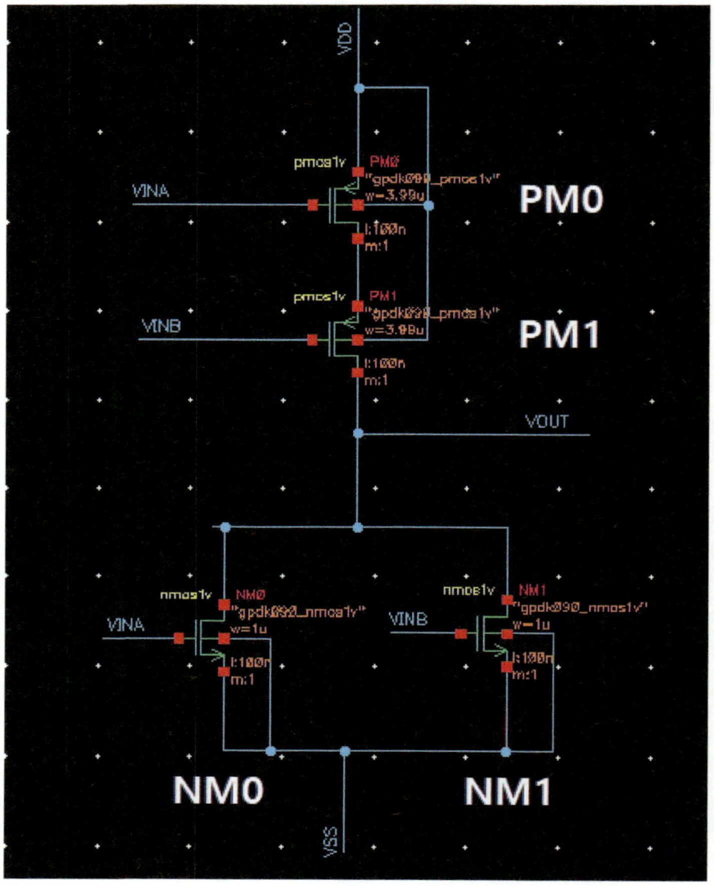

▶ MOSFET instance 불러오기

- 2-Input NAND 예제에서 finger를 이용하여 MOSFET을 layout하는 법을 배웠다. 2-Input NOR 역시 작은 면적과 효율적인 metal 연결을 위해 finger를 이용하여 MOSFET을 layout하면 그림과 같다.

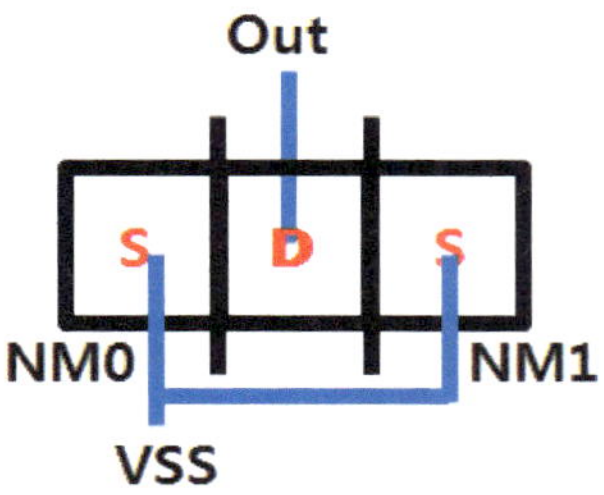
Out
S
D
S
NM0
NM1
VSS

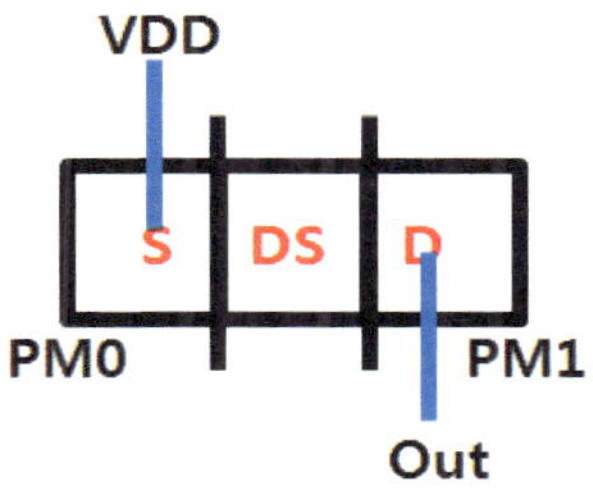
VDD
S
DS
D
PM0
PM1
Out

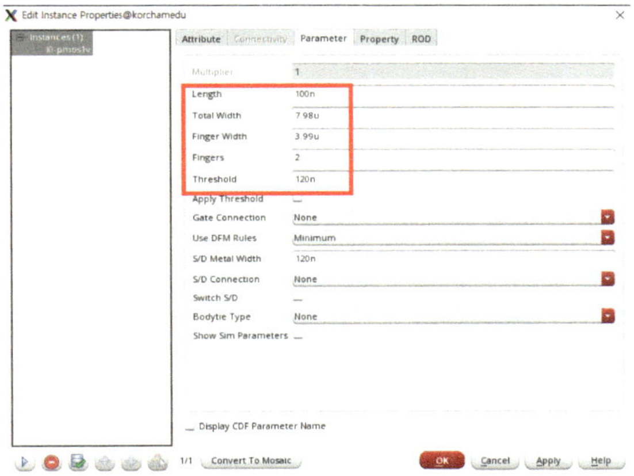
Edit Instance Properties@korchamedu
Attribute
Connectivity
Parameter
Property
ROD
Multiplier 1
Length 100n
Total Width 7.98u
Finger Width 3.99u
Fingers 2
Threshold 120n
Apply Threshold
Gate Connection None
Use DFM Rules Minimum
S/D Metal Width 120n
S/D Connection None
Switch S/D
Bodytie Type None
Show Sim Parameters
Display CDF Parameter Name
1/1
Convert To Mosaic
OK
Cancel
Apply
Help

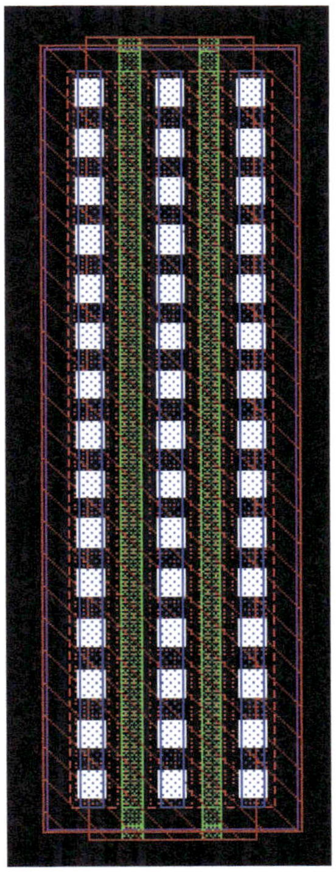

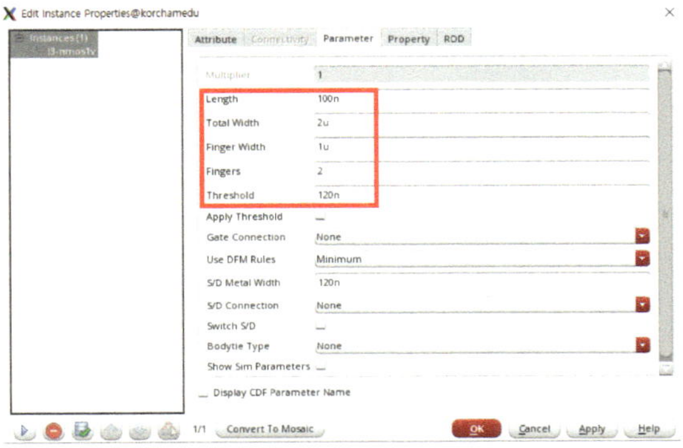
Edit Instance Properties@korchamedu
Attribute
Connectivity
Parameter
Property
ROD
Multiplier 1
Length 100n
Total Width 2u
Finger Width 1u
Fingers 2
Threshold 120n
Apply Threshold
Gate Connection None
Use DFM Rules Minimum
S/D Metal Width 120n
S/D Connection None
Switch S/D
Bodytie Type None
Show Sim Parameters
Display CDF Parameter Name
1/1
Convert To Mosaic
OK
Cancel
Apply
Help

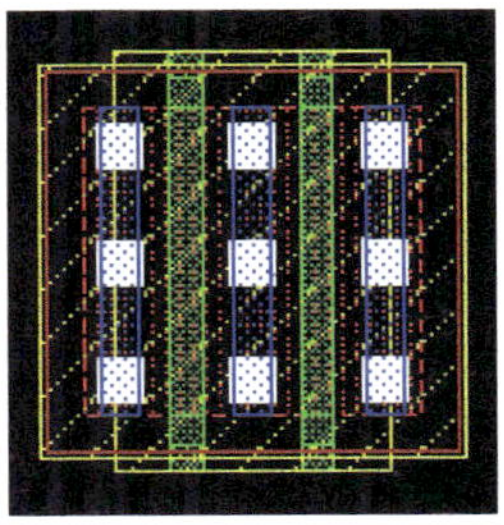

- 여기서 NMOS를 불러올 때 S/D Connection 부분에서 Source에 체크를 한 이유는 위의 finger 설명 그림에서 NM0과 NM1의 source가 서로 연결되어 있으므로 instance를 불러올 때 옵션에서 미리 설정한 것이다.

▶ VDD & VSS instance 불러오기

- Contact 명령(단축키 'o')을 이용하여 VDD 및 PMOS의 body와 VSS 및 NMOS의 body로 사용될 instance를 불러온다.

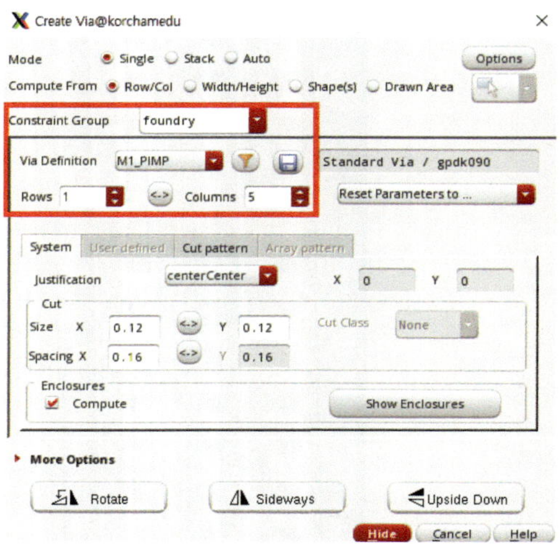

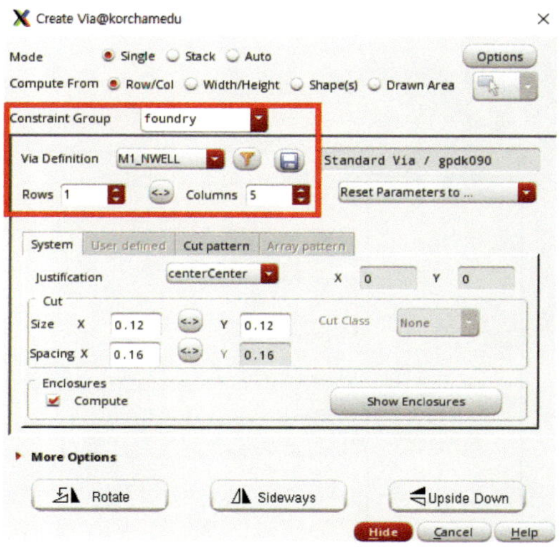

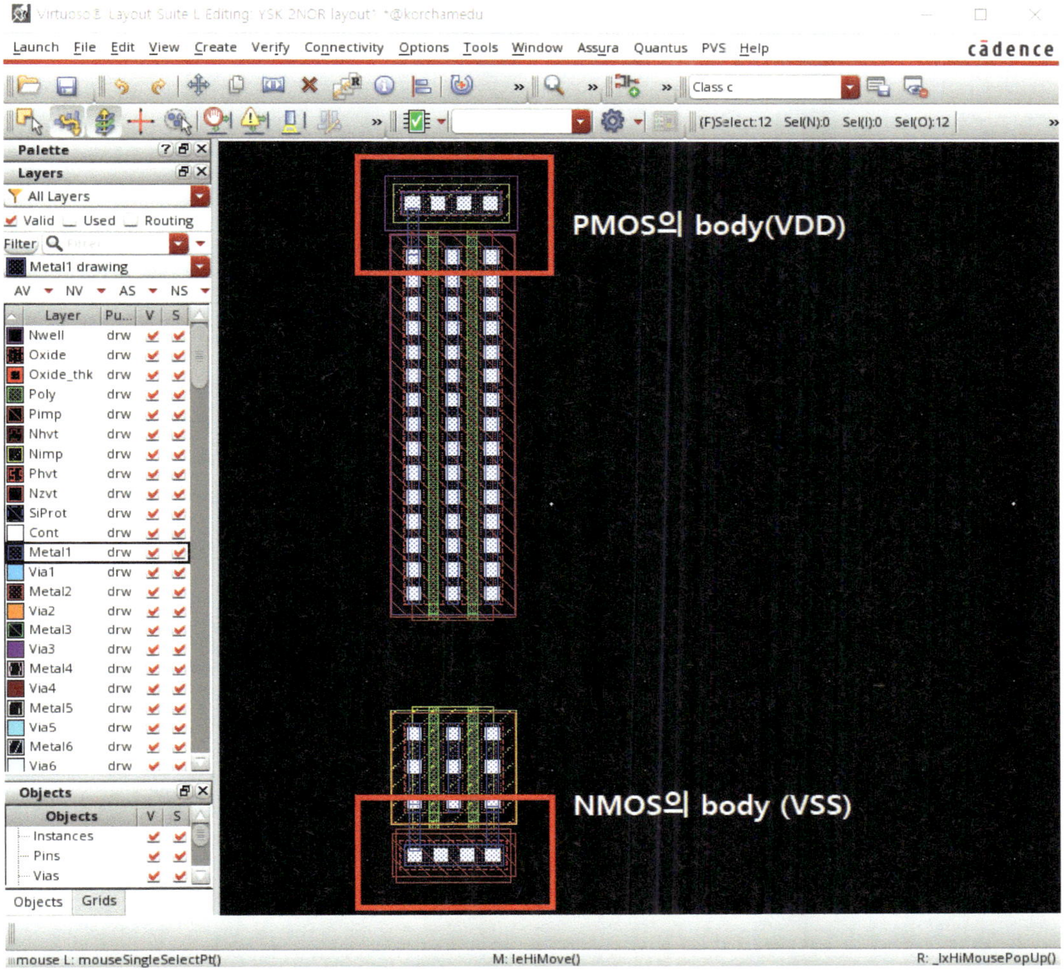

▶ Net 및 입/출력 연결하기

- Path 명령(단축키 'p')을 이용하여 PMOS와 NMOS의 gate를 Poly layer로 연결하고 PM0의 source는 VDD에 NMOS의 source는 VSS에 Metal1 layer로 연결한다. 그리고 NM0과 NM1이 공유하고 있는 drain과 PM1의 drain을 Metal1 layer로 연결한다.

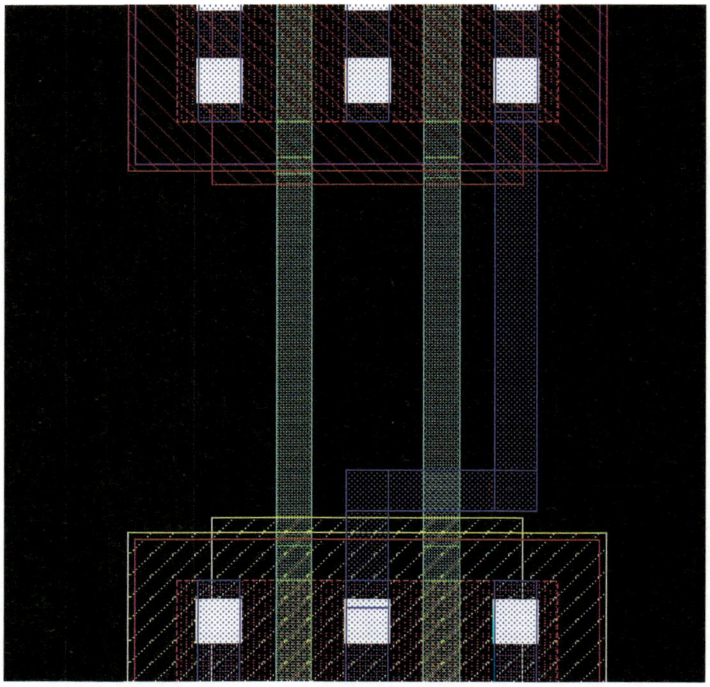

- PMOS와 NMOS의 gate가 Poly layer로 연결되어 있지만 입력 pin으로 지정하기 위해 Contact 명령(단축키 'o')을 이용하여 M1_POLY1 contact을 넣고 Path 명령(단축키 'p')을 이용하여 Metal1 layer를 연결한다. 여기서는 2-Input NAND 예제의 DRC 확인에서 Poly와 Poly의 간격이나 Metal1 과 Metal1의 간격이 최소 0.3㎛가 되어야 한다는 것을 알았으므로 DRC error를 줄이기 위해 미리 적당한 거리를 띄우고 layout 하자.

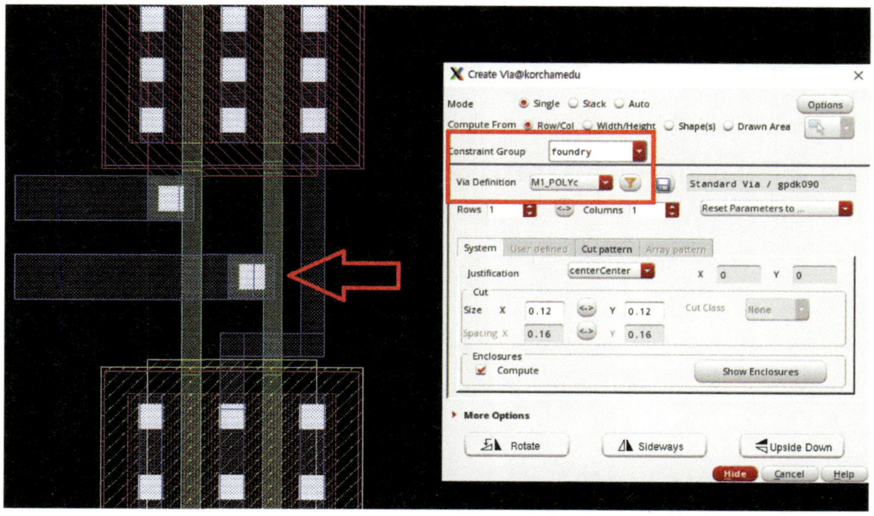

▶ Pin 지정

- Label 명령을 이용하여 pin을 연결하자. 명령(단축키 'l')을 이용하여 Input pin인 VINA, VINB, VDD, VSS와 Output pin인 VOUT을 layout에 적용한다.

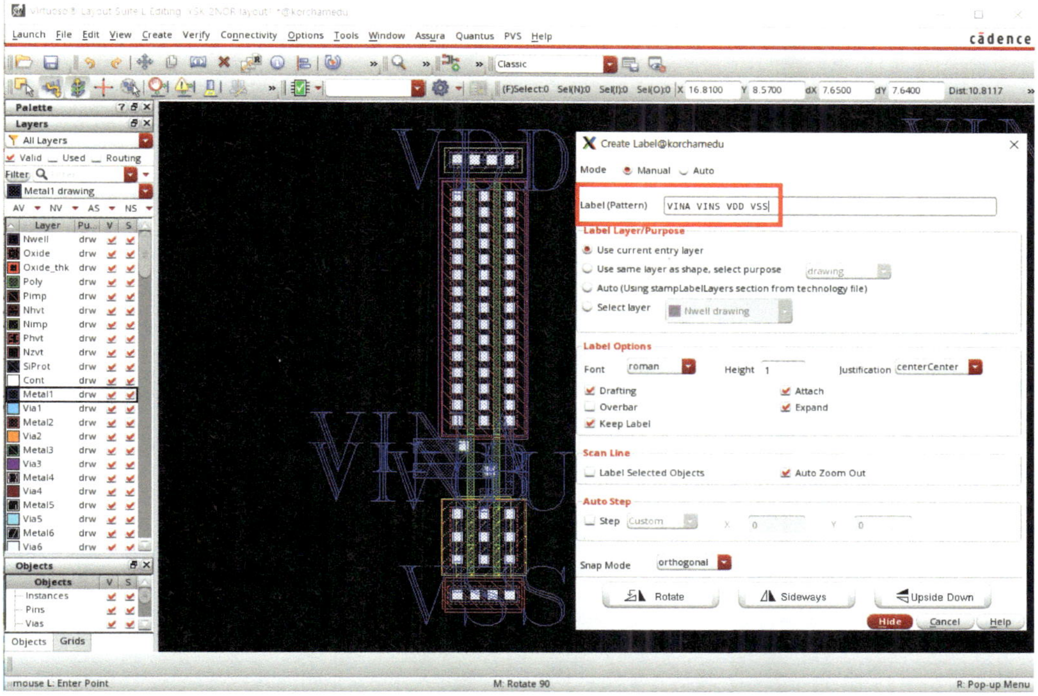

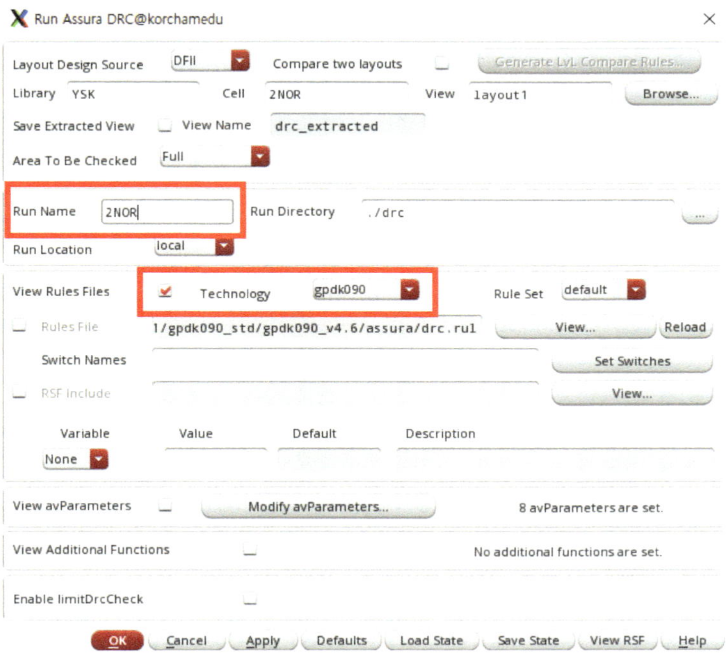

② Layout 검증

▶ Run DRC

- Assura Tool(Assura → Run DRC)을 이용하여 design rule에 맞게 layout 했는지 확인해 보자.

- Net 및 입/출력 연결하기에서 미리 알고 있던 최소 거리를 띄우고 layout한 덕분에 DRC error가 없다는 메시지가 출력된다.

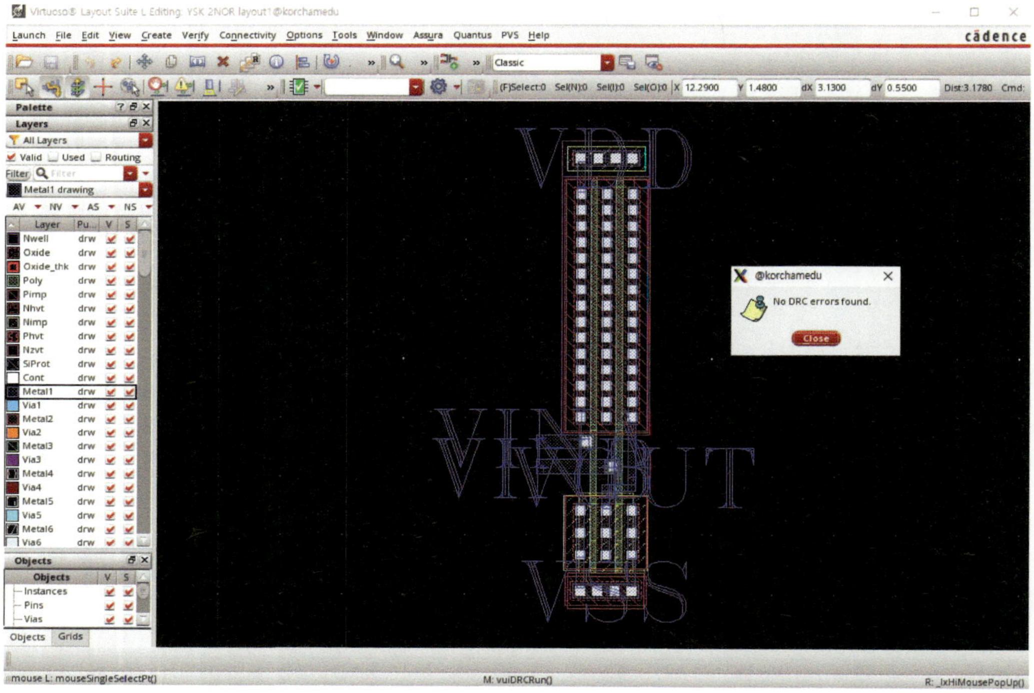

▶ Run LVS

- Assura Tool(Assura → Run LVS)을 이용하여 schematic과 layout이 일치하는지를 확인해보면, 서로 일치한다는 메시지를 출력해준다.

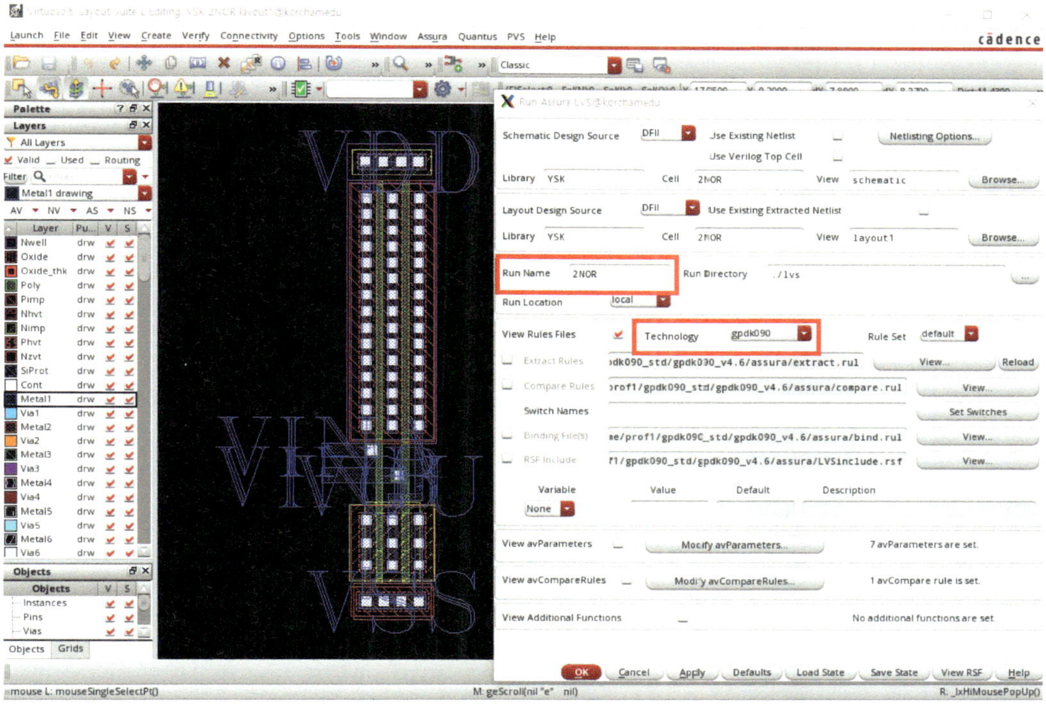

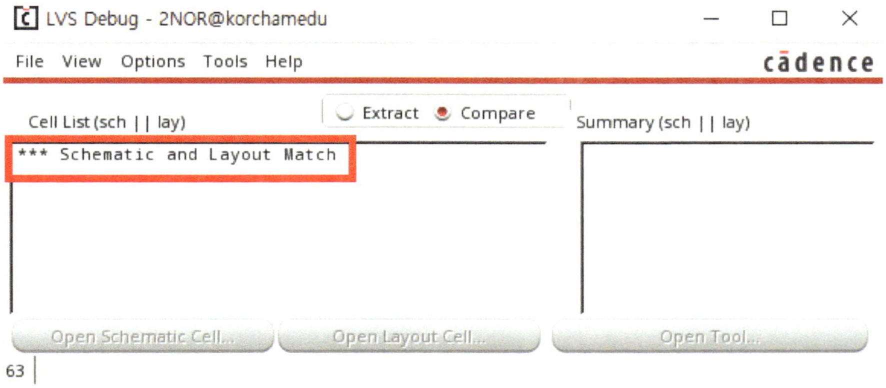

6.4 MUX

1) 논리게이트로 설계한 MUX 이론

멀티플렉서 회로는 많은 수의 데이터 입력신호, 한 개 이상의 선택 입력신호, 그리고 한 개의 출력신호를 가지고 있다. 즉, 여러 입력 데이터 중 선택 신호에 상응하는 하나의 데이터만 출력으로 내보내는 역할을 하는 것이다. 다음 그림은 2×1 멀티플렉서 회로를 보여준다. a는 일반적으로 멀티플렉서를 나타내는 기호이다. 선택입력 s는 입력 W_0 또는 W_1을 멀티플렉서 출력으로 선택한다. 멀티플렉서의 진리표는 아래와 같다.

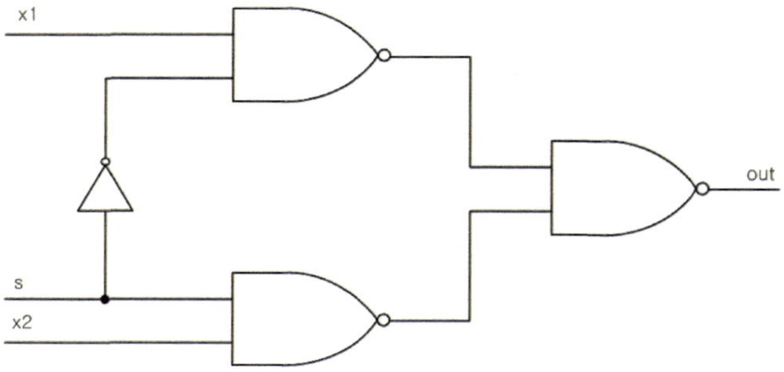

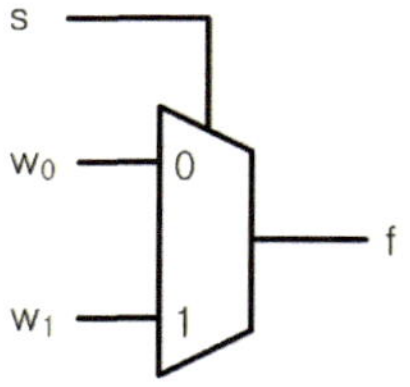

s	f
0	W_0
1	W_1

2) Simulation

① Simulation 준비

▶ Techfile 적용한 Library 생성한다.

▶ 만들어진 Library를 click하고 File → New → Cell View... click 한다.

▶ Cell View을 2x1MUX라고 설정한다.

② 회로도 그리기

▶ 앞에서 만든 2NAND와 inverter의 symbol을 불러들여 아래와 같은 회로도를 그린다.

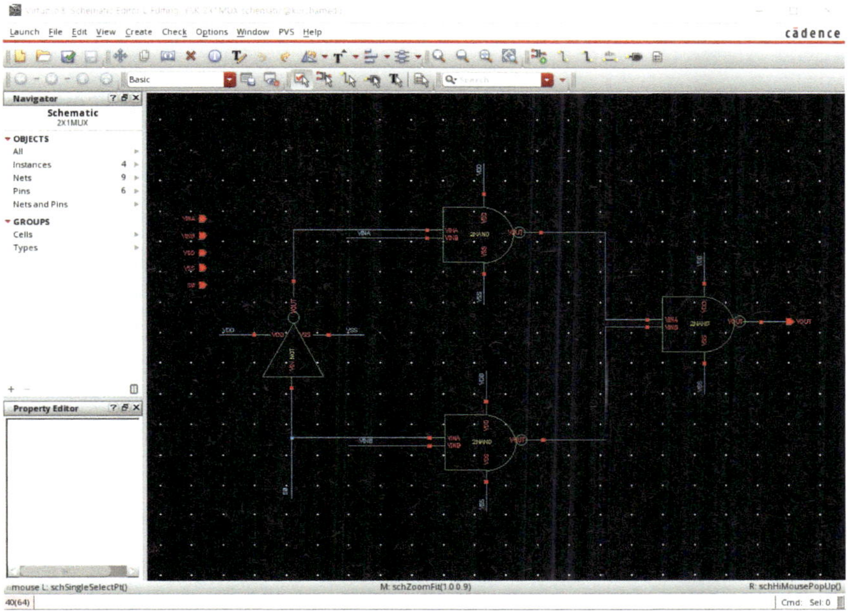

▶ Design → Create Cellview → From Cellview …를 통해 Symbol을 그린다.

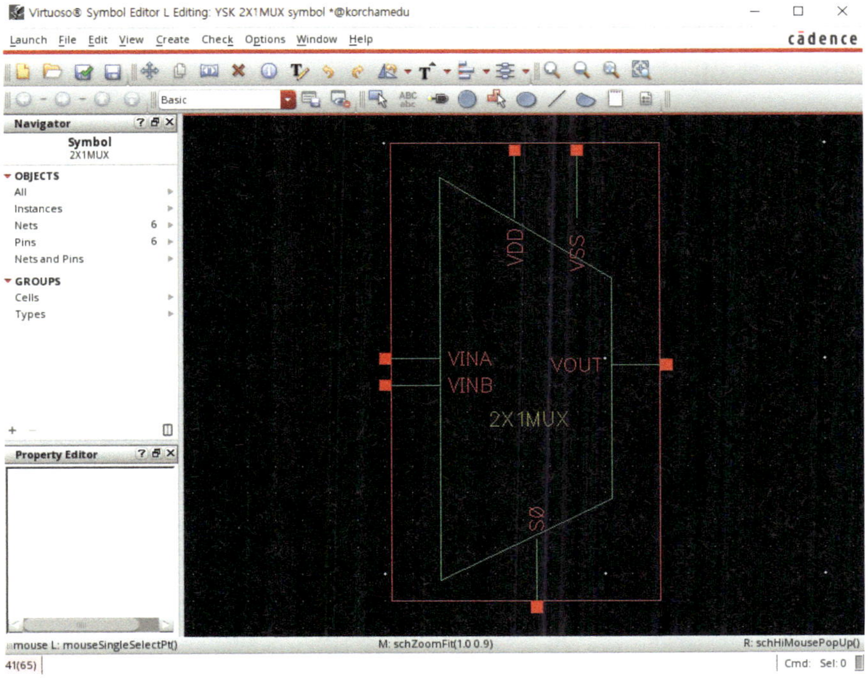

▶ Simulation을 통한 2x1MUX의 정확한 동작을 확인하기 위해서 Transient Analysis를 하도록 한다. Add Instance에서 analogLib에 있는 vpulse를 불러오며 vpulse는 입력을 펄스 전압으로 인가 할 수 있다.

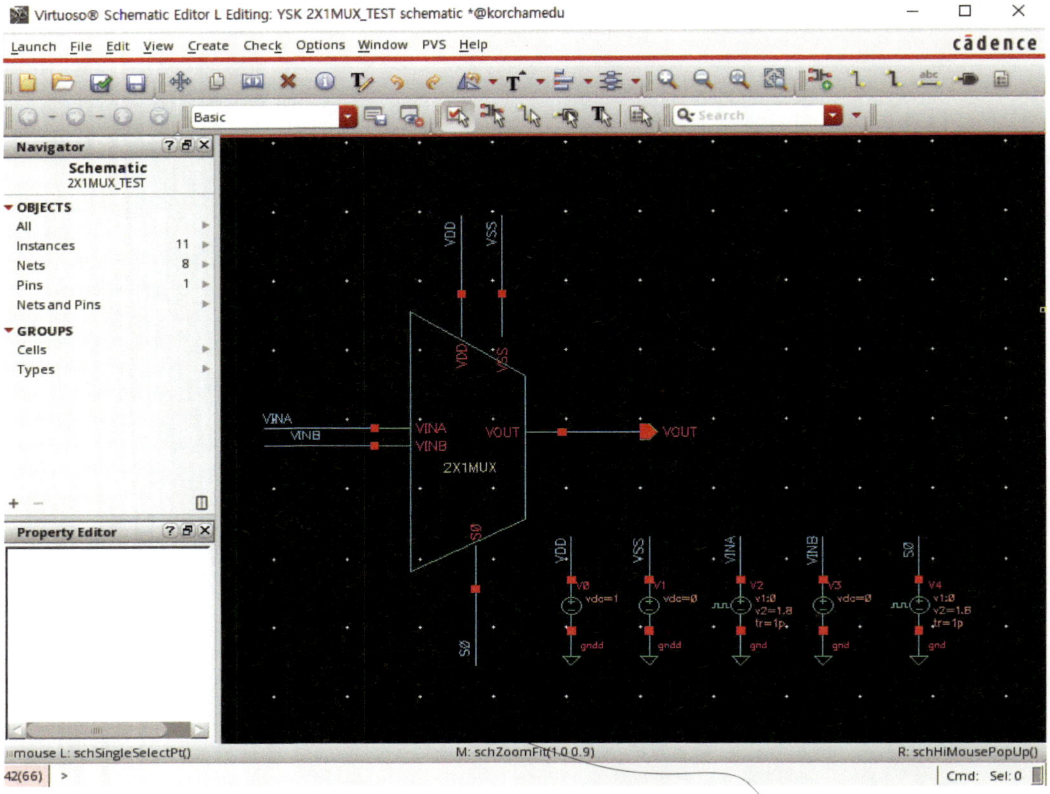

▶ vpulse 값 입력하기

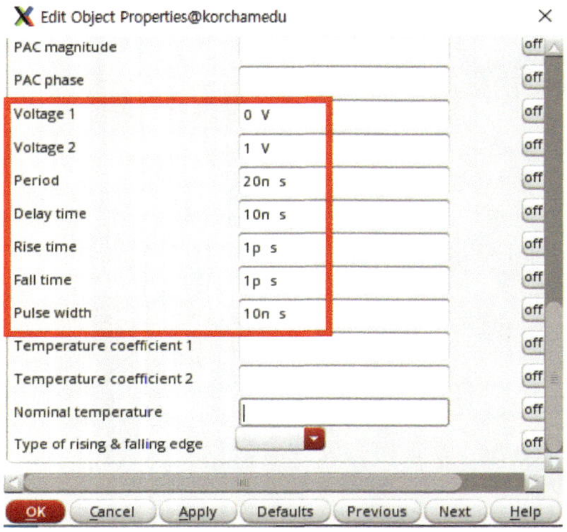

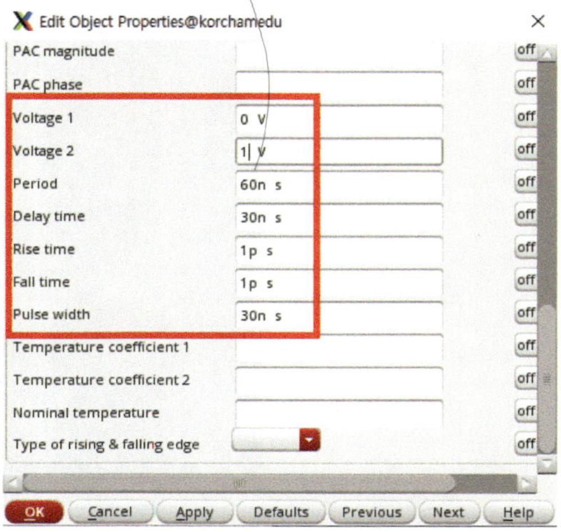

③ Launch

▶ Simulation을 실행하기 위해서 ADE L 실행시킨다. Launch → ADE L를 click 한다.

▶ Transient Analysis 해석을 위해 Analyses → Choose … 선택을 하고 tran을 check한다. Stop Time을 설정하고 moderate를 check한다.

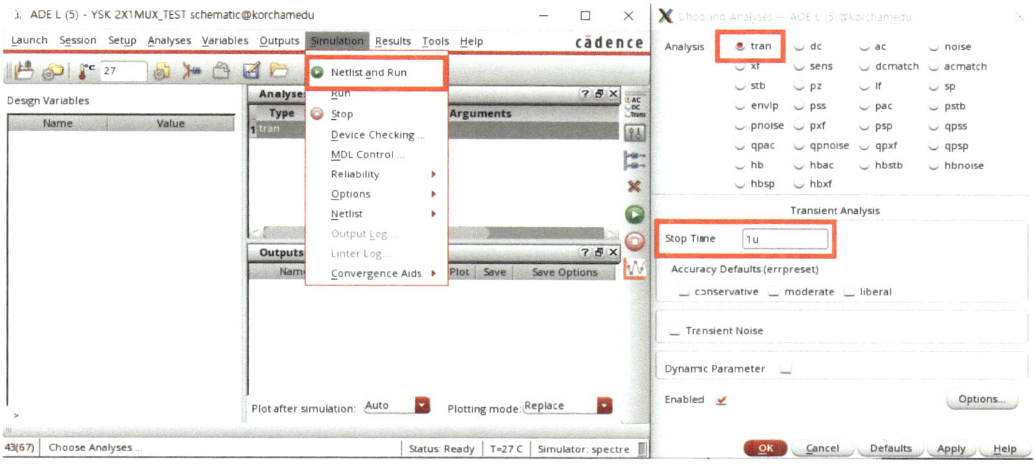

▶ 설정을 마친 뒤 simulation을 실행 시킨 후 결과를 확인하면 아래와 같은 결과 파형을 확인할 수 있다. 결과 파형 결과 2x1 MUX가 정확히 작동하는 것을 볼 수 있다.

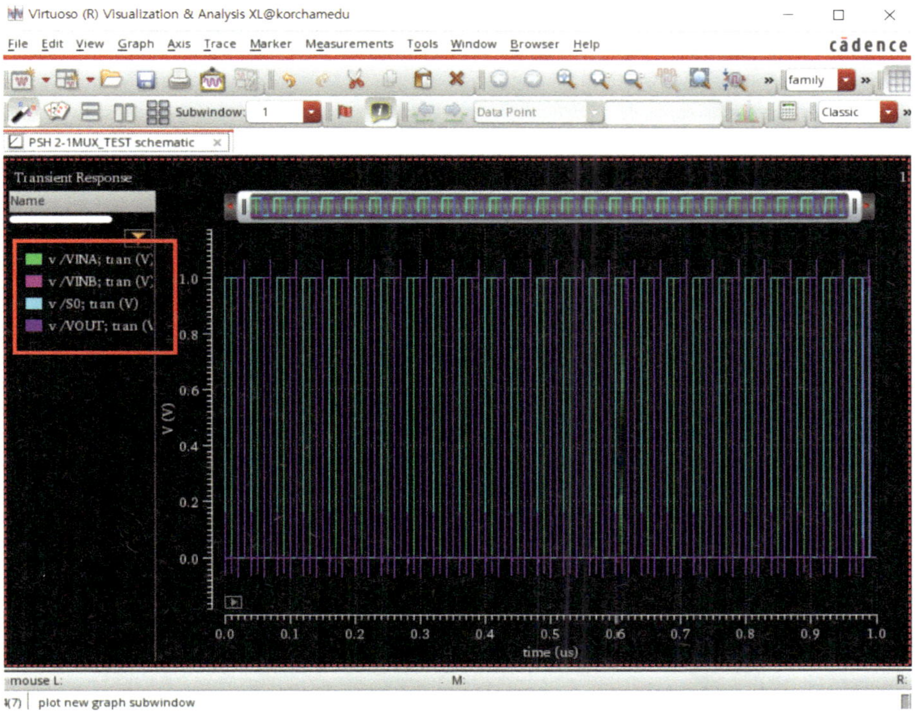

- 결과 파형 결과 2-Input NOR가 정확히 작동하는 것을 볼 수 있다.

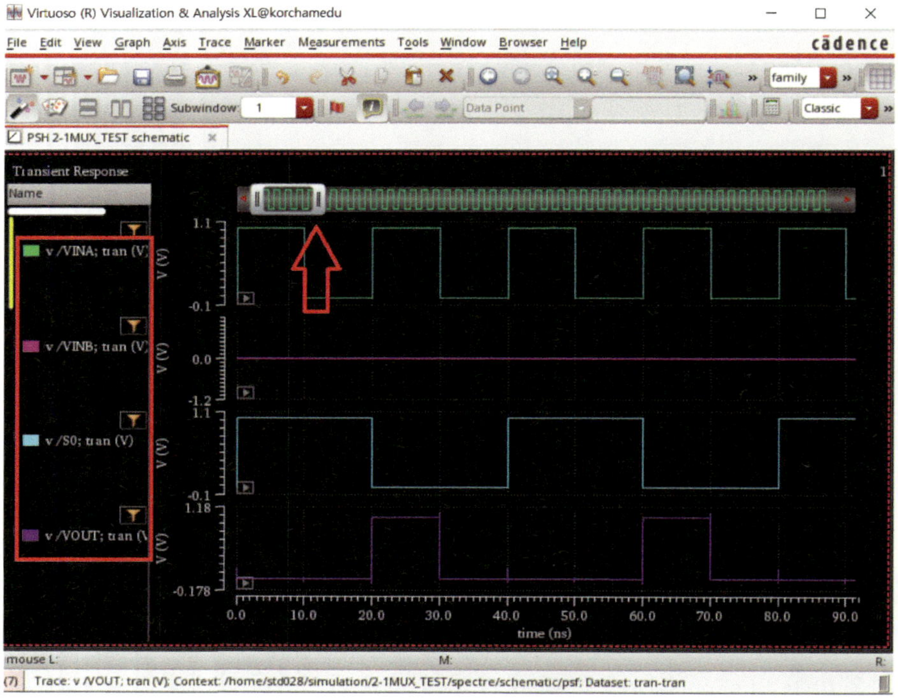

4) Layout

① Layout

▶ Schematic 확인

- Layout을 하기 전에 schematic을 확인하여 각 MOSFET의 소자 값을 먼저 확인하자. 2-1 Mux는 이미 앞 예제에서 설계한 3개의 2-Input NAND와 1개의 Inverter로 구성되어 있다.

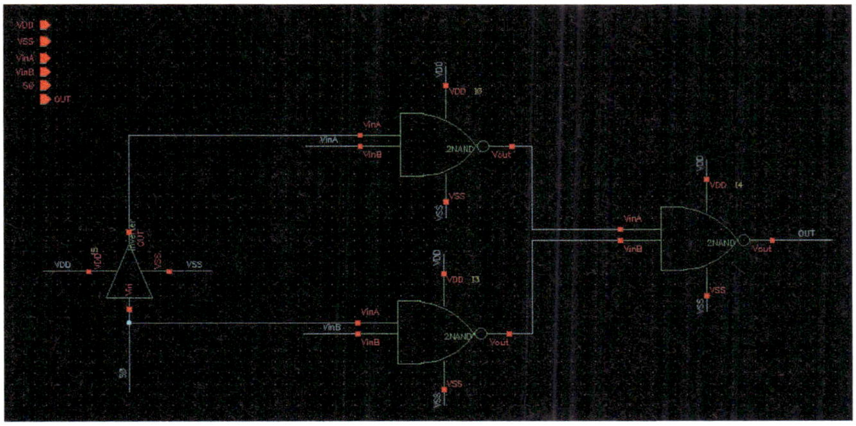

Component	MOSFET	Length(nm)	Finger	Finger Width(μm)	Total Width(μm)
Inverter	NMOS	100	1	1	1
	PMOS	100	2	1.455	2.91
2-Input NAND	NMOSs	100	1	1	1
	PMOSs	100	1	2.53	2.53

▶ MOSFET instance 불러오기

- 3개의 2-Input NAND 중 PMOS들의 source는 모두 VDD에 연결되어야 하고 drain만 NMOS의 drain과 연결되어 출력으로 연결하면 되므로 f.nger를 이용하여 layout할 수 있지만 NMOS들은 그렇지 않으므로 finger로 layout할 수 없다. 최종적으로 그리면 그림과 같고 주황색의 X표시는 contact 또는 via를 나타내며 net 연결 시 색깔을 달리한 것은 서로 다른 metal임을 의미한다.

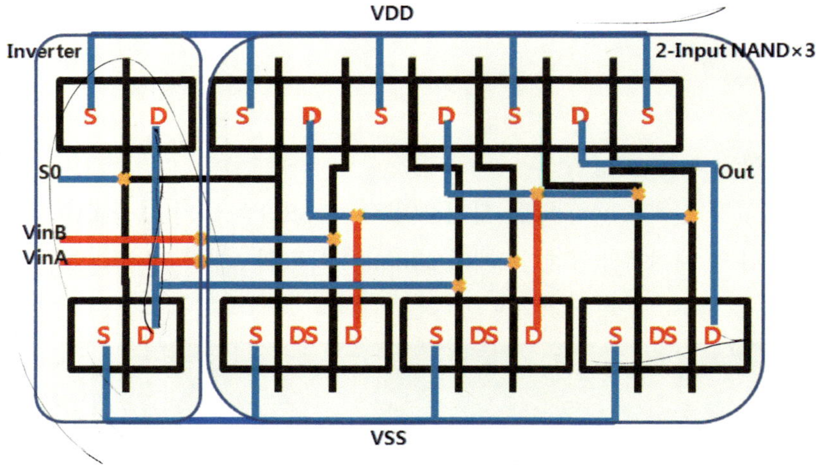

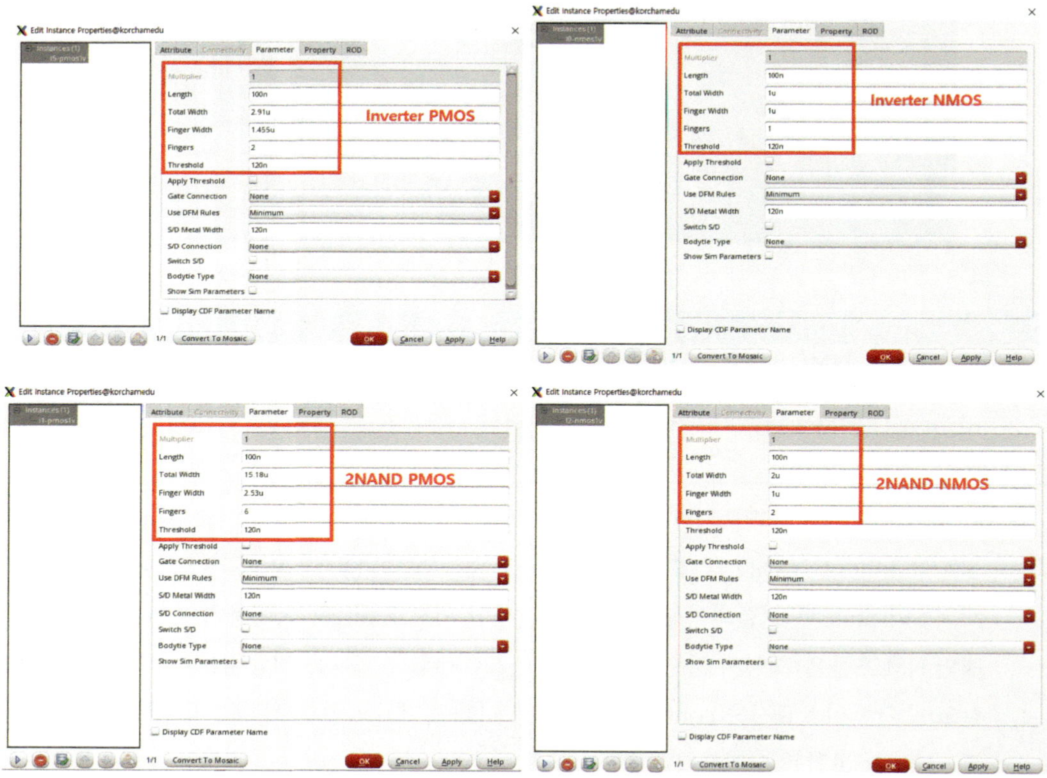

- Inverter의 PMOS instance를 불러올 때 length=1㎛, width=2.91㎛의 크기로 불러오면 그림과 같이 낭비되는 면적이 크므로 finger를 이용하여 length=1㎛, finger width=1.455㎛, finger=2의 크기로 지정하고 gate를 하나로 묶어주면 length=1㎛, width=2.91㎛와 같은 크기의 PMOS가 된다. Inverter의 PMOS와 2NAND의 PMOS는 모두 n-well 안에 있기

때문에 Inverter의 PMOS와 2NAND의 PMOS를 모두 포함 할 수 있는 큰 n-well을 만들어 주여 하나의 n-well 안에 들어오도록 한다. 이것은 나중에 DRC 검증에서도 error을 줄일 수 있는 방법중에 하나이다.

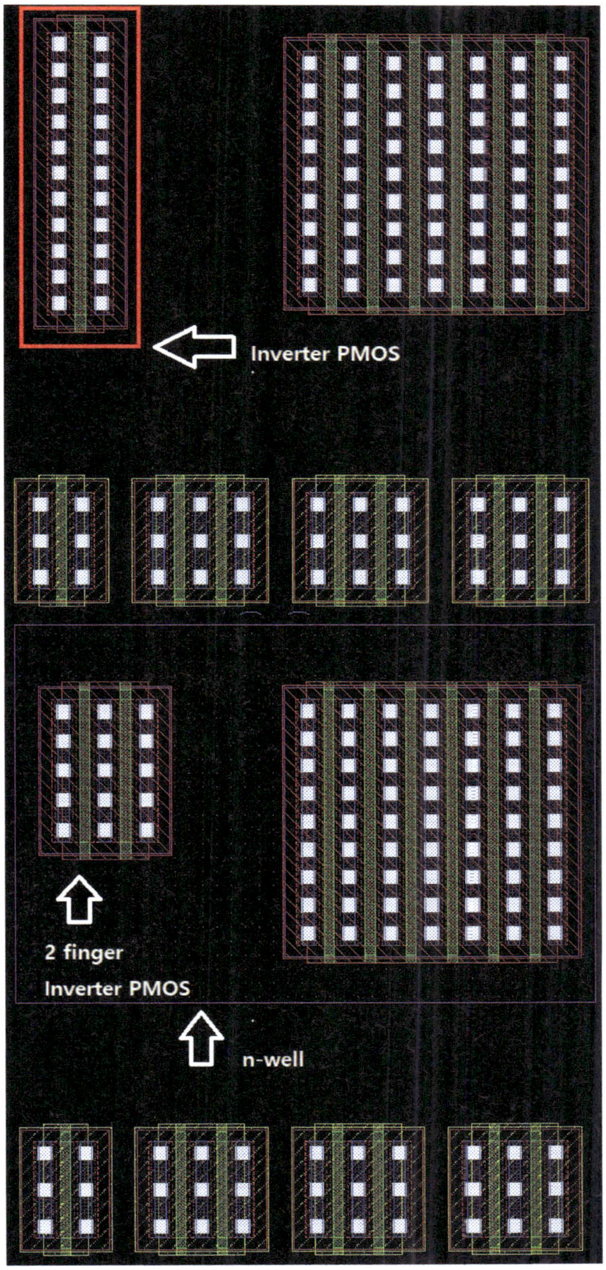

▶ VDD & VSS instance 불러오기

- Contact 명령(단축키 'o')을 이용하여 VDD 및 PMOS의 body와 VSS 및 NMOS의 body로 사용될 instance를 불러온다.

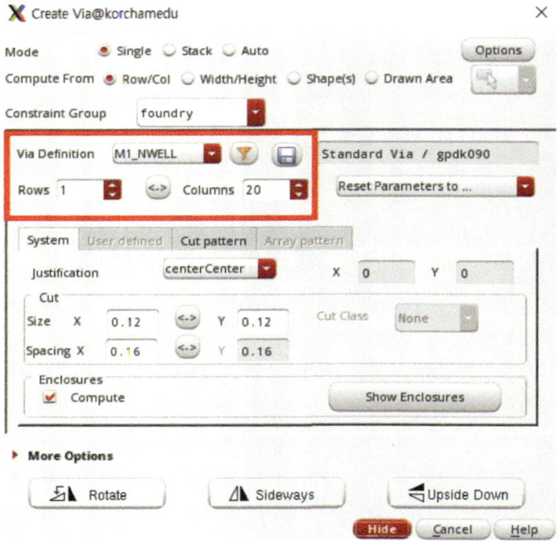

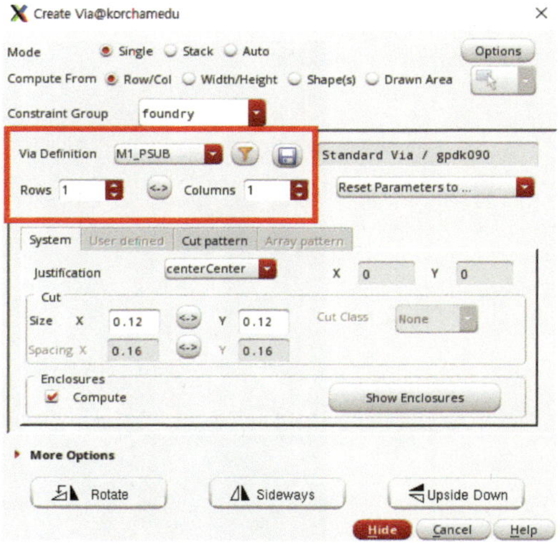

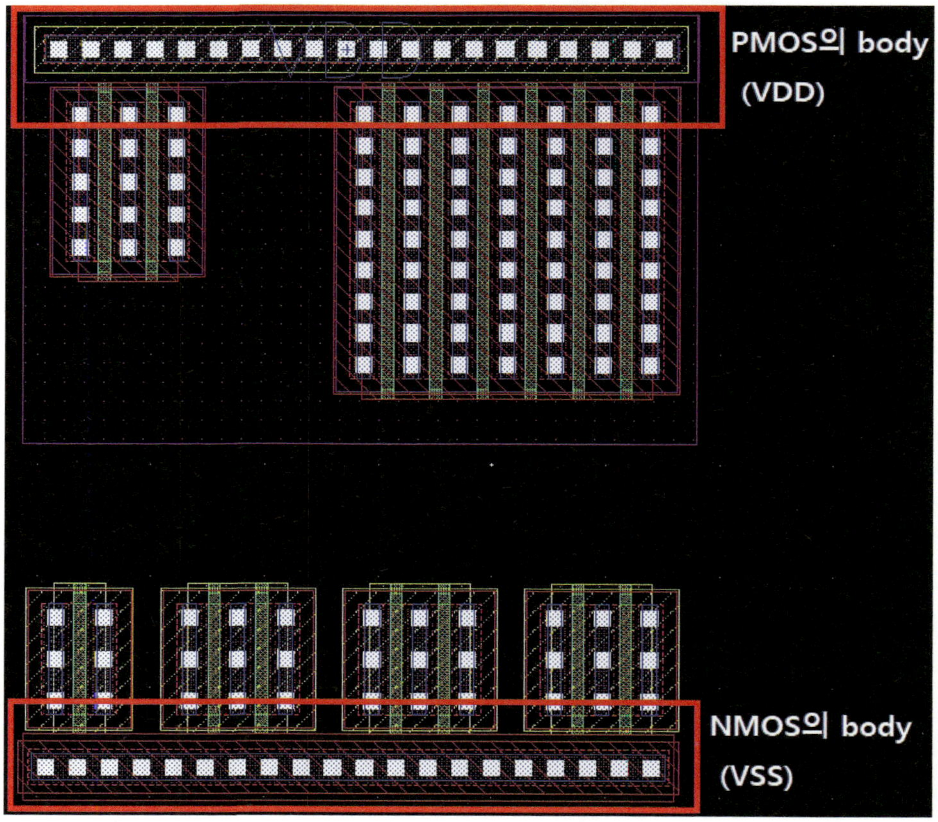

▶ Net 및 입/출력 연결하기

- Path 명령(단축키 'p')을 이용하여 앞의 'MOSFET instance 불러오기'의 그림처럼 net들을 연결하고 입/출력까지 연결하면 그림과 같다.

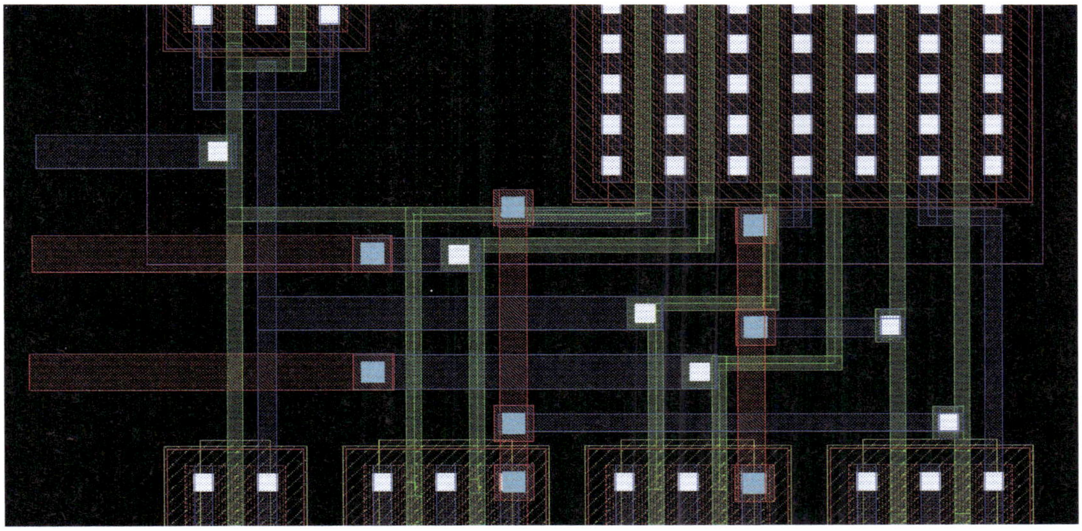

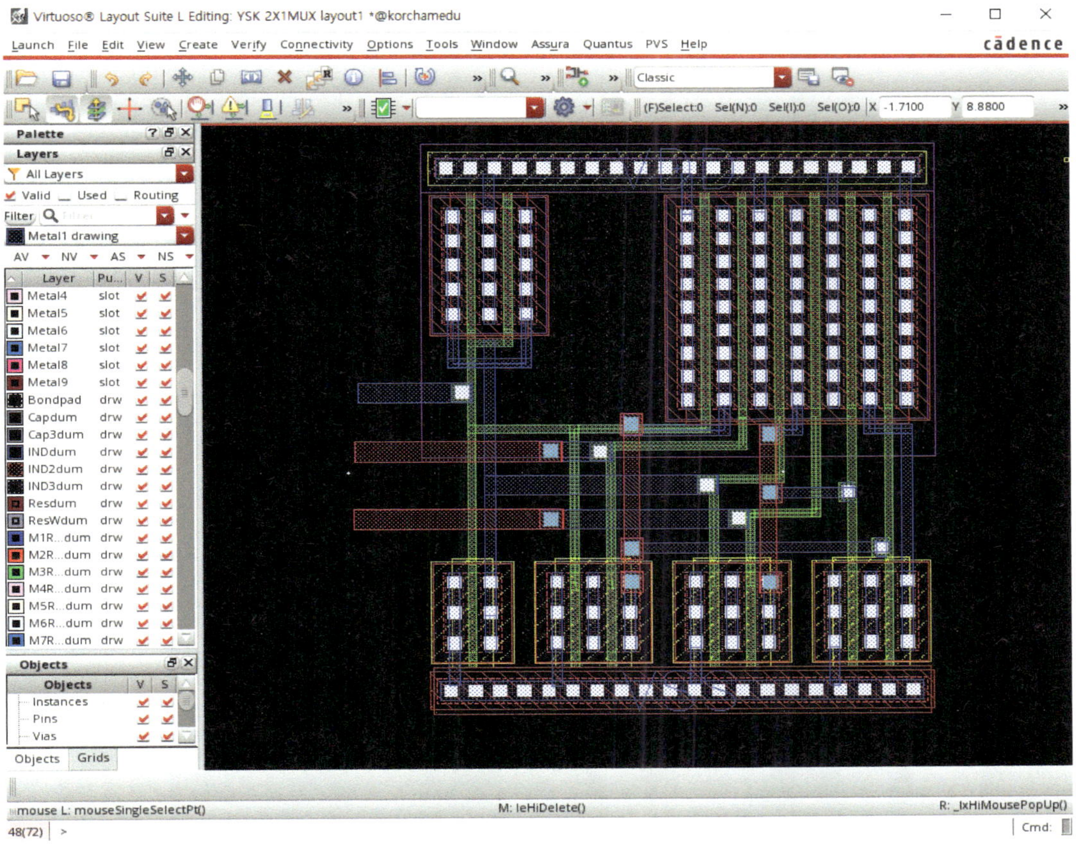

▶ Pin 지정

- Lable 명령(단축키 'l')을 이용하여 Input pin인 VINA, VINB, S0, VDD, VSS와 Output pin인 VOUT을 layout에 적용한다.

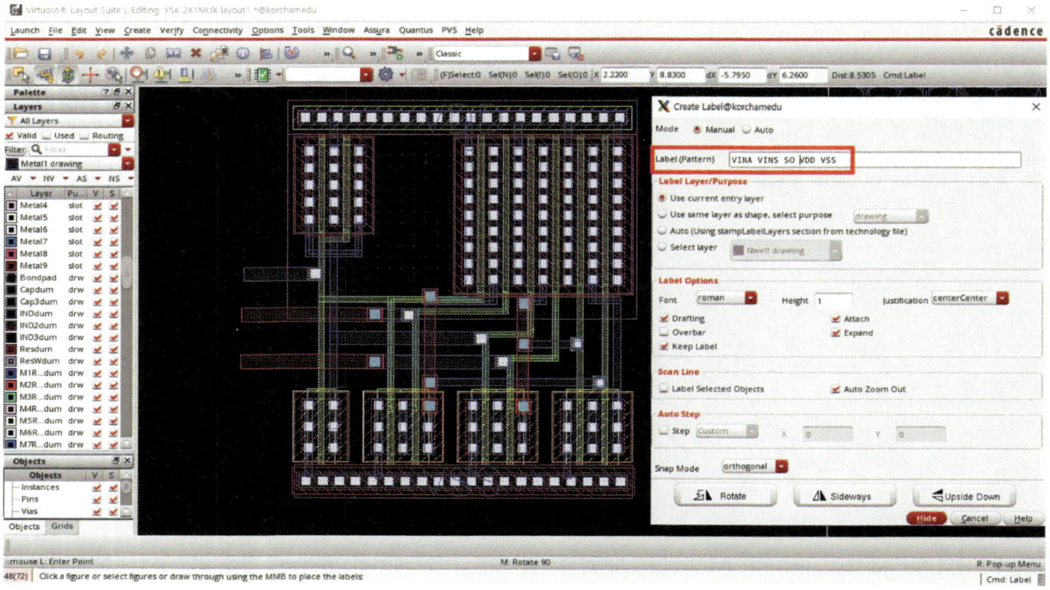

- 입력 VINA와 VINB를 Metal1 layer로 연결 할 경우 회로에서 short가 발생하여 VINB와 VINA를 Metal2 layer로 지정해야 한다.

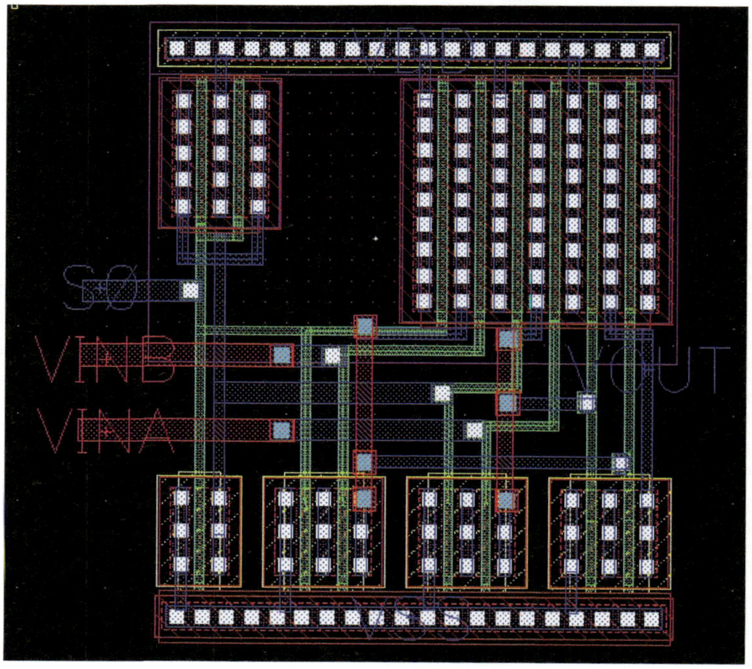

② Layout 검증

▶ Run DRC

- Assura Tool(Assura → Run DRC)을 이용하여 design rule에 맞게 layout 했는지 확인해 보자.

- DRC를 실행하면 error가 없다는 메시지가 출력된다.

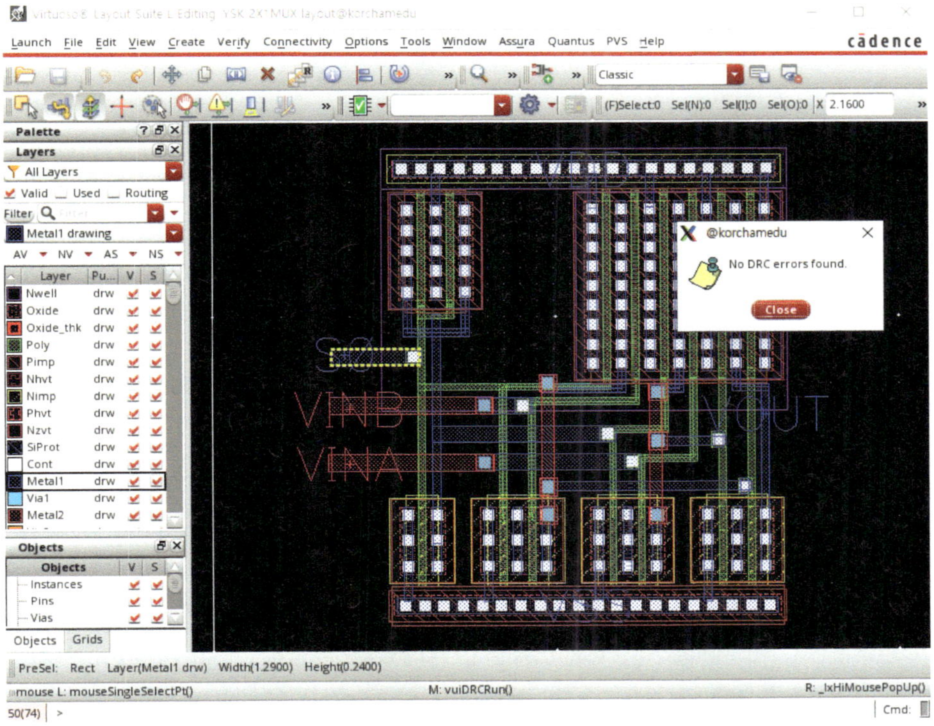

▶ Run LVS

- Assura Tool(Assura → Run LVS)을 이용하여 schematic과 layout이 일치하는지를 확인해보자.

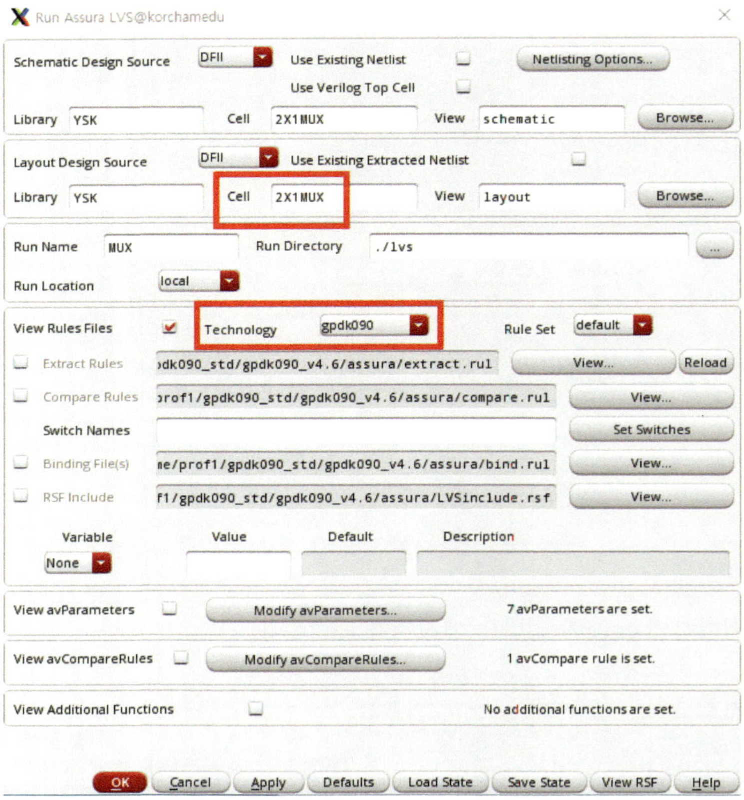

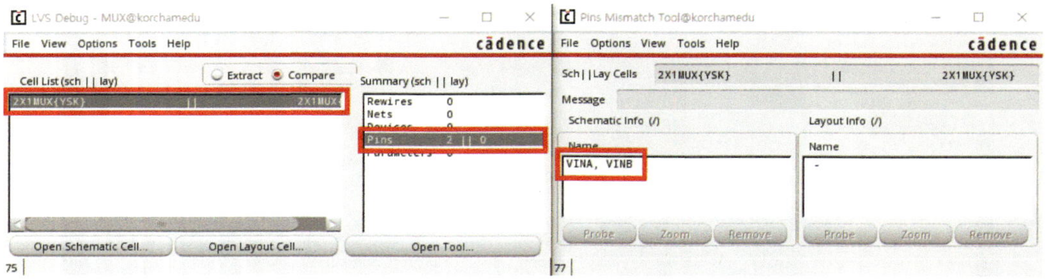

- Mismatch Tool의 메시지를 보면 schematic에는 VINA, VINB pin이 있지만 layout에는 없다고 error 메시지를 내보내고 있다. 이것은 앞에서 VINA, VINB pin을 지정할 때 Pin Type을 Metal2 lable로 지정하지 않고 Metal1 lable로 지정하는 실수를 했기 때문이다. VINA와 VINB는 Metal2 layer로 입력을 선택하였기 때문에 Pin Type 역시 Metal2 lable로 지정해야 해야 LVS error를 제거 할 수 있다.

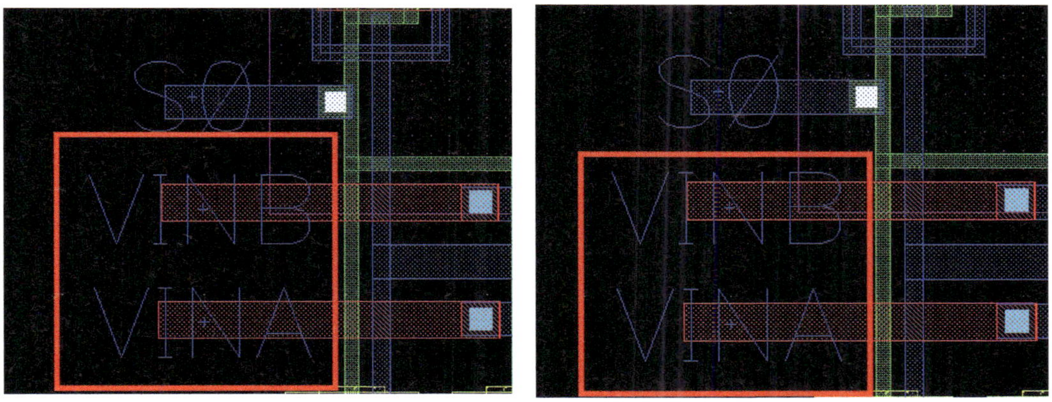

- 수정한 후 LVS를 다시 실행하면 LVS mismatch 메시지가 출력되는데 I5 device의 PM0이 schematic에는 있는데 layout에는 없고 schematic에는 없는 device가 layout에는 있다고 메시지를 출력하고 있다.

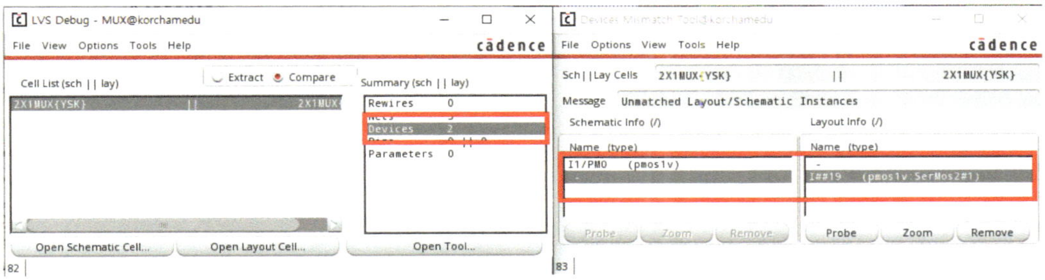

- 이것은 앞에서 설명하지는 않았지만 Inverter의 PMOS를 finger를 이용하여 layout했는데 source/drain의 연결이 잘못되어 제대로 인식하지 못했기 때문이다.

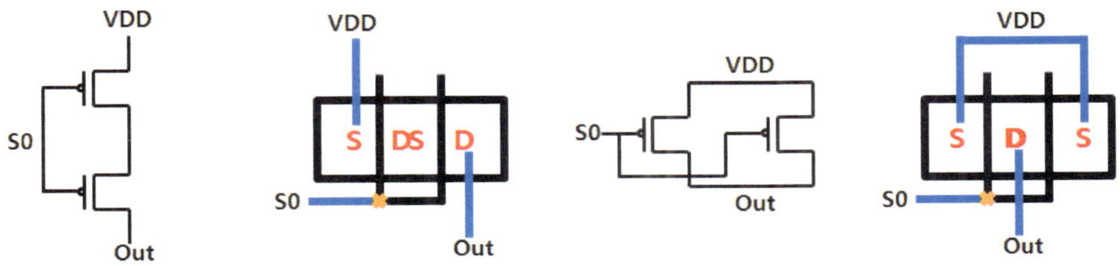

- 2개의 PMOS가 병렬로 연결되어 있어야 width가 2배가 되어 하나의 PMOS처럼 여겨지는 것인데 앞에서의 layout은 2개의 PMOS를 직렬로 연결하여 서로 다른 PMOS 2개를 layout 한 것과 같게 되기 때문에 LVS mismatch가 발생한 것이다. 이 부분을 수정한 후 다시 LVS를 실행하면 schematic과 layout이 서로 일치하는 것을 확인할 수 있다.

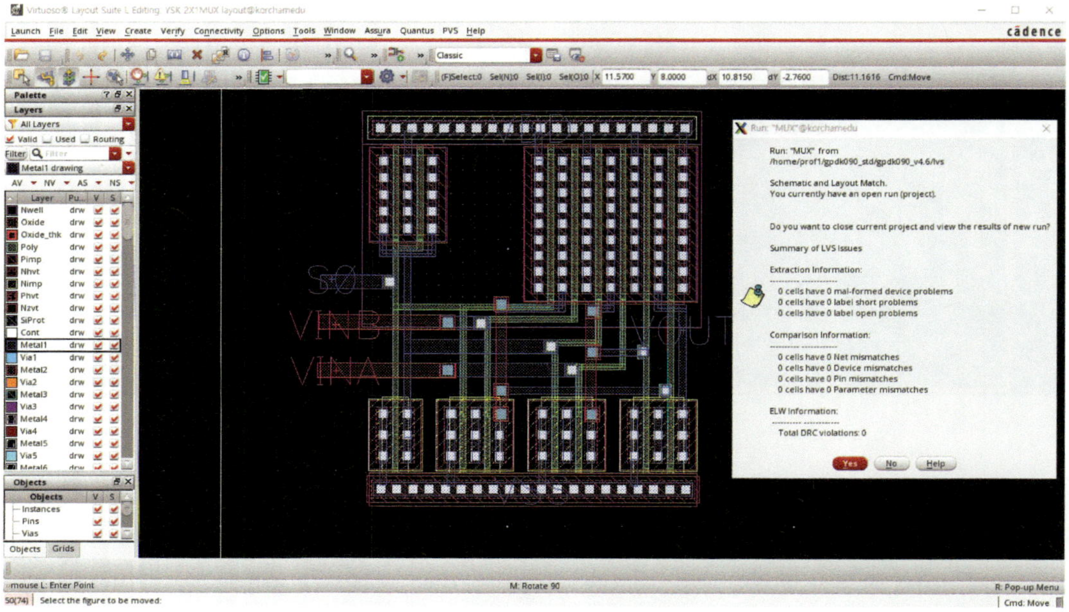
Launch File Edit View Create Verify Connectivity Options Tools Window Assura Quantus PVS Help
cādence
Run: "MUX" from
/home/prof1/gpdk090_std/gpdk090_v4.6/lvs
Schematic and Layout Match.
You currently have an open run (project).
Do you want to close current project and view the results of new run?
Summary of LVS Issues
Extraction Information:
0 cells have 0 mal-formed device problems
0 cells have 0 label short problems
0 cells have 0 label open problems
Comparison Information:
0 cells have 0 Net mismatches
0 cells have 0 Device mismatches
0 cells have 0 Pin mismatches
0 cells have 0 Parameter mismatches
ELW Information:
Total DRC violations: 0
Yes
No
Help
S0
VINB
VINA
VOUT

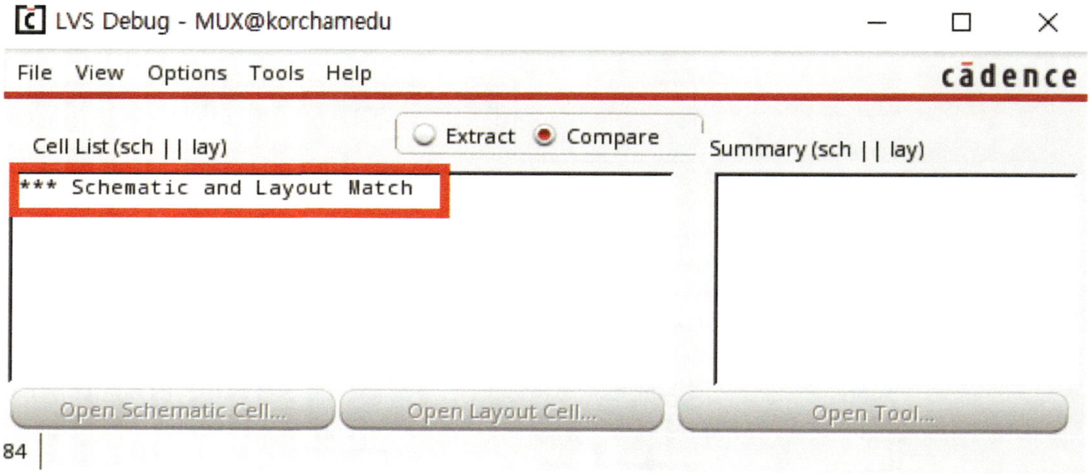
LVS Debug - MUX@korchamedu
File View Options Tools Help
cādence
Extract Compare
Cell List (sch || lay)
Summary (sch || lay)
*** Schematic and Layout Match
Open Schematic Cell...
Open Layout Cell...
Open Tool...
84

6.5 Switch

1) 설계 이론

CMOS 스위치가 어떠한 방식으로 동작하는지 이해하기 위해서는 기본적인 구조와 동작을 이해할 필요가 있다. 보통의 반도체(solid-state) 아날로그 스위치는 그림에서 보는 것과 같이 채널 극성이 서로 반대이면서 하나의 전달 게이트를 구성하는 2개의 MOSFET으로 이루어진다. 이들 FET 게이트에서의 제어 전압(SEL)은 반대 극성의 DC 전압들이다. NMOS 트랜지스터의 게이트가 하이(high)이고 PMOS 트랜지스터의 게이트가 로우(lcw)이면 스위치가 폐쇄된다. 양의 입력 전압은 PMOS의 gate를 negative bias로 구동함으로써 PMOS 온-저항을 감소시킨다. 그러므로 PMOS가 양의 전압을 위한 주된 전류 경로가 된다. 반대로, 입력 단자로 음의 전압이 인가되면 NMOSFET의 VGS 전압을 증가시킴으로써 이의 온-저항을 감소시키고 전류가 NMOS 경로를 통해서 흐를 수 있게 한다. 이러한 기본적인 스위치 아키텍처는 양의 전압과 음의전압 모두를 통과할 수 있게 하지만 그와 함께 스위치의 전체적인 저항이 입력 신호에 따라서 변화하도록 한다.

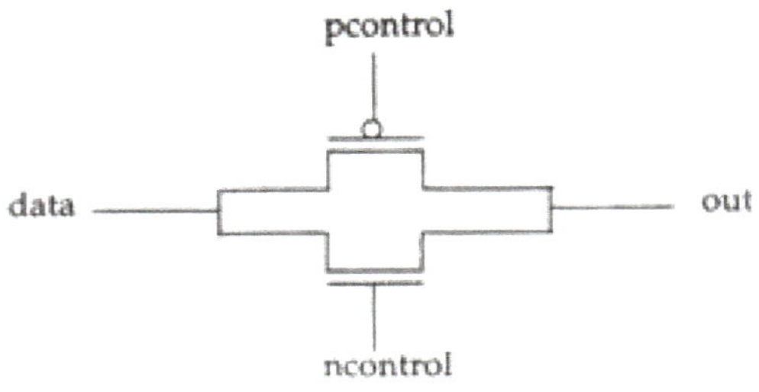

CMOS

2) Simulation

① Simulation 준비.

▶ Techfile 적용한 Library 생성한다.

▶ 만들어진 Library를 click하고 File → New → Cell View... click 한다.

▶ Cell View을 differential로 설정한다.

② 회로도 그리기.

▶ 소자를 불러들여 회로를 그린다.

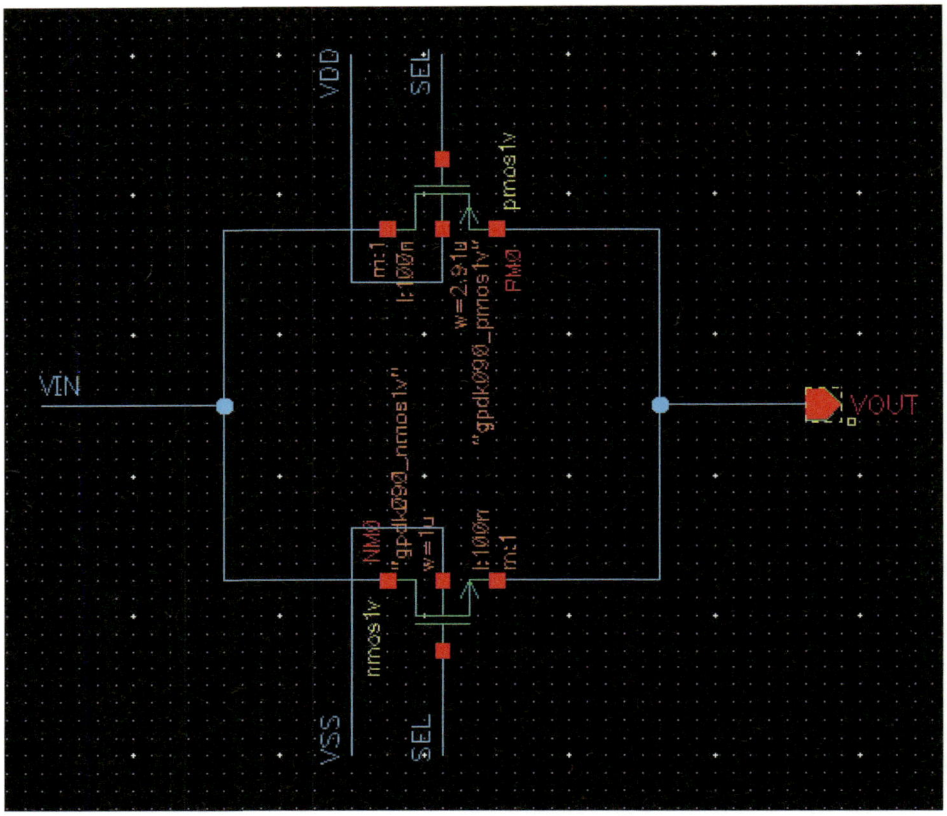

▶ 아래의 소자 값은 앞에서 구한 inverter와 동일한 값으로 setting을 해준다.

MOSFET	Length(nm)	Fingers	Finger Width(μm)	Total Width(μm)
pmos1v(PM1)	100	1	2.91u	2.91u
nmos1v(NM0)	100	1	1	1

▶ Design → Create Cellview → From Cellview …를 통해 Symbol을 그린다. switch의 symbol을 만들 때 inverter와 동일 한 작업으로 하며 VDD, VSS는 위쪽에 SEL는 아래쪽에 배치하여 symbol을 완성한다. Symbol을 완성하고 나면 반드시 check and save를 누르고 error나 warning이 있는지 확인하고 error나 warning이 있을 경우 error나 warning를 해결하고 작업을 종료한다.

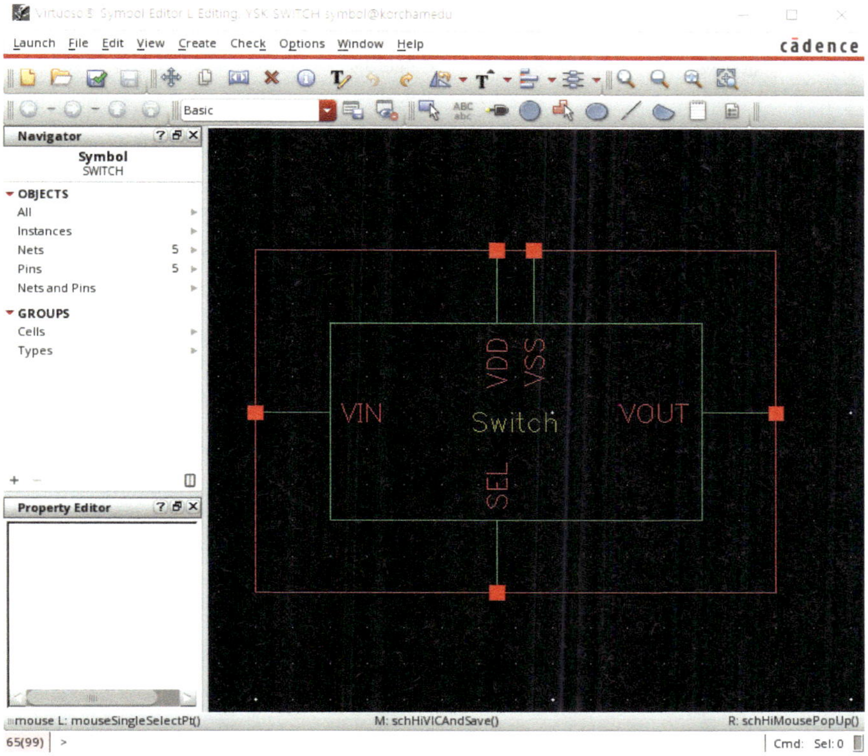

4) Layout

① Layout

▶ Schematic 확인

- Layout을 수행하기 전에 반드시 2NAND schematic을 확인하여 각 MOSFET의 소자 값을 먼저 확인하자.

MOSFET	Length(㎚)	Fingers	Finger Width(㎛)	Total Width(㎛)
pmos1v(PM1)	100	1	2.91u	2.91u
nmos1v(NM0)	100	1	1	1

▶ MOSFET instance 불러오기

- 2개의 NMOS를 layout 하는 방법은 아래 그림처럼 여러 가지이지만 가장 작은 면적을 차지하면서 MOSFET의 각 terminal을 가장 짧게 연결할 수 있는 방법은 제일 오른쪽에 있는 방법이다. NM0과 NM1의 source와 drain이 연결되어 있으므로 서로 공유하고 나머지 terminal은 해당 net으로 연결하면 된다.
- 2개의 PMOS를 layout 하는 방법도 NMOS와 마찬가지로 여러 가지 방법이 있지만 가장 효율적인 방법이 아래 그림에서 가장 오른쪽에 있는 방법이다. PM0과 PM1의 drain을 공유해서 출력으로 연결하고 source는 VDD에 연결하면 된다.
- MOSFET을 불러오기 위해 Instance 명령(단축키 'i')을 이용해서 nmos1v와 pmos1v를 불러온다. 2NAND에 사용되는 MOSFET를 선택한 후 단축키 'q'를 이용하여 MOSFET의 속성을 바꿔준다. pmos1v는 Total Width를 5.06u 2finger 형태로 만들어 주면 되고 nmos1v는 Total Width를 2u 1finger 형태로 만들어주면 된다.

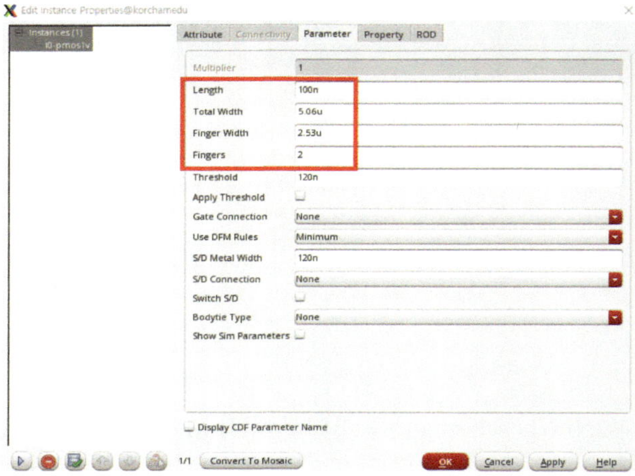

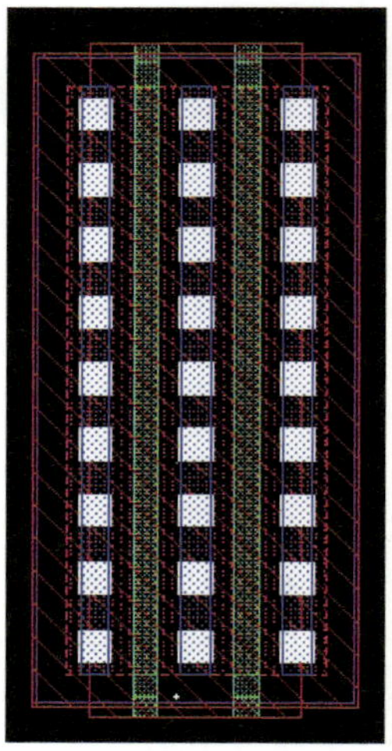

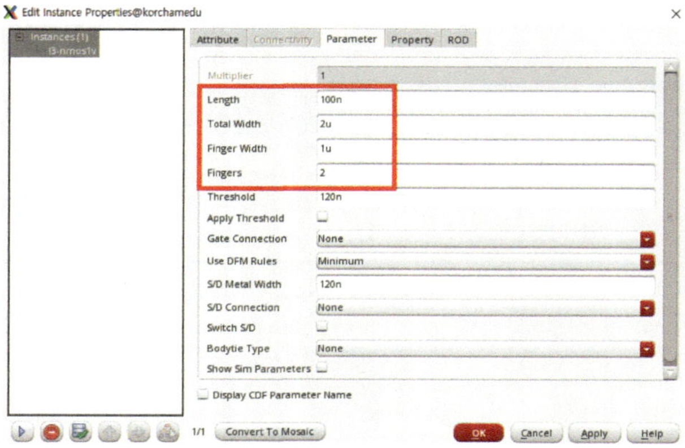

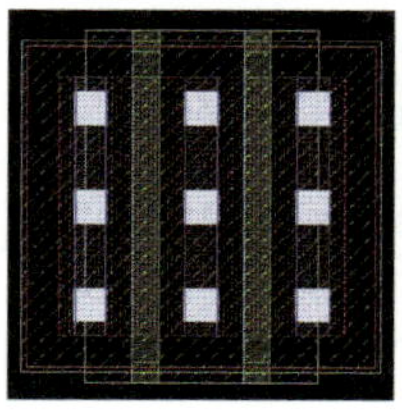

- 여기서 PMOS를 불러올 때 S/D Connection 부분에서 Source에 체크를 한 이유는 위의 multi finger 설명에서 PM0과 PM1의 source가 서로 연결되어 있으므로 instance를 불러올 때 옵션에서 미리 설정한 것이다.

▶ VDD & VSS instance 불러오기

- Contact 명령(단축키 'o')을 이용하여 VDD 및 PMOS의 body와 VSS 및 NMOS의 body로 사용될 instance를 불러온다. NMOS의 body는 M1_PSUB contact으로 연결하여 SEL 신호로 연결하도록 하고, PMOS의 body는 M1_NWELL contact으로 연결하여 n-well에서 SEL 신호로 연결하도록 한다.

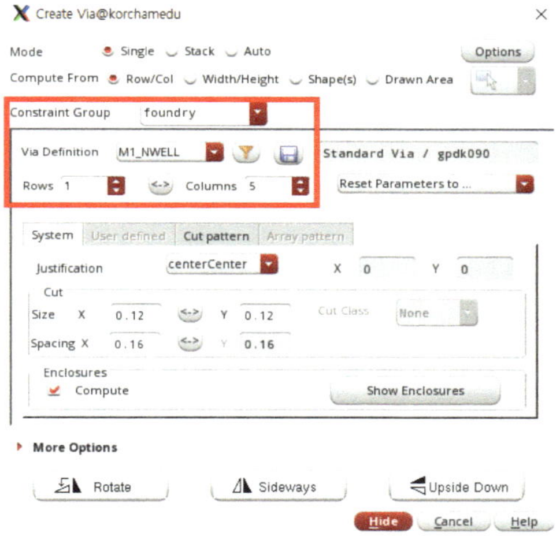

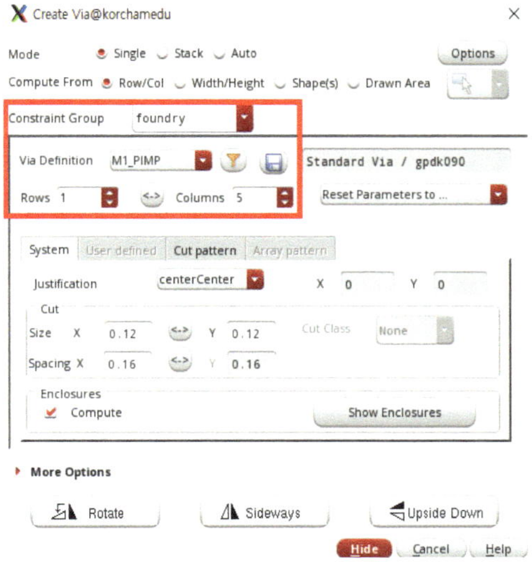

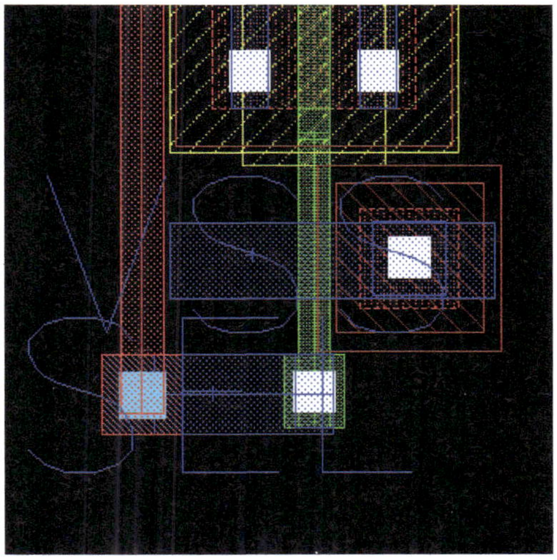

▶ Net 및 입/출력 연결하기

- Path 명령(단축키 'p')을 이용하여 PMOS와 NMOS의 source끼리 연결해서 입력 단자를 만들어주고, drain끼리 연결해서 출력단자로 만들어준다. 입출력은 모두 Metal1으로 연결해준다.

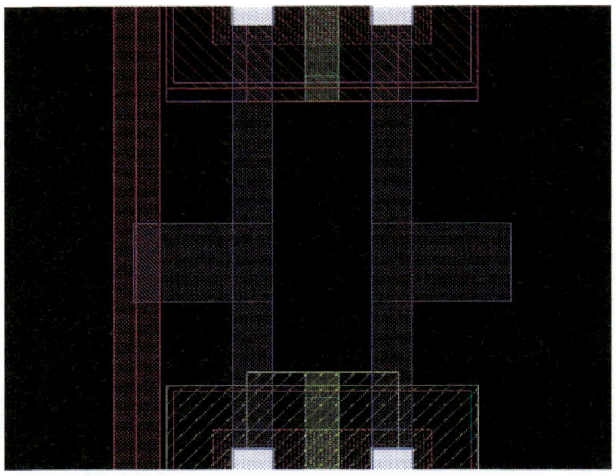

- PMOS와 NMOS의 gate가 Poly layer로 연결되어 있고 SEL 신호로 지정하기 위해 Contact 명령(단축키 'o')을 이용하여 M1_POLY1 contact을 넣고 Path 명령(단축키 'p')을 이용하여 우선 Metal1 layer를 연결한다. 따라서 PMOS와 NMOS의 gate를 연결하는 방법은 poly layer, metal1 layer, via1 layer, metal2 순으로 연결되어 PMOS와 NMOS의 gate가 연결 되었다.

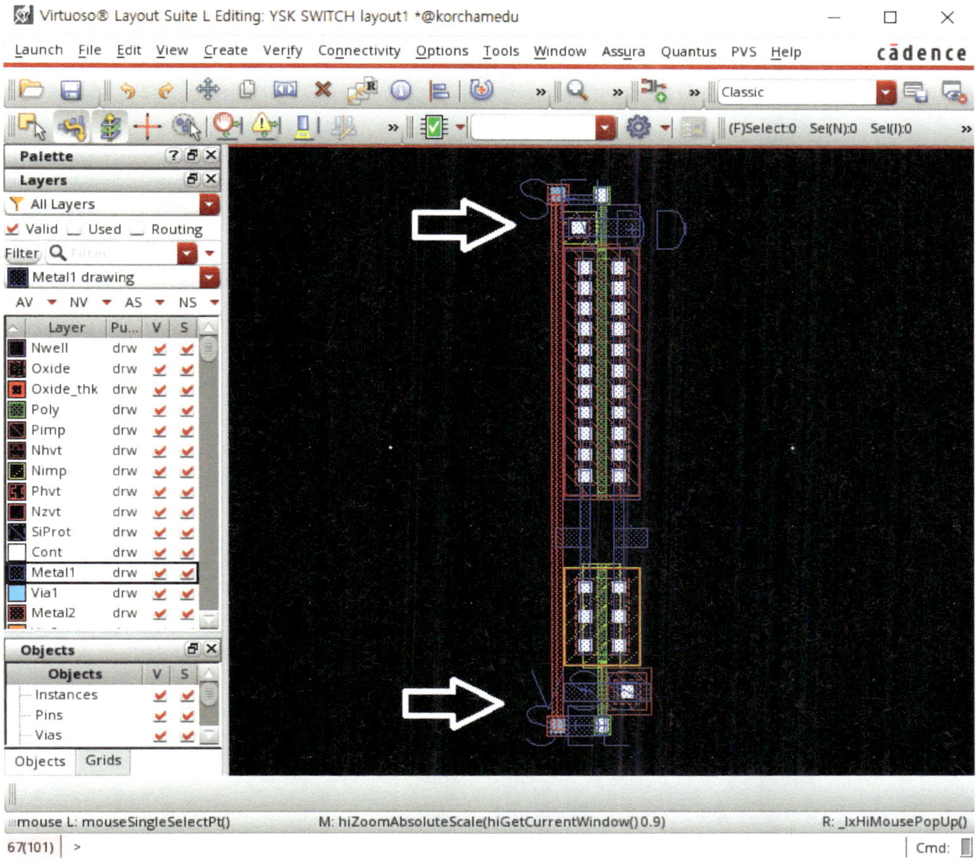
Virtuoso® Layout Suite L Editing: YSK SWITCH layout1 *@korchamedu
Launch File Edit View Create Verify Connectivity Options Tools Window Assura Quantus PVS Help
cādence
Classic
(F)Select:0 Sel(N):0 Sel(I):0
Palette
Layers
All Layers
Valid Used Routing
Filter
Metal1 drawing
AV NV AS NS
Layer Pu... V S
Nwell drw
Oxide drw
Oxide_thk drw
Poly drw
Pimp drw
Nhvt drw
Nimp drw
Phvt drw
Nzvt drw
SiProt drw
Cont drw
Metal1 drw
Via1 drw
Metal2 drw
Objects
Objects V S
Instances
Pins
Vias
Objects Grids
mouse L: mouseSingleSelectPt()
M: hiZoomAbsoluteScale(hiGetCurrentWindow() 0.9)
R: _lxHiMousePopUp()
67(101) >
Cmd:

○

▶ Pin 지정

- Label 명령(단축키 'l')을 이용하여 Input pin인 VIN, VDD, VSS, SEL을 Output pin인 VOUT을 label 명령을 이용하여 layout에 적용한다.

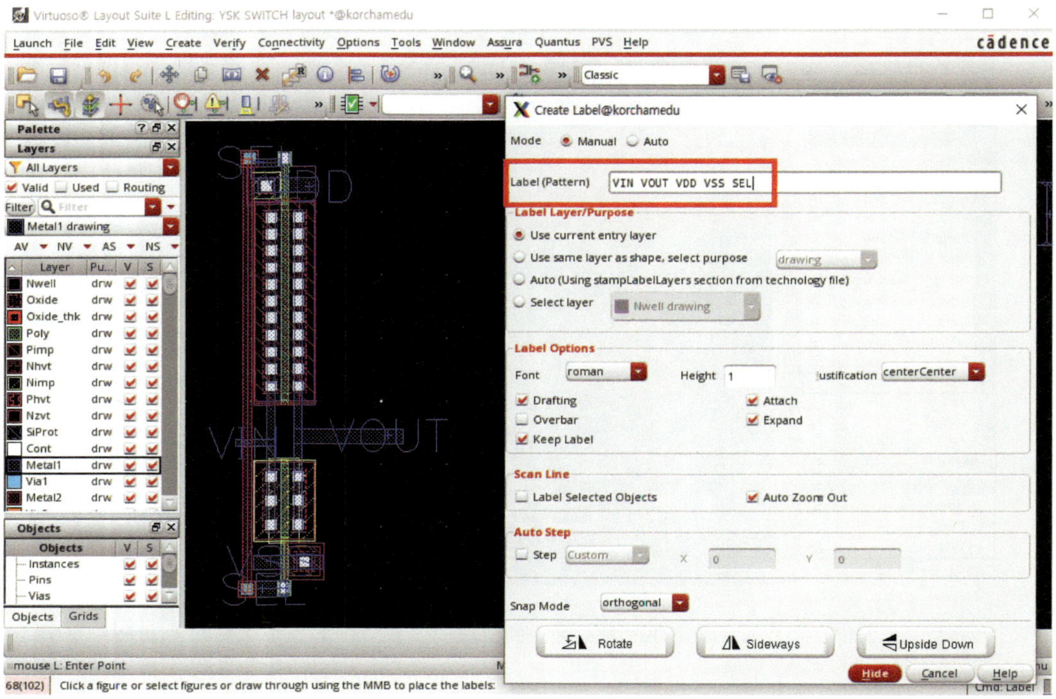

② Layout 검증

▶ Run DRC

- Assura Tool(Assura → Run DRC)을 이용하여 design rule에 맞게 layout 했는지 확인해 보자. DRC를 수행하면 error가 없다고 출력하는 것을 볼 수 있다.

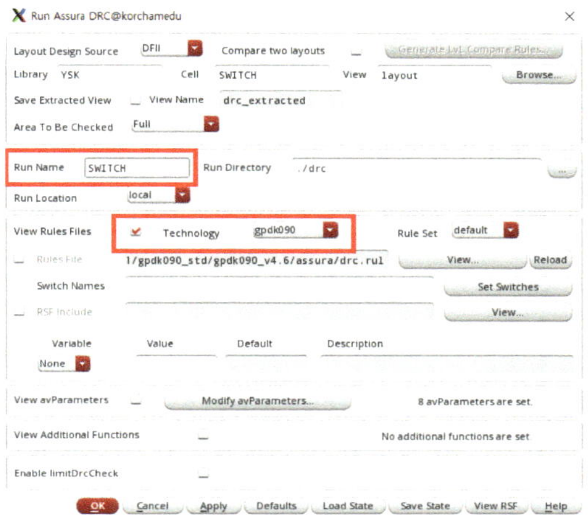

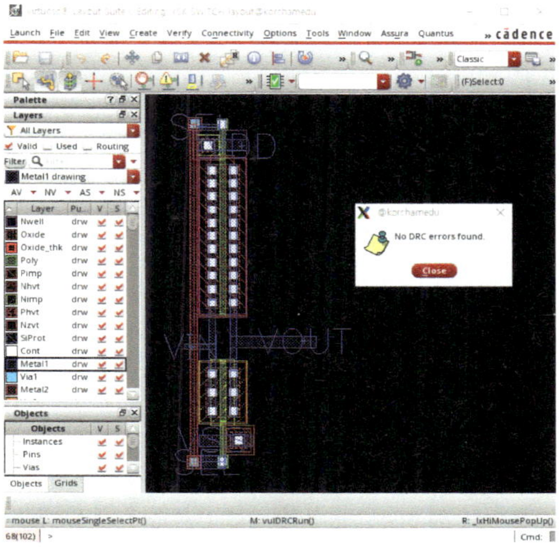

▶ Run LVS

- Assura Tool(Assura → Run LVS)을 이용하여 schematic과 layout이 일치하는지를 확인해보면, 서로 일치한다는 Schematic and Layout Match 출력메시지를 확인 할 수 있다. LVS 검증까지 모두 끝날 경우 swtch layout 작업은 모두 끝났다고 할 수 있다.

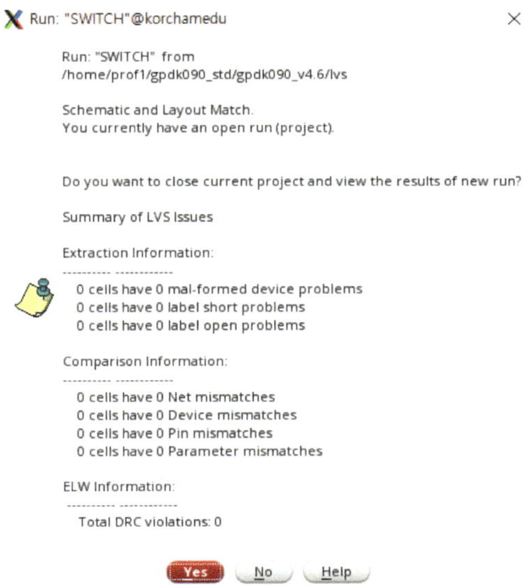

f

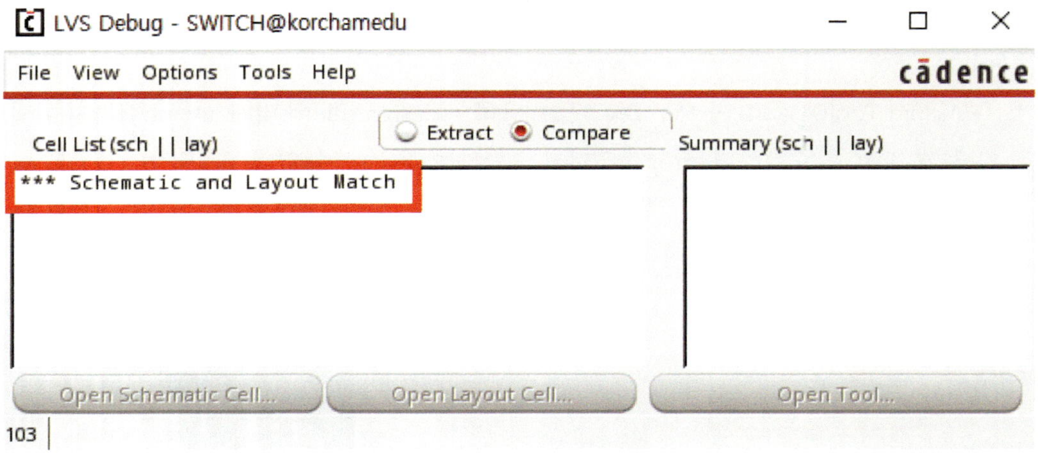

2) Transmission gate를 이용한 MUX

멀티플렉서의 특징은 신호가 2개 있을 때, 두 신호중 하나를 선택하여 출력으로 내보내는 기능을 하고 있다. Logic Function을 보면 S bar와 D0 가 AND로 연결되어 있고, S와 D1과도 AND로 연결되어 있다. 이 두가지 연산은 OR로 다시 연결 되어있다. S 신호가 selection 역할을 해주기 때문에 멀티플렉서가 두 신호 중 하나를 선택한다고 할 수 있다. Transmission gate가 on될 때 출력을 결정해 주는 방식으로 멀티플렉서를 구현하였다. Transmission gate는 NMOS와 PMOS가 항상 반대되는 방향으로 신호가 들어간다. 그래서 S=0 일 때 Transmission gate가 on 되려면 PMOS 쪽으로 연결하면 된다. 따라서 스위치의 구조를 보면 S 쪽은 PMOS가 연결되어 있고, S bar 쪽은 NMOS가 연결되어 있다. 그리고 S=1일 때 Transmission gate가 on이 되려면 NMOS 쪽으로 연결하면 된다. 따라서 트렌지스터의 S 쪽에 NMOS 가 연결되고, S bar 쪽에 PMOS가 연결되어 있다.

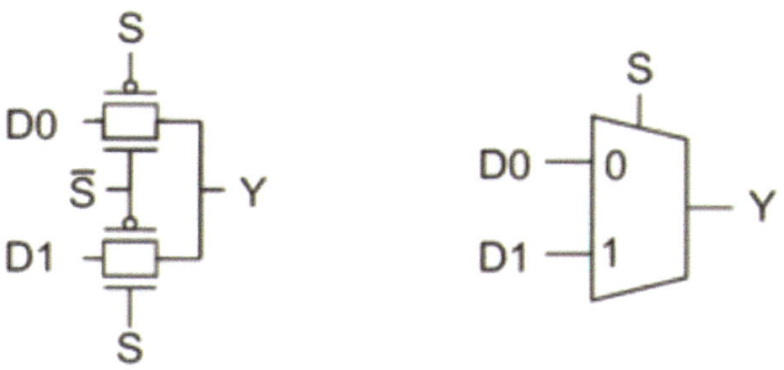

$$Y = \overline{S} \times D0 + S \times D1$$

3) Simulation

① Simulation 준비.

▶ Techfile 적용한 Library 생성한다.

▶ 만들어진 Library를 click하고 File → New → Cell View... click 한다.

▶ Cell View을 2x1MUX라고 설정한다.

② 회로도 그리기.

▶ 앞에서 만든 Switch와 inverter의 symbol을 불러들여 아래와 같은 회로도를 그린다.

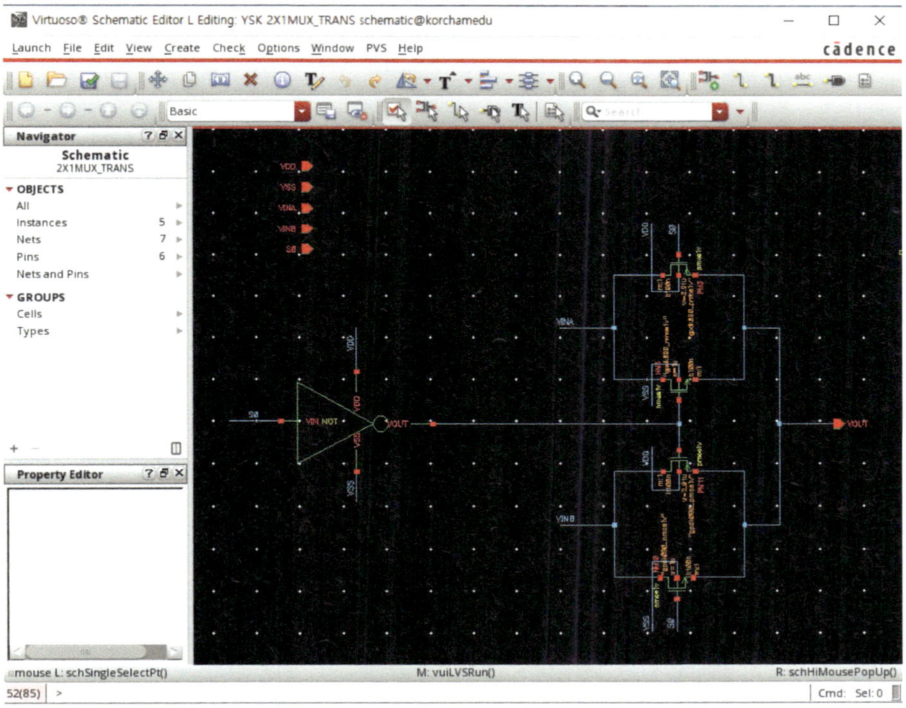

▶ Design → Create Cellview → From Cellview …를 통해 Symbol을 그린다.

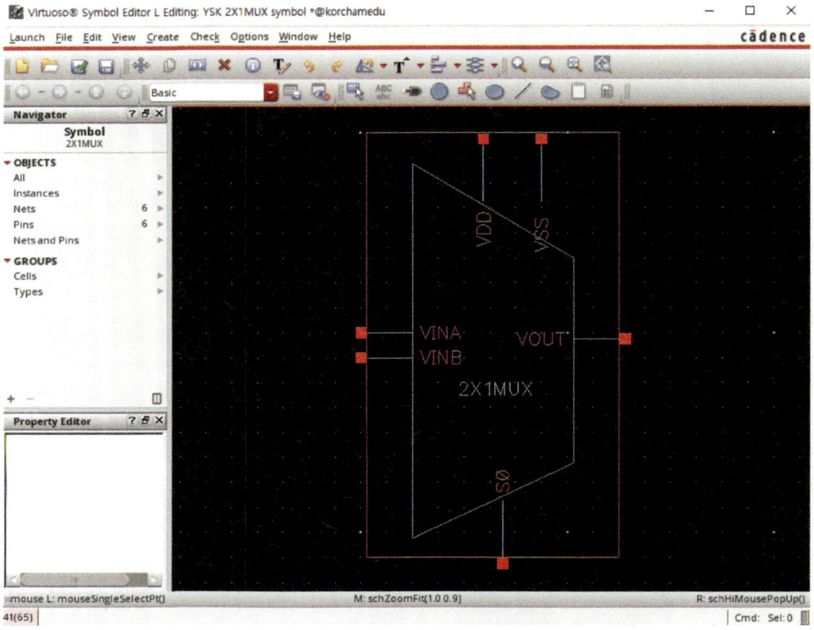

▶ Simulation을 통한 2x1MUX의 정확한 동작을 확인하기 위해서 Transient Analysis를 하도록 한다. Add Instance에서 analogLib에 있는 vpulse를 불러오며 vpulse는 입력을 펄스 전압으로 인가 할 수 있다.

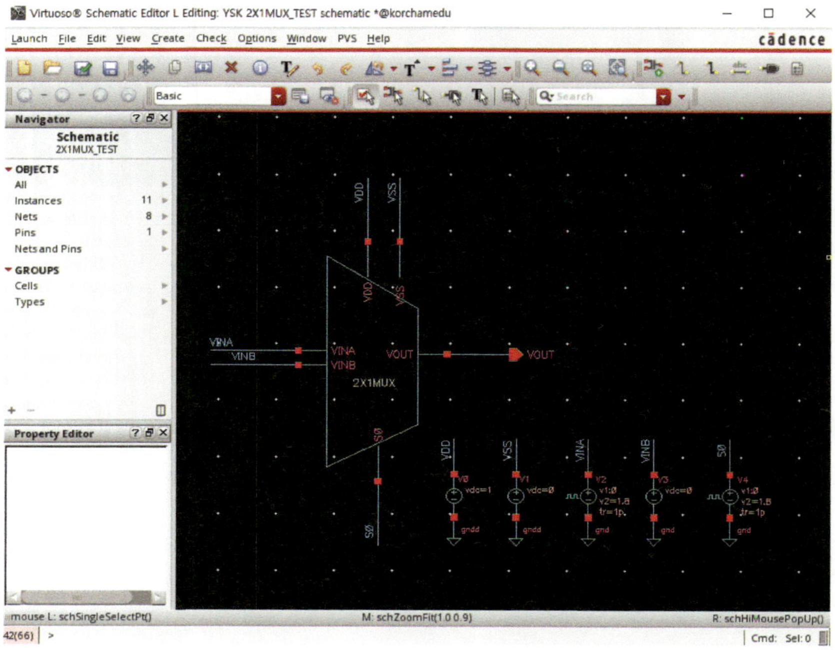

▶ vpulse 값 입력하기

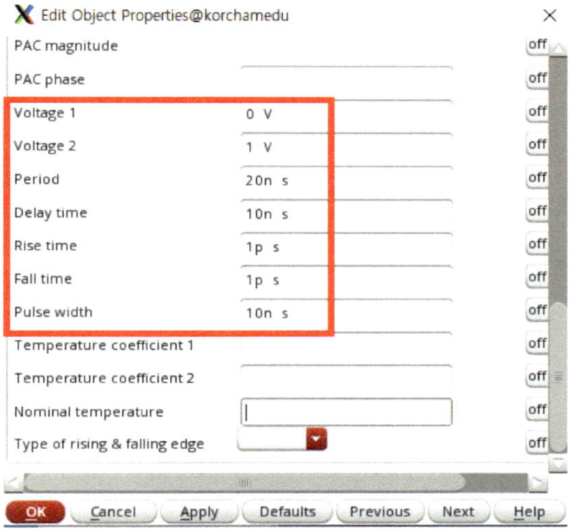

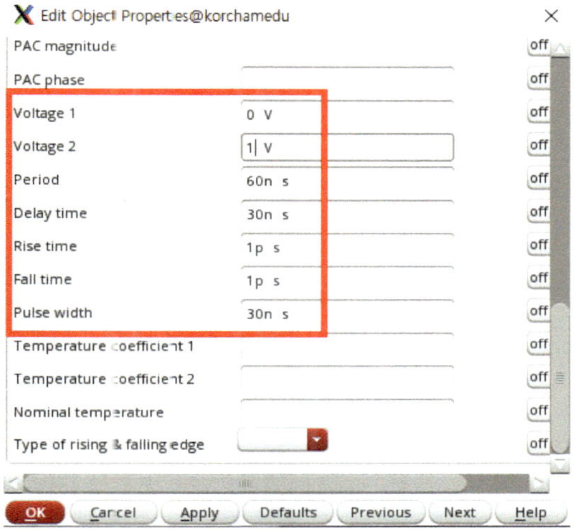

③ Launch.

▶ Simulation을 실행하기 위해서 ADE L 실행시킨다. Launch → ADE L를 click 한다.

▶ Transient Analysis 해석을 위해 Analyses → Choose ... 선택을 하고 tran을 check한다.
Stop Time을 설정하고 moderate를 check 한다.

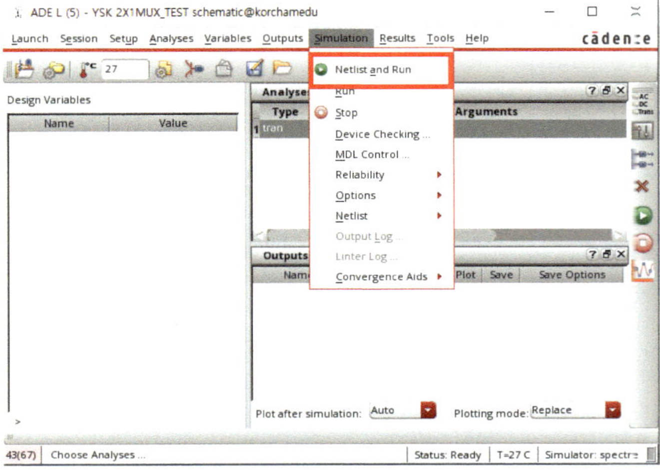

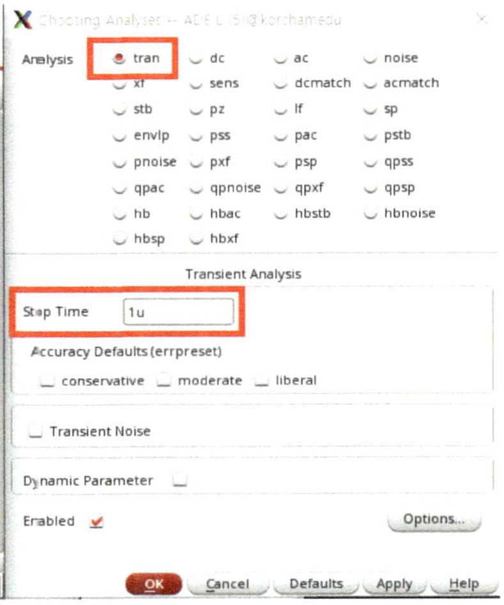

▶ 설정을 마친 뒤 simulation을 실행 시킨 후 결과를 확인하면 아래와 같은 결과 파형을 확인할 수 있다. 결과 파형 결과 2x1 MUX가 정확히 작동하는 것을 볼 수 있다.

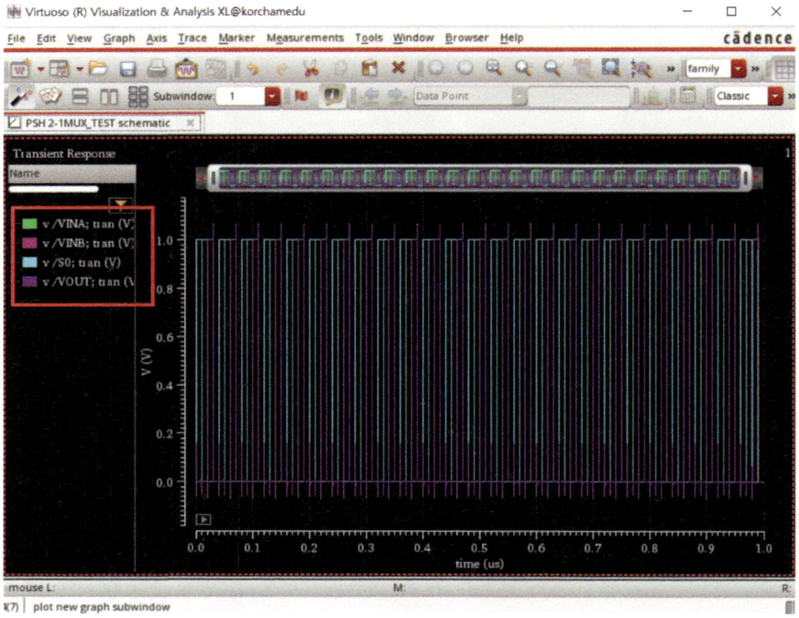

- 결과 파형 결과 2-Input NOR가 정확히 동작하는 것을 볼 수 있다.

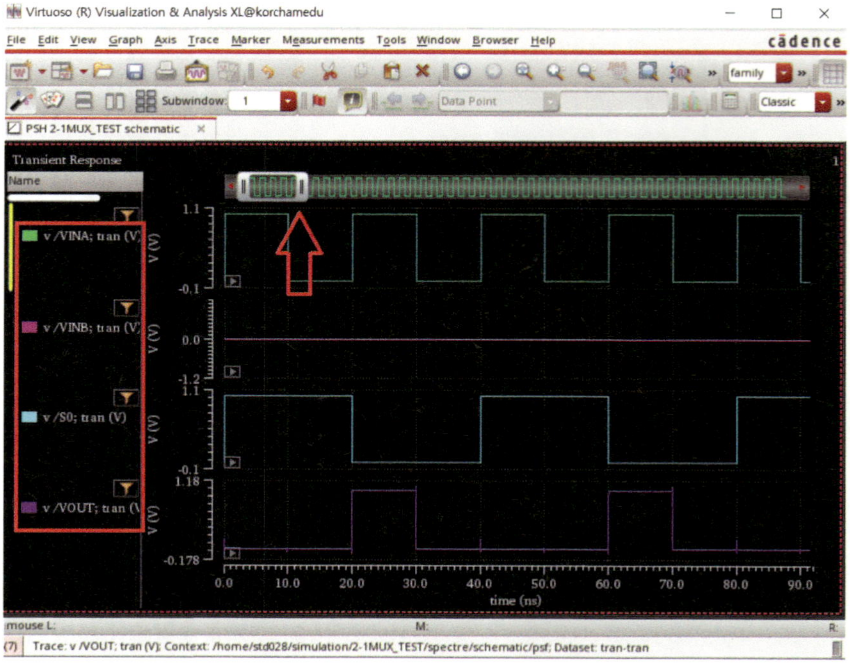

4) Layout

① Layout

▶ Schematic 확인

- Layout을 하기 전에 schematic을 확인하여 각 MOSFET의 소자 값을 먼저 확인하자. 2-1 Mux는 이미 앞 예제에서 설계한 3개의 2-Input NAND와 1개의 Inverter로 구성되어 있다.

Component	MOSFET	Length(㎚)	Finger	Finger Width(㎛)	Total Width(㎛)
SWITCH	NMOS	100	1	1	1
Inverter	PMOS	100	1	2.91	2.91

▶ MOSFET instance 불러오기

- 3개의 2-Input NAND 중 PMOS들의 source는 모두 VDD에 연결되어야 하고 drain만 NMOS의 drain과 연결되어 출력으로 연결하면 되므로 finger를 이용하여 layout할 수 있지만 NMOS들은 그렇지 않으므로 finger로 layout할 수 없다. 최종적으로 그리면 그림과 같고 주황색의 X표시는 contact 또는 via를 나타내며 net 연결 시 색깔을 달리한 것은 서로 다른 metal임을 의미한다.

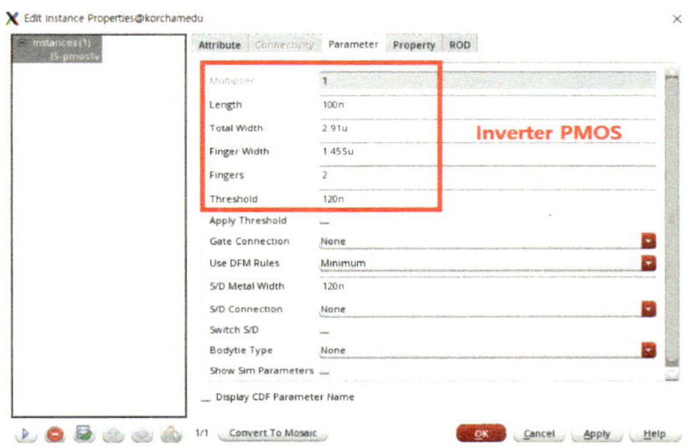

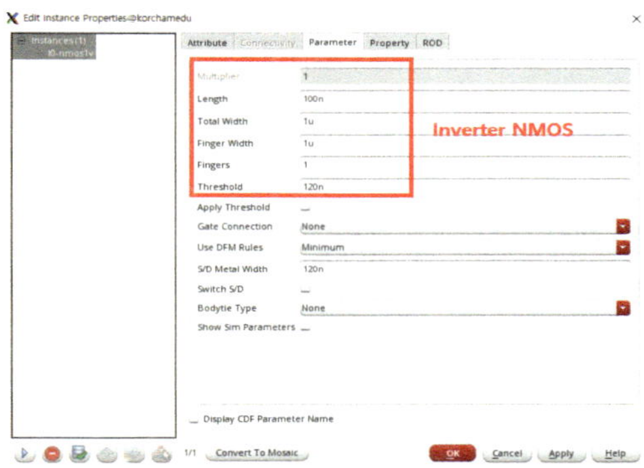

- Inverter의 PMOS instance를 불러올 때 length=1㎛, width=2.91㎛의 크기로 불러오면 그림과 같이 낭비되는 면적이 크므로 finger를 이용하여 length=1㎛, finger width=1.455㎛, finger=2의 크기로 지정하고 gate를 하나로 묶어주면 length=1㎛, width=2.91㎛와 같은 크기의 PMOS가 된다. Inverter의 PMOS와 2NAND의 PMOS는 모두 n-well 안에 있기 때문에 Inverter의 PMOS와 2NAND의 PMOS를 모두 포함 할 수 있는 큰 n-well을 만들어 주어 하나의 n-well 안에 들어오도록 한다. 이것은 나중에 DRC 검증에서도 error을 줄일 수 있는 방법 중 하나이다.

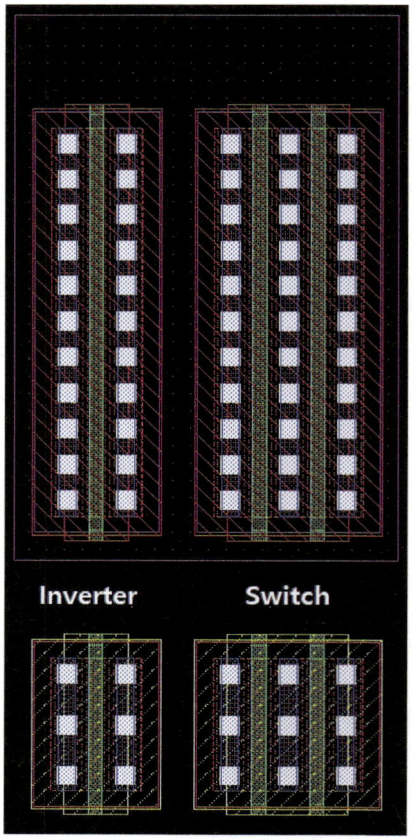

▶ VDD & VSS instance 불러오기

- Contact 명령(단축키 'o')을 이용하여 VDD 및 PMOS의 body와 VSS 및 NMOS의 body로 사용될 instance를 불러온다.

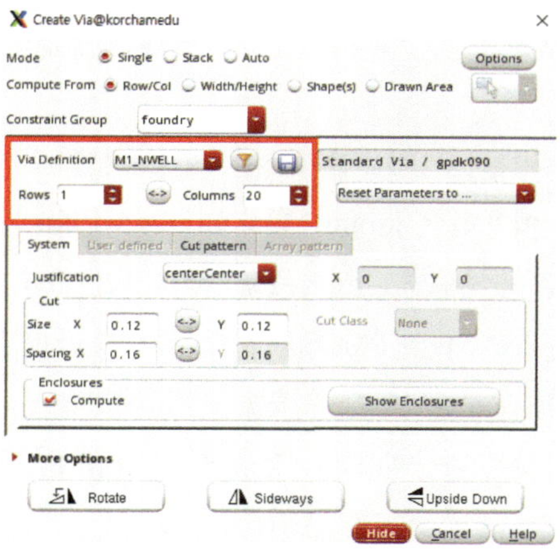

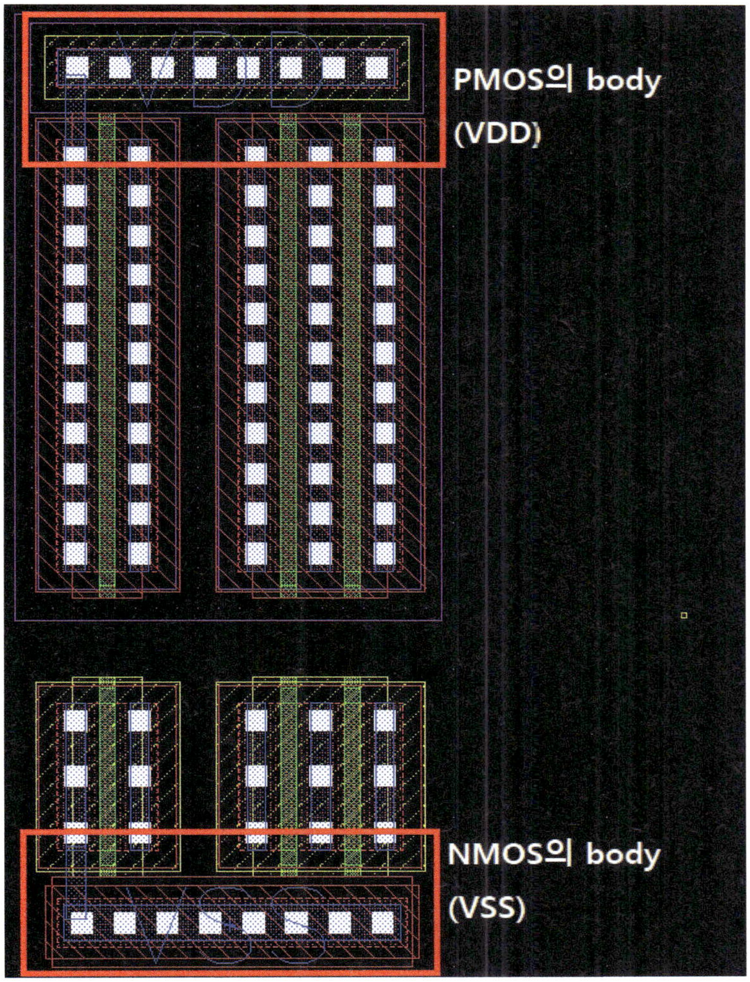
PMOS의 body
(VDD)
NMOS의 body
(VSS)

▶ Net 및 입/출력 연결하기

- Path 명령(단축키 'p')을 이용하여 앞의 'MOSFET instance 불러오기'의 그림처럼 net들을 연결하고 입/출력까지 연결하면 그림과 같다.

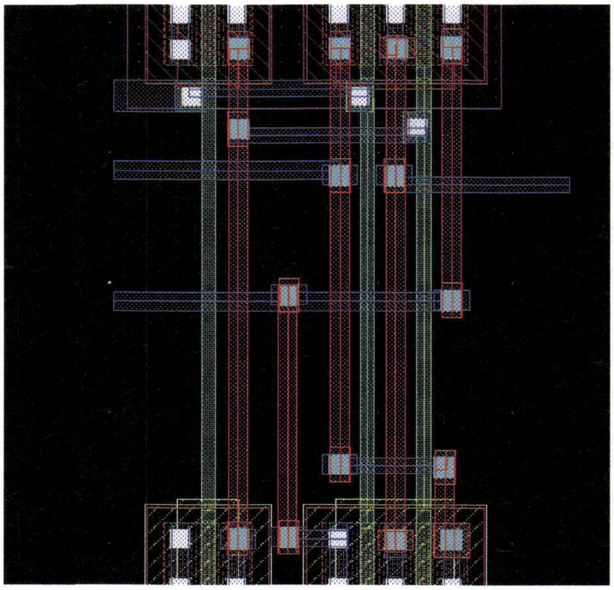

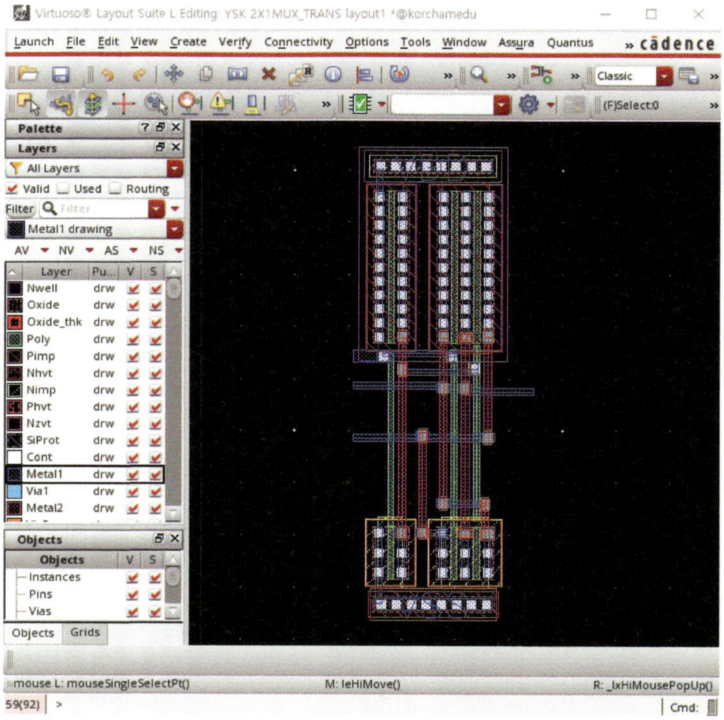

▶ Pin 지정

- Lable 명령(단축키 'l')을 이용하여 Input pin인 VINA, VINB, S0, VDD, VSS와 Output pin 인 OUT을 layout에 적용한다.

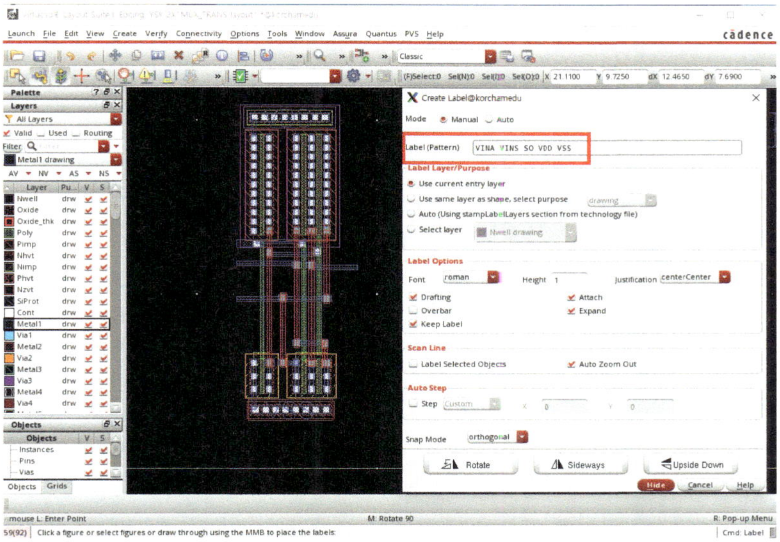

- 입력 VINA와 VINB를 Metal1 layer로 연결 할 경우 회로에서 short가 발생하여 VINB와 VINA를 Metal2 layer로 지정해야 한다.

② Layout 검증

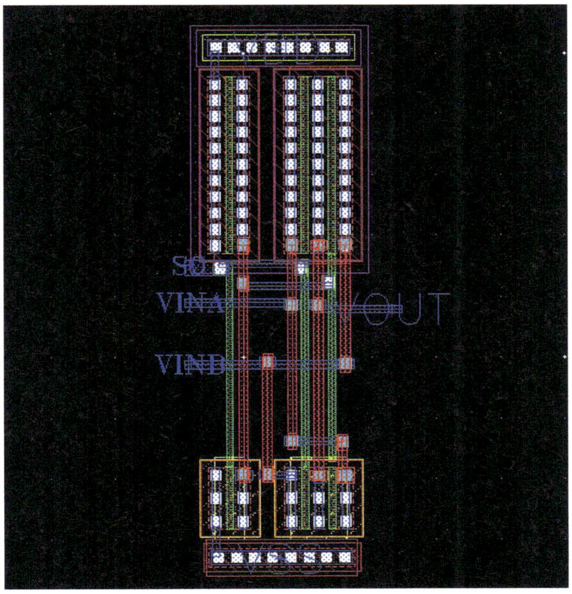

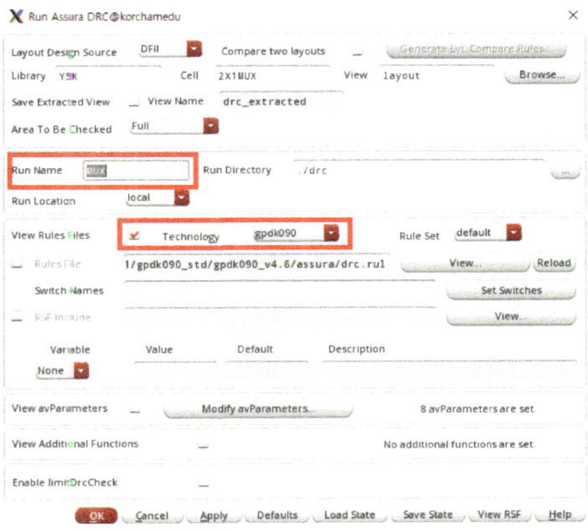

▶ Run DRC

- Assura Tool(Assura → Run DRC)을 이용하여 design rule에 맞게 layout 했는지 확인해 보자.

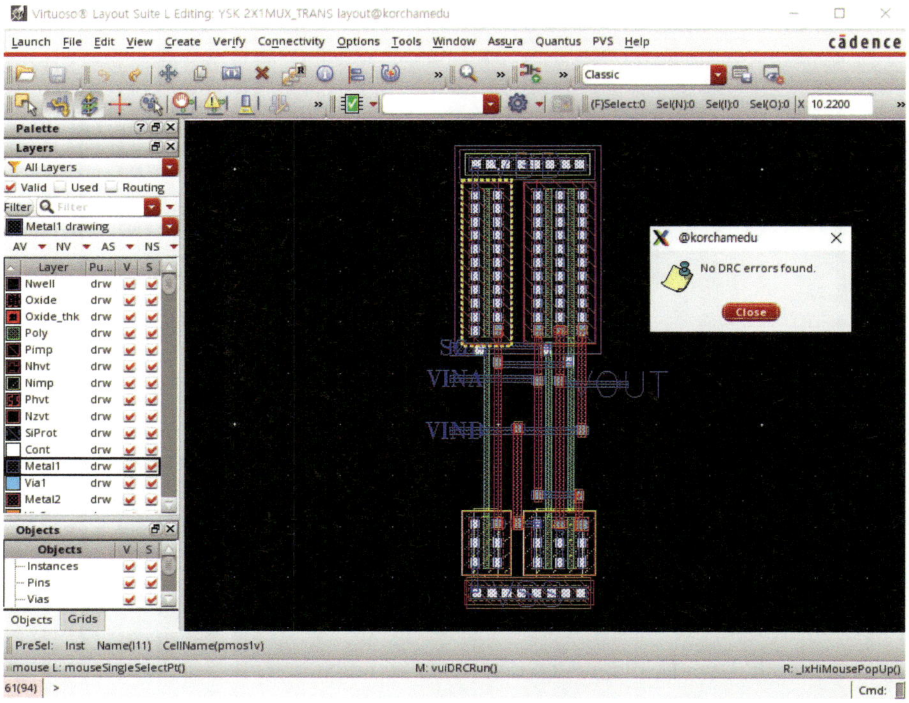

- DRC를 실행하면 error가 없다는 메시지가 출력된다.

▶ Run LVS

- Assura Tool(Assura → Run LVS)을 이용하여 schematic과 layout이 일치하는지를 확인해보자. LVS를 실행하면 schematic과 layout이 서로 일치하는 것을 확인할 수 있다.

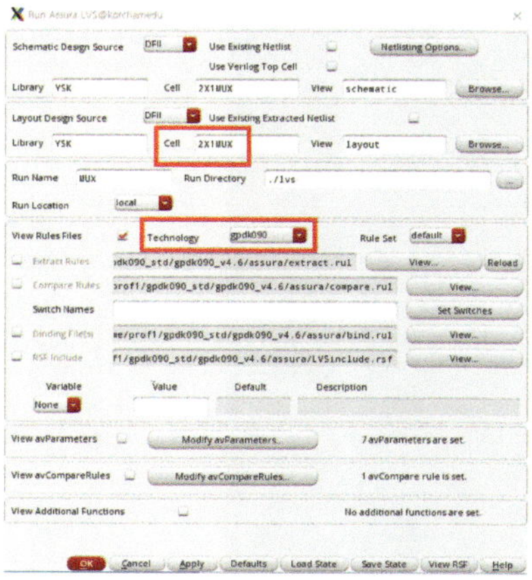

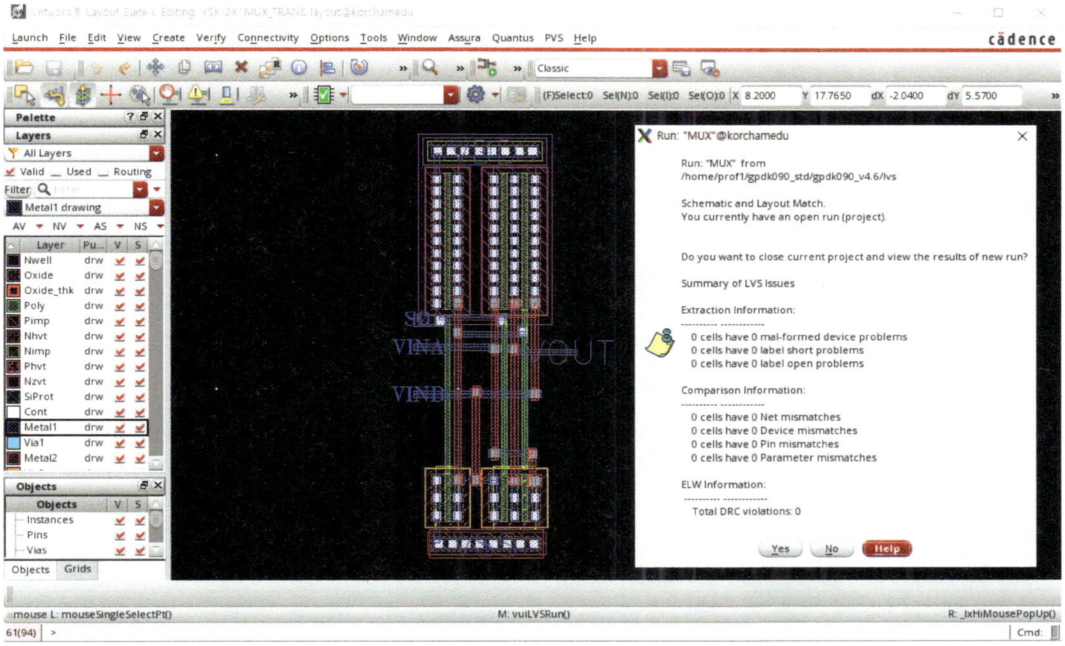
Launch File Edit View Create Verify Connectivity Options Tools Window Assura Quantus PVS Help
cādence
Run: "MUX"@korchamedu
Run: "MUX" from
/home/prof1/gpdk090_std/gpdk090_v4.6/lvs
Schematic and Layout Match.
You currently have an open run (project).
Do you want to close current project and view the results of new run?
Summary of LVS Issues
Extraction Information:
0 cells have 0 mal-formed device problems
0 cells have 0 label short problems
0 cells have 0 label open problems
Comparison Information:
0 cells have 0 Net mismatches
0 cells have 0 Device mismatches
0 cells have 0 Pin mismatches
0 cells have 0 Parameter mismatches
ELW Information:
Total DRC violations: 0
Yes
No
Help
mouse L: mouseSingleSelectPt()
M: vuiLVSRun()
R: _lxHiMousePopUp()

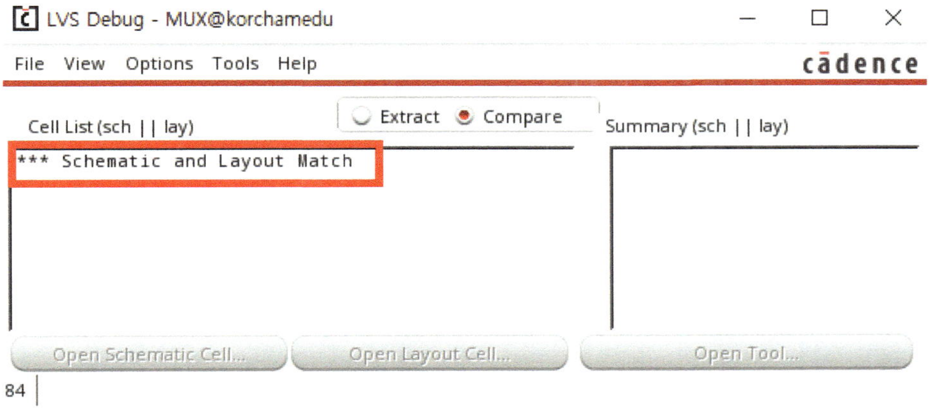
LVS Debug - MUX@korchamedu
File View Options Tools Help
cādence
Extract
Compare
Cell List (sch || lay)
Summary (sch || lay)
*** Schematic and Layout Match
Open Schematic Cell...
Open Layout Cell...
Open Tool...
84

Example 1. 4×1 MUX

1. Schematic

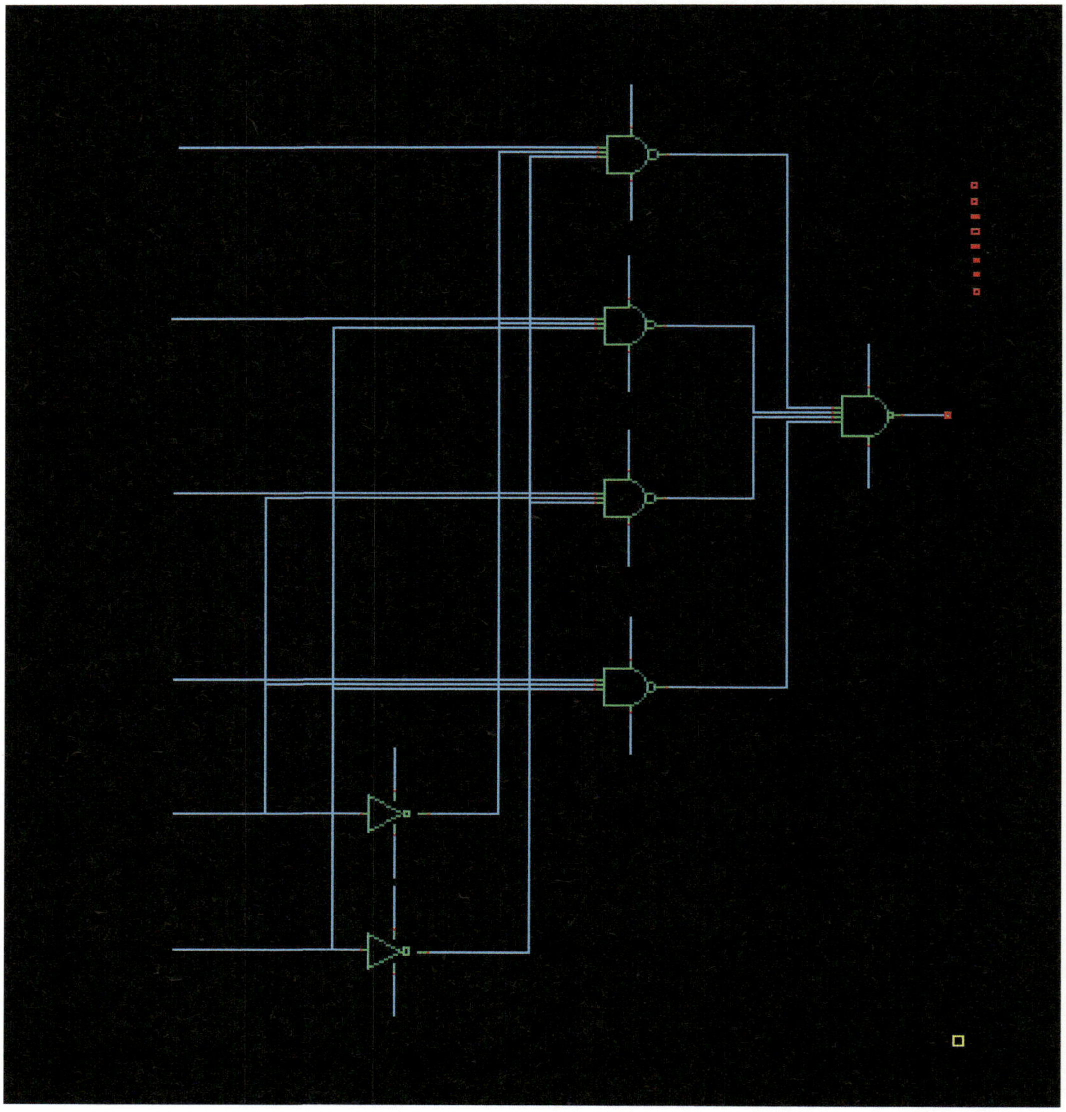

2. Simulation

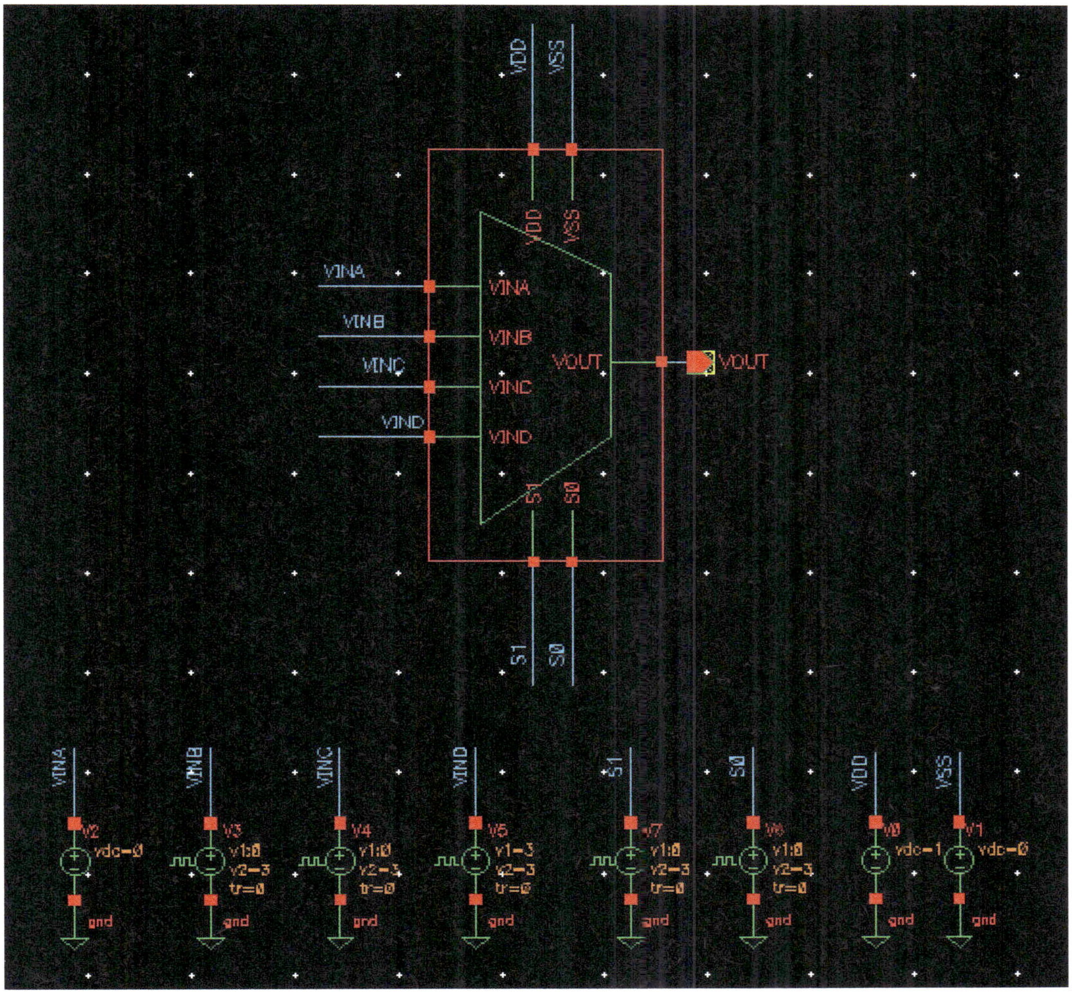

3. Layout

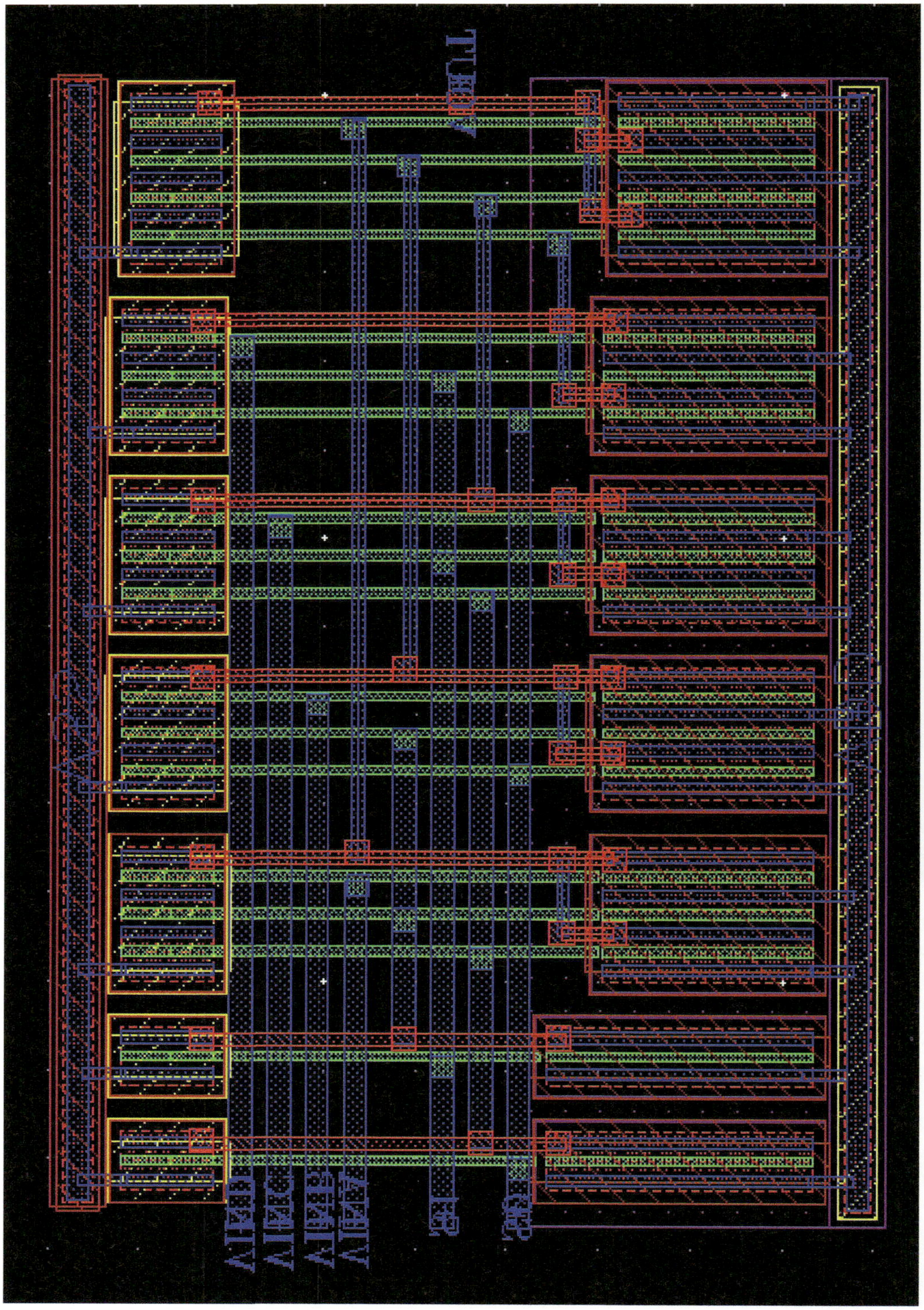

Example 2. Half Adder

1. Schematic

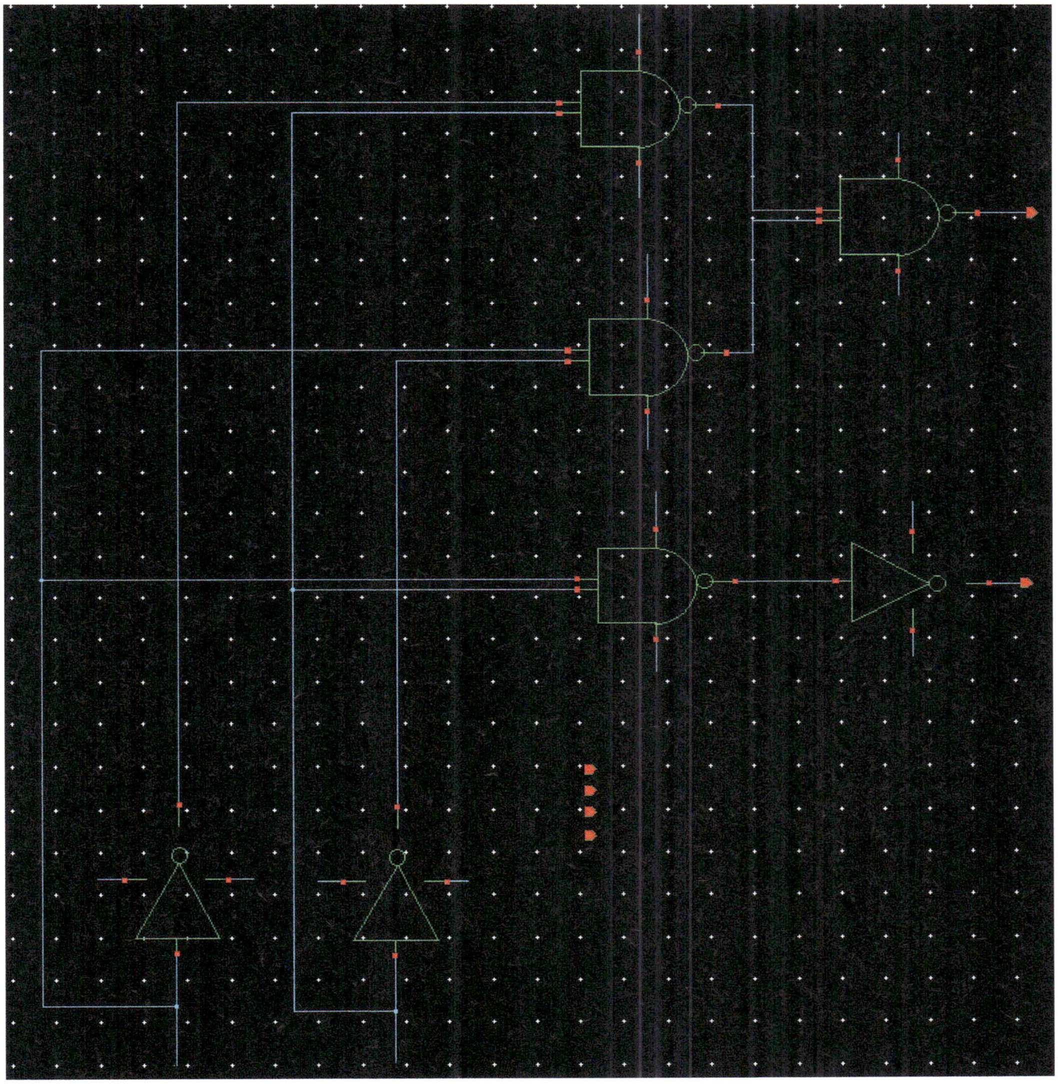

2. Simulation

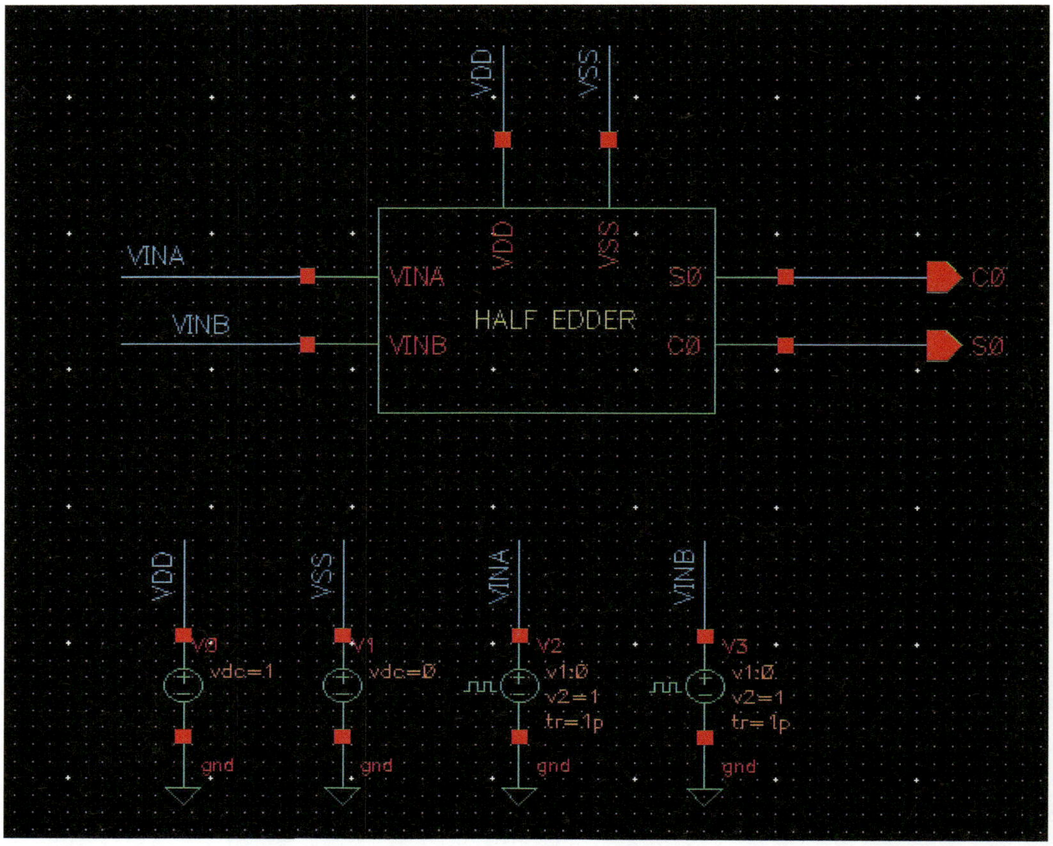

3. Layout

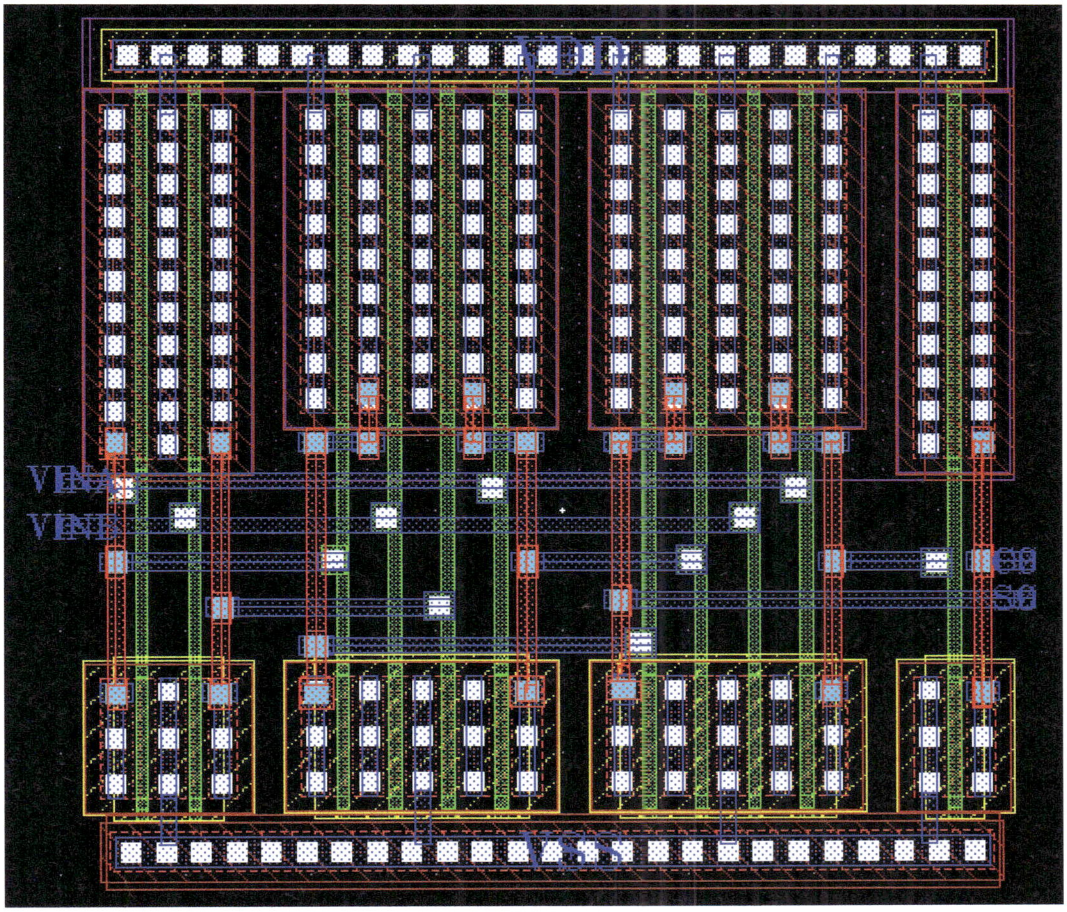

Example 3. Full Adder

1. Schematic

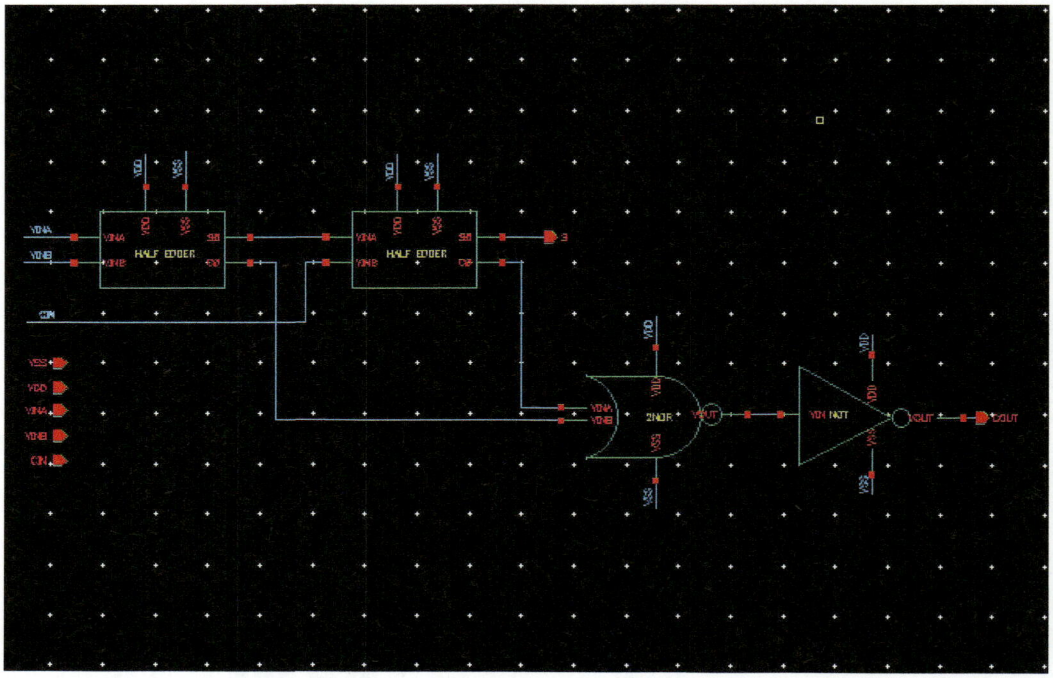

2. Simulation

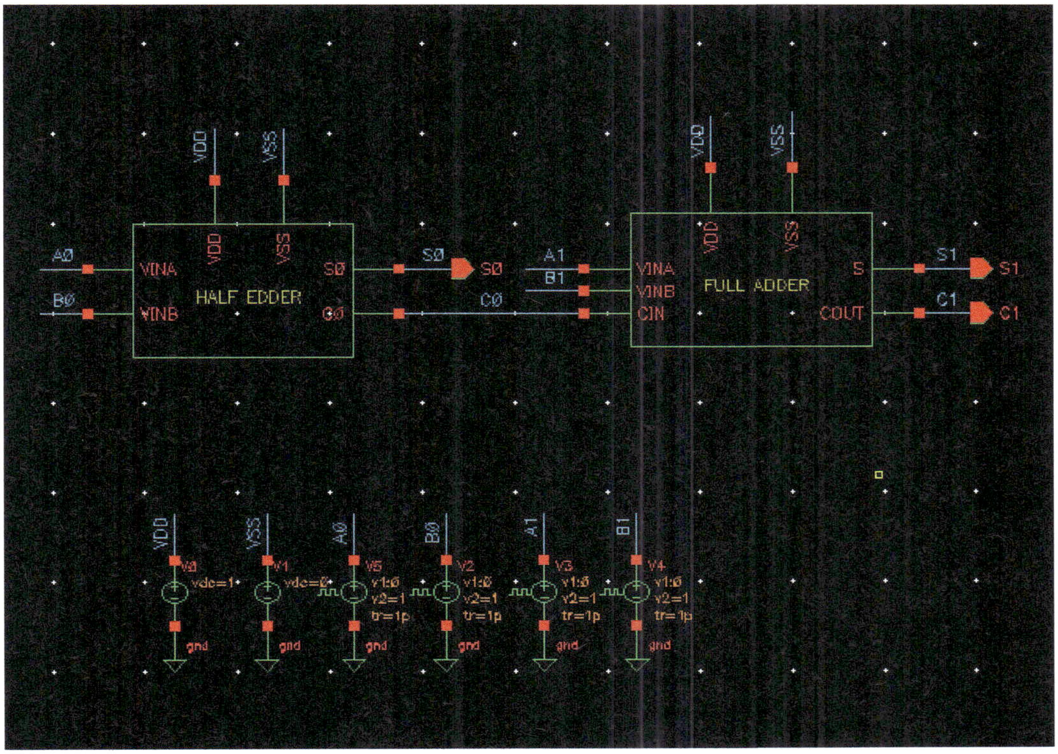

3. Layout

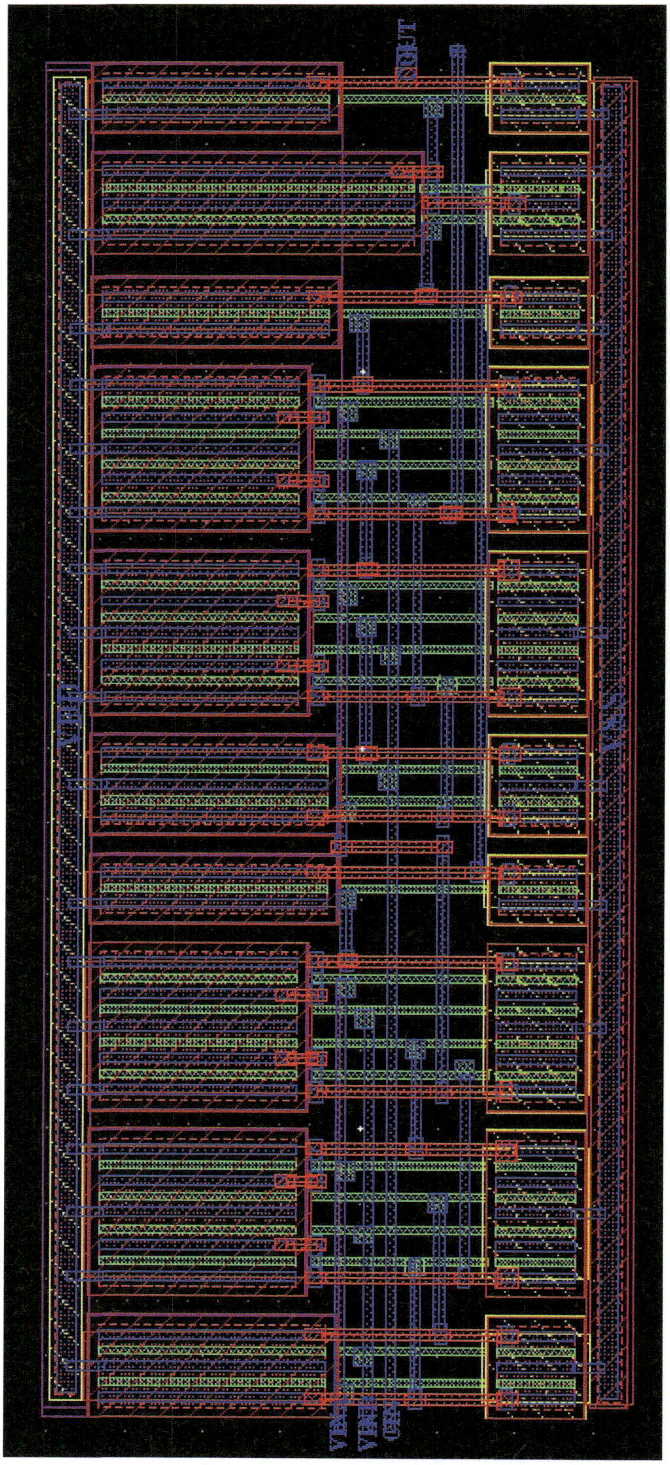

CHAPTER 7

아날로그 회로

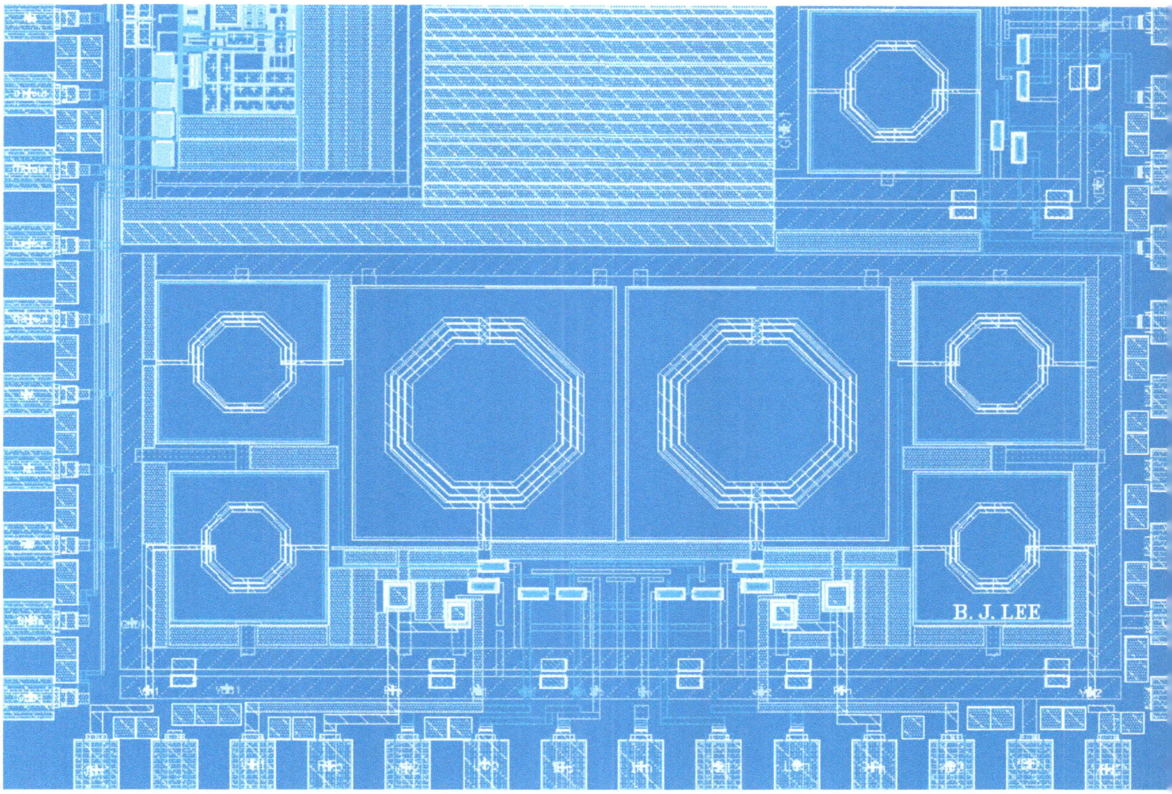

CS Amplifier 7.1

Differential Amplifier 7.2

7.1 CS Amplifier

1) 설계 이론

Common-source amplifier는 다음 그림에서 나타낸 바와 같이 MOS의 gate로 입력신호가 가해지고 drain으로 부터 출력 신호를 얻는 회로이다. R_D는 drain의 부하저항을 나타내며, 위쪽 끝과 접지 사이에 공급전압 V_{DD}가 회로에 연결되어 있다.

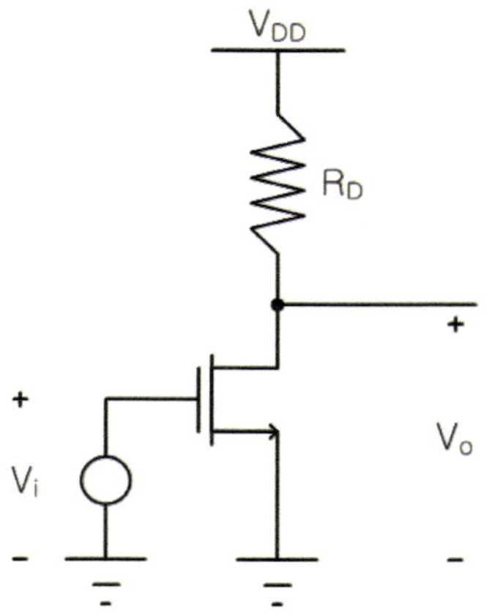

대신호 분석

다음 그림의 회로로부터 입력 전압 V_i의 변화에 따른 V_o의 변화를 MOS의 전압 전류 관계식으로 살펴보기로 하자. 우선 V_i가 MOS의 문턱전압 V_{th}보다 작은 경우에는 MOS가 off되고 따라서 드레인 전류 $I_D=0$ 이 되며, 출력 전압 $V_o=V_{DD}$가 된다.

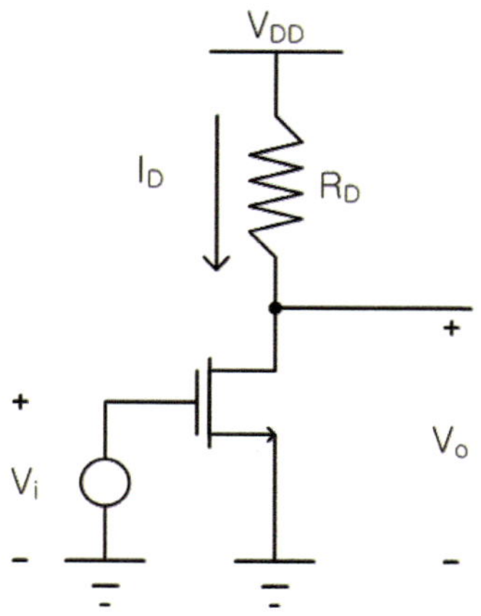

V_i가 V_{th}보다 커지게 되면 드레인에 전류가 흐르고, MOS는 포화영역에서 동작하게 된다. 이 관계를 수식으로 표현하면 다음과 같이 된다.

$$V_o = V_{DD} - I_D R_D = V_{DD} - \frac{\mu_n C_{ox}}{2} \cdot \frac{W}{L} R_D (V_i - V_{th})^2$$

다음 식으로부터 V_i가 증가함에 따라 V_o는 감소하게 됨을 알 수 있다. V_i가 계속 증가하여 $V_o < V_i - V_{th}$ 가 되면 MOS는 선형 영역에서 동작한다.

소신호 분석

다음 그림은 Common source amplifier의 소신호 등가 회로를 나타낸 것이다.

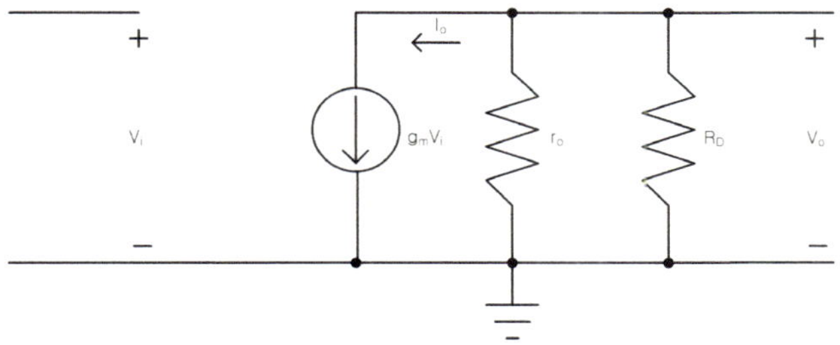

트랜스컨덕턴스(G_m)는 입력 전압의 변화에 따른 단락 회로의 출력 전류의 변화율로 정의 되며, 증폭기의 트랜스컨덕턴스(G_m)은 다음과 같이 나타낼 수 있다.

$$G_m = \frac{i_o}{v_i} = g_m = \sqrt{2\mu_n C_{ox} \frac{W}{L} I_D}$$

입력 저항 R_i는 회로의 입력단에서 보이는 테브난 등가저항을 말하며, 입력단의 MOS 게이트 단자로는 전류가 흘러 들어갈 수 없으므로

$$R_i = \infty$$

가 된다. 이 입력 저항 특성은 common source amplifier의 전류 이득이 무한대가 된다는 것을 뜻한다.

출력 저항 R_o는 입력단이 접지에 단락된 상태에서, 출력단에서 보는 테브난 등가저항을 말하며, 이 회로에서 출력 저항은 다음과 같이 나타낼 수 있다.

$$R_o = R_D // r_o$$

다음으로 common source amplifier의 전압 이득을 구해보기로 하자. 위의 그림 회로로부터 입력 전압 V_i와 출력 전압 V_o의 관계식을 구하면 다음과 같다.

$$V_o = - G_m v_i R_o = - g_m (R_D // r_o) \cdot v_i$$

출력단에 부하가 연결되어 있지 않은 경우의 증폭기의 전압이득은 다음과 같다.

$$a_v = \frac{v_o}{v_i} = - g_m (R_D // r_o)$$

주파수 특성

MOS의 입력단에 인가되는 신호가 저주파인 경우는 상관이 없지만 고주파인 경우, MOS의 기생 커패시턴스의 영향으로 증폭기의 이득이 감소하게 된다. 고주파 입력 신호의 경우 다음 그림과 같이 기생 커패시턴스까지 고려하여 나타 낼 수 있다.

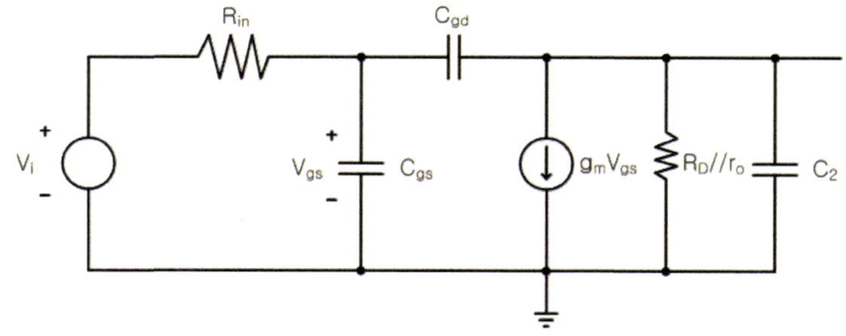

이 회로에서 C_2는 MOS의 드레인과 기판 사이의 기생 커패시턴스와 로드 저항의 기생 커패시턴스의 합성 커패시턴스를 나타낸다. 그리고 C_{gs}와 C_{gd}는 게이트와 소스, 게이트와 드레인 사이에 형성되는 기생 커패시턴스를 의미한다. 그림에서 C_{gd}는 입력단과 출력단에 부궤환(negative feedback)으로 연결되어 있고 이는 Miller의 정리에 의하여 다음 그림처럼 나타 낼 수 있다.

이 때, $C_t = C_{gs} + (1 + g_m(R_D//r_o)) \cdot C_{gd}$로 표현 할 수 있다. 다음 등가 회로에서 입 · 출력 관계식을 유도해보면 다음과 같은 식을 얻을 수 있다.

$$v_{gs} = \frac{1}{1 + sC_tR_i} v_i$$

$$\begin{aligned} v_o &= -g_m v_{gs}((R_D//r_o)//C_2) \\ &= -g_m(R_D//r_o)\frac{1}{(1+sC_tR_i)(1+sC_2(R_D//r_o))} \cdot v_i \end{aligned}$$

$$a_v(s) = \frac{v_o(s)}{v_i(s)} = -g_m(R_D//r_o)\frac{1}{(1+sC_tR_i)(1+sC_2(R_D//r_o))}$$

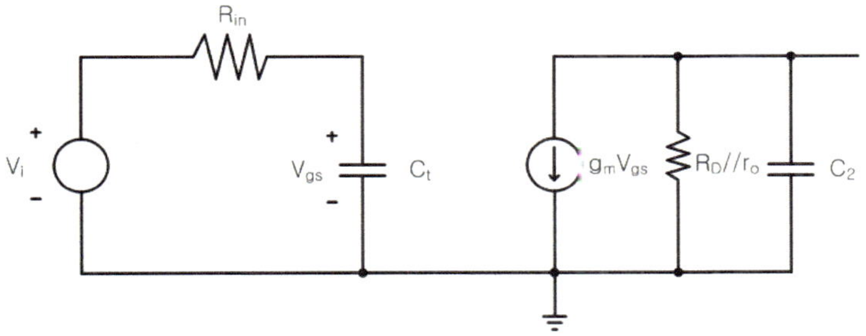

위 식에서 $s = jw$로 대치하고 $|a_v(jw_{-3dB})| = \frac{1}{\sqrt{2}}$로 정의되는 차단 주파수(cut off frequency : w_{-3dB})를 구하면 다음과 같다.

$$w_{-3dB} \fallingdotseq \frac{1}{C_tR_i}$$

위 식에서 알 수 있듯이 common source amplifier는 Miller 효과로 인해, 입력 커패시턴스가 커져서 차단주파수가 매우 낮으므로, 고주파 회로에서는 사용하기가 힘들다.

2) Simulation(MOSFET 특성)

① Simulation 준비

▶ Techfile 적용한 Library 생성한다.

▶ 만들어진 Library를 click하고 File → New → Cell View... click한다.

▶ Cell View을 MOSFET으로 설정한다.

② 회로도 그리기

▶ 소자를 불러들여 회로를 그린다. 전류를 측정하기 위해 vsin 소자를 Drain쪽에 연결시킨다.

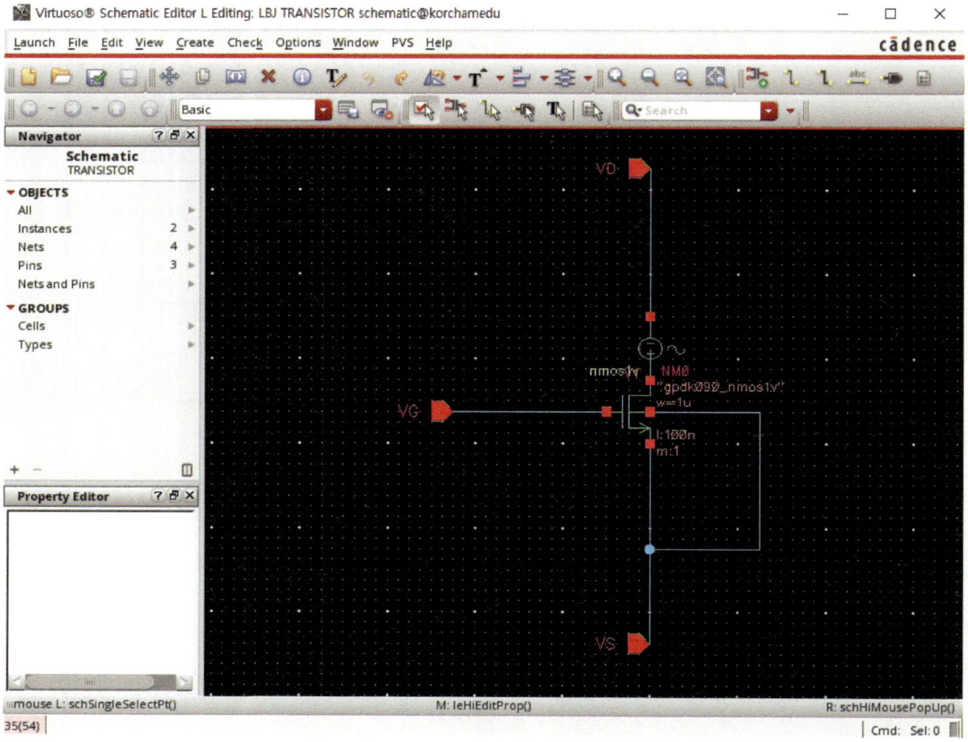

MOSFET	Length(㎛)	Fingers	Finger Width(㎛)	Total Width(㎛)
NMOS(NM0)	0.09	1	1	1

▶ Design → Create Cellview → From Cellview …를 통해 Symbol을 그린다.

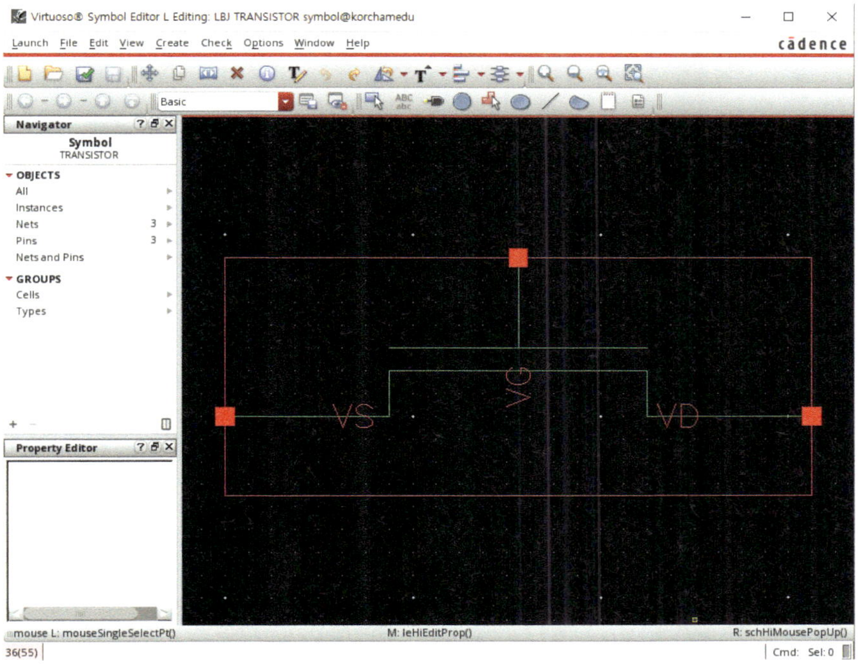

▶ 특성을 확인하기 위해서 아래와 같은 회로를 구성한다. vdc소자에 설정 값을 Gate와 Drain쪽에는 각각 VG, VD로 변수로 입력하고 Source에 0V 입력한다.

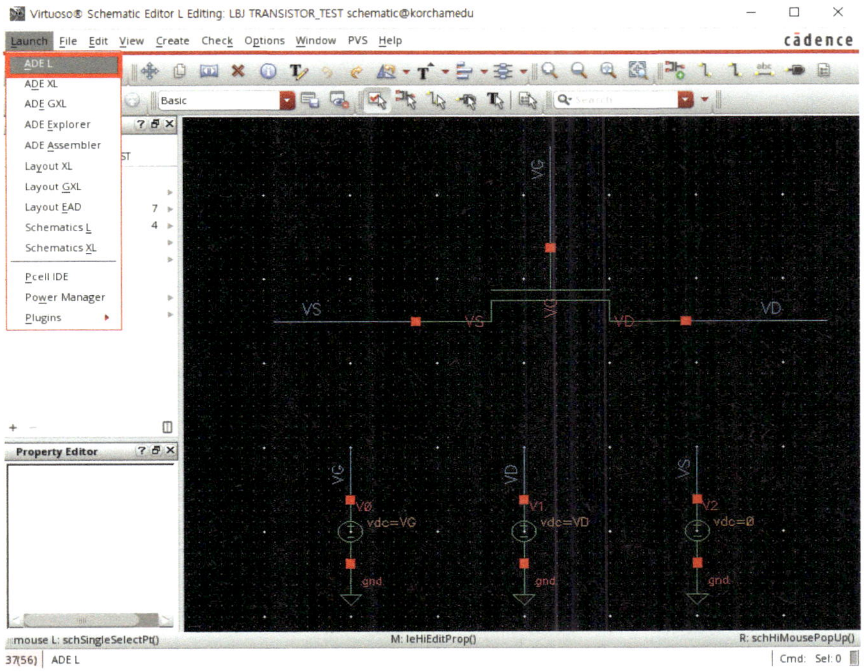

③ Launch

▶ Simulation을 실행하기 위해서 launch를 실행시킨다. launch → ADE L를 click한 후 회로도에 존재하는 변수를 불러들이기 위해 Variables → Copy From Cellview를 click한다.

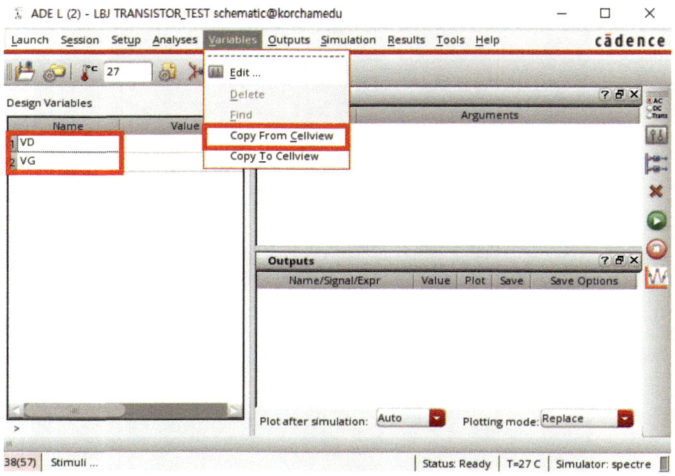

▶ Variables → Edit ... click 하여 Gate와 Drain의 변수 값 0.5를 입력한다.

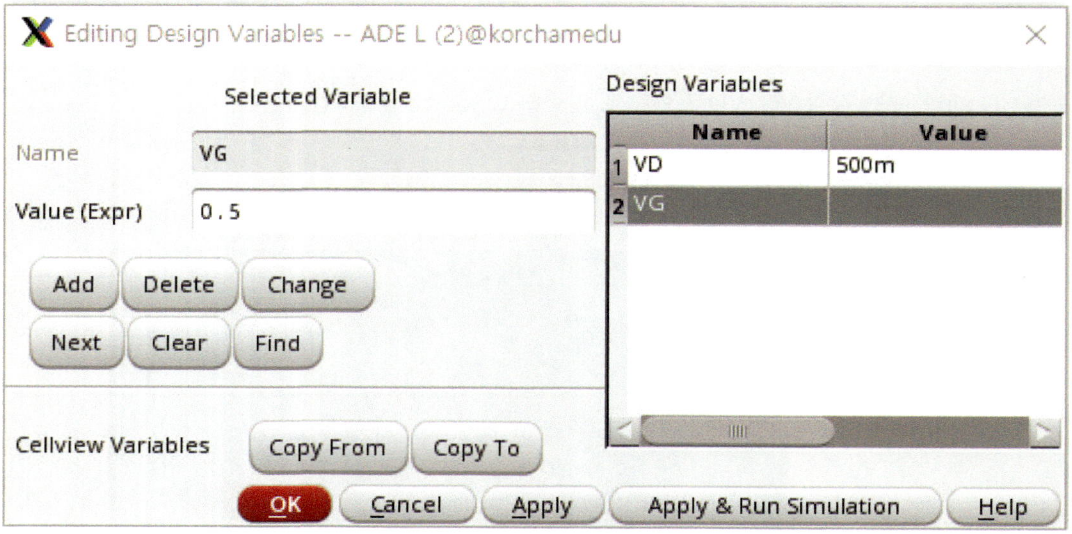

▶ Transient Analysis 해석을 위해 Analyses → Choose ... 선택을 하고 dc를 check한다. 나머지 설정은 아래와 같이 한다.

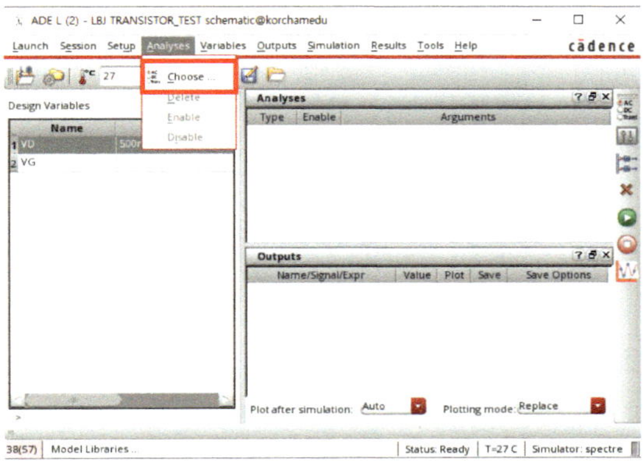

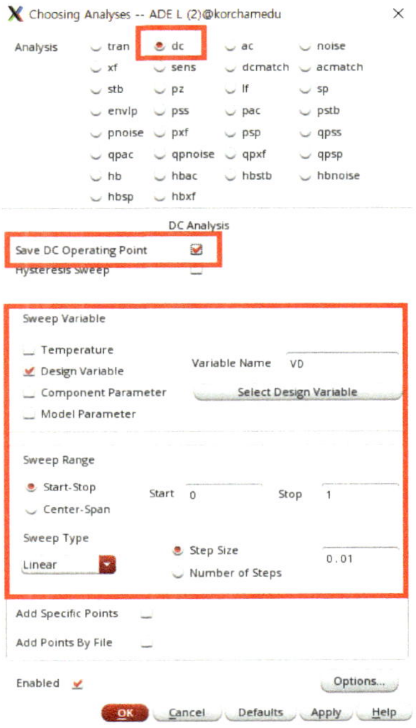

▶ Tools → Parametric Analysis...를 실행 시켜서 VG의 값을 0V~1V까지 변화시키고 Step Mode는 Linear Step으로 선택하고 Step Size는 0.1로 한다. Analysis → Start를 click하여 simulation을 실행시킨다.

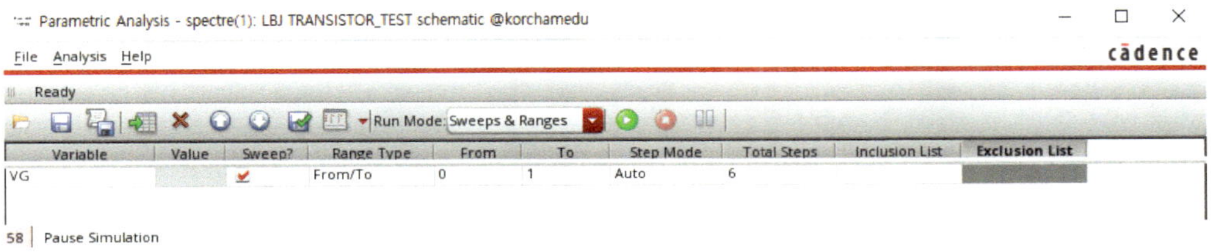

▶ Result → Direct Plot → Main Form click 후 Current 체크.

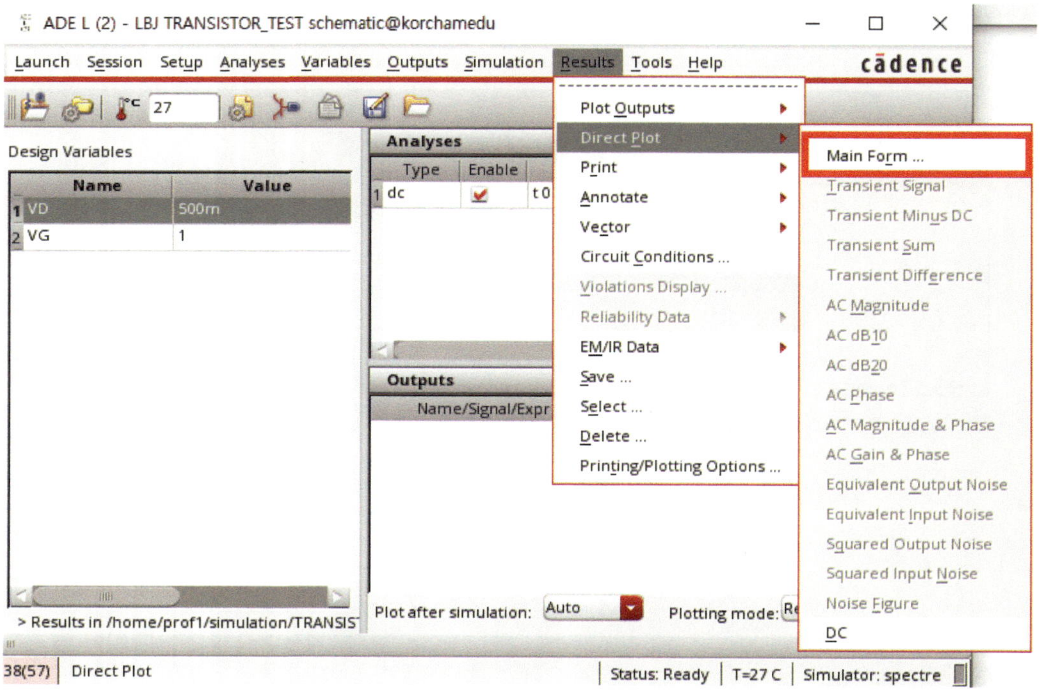

▶ 단축키 'e'(Descend)를 누르고 Symbol을 Click한 뒤 OK를 누르면 MOSFET 회로도를 확인할 수 있다.

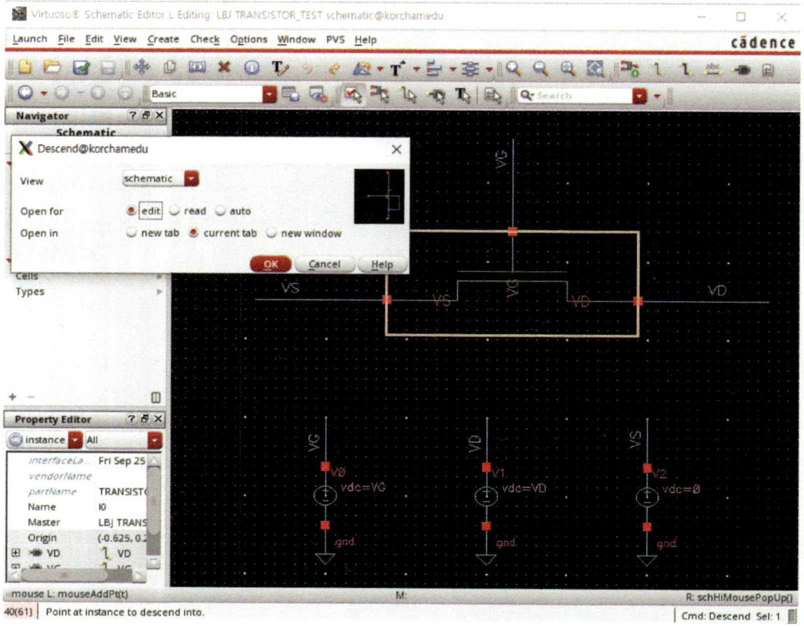

▶ 전류를 확인할 때는 Wire를 click하면 오류가 생기면서 simulation 결과를 확인할 수가 없다. 그래서 확인 시에는 소자 vsin의 단자 부분을 click하면 simulation 결과를 확인 할 수가 있다.

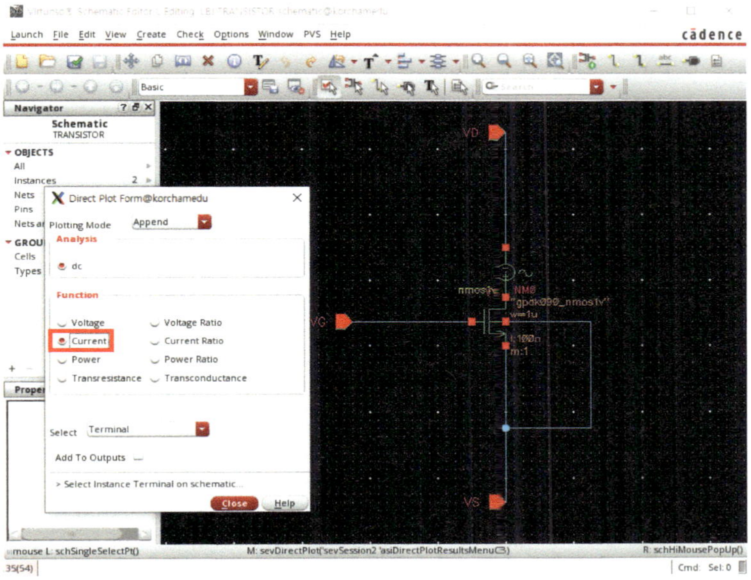

▶ 전류를 확인할 때는 Wire를 click하면 오류가 생기면서 simulation 결과를 확인할 수가 없다.

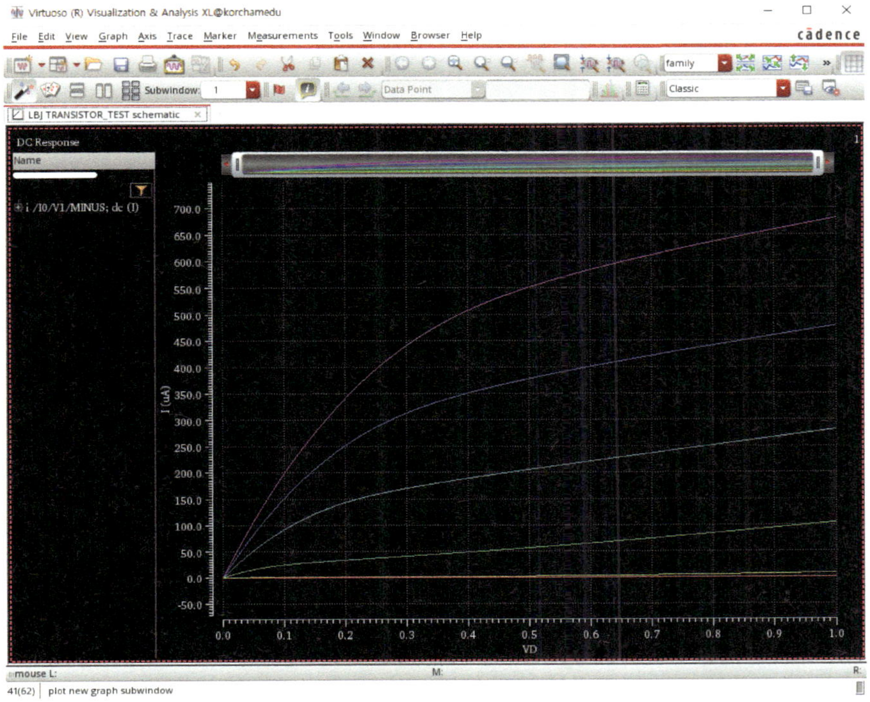

▶ vsin같은 소자를 쓰지 않고 전류를 측정하는 방법은 Outputs → Save All ...에서 Select device currents 항목을 all로 check해준다. 하지만 이 방법은 큰 회로일 경우 simulation 시간이 오래 걸리고 simulation 파일 용량이 커질 수 있다.

3) Simulation(CS Amplifier)

① Simulation 준비.

▶ Techfile 적용한 Library 생성한다.

▶ 만들어진 Library를 click하고 File → New → Cell View... click한다.

▶ Cell View을 basic_amp라고 설정한다.

② 회로도 그리기.

▶ 소자를 불러들여 기본적인 Common Source Amplifier 회로를 그린다. (저항은 qpdk090 → resnspdiff_2 → symbol을 사용한다.)

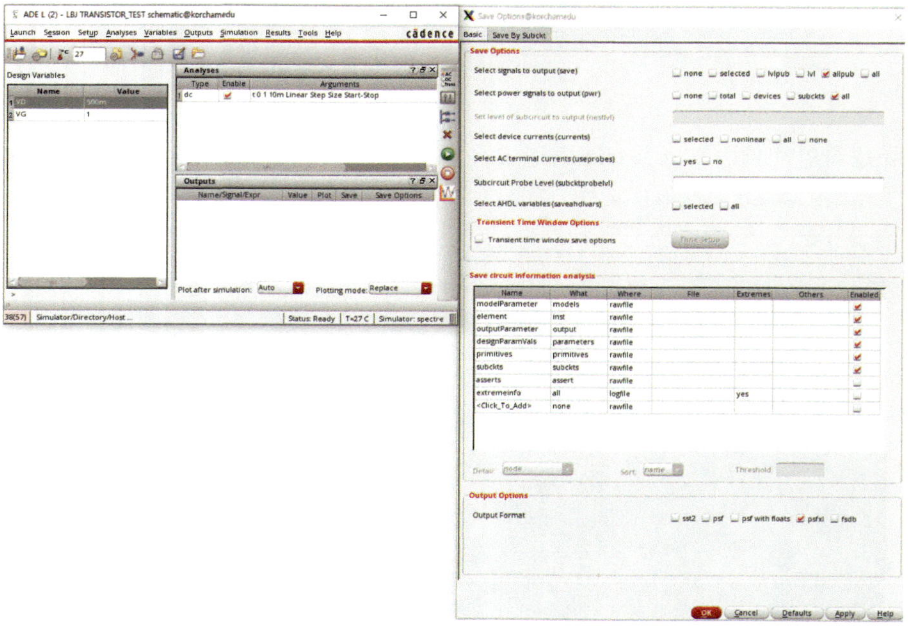

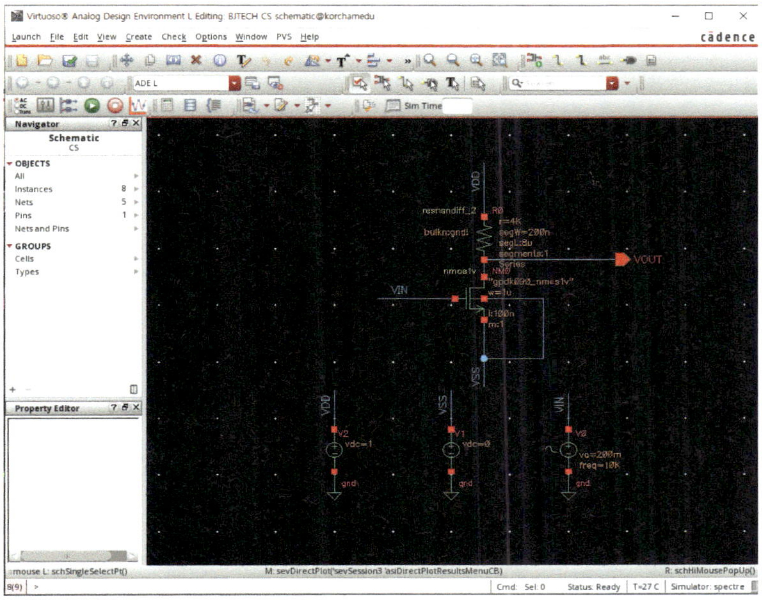

MOSFET	Length(㎛)	Fingers	Finger Width(㎛)	Total Width(㎛)
NMOS(NM0)	0.1	1	width	width
저항	Total Resistance(ohms)		Width(nm)	
R(R0)	4k			

▶ 입력에 vsin소자로 Sine Wave를 입력시켜준다.

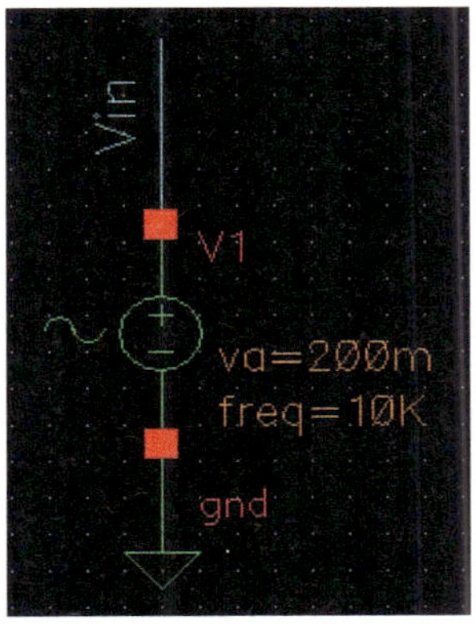

▶ 입력 값은 아래와 같이 입력해준다.

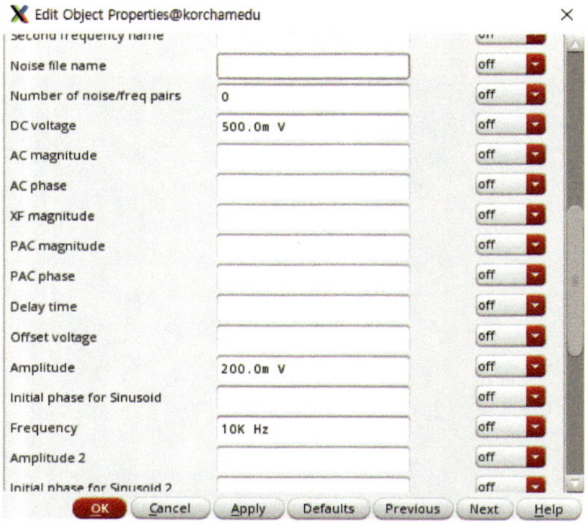

③ Launch.

▶ Simulation을 실행하기 위해서 Launch를 실행시킨다. launch → ADE L를 click한 후 simulation setting을 위해 Analyses → Choose ...의 tran을 선택하여 값들을 setting을 해준다.

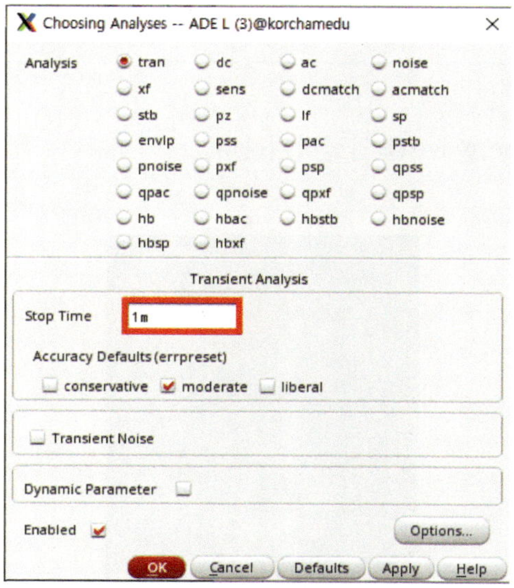

▶ 아래와 같이 simulation 설정을 확인할 수 있다.

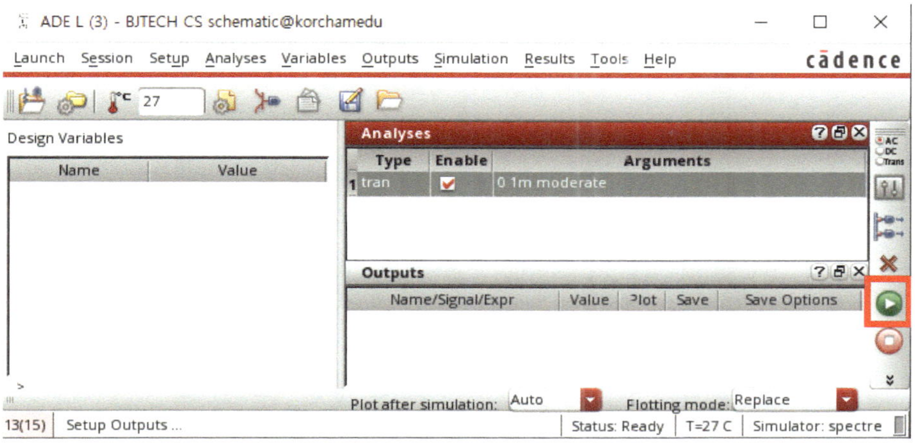

▶ Result → Direct Plot → Main Form 후 입출력 출력 결과를 비교해서 파형비교를 하면은 입력대비 출력이 반전 증폭된 결과를 볼 수 있다.

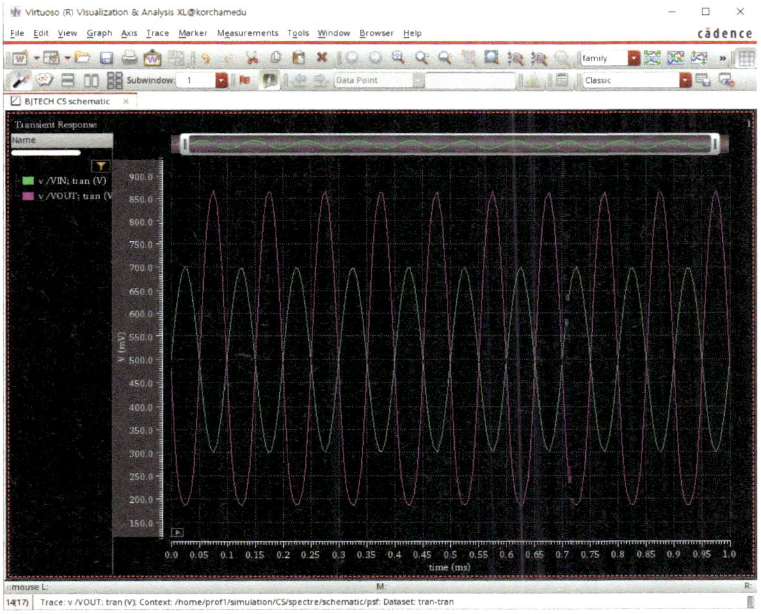

▶ 증폭기의 주파수 특성을 보기위하여 AC simulation을 돌려야한다. vsin 소자에서 AC magnitude를 1V로 설정한다.

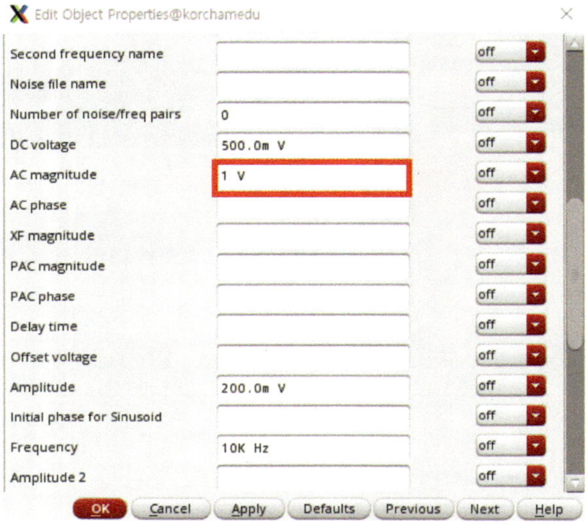

▶ AC Simulation을 실행하기 위해서 Analyses → Choose ...의 ac을 선택하여 아래와 같은 setting을 해준다.

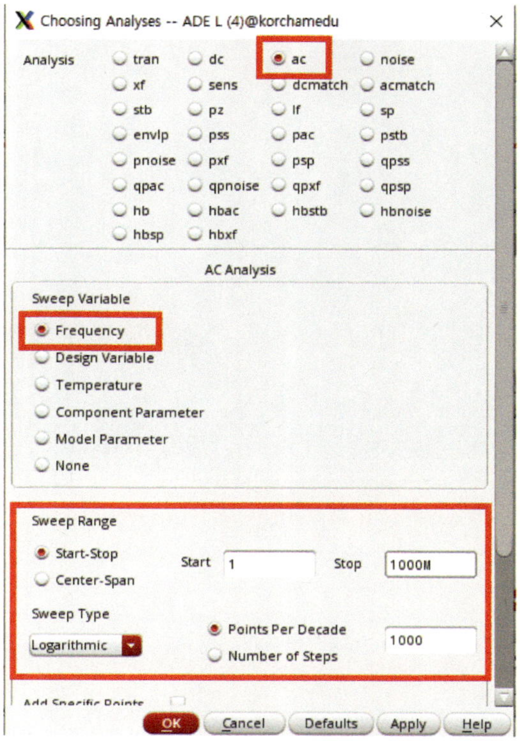

▶ Simulation을 실행 시키고 주파수에 따른 Gain을 확인하기 위하여 Results → Direct Plot → Main Form...을 누르고 dB20을 check한 뒤 출력 단을 찍어 준다.

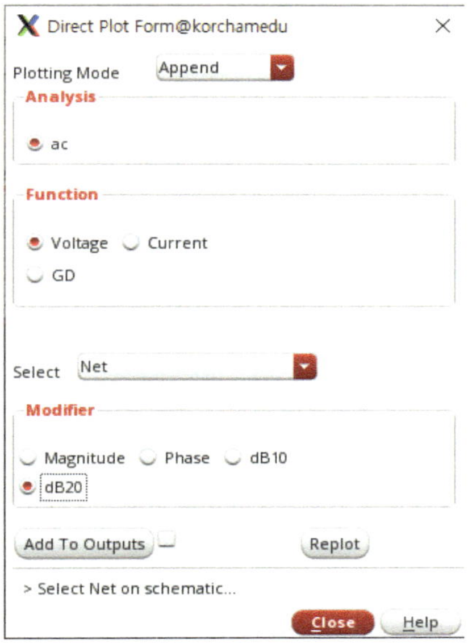

▶ 주파수에 따른 Gain을 확인할 수가 있다.

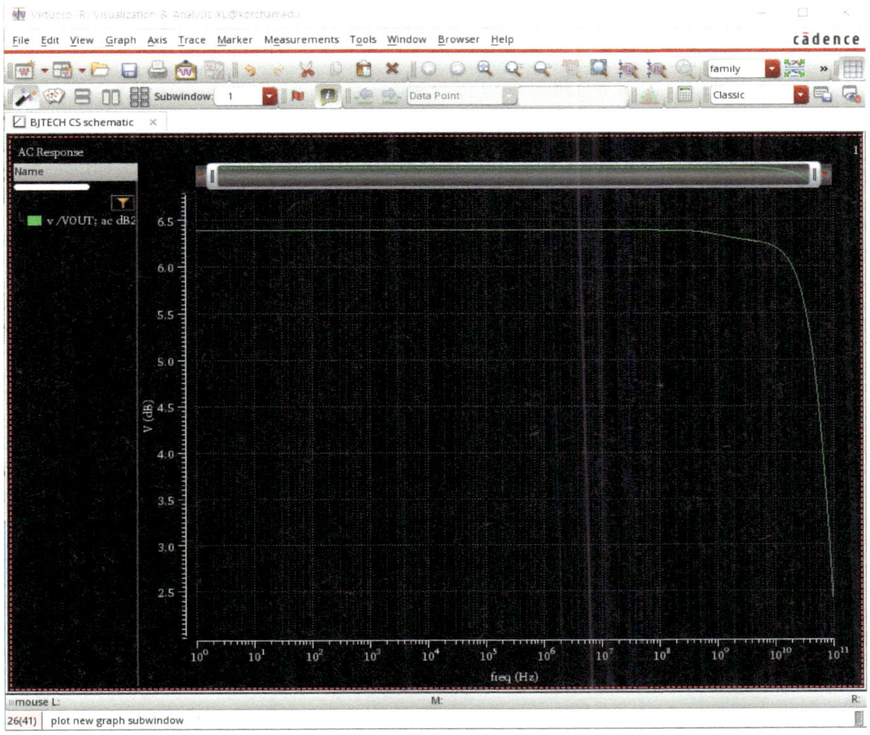

▶ Simulation을 실행 시키고 주파수에 따른 Phase를 확인하기 위하여 Results → Direct Plot → Main Form…을 누르고 Phase을 check한 뒤 출력 단을 찍어 준다.

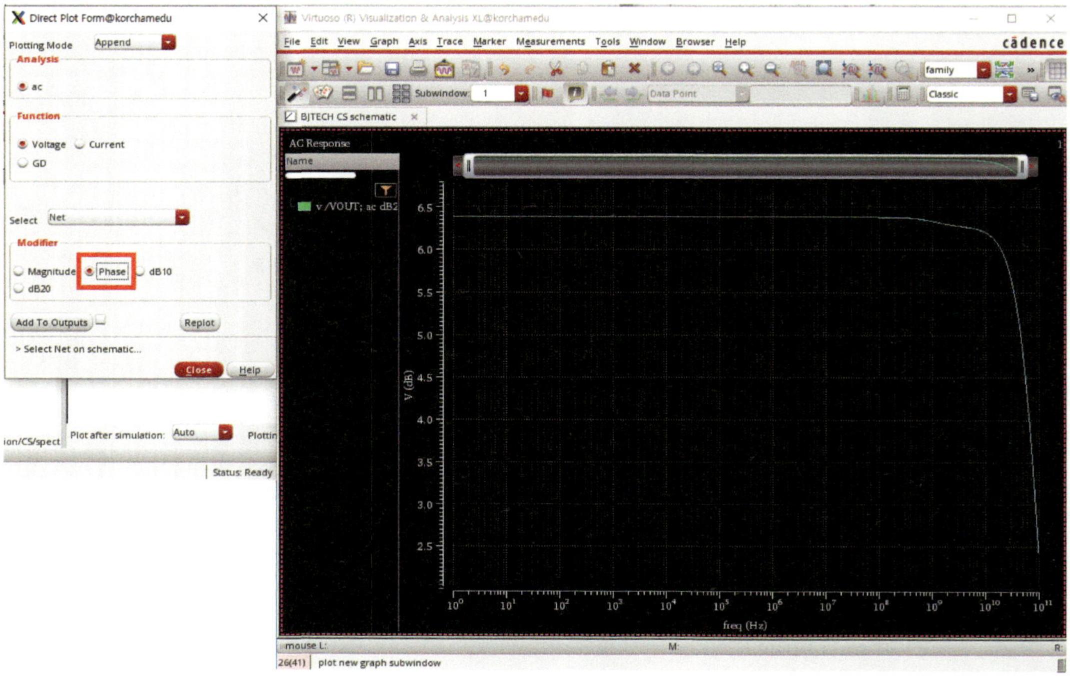

4) Layout

① Layout

▶ Schematic 확인

- Layout을 하기 전에 schematic을 확인하여 각 MOSFET의 소자 값을 먼저 확인하자.

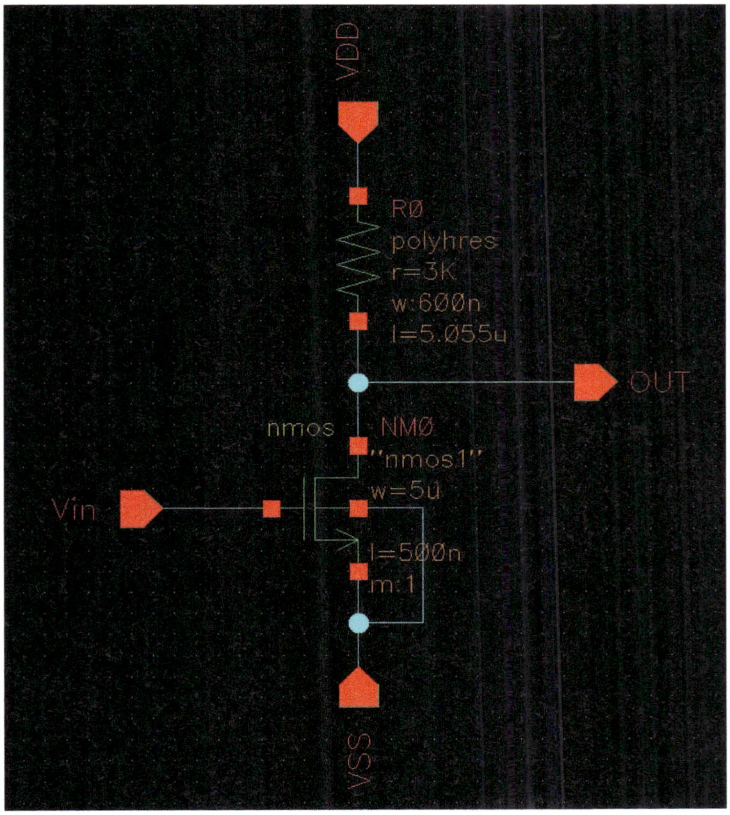

Component	MOSFET	Component	Resistor
Type	nmos1v	Type	resnsndiff_2
Length(㎛)		Width(nm)	200
Finger	1	No. of Segments	1
Finger Width(㎛)	1	Segment Length(㎛)	8
Total Width(㎛)	1	Total Length(㎛)	8
		Total Resistance	4㏀

▶ Component instance 불러오기

- Instance 명령(단축키 'i')을 이용하여 NMOS와 Polyhres 저항을 불러온다.

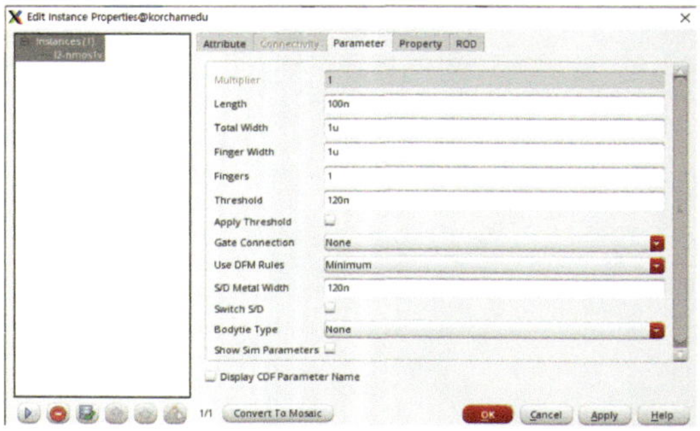

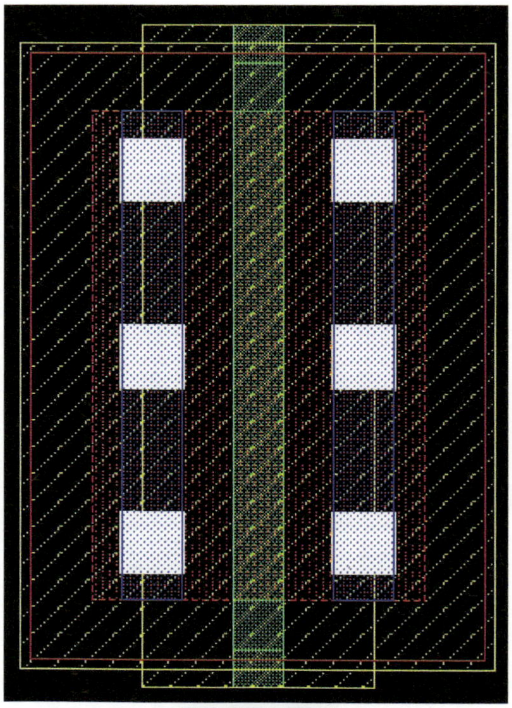

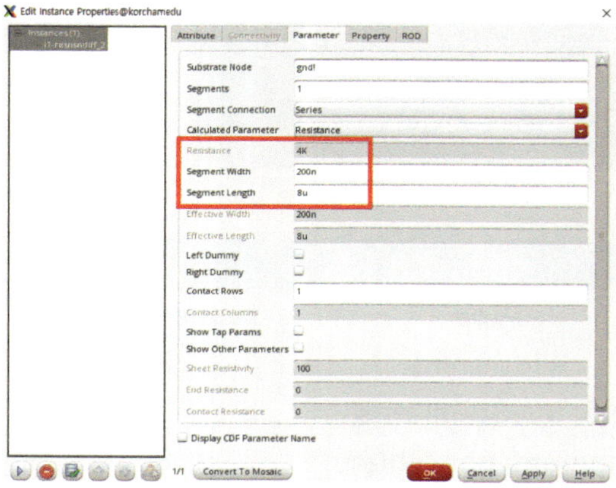

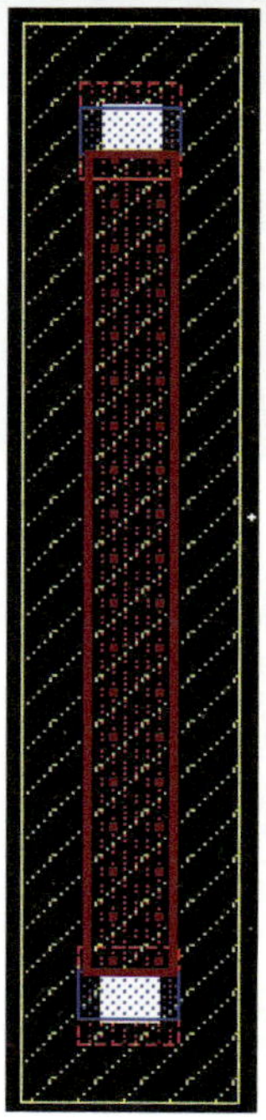

▶ VDD & VSS instance 불러오기

- Contact 명령(단축키 'o')을 이용하여 VDD와 VSS 및 NMOS의 body로 사용될 instance를 불러온다.

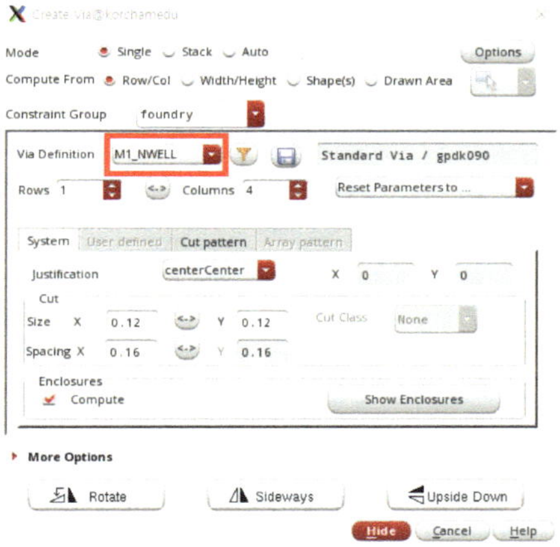

▶ Net 및 입/출력 연결하기

- Path 명령(단축키 'p')과 Contact 명령(단축키 'o')을 이용하여 schematic과 동일하게 각 net을 연결한다.

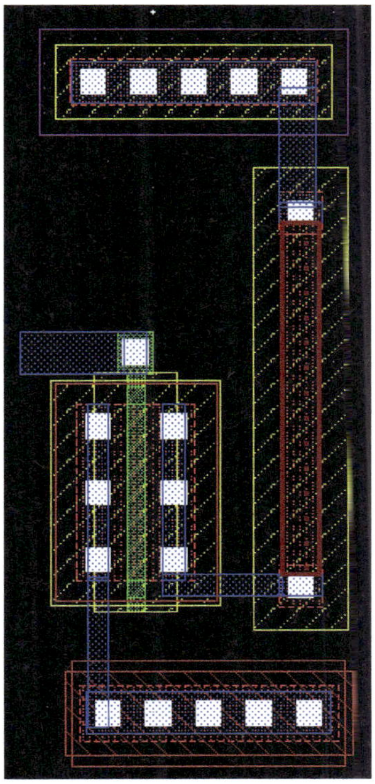

▶ Pin 지정

- labeln 명령(단축키 'l')을 이용하여 Input pin인 VIN, VDD, VSS와 Output pin인 VOUT을 layout에 적용한다.

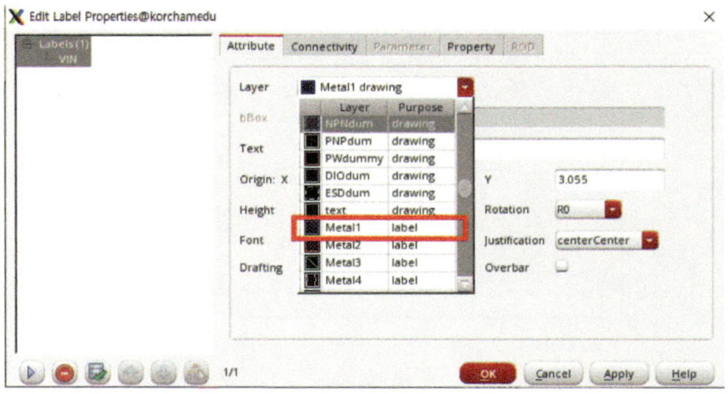

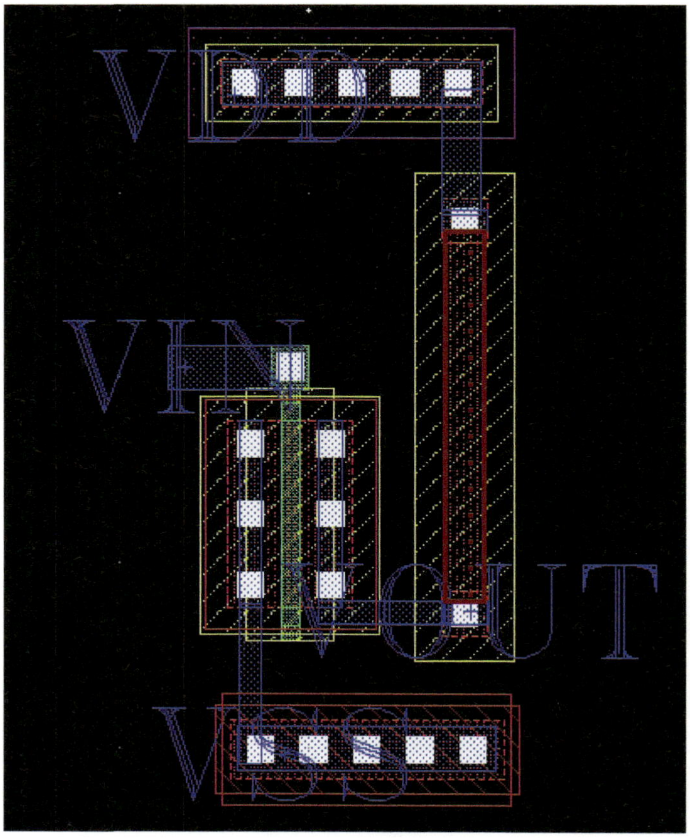

② Layout 검증

▶ Run DRC

- Assura Tool(Assura → Run DRC)을 이용하여 design rule에 맞게 layout 했는지 확인해 보자.

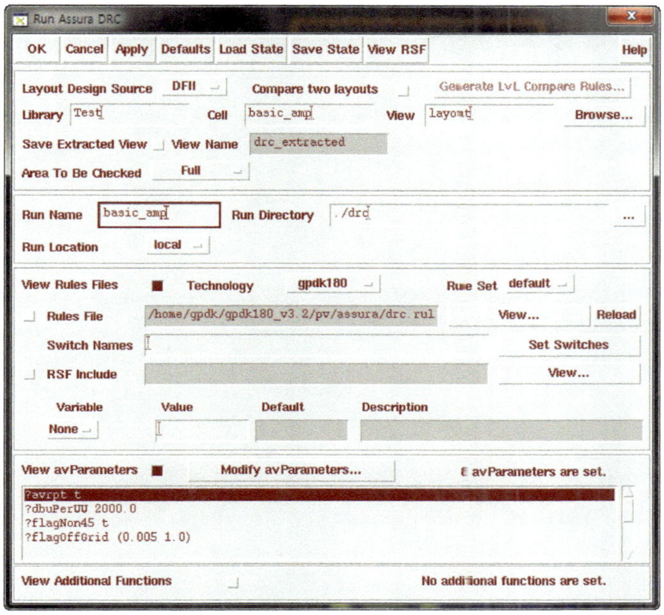

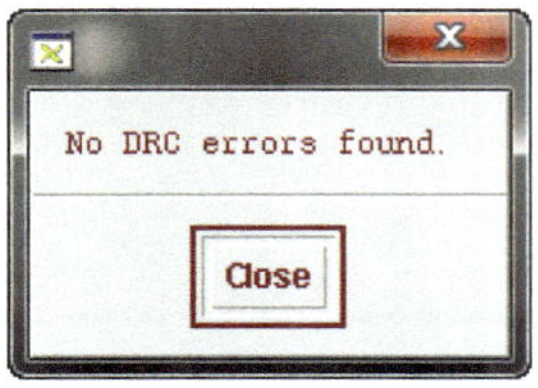

- 적당한 거리를 띄우고 layout한 덕분에 DRC error가 없다는 메시지가 출력된다.

▶ Run LVS

- Assura Tool(Assura → Run LVS)을 이용하여 schematic과 layout이 일치하는지를 확인해보면, 서로 일치한다는 메시지를 출력해 준다.

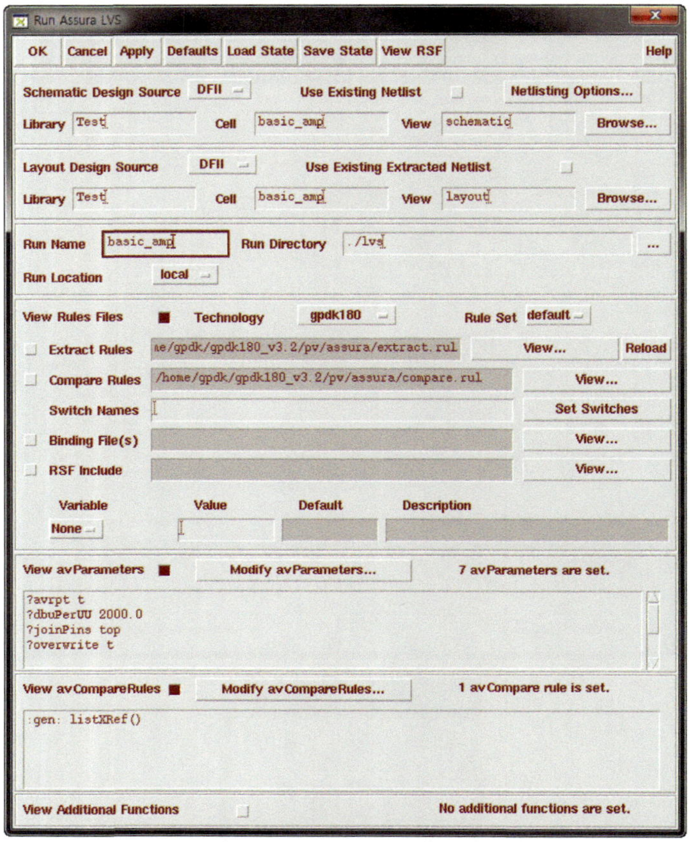

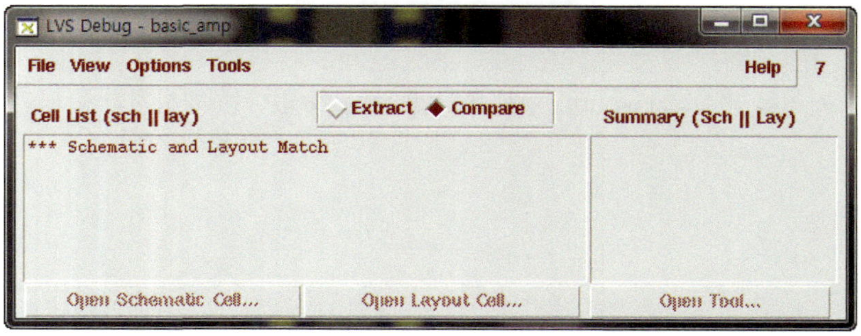

7.2 Differential Amplifier

1) 설계 이론

차동 증폭기(differential pair)는 연산 증폭기를 비롯한 많은 차동 구조를 가진 아날로그 회로들의 기초가 되는 회로로써, 차동 증폭기의 동작을 잘 이해하는 것은 아날로그 회로 해석의 기본이 되는 것이다. 차동 증폭기를 이해하기 위해 우리는 대신호 분석과 소신호 분석을 알아보고, 차동 증폭기에서 중요하게 고려되어야 할 특성인 CMRR(common-mode rejection ratio)의 정의와 특성, 그리고 차동 증폭기에서 공정상의 부정합에 의해 발생하는 입력 옵셋 전압에 대하여 살펴보도록 하자.

대신호 분석

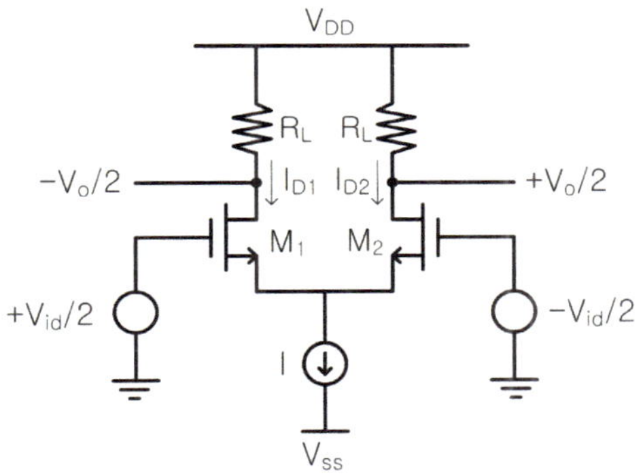

Common source 증폭기 M1, M2가 전류원에 의하여 바이어스 된 전형적인 NMOS 차동 증폭기 회로가 그림에 나타나 있다. 위의 회로에서 게이트-소스 전압과 드레인 전류와의 관계식은 다음과 같다.

$$I_{D1} = \frac{1}{2}\mu_n C_{ox}\frac{W}{L}(V_{GS1} - V_{th})^2$$

$$I_{D2} = \frac{1}{2}\mu_n C_{ox}\frac{W}{L}(V_{GS2} - V_{th})^2$$

이 식을 변형하면,

$$\sqrt{I_{D1}} = \sqrt{K}(V_{GS1} - V_{th})^2$$

$$\sqrt{I_{D2}} = \sqrt{K}(V_{GS2} - V_{th})^2$$

가 되며, 여기서 $K=\frac{1}{2}\mu_n C_{ox}\frac{W}{L}$, $v_{id}=V_{GS2}-V_{GS1}$로 정의되므로 다음과 같이 나타낼 수 있다.

$$I_{D1}=\frac{1}{2}+\sqrt{2KI}\,(\frac{v_{id}}{2})\sqrt{1-\frac{(v_{id}/2)^2}{(I/2K)}}$$

$$I_{D2}=\frac{1}{2}-\sqrt{2KI}\,(\frac{v_{id}}{2})\sqrt{1-\frac{(v_{id}/2)^2}{(I/2K)}}$$

(**여기서,** $I=I_{D1}+I_{D2}$)

한편, I_o는 I_{D1}과 I_{D2}의 전류의 차로 정의 되며, 위의 식에 의하여 다음과 같이 표시된다.

$$I_o=I_{D1}-I_{D2}=Kv_{id}\sqrt{\frac{2I}{K}-v_{id}^2}$$

위의 그림 회로에서 v_{id}가 충분히 커지게 되면, 바이어스 전류 I는 M_1 혹은 M_2만을 통해, 즉 하나의 MOS만을 통해 흐르게 된다. 이렇게 두 MOS 중에서 한 MOS만 동작할 때까지 인가해 줄 수 있는 최대 입력 전압의 범위를 차동 증폭기가 입력 전압에 따른 선형적 동작을 할 수 있는 범위라고 하며, 여기서 식에 $I_{D1}=I_o$를 대입하면, 증폭기가 선형적으로 동작할 수 있는 최대 입력 전압을 구할 수 있고, 다음 식과 같다.

$$|v_{id\max}|\le\sqrt{\frac{I}{K}}$$

소신호 분석

차동모드 회로의 경우, 회로의 반쪽을 사용하여 분할 해석을 하면 전체 회로를 해석하지 않고 회로를 간단히 해석 할 수 있다. 다음 그림의 회로를 바이어스 회로의 출력 저항 R_{SS}까지 고려하여 분석해 보자. (MOS의 r_o는 무시) 우선, 이 회로의 공통모드 입력 전압이 0V일 경우, M_1과 M_2의 게이트에는 크기는 같고 위상이 반대인 입력 전압이 인가된다. 이 때, M_1으로 흐르는 전류 증가량과 M_2로 흐르는 전류 감소량은 일치하게 된다. 따라서 R_{SS}로 흐르는 전류는 없게 되고 V_{SS}노드는 가상 접지가 된다. 밑의 회로를 등가 반쪽 회로로 대치하면 다음 그림과 같게 된다. 이 때 이 회로의 전압 이득은 다음과 같이 나타 낼 수 있다.

$$A_{diff} = \frac{v_o}{v_{id}} = g_m R_L$$

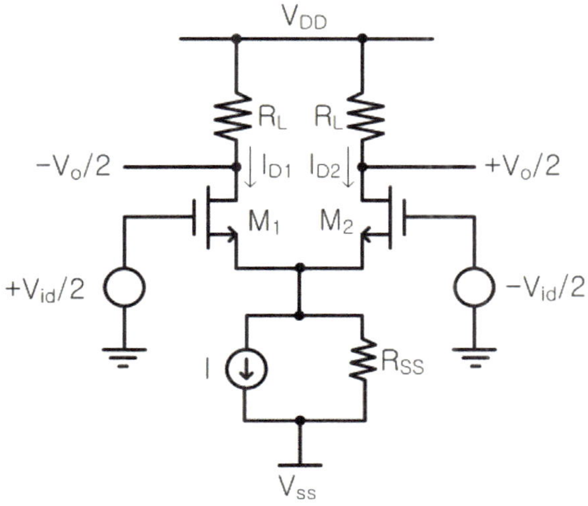

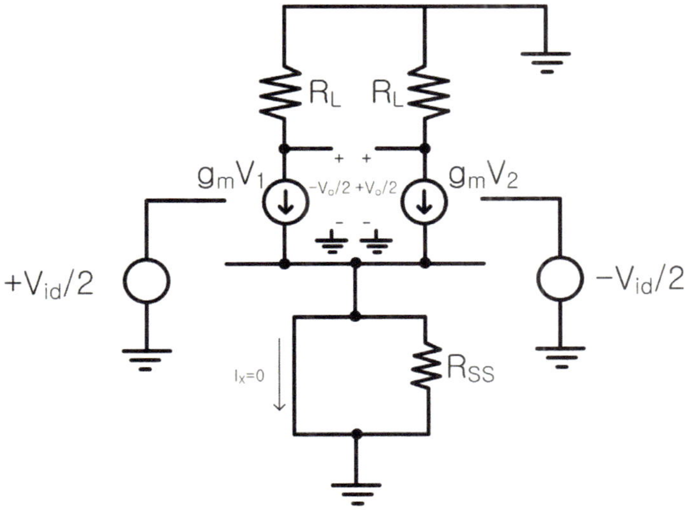

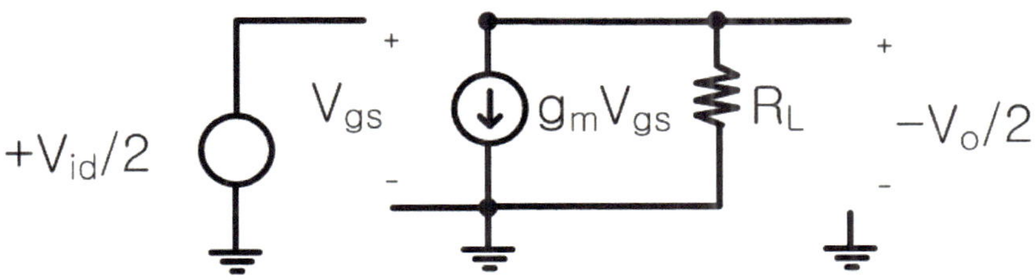

공통모드 전압 이득

M1과 M2의 입력으로 위상과 크기가 같은 전압 V_{CM}이 인가된 경우, 출력단의 전압 이득은 차동모드 전압 이득을 구할 경우와 마찬가지로 반쪽 회로를 사용하여 구할 수 있다. 위의 그림의 회로에서 V_{CM}이 변하면, I_{D1}, I_{D2} 와 동시에 증가하거나 감소하므로 R_{SS}에 전류가 흐르게 되어, V_{SS}노드는 더 이상 가상 접지가 아니다. 따라서 반쪽 회로에서 R_{SS} 저항을 회로 해석시에 고려해 주어야 하며, R_{SS}저항이 반쪽 회로로 나뉘면 각 반쪽 회로에서의 저항 값은 $2R_{SS}$가 된다. 이 때, 차동 증폭기의 전압 이득은

$$A_{CM} = -\frac{g_m R_L}{1+2g_m R_{SS}}$$

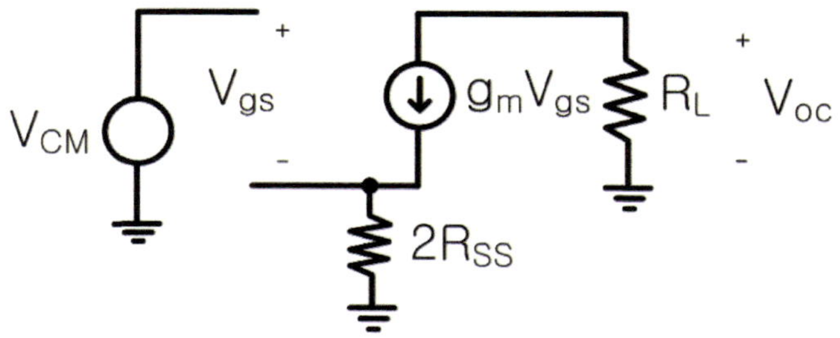

CMRR

아날로그 시스템에서는 신호들이 주로 차동모드로 전달되므로 차동 신호를 제외한, 신호 전달 경로에 인가되는 공통모드의 잡음 성분을 억압하기 위한 증폭기의 성능이 요구된다. 차동 증폭기에서 이러한 성능을 나타내는 지표를 CMRR이라고 하며 다음 식과 같이 나타낸다.

$$CMRR = \left| \frac{A_{diff}}{A_{CM}} \right|$$

주파수 응답 특성

차동 증폭기 회로의 주파수 응답 특성은 소신호 분석에서와 마찬가지로 차동모드 회로 분석과 공통모드 회로 분석으로 나눌 수 있다. 먼저 차동모드 회로 분석의 경우 반쪽 회로를 사용하면 차동 입력 모드 회로의 주파수 응답 특성을 구할 수 있고, 다음과 같이 나타 낼 수 있다.

$$w_{-3dB} = \frac{1}{[C_{gs} + (1 + g_m R_L) C_{gd}] R_i}$$

(여기서, R_i : 입력 전압원의 출력 저항)

한편, 공통모드 회로의 주파수 응답 특성을 알기 위해서는, 전류원의 출력 저항 R_{SS}뿐만 아니라, 기생 커패시턴스 C_{SS}도 고려해야 한다. 전류원의 기생 커패시턴스 C_{SS}를 고려한 공통 반쪽 회로가 다음 그림과 같이 나타나 있다. 이 때, 공통모드 전압 이득 식은 다음과 같이 나타 낼 수 있다.

$$A_{CM} = \frac{v_o}{v_{CM}}(jw) \fallingdotseq -\frac{R_L}{2R_{SS}}(1 + jwC_{SS}R_{SS})$$

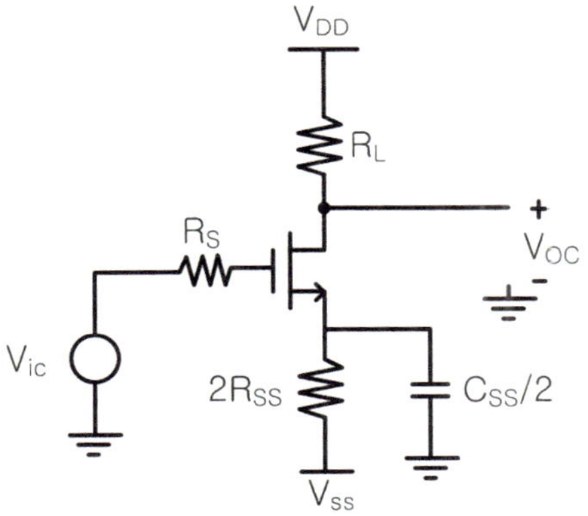

2) Simulation

① Simulation 준비.

▶ Techfile 적용한 Library 생성한다.

▶ 만들어진 Library를 click하고 File → New → Cell View... click한다.

▶ Cell View을 differential로 설정한다.

② 회로도 그리기.

▶ 소자를 불러들여 기본적인 Differential Amplifier 회로를 그린다. (저항은 gpdk090 → resnspdiff_2 → symbol을 사용한다.)

MOSFET	Length(nm)	Fingers	Finger Width(nm)	Total Width(nm)
NMOS(NM0)	100	1	2㎛	2㎛
NMOS(NM1)	100	1	2㎛	2㎛
NMOS(NM2)	100	1	800	800
NMOS(NM3)	100	1	800	800
PMOS(PM0)	100	1	250	250
PMOS(PM1)	100	1	250	250
저항	Total Resistance(ohms)		Length(㎛)Width(nm)	
R(R0)	25k			

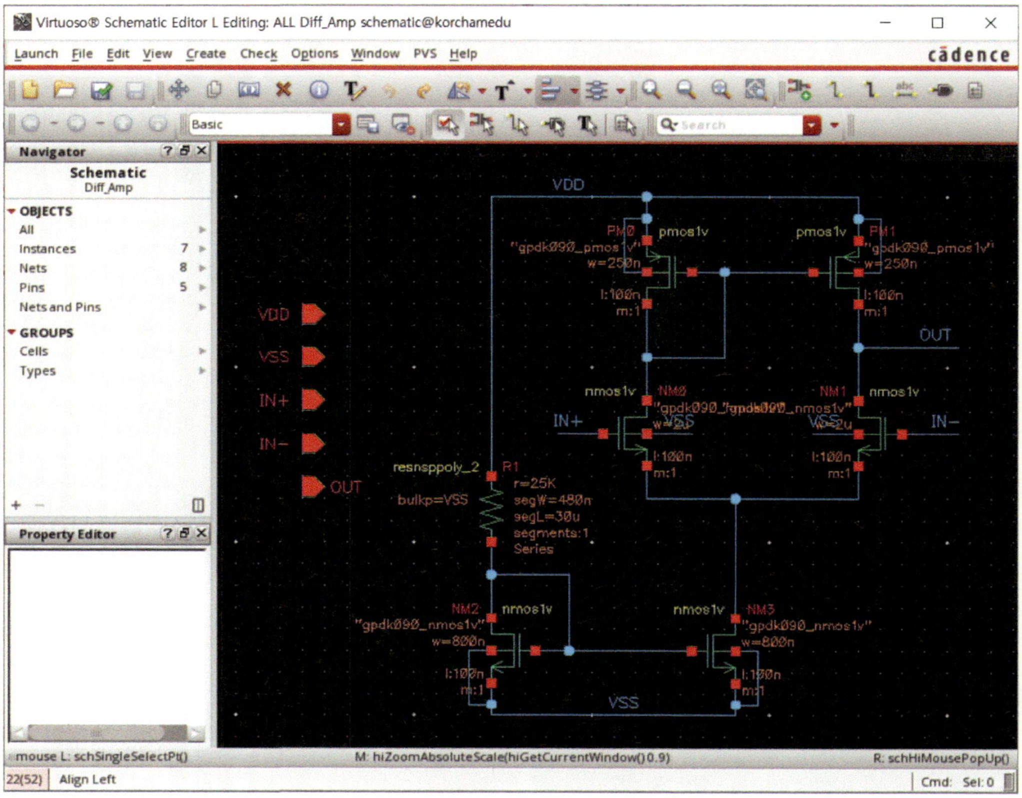

▶ Design → Create Cellview → From Cellview …를 통해 Symbol을 그린다.

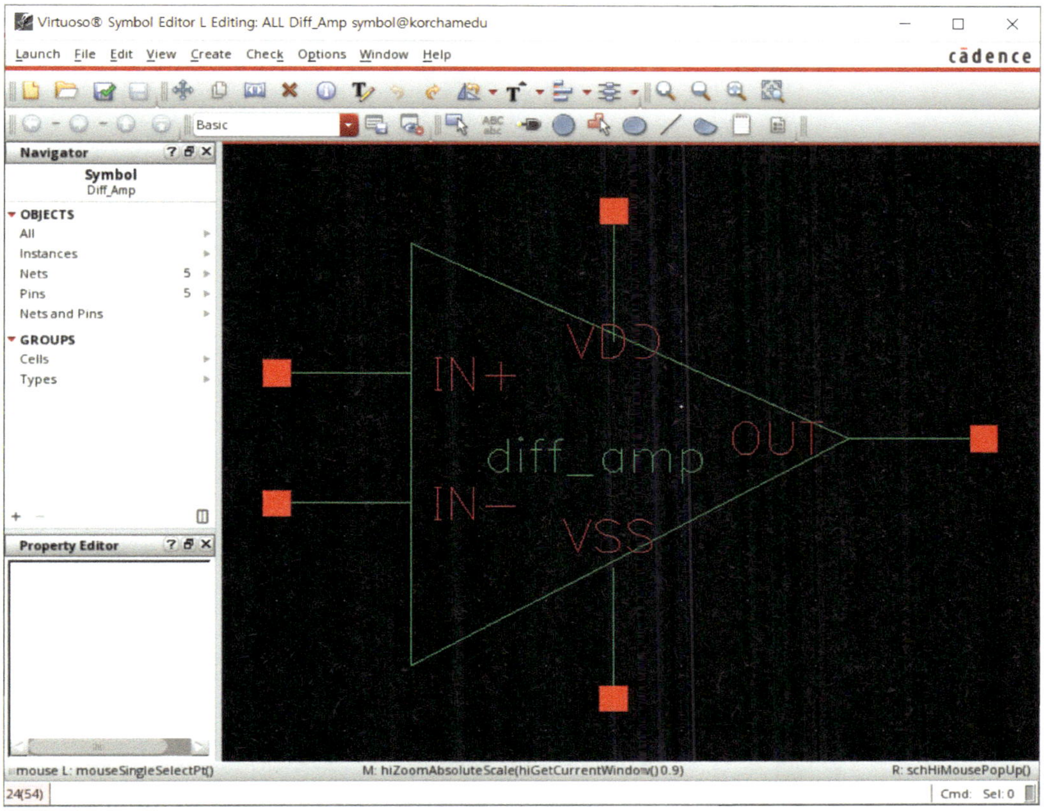

▶ Differential Amp의 동작 특성을 확인하기 위해서 아래와 같은 테스트 회로를 구성한다. (출력단에 capacitor는 analoglib → cap → symbol 추가 후 1p 입력)

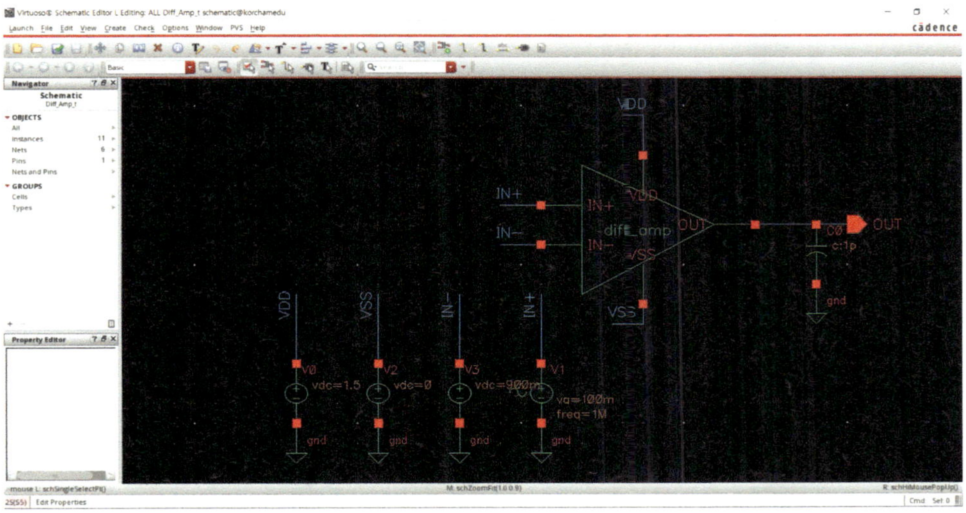

▶ 입력 값은 vdc 소자로 VDD=1.8V, VSS=0V, Vin-=0.9V 입력해 주고, Vin+=vsin를 사용해 아래와 같이 입력해 준다.

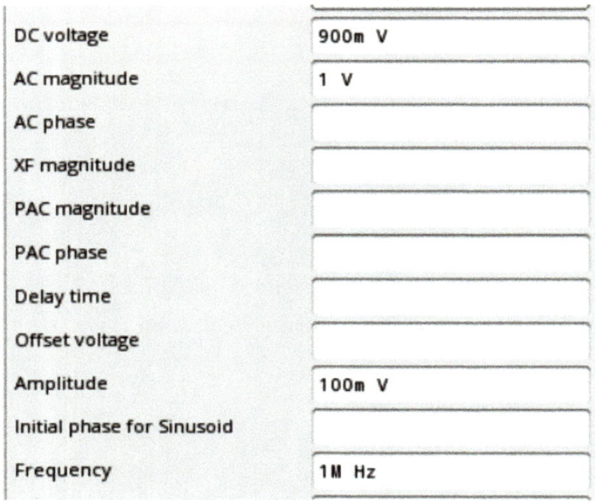

③ Launch

▶ Simulation을 실행하기 위해서 Launch를 실행시킨다. launch → ADE L를 click한 후 simulation setting을 위해 Analyses → Choose ...의 tran을 선택하여 setting을 해준다.

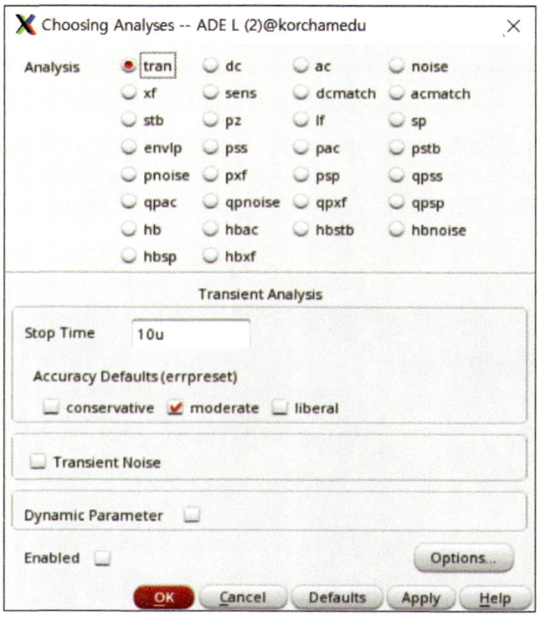

▶ Result → Direct Plot → Main Form 후 입출력 출력 결과를 비교해서 파형비교를 하면은 입력대비 출력이 증폭된 결과를 볼 수 있다.

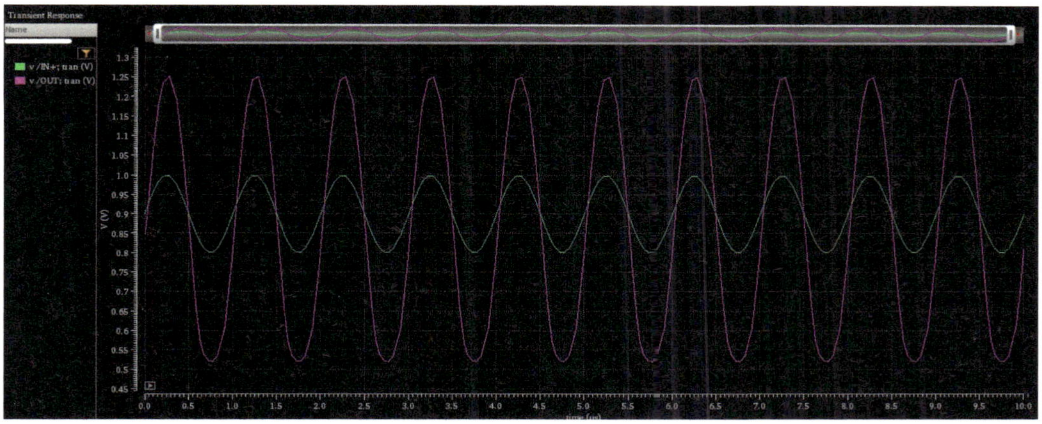

▶ AC Simulation을 실행하기 위해서 Analyses → Choose ...의 ac을 선택하여 아래와 같은 값들로 setting을 해준다.

▶ Simulation을 실행 시키고 주파수에 따른 Gain과 Phase를 확인하기 위하여 Results → Direct Plot → Main Form...을 누르고 ac check 후 dB20, Phase을 각각 check한 뒤 출력단을 찍어 준다. 그러면 다음과 같이 Gain, Unit Gain Frequency, Phase Margin등을 확인할 수 있다.

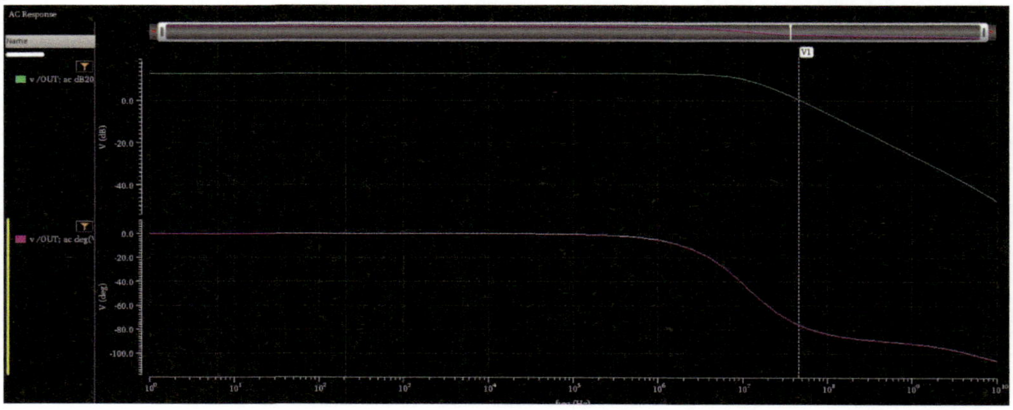

3) Layout

① Layout

▶ Schematic 확인

- Layout을 하기 전에 schematic을 확인하여 각 MOSFET의 소자 값을 먼저 확인하자.

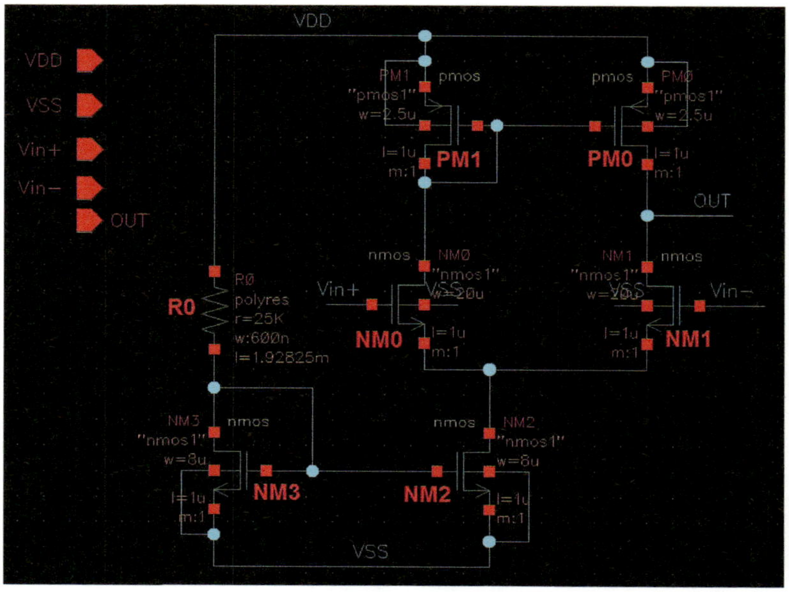

Component	MOSFET	MOSFET	Component	Resistor
Type	NMOS(NM0)	NMOS(NM1)	Type	resnspdiff_2
Length(nm)	100	100	Width(nm)	480
Finger	1	1	No. of Segments	4
Finger Width(㎛)	20	20	Segment Length(㎛)	7.5
Total Width(㎛)	20	20	Total Length(mm)	30
Component	**MOSFET**	**MOSFET**	Total Resistance	25㏀
Type	NMOS(NM2)	NMOS(NM3)		
Length(nm)	100	100		
Finger	1	1		
Finger Width(nm)	800	800		
Total Width(㎛)	800	800		
Component	**MOSFET**	**MOSFET**		
Type	PMOS(PM0)	PMOS(PM1)		
Length(㎛)	100	100		
Finger	1	1		
Finger Width(nm)	250	250		
Total Width(nm)	250	250		

▶ Component instance 불러오기

- Instance를 불러오기 전에 Differential Amplifier 회로를 layout 하기 위해서 matching 기법에 대해서 설명하겠다. Schematic의 NM2와 NM3, PM0과 PM1은 전류원을 구현하기 위해서 설계한 current mirror 회로로 NM2와 NM3, PM0과 PM1이 서로 완벽하게 같아야만 정확하게 전류를 복사할 수 있다. 그리고 Differential Amplifier의 differential pair MOSFET으로 사용되는 NM0과 NM1 역시 서로 완벽하게 같아야만 정확한 동작을 할 수 있다. 하지만 공정에서 wafer의 가로 및 세로의 농도차 등 복합적인 이유로 mismatch가 생기고 완벽하게 같은 MOSFET을 구현하는 것은 불가능하다. 그래서 최대한 같은 MOSFET이 되도록 layout 해주는 방법을 matching이라고 부른다.
- Matching을 하는 방법 중 잘 알려진 것은 2가지가 있다. 하나는 Interdigitized 방식이고 다른 하나는 Common-Centroid 방식이다. 이 방법들은 그림을 통한 예로 설명하도록 하겠다.
- Length=1㎛, width=16㎛의 값을 갖는 matching이 필요한 NMOS 2개를 layout한다고 가정하자. 가장 기본적인 방법은 각각 layout하는 것으로 length=1㎛, width=4㎛, finger=4인 NMOS 2개를 좌우로 놓고 drain과 gate를 연결한 후 source를 하나로 묶어서 연결하는 방법이다.

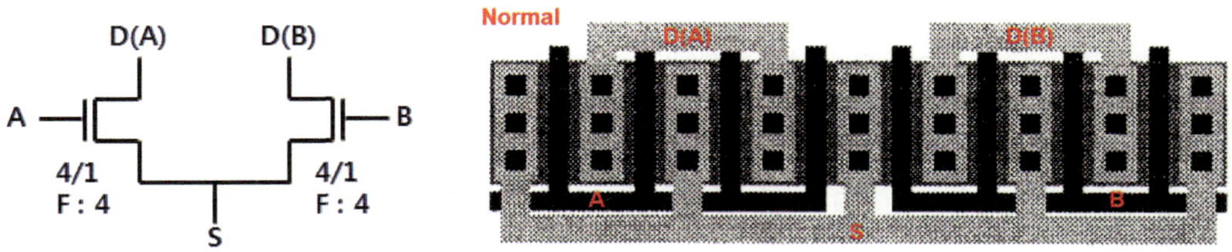

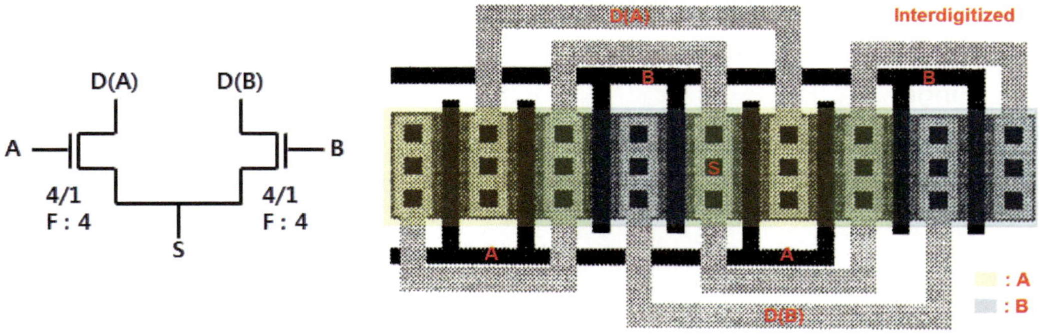

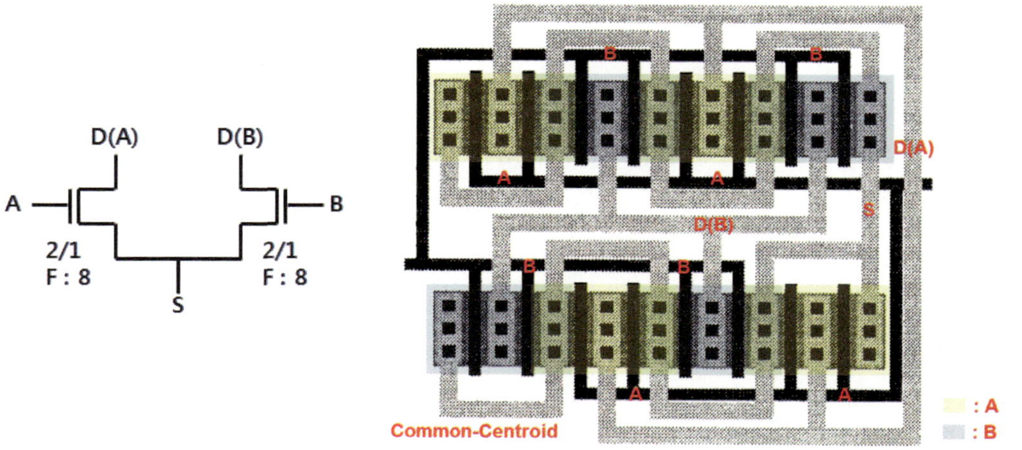

- Interdigitized 방식은 기본적인 방법에서 wafer의 좌우 농도가 다르다는 것을 감안해 하나씩 교차하며 layout 하는 것으로 그림에서 보면 A/B/A/B 순으로 교차되어 있다. 만약 wafer의 농도가 좌에서 우로 1/2/3/4 순으로 증가한다고 하면 A=4(1+3), B=6(2+4)으로 A와 B 사이에 mismatch가 발생하게 된다.

- 마지막으로 Common-Centroid 방식은 원점을 기준으로 상하좌우 모두 대칭이 되도록 layout 하는 방법이다. 그림에서 보면 위쪽은 A/B/A/B 순으로 되어 있고 아래쪽은 B/A/B/A 순으로 되어 있다. 여기서 wafer의 농도가 좌에서 우로 1/2/3/4 순으로 증가한

다고 하면 A=10(1+2+3+4), B=10(1+2+3+4)가 되어 좌우 농도 차에 의한 mismatch는 해결될 수 있다. 하지만 여기서도 상하에 대한 mismatch는 해결되지 않았고 완벽하게 상하좌우에 대한 농도차를 해결하기 위해서는 원점을 기준으로 상하좌우 모두 같은 개수의 MOSFET이 위치하도록 정사각형이 되게 layout 해야만 하는데 이것은 쉽지 않다.

- 이제 layout을 위해 component들을 어떻게 불러올지 그림을 그려보자.

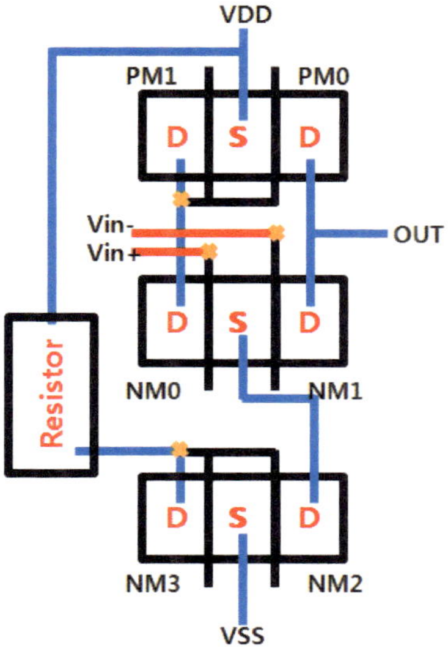

NM0 & NM1

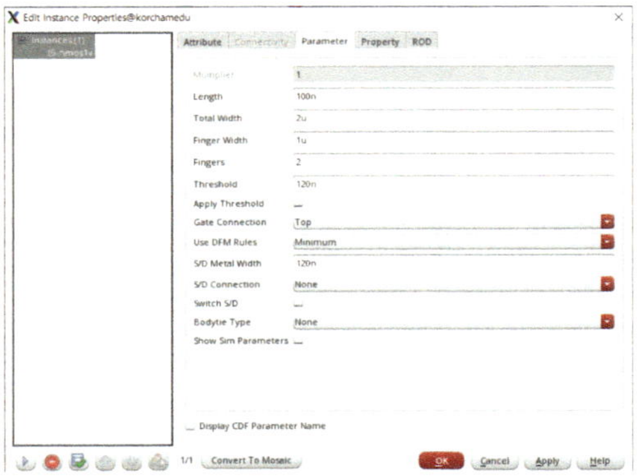

NM0 & NM1

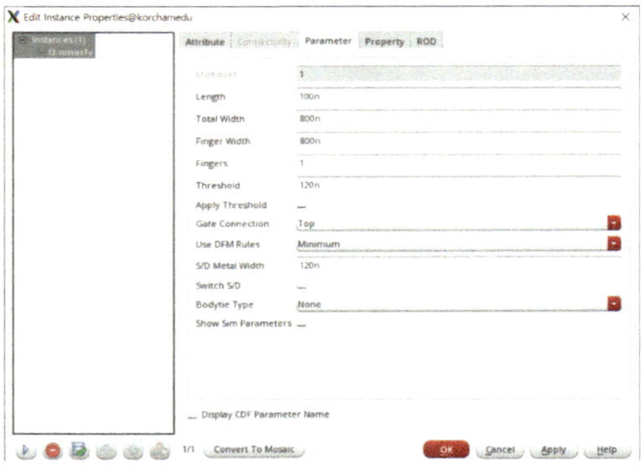

PM0 & PM1

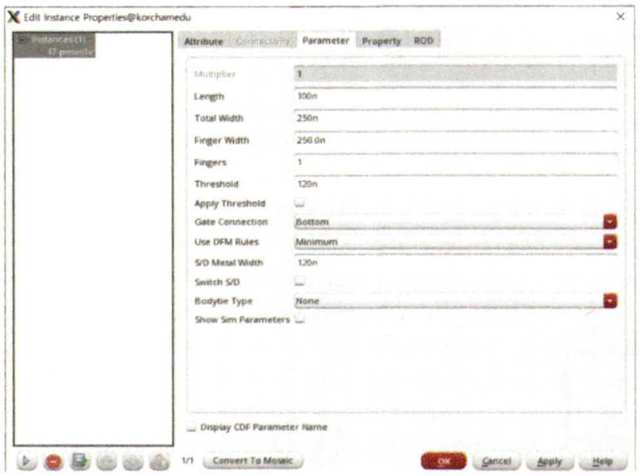

R

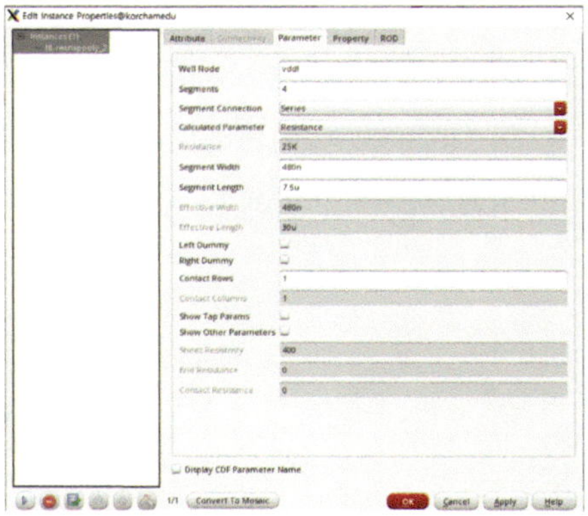

VDD

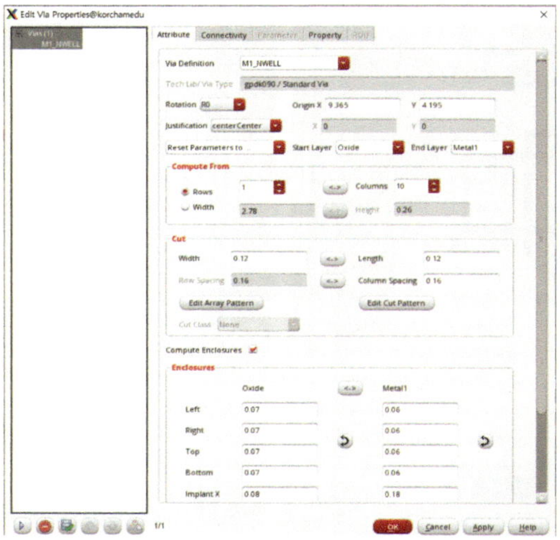

VSS

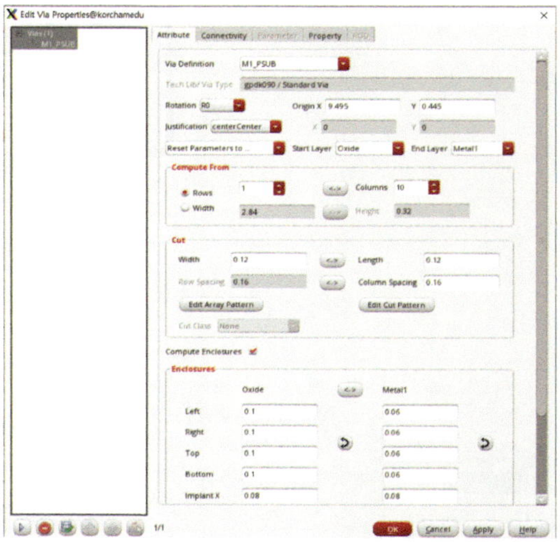

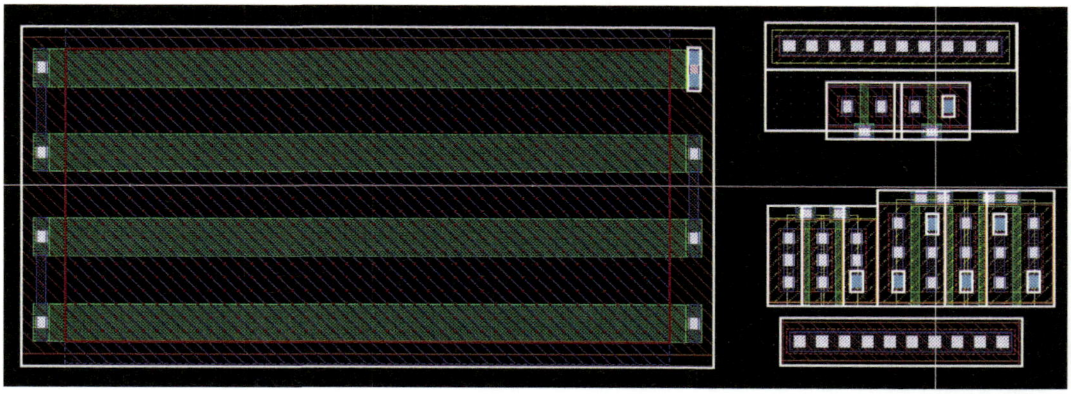

- 여기서 저항은 Segment를 90으로 지정하여 불러 온 것이므로 단위 저항 90개가 직렬로 연결되어 25KΩ이 된다. 하지만 layout의 면적측면에서 너무 비효율적이므로 instance를 flatten하여 45개씩 나눈 후 적당히 배치하고 다시 직렬로 연결하여 25KΩ이 되게 하겠다.

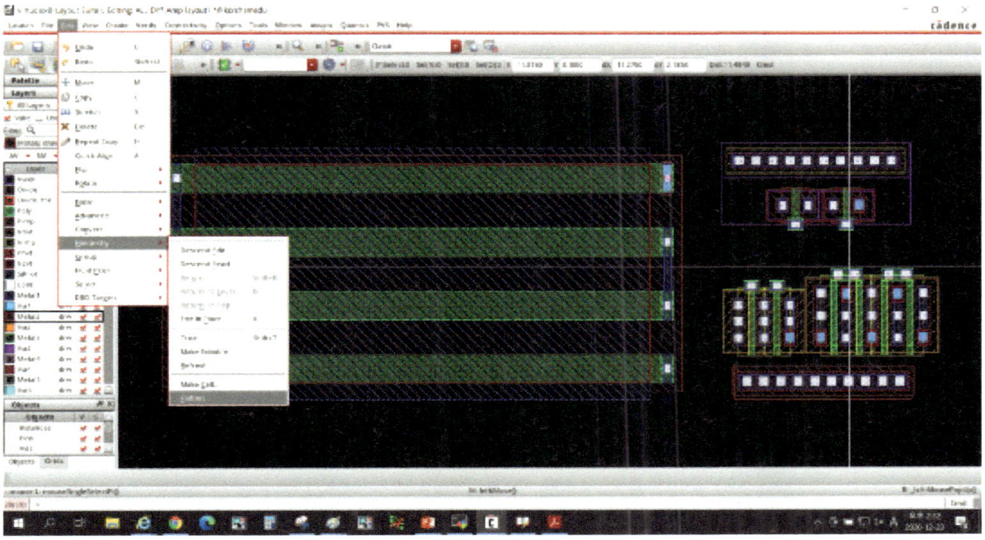

- 저항을 마우스 왼쪽 버튼으로 선택하고 Virtuoso layout 작업창의 menu banner에서 Edit → Hierarchy → Flatten을 선택하면 나타나는 Flatten pop-up 창에서 Flatten Pcells에 체크를 하고 OK를 눌러준다. 그러면 그림처럼 단위 저항 하나하나를 선택할 수 있게 된다.

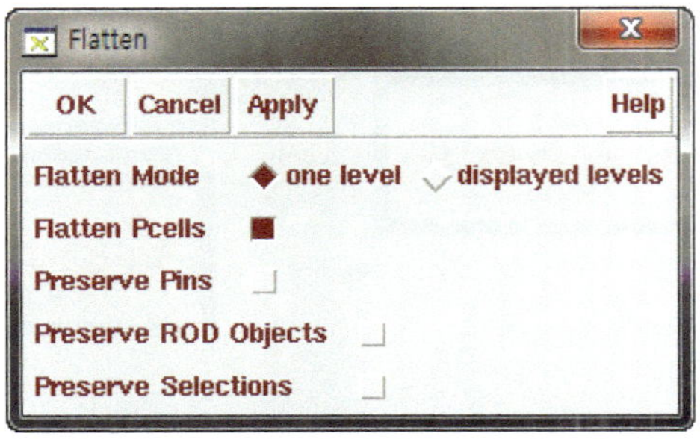

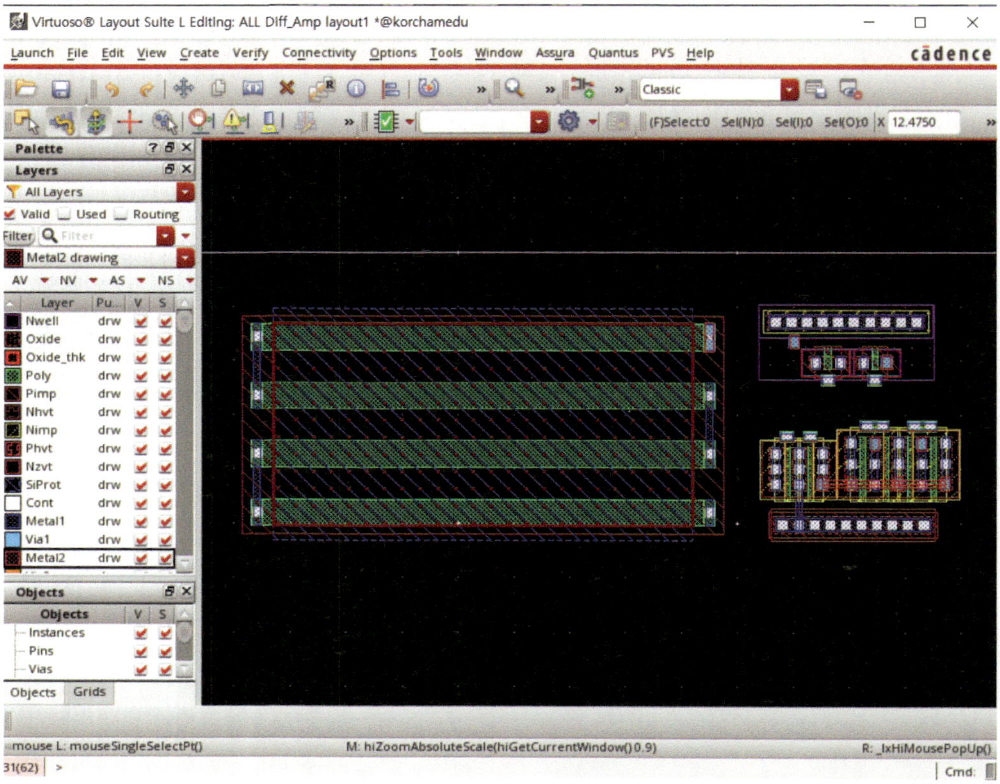

- 이제 단위 저항 4개를 그림처럼 이동, 재배치하고 다시 직렬로 이어준다.

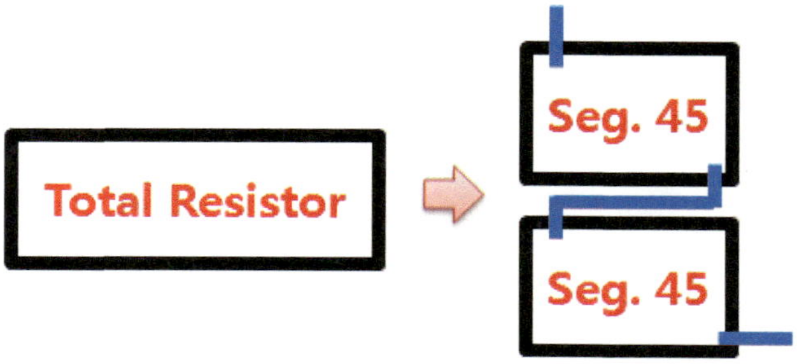

▶ VDD & VSS instance 불러오기

- Contact 명령(단축키 'o')을 이용하여 VDD 및 PMOS의 body와 VSS 및 NMOS의 body로 사용될 instance를 불러온다.

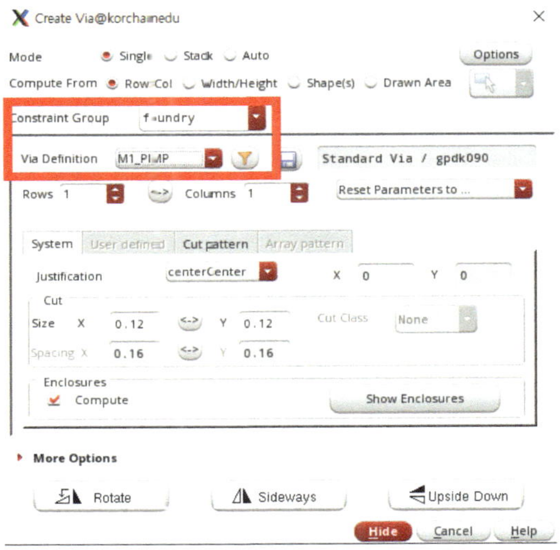

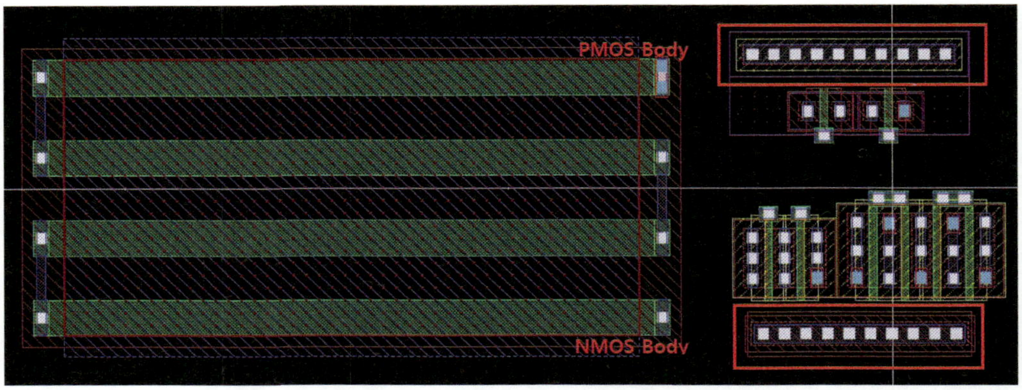

▶ Net 및 입/출력 연결하기

- Path 명령(단축키 'p')과 Contact 명령(단축키 'o')을 이용하여 schematic대로 각 net을 연결한다.

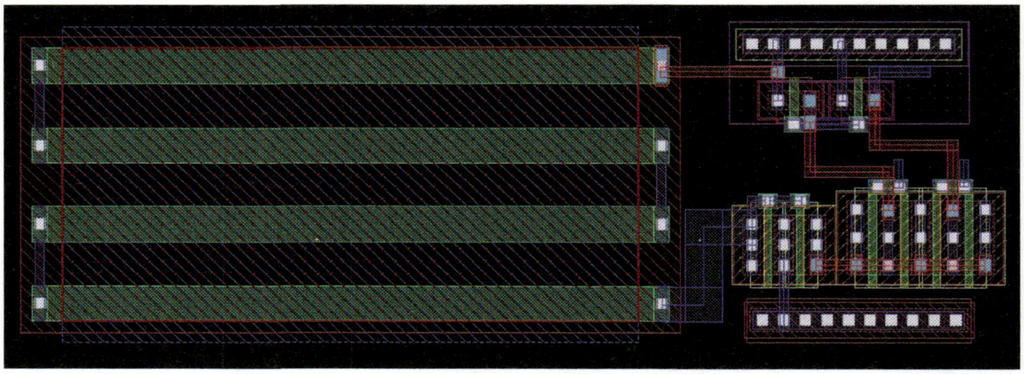

▶ Pin 지정

- Pin 명령(단축키 'Ctrl+p')을 이용하여 Input pin인 Vin, VDD, VSS와 Output pin인 VOUT을 layout에 적용한다.

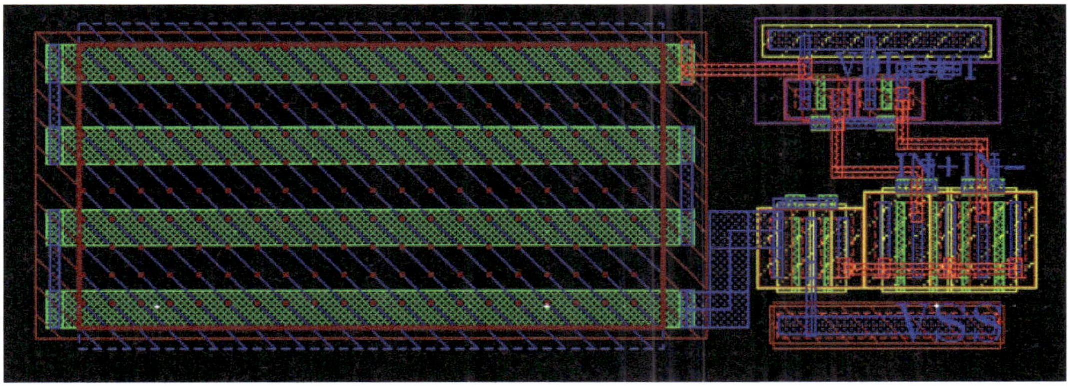

② Layout 검증

▶ Run DRC

- Assura Tool(Assura → Run DRC)을 이용하여 design rule에 맞게 layout 했는지 확인해 보자.

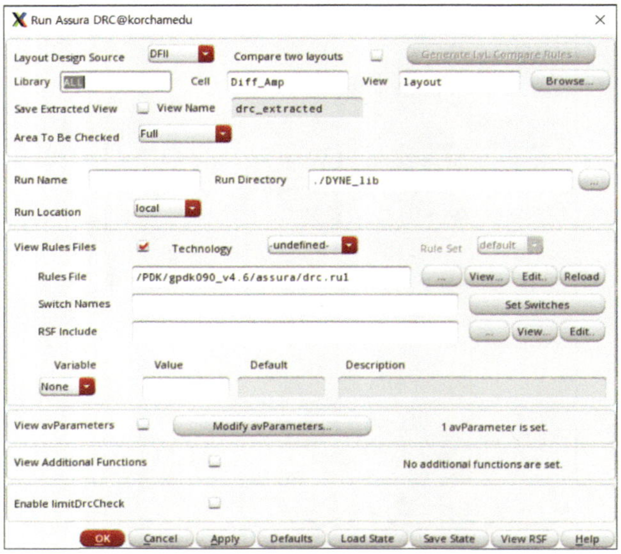

- 여기서는 DRC error를 해결하는 방법으로 ground-guardring을 사용하겠다. Guardring은 layout에서 노이즈가 회로 내부로 들어가지 못하게 VDD 또는 Ground(VSS)로 layout한 회로 주변을 막아주는 것이고, 이번 예제 Differential Amplifier는 앞에서 layout했던 digital 논리 gate들과는 달리 analog 회로이므로 guardring을 이용하여 노이즈를 막아주는 것이 좋으며 DRC error 또한 해결할 수 있다.

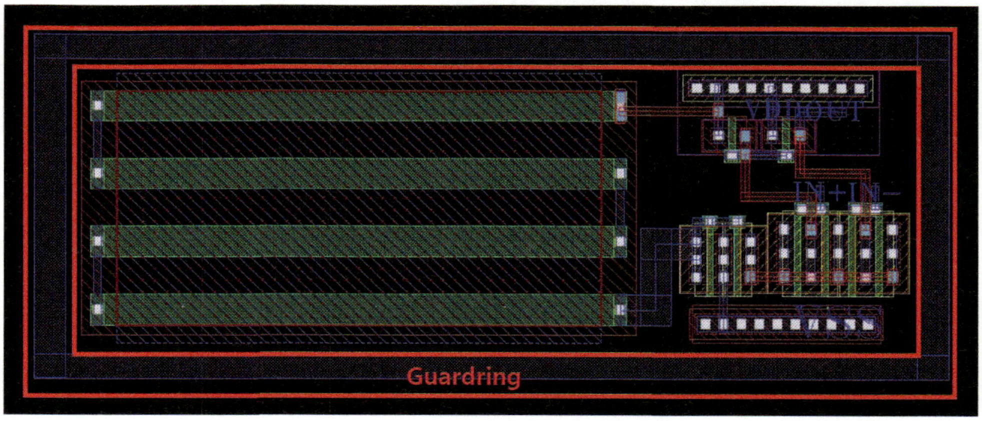

- 다시 DRC를 실행하면 error가 없다는 메시지가 출력된다.

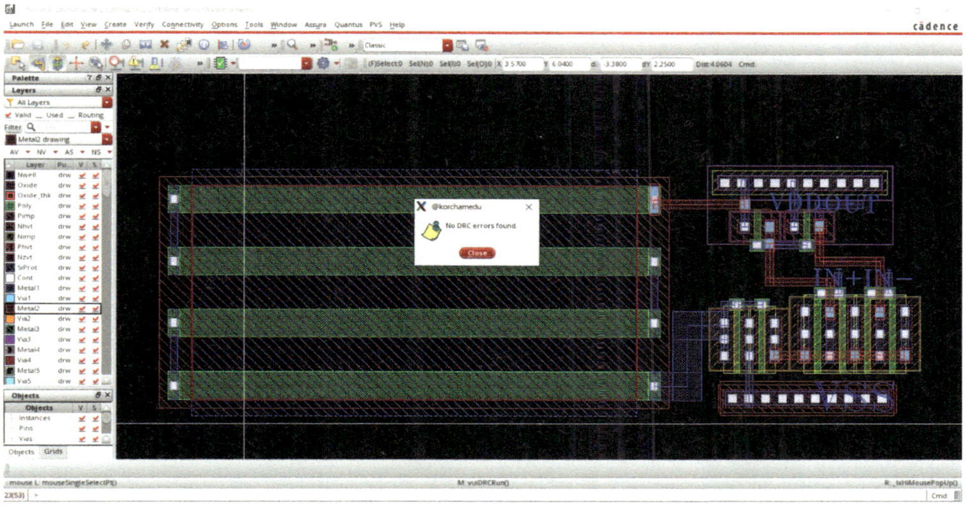

▶ Run LVS

- Assura Tool(Assura → Run LVS)을 이용하여 schematic과 layout이 일치하는지를 확인해보자.

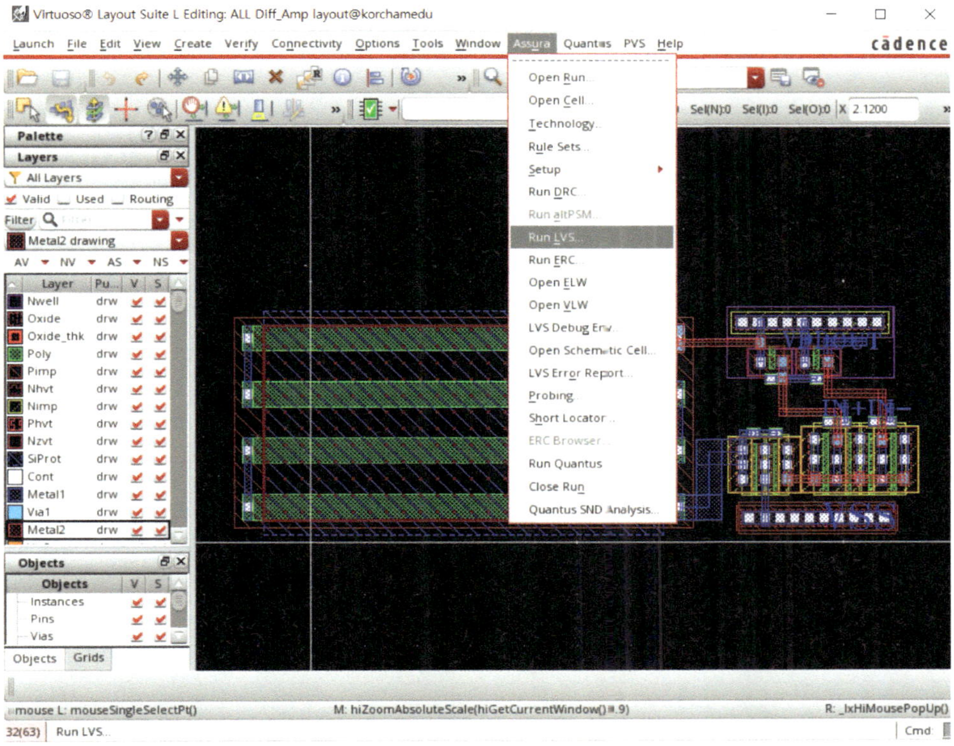

- LVS를 실행하면 schematic과 layout이 일치하지 않는다는 메시지가 나오는데 자세한 것을 보니 schematic에 있는 PM1과 NM0이 layout에 존재하지 않고 다른 PMOS와 NMOS가 있다고 메시지가 나온다.

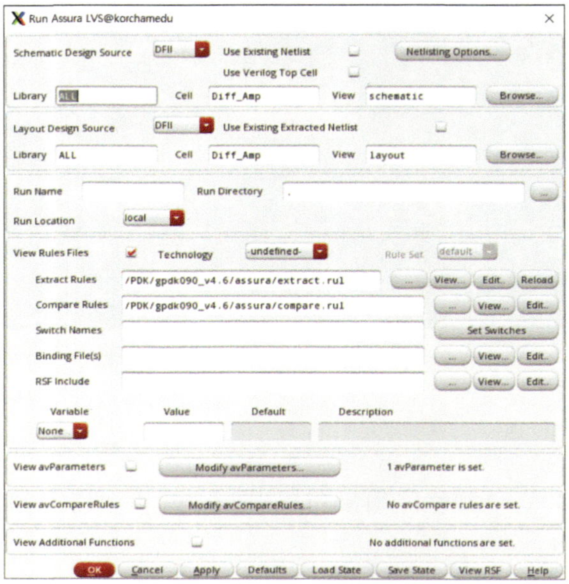

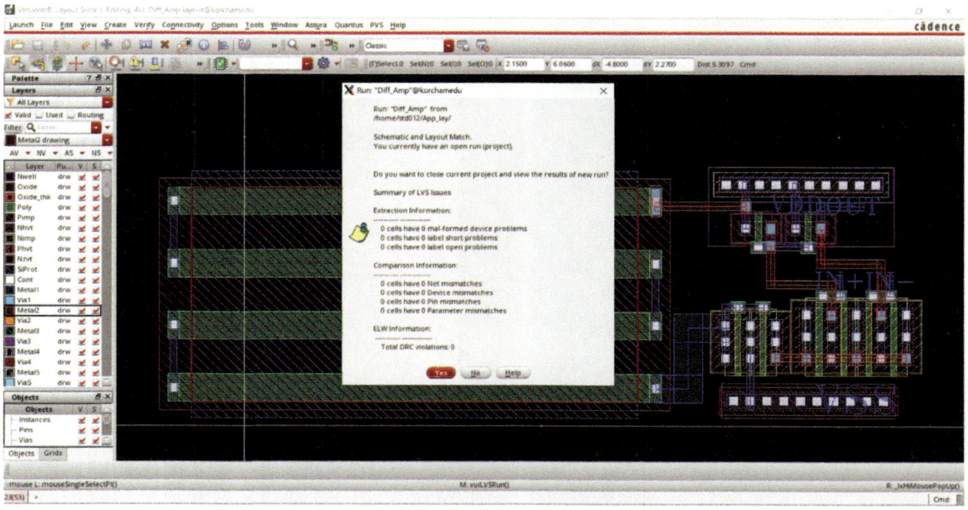

- Layout을 살펴보면 PM1의 drain과 gate가 연결되어 있어야 하는데 실수를 했다. 이 부분을 이어주고 다시 LVS를 실행하면 schematic과 layout이 일치한다는 메시지가 나온다.

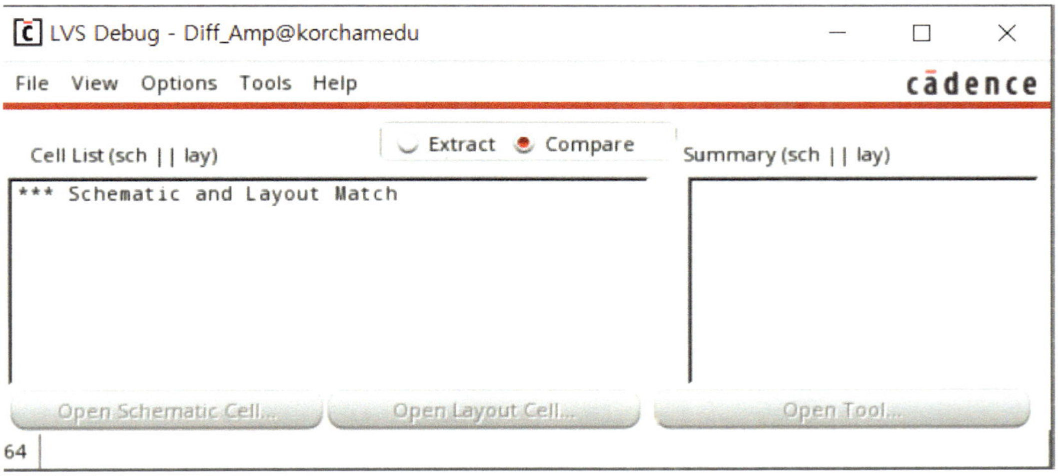

Cadence Virtuoso를 이용한 Full Custom IC design

1판 1쇄 발행 2021년 03월 30일
1판 4쇄 발행 2023년 11월 15일
저 자 이병진
발 행 인 이범만
발 행 처 **21세기사** (제406-2004-00015호)
경기도 파주시 산남로 72-16 (10882)
Tel. 031-942-7861 Fax. 031-942-7864
E-mail : 21cbook@naver.com
Home-page : www.21cbook.co.kr
ISBN 978-89-8468-910-7

정가 30,000원